権威 · 前沿 · 原创

皮书系列为
"十二五"国家重点图书出版规划项目

U0344030

中国海洋大学"985工程"海洋发展人文社会科学研究基地建设经费资助
教育部人文社科重点研究基地中国海洋大学海洋发展研究院资助

海洋社会蓝皮书

BLUE BOOK OF
OCEAN SOCIETY

中国海洋社会发展报告
（2015）

REPORT ON THE DEVELOPMENT OF OCEAN SOCIETY OF
CHINA (2015)

主 编／崔 凤 宋宁而

社会科学文献出版社
SOCIAL SCIENCES ACADEMIC PRESS（CHINA）

图书在版编目（CIP）数据

中国海洋社会发展报告. 2015/崔凤，宋宁而主编. —北京：社会
科学文献出版社，2015.7
（海洋社会蓝皮书）
ISBN 978 - 7 - 5097 - 7731 - 2

Ⅰ.①中… Ⅱ.①崔…②宋… Ⅲ.①海洋学 - 社会学 - 研究
报告 - 中国 - 2015 Ⅳ.①P7 - 05P

中国版本图书馆 CIP 数据核字（2015）第 138455 号

海洋社会蓝皮书
中国海洋社会发展报告（2015）

主　　编/崔　凤　宋宁而

出 版 人/谢寿光
项目统筹/谢蕊芬
责任编辑/谢蕊芬　胡庆英

出　　版/社会科学文献出版社·社会政法分社（010）59367156
　　　　　地址：北京市北三环中路甲 29 号院华龙大厦　邮编：100029
　　　　　网址：www. ssap. com. cn
发　　行/市场营销中心（010）59367081　59367090
　　　　　读者服务中心（010）59367028
印　　装/北京季蜂印刷有限公司

规　　格/开　本：787mm × 1092mm　1/16
　　　　　印　张：21.75　字　数：361 千字
版　　次/2015 年 7 月第 1 版　2015 年 7 月第 1 次印刷
书　　号/ISBN 978 - 7 - 5097 - 7731 - 2
定　　价/89.00 元

皮书序列号/B - 2015 - 449

主编简介

崔　凤　1967 年生，男，汉族，哲学博士、社会学博士后，教授，博士生导师，研究方向为海洋社会学、环境社会学；入选教育部"新世纪优秀人才支持计划"（2011 年），被聘为教育部高等学校社会学类本科专业教学指导委员会委员。学术兼职主要有：中国社会学会海洋社会学专业委员会理事长、山东省社会学学会副会长等。出版著作主要有：《海洋与社会——海洋社会学初探》《海洋社会学的建构——基本概念与体系框架》《海洋与社会协调发展战略》《海洋发展与沿海社会变迁》等。

宋宁而　1979 年生，女，汉族，海事科学博士。中国海洋大学法政学院社会学研究所讲师，硕士研究生导师，研究方向为海洋社会学。代表论文有《群体认同：海洋社会群体的研究视角》《日本海民群体研究初探》《社会变迁：日本漂海民群体的研究视角》，代表著作有《日本濑户内海的海民群体》等。

摘　要

《中国海洋社会发展报告（2015）》是中国海洋大学法政学院社会学研究所与中国社会学会海洋社会学专业委员会组织高等院校的专家学者共同撰写、合作编辑出版的第一本海洋社会蓝皮书。

本报告就我国改革开放以来至 2014 年为止海洋社会的发展历程、存在问题、总体趋势及相关的对策进行了系统的梳理和分析，并指出我国海洋社会发展经历了 1978 年改革开放至 20 世纪 90 年代初期的"起步阶段"，20 世纪 90年代至 21 世纪初的"积累阶段"，以及 21 世纪初至今的"全面发展阶段"；报告还指出，目前，海洋社会发展已开始受到国家重视，相关政策与法制建设不断完善，海洋硬实力显著提升，海洋社会发展理念日趋多元化，沿海地区间协调发展的必要性日益凸显；同时，海洋社会发展也存在着战略性规范滞后，体制与法制不完善束缚仍然明显，海洋硬实力仍显不足，区域间发展不平衡加剧，海洋生态环境恶化，遭遇全球化挑战等问题。由此可知，我国海洋社会发展的统筹规划将继续推进，海洋硬实力将持续增长，海洋社会新领域发展将更加显著，多元化趋势将更加明显，海洋社会发展将更依赖国际合作交流。因此，我国政策制定应注重进一步提升海洋事业规划的战略高度，有针对性地提升海洋硬实力，全面推进海洋综合管理战略的实施，加强海洋教育，积极主动地参与海洋社会发展领域的国际合作交流。

本报告由总报告、分报告和专题篇组成，分别围绕我国海洋文化、海洋公益服务、海洋科技、海洋经济、海洋执法与权益维护、海洋环境、涉海就业、海洋政策与法制、海洋管理、沿海区域规划等领域和主题，以官方统计数据或社会调查为基础，进行了深入描述，分析了存在问题，提出了具有针对性的政策建议，以期使《海洋社会蓝皮书》真正成为我国海洋社会发展的年度权威性报告。

前　言

党的十八大报告提出了"建设海洋强国"的战略任务，从而掀起了我国海洋实践的新一轮热潮，也为我国海洋社会事业的迅速发展提供了有力的支持、广阔的空间以及宝贵的时机，海洋社会发展也因此成为我国社会发展最受瞩目的领域之一。海洋社会事业的健康发展，实际上就是人类海洋开发、利用与保护的实践活动有序、协调而持续地进行。我国改革开放至今，海洋实践活动已随着社会的变迁催生了种种新兴的社会关系，同时也产生了一系列前所未有的社会问题。我们需要关注我国改革开放至今的海洋社会事业发展历程，客观评价这一过程中取得的成就，深入分析其中存在的问题，从而为推动我国海洋社会的良性运行与协调发展献计献策。鉴于此，我们决定编辑出版《海洋社会蓝皮书：中国海洋社会发展报告》（以下简称《海洋社会蓝皮书》）。

《中国海洋社会发展报告（2015）》是中国海洋大学法政学院社会学研究所与中国社会学会海洋社会学专业委员会合作编辑出版的第一本海洋社会蓝皮书，2015年为首卷，计划每年出版一卷，以中国海洋大学法政学院社会学研究所为核心编辑团队，依托中国社会学会海洋社会学专业委员会，以中国社会学年会及中国海洋社会学论坛为主要阵地，面向从事海洋社会学研究的专家、学者和相关领域的大学本科生、硕士研究生和博士研究生，从事海洋管理等工作及研究的专家和学者，海外从事相关研究的学者等群体，进行《海洋社会蓝皮书》的推广工作。

2015年卷即第1卷就我国改革开放至2014年海洋社会的发展历程、存在问题、总体趋势及政策建议进行系统的梳理和分析，本卷《海洋社会蓝皮书》具有以下特点。

1. 关注"改革开放至今"的发展历程

我国现代海洋实践活动主要是以1978年改革开放为起点展开的。随着对外开放基本国策的启动，我国开始在海外贸易等方面步入海洋实践活动的全新阶段，在经历了 20 世纪八九十年代的成形、摸索的"起步阶段"之后，开始进入积攒能量、蓄势待发的"积累阶段"，并在 21 世纪初，呈现海洋社会事业各领域繁荣发展的局面，海洋社会进入"全面发展阶段"。回顾这一历程，我们可以清晰地看到我国海洋实践活动在不同时期所表现出的不同特点；获知目前海洋社会发展所存在问题的历史根源；更准确地预测我国海洋社会发展的未来走向；从而准确揭示出，目前阶段可以在政策层面上，为我国海洋社会事业的健康、有序、可持续发展做好哪些准备。正是基于以上原因，《海洋社会蓝皮书》的第 1 卷以"改革开放至今"为时间维度，来开展相关调查工作。

2. 重视我国海洋社会发展中的问题所在

突出"改革开放至今"的发展历程，既是为了准确把握我国海洋社会发展到今天的来龙去脉，也是为我国当前海洋开发、利用与保护的实践活动中存在的矛盾、冲突和失序进行精确的诊断。能否迅速、有效地根除我国海洋社会事业发展中形成的症结，关系到我国"海洋强国"战略能否顺利推进。因此，追溯我国海洋实践的发展历程，也是为了能从社会变迁的视角，更清晰地认识当前我国海洋社会发展中存在的问题及其社会根源，找到问题的症结所在，对症下药，为我国海洋社会事业的繁荣发展排除障碍。

3. 强调海洋社会发展的新动向

我国海洋社会发展至今，已经出现了一系列全新的发展动向，海洋新兴产业发展势头迅猛，海洋管理全面引入社会治理的新理念，海洋公益服务等政府公共服务职能正在受到越来越多的关注，海洋文化事业进入百家齐鸣的多元化发展阶段。我们唯有深刻洞察这一系列新动向，才能更清晰地把握当前海洋事业所面临的困难与挑战的本质，也才能揭示出海洋强国战略背景之下我国海洋社会繁荣发展之路。

需要说明的是，《海洋社会蓝皮书》作者来自各大学的专业研究机构，除总报告外，各分报告的观点只属于作者本人，既不代表《海洋社会蓝皮书》课题组，也不代表作者所属单位。

此外，《海洋社会蓝皮书》各分报告涉及大量统计和调查数据，由于来源不同、口径不一，或者调查时点不同，可能存在不尽一致的情况。我们将以严谨的治学态度，依据调查所获数据与资料，全面深入地分析我国海洋社会发展的变化、趋势与动向，密切关注海洋社会问题及社会治理中的热点、难点、焦点问题，力争使《海洋社会蓝皮书》真正成为我国海洋社会发展的年度权威性研究报告。

崔　凤　宋宁而

2015 年 4 月 18 日

目 录

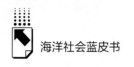

$\mathbb{B}$ Ⅲ 专题篇

$\mathbb{B}$ Ⅳ 附录

皮书数据库阅读**使用指南**

总 报 告

General Report

B.1

中国海洋社会发展总报告

摘 要： 我国海洋社会发展经历了 1978 年改革开放至 20 世纪 90 年代初期的"起步阶段"，20 世纪 90 年代至 21 世纪初的"积累阶段"，以及 21 世纪初至今的"全面发展阶段"；目前，海洋社会发展已开始受到国家重视，相关政策与法制建设不断完善，海洋硬实力显著提升，海洋社会发展理念日趋多元化，沿海地区间协调发展的必要性日益凸显；同时，海洋社会发展也存在着战略性规范滞后、体制与法制不完善、海洋硬实力仍显不足、区域间发展不平衡加剧、海洋生态环境恶化、遭遇全球化挑战等问题。由此可知，我国海洋社会发展的统筹规划将继续推进，海洋硬实力将持续增长，海洋社会

---

* 崔凤（1967~），男，汉族，吉林乾安人，中国海洋大学法政学院教授，博士生导师，哲学博士，社会学博士后，主要从事海洋社会学、环境社会学研究；宋宁而（1979~），女，汉族，上海人，讲师，博士，主要研究领域为海洋社会学。

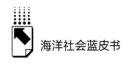
新领域发展将更加显著，多元化趋势将更加明显，海洋社会
发展将更依赖国际合作交流。因此，我国政策制定应注重进
一步提升海洋事业规划的战略高度，有针对性地提升海洋硬
实力，全面推进海洋综合管理的实施，加强海洋教育，积极
主动参与海洋社会发展领域的国际合作交流。

关键词： 海洋社会　海洋社会发展　海洋事业　海洋开发实践活动

20 世纪中期，人类海洋开发实践活动开始日益频繁，我国也随着 1978 年
改革开放基本国策的推行而实施对外开放政策，在海外贸易等领域开启了海洋
开发与利用的新篇章。进入 21 世纪以来，我国沿海地区掀起了新一轮海洋开
发热潮，特别是党的十八报告提出"建设海洋强国"的战略任务后，这轮海
洋开发更加如火如荼。伴随着海洋经济的快速增长，社会各领域的海洋事业也
得到了较为迅速的发展。为推动我国海洋事业健康发展，我们有必要对我国改
革开放至今海洋社会发展的内涵与历程，以及我国海洋社会事业发展中所取得
的成就和存在的问题进行全面的描述和分析，并对未来的发展趋势进行预测，
从而为我国海洋社会发展献计献策。

一　海洋社会发展的基本内涵

对我国海洋社会发展历程进行描述与分析，首先应对海洋社会及海洋
社会发展的概念加以界定，并在此基础上对我国海洋社会发展的内涵进行
描述。而要阐释海洋社会发展的内涵，又必须首先对几个重要的相关概念
进行界定。

（一）海洋社会

海洋社会发展中的核心概念即海洋社会。国内外社会学教科书并没有统一
的说法，但多数国外社会学者都认为无论如何去定义社会，所谓的社会都应包

含以下内容：社会角色、群体与组织、社会制度、社会互动、文化等。可以发现，无论如何去定义"社会"这个概念，"社会"都是人类生产实践活动的产物，是人类交互作用或互动的结果，其本质是各种社会关系的总和，而这种社会关系的总和是通过社会角色、群体和组织、社会制度等来体现的，共享一种文化是社会的本质特征。

综合以上关于"社会"概念的理解，我们将海洋社会界定为人类在开发、利用和保护海洋的实践活动中所形成的人与人关系的总和。这样定义的海洋社会概念，既体现了社会的一般性，如"社会是人类生产实践活动的产物""人与人关系的总和"，也体现了海洋社会的特殊性，即海洋特色，也就是"海洋社会是人类海洋开发实践活动的产物""人类海洋开发实践活动过程中所形成的群体和组织、制度和文化等共同构成了海洋社会"。

（二）社会变迁

社会变迁的含义对海洋社会发展概念的界定同样重要。许多社会学家把社会变迁视为社会结构中的变迁，或是社会结构的改变。正如莫里斯·金斯伯格所说的："我理解的社会变迁是社会结构中的变迁，例如，社会规模，其组成，或其中各部分的平衡，或是其组织的类型。"[1] 本报告中所涉及的社会变迁主要也是指社会结构发生的变化，具体包括人口结构、产业结构、就业结构、城乡结构等。

（三）海洋社会发展

本报告所指的海洋社会发展既不能简单概括为"沿海地区的社会变迁"，也不完全等同于"海洋社会的发展"，而是指人类在海洋开发、利用和保护的实践活动过程中，在社会结构中所发生的变化。这一概念可以从以下几个方面加以理解。

首先，从海洋事业所涉及的社会领域来看，海洋社会发展主要表现为海洋民俗文化、海洋科学技术、海洋产业经济、海洋教育、海洋公益服务等领域的社会变迁。其次，从海洋事业发展所产生的社会问题角度来看，海洋生态环境、涉海就业、"三渔"等领域的社会问题及其变化是海洋社会问题的集中性

---

[1] 史蒂文·瓦戈：《社会变迁》，王晓黎等译，北京：北京大学出版社，2007，第6~7页。

呈现。最后，在海洋开发、利用与保护过程中从对形成的各种社会秩序及产生的矛盾加以规范和协调的角度来看，海洋社会发展可以从政府、社会组织、社会群体及个人等海洋事业的参与者所实施的海洋权益维护、海洋法制建设、沿海区域规划等活动及其发展变化中加以解读。

二　中国海洋社会发展的研究框架

本报告的海洋社会发展是指中国自改革开放以来，在海洋开发、利用和保护的实践活动中产生的社会结构中的变化。其中，我国海洋事业发展的主要领域包括海洋文化、海洋公益服务、海洋科技、海洋产业经济等；在我国海洋事业的发展过程中所出现的社会问题主要包括海洋环境问题、涉海就业问题等；在对各种海洋开发、利用与保护实践活动的社会秩序进行协调规范的过程中，较为重要的社会治理主要表现在海洋执法与海权权益维护、海洋政策与海洋法制建设、沿海区域规划以及关于海洋政治、经济、文化、社会管理等活动中。

基于以上对我国海洋社会发展基本内涵的界定，本卷《海洋社会蓝皮书》的研究框架设定如下：首先，总报告将对我国改革开放至今海洋社会发展的内涵与历程进行梳理，在此基础上，将对我国海洋社会事业发展中取得的成就和存在的问题进行全面分析，并据此预测我国海洋社会发展的态势，提出使海洋社会得以维持良性运行与协调发展的政策建议；其次，在分报告中，围绕"海洋文化""海洋公益服务""海洋科技""海洋经济"领域分别撰写发展报告；再次，在"专题篇"中，围绕"海洋执法与权益维护""海洋政策与法制""海洋管理""沿海区域规划"等特定社会治理活动，以及"海洋环境""涉海就业"等社会问题撰写专题性发展报告。

三　中国海洋社会发展的历程：1978～2014年

我国海洋社会发展的历程从改革开放至今已经历近四十载。无论是从海洋开发、利用和保护的实践活动本身的发展变化特点来看，还是从这些实践活动所带来的我国社会结构中的变化特点来看，这一历程都可基本划分为1978年改革开放基本国策实施至 20 世纪 90 年代初期的"起步阶段"、20 世纪 90 年代至 21 世纪初的"积累阶段",以及 21 世纪初至今的"全面发展阶段"。

(一)"起步阶段":1978年改革开放至20世纪90年代

"起步阶段"通常是指一项新事物的导入初期,是相关实践活动的摸索阶段,表现出不成熟、无序、盲目等特征。我国海洋事业的发展在改革开放国策实施之后的很长一段时间里,普遍带有以上特征;与之相应,我国社会尤其是沿海地区社会结构也呈现出相应的变化特点。

海洋经济在改革开放后的 20 年内无疑是处于初步发展阶段。随着对外开放步伐的加快,沿海地区的区位优势日益凸显,不仅发达国家的产业在我国沿海地区聚集,内陆企业也出现了普遍的趋海而动态势。其中,海洋渔业、海洋油气业、海洋盐业、海运业和船舶工业等较为传统的海洋第一、第二产业有了稳定的增长,而海洋可再生能源业与海水淡化业等海洋新兴产业在这一阶段也已开始起步。

我国海洋政策与法制建设在经历了新中国成立之后至改革开放前的成文法数量较少、法律内容较为单一的阶段之后,在 1978 年后迎来了海洋观念的觉醒时期。随着我国海洋相关立法水平的提升,不仅立法数量呈现较快的增长势头,内容与涉及领域也呈现多元化和丰富化的态势,我国海洋政策与法制建设具备了体系化的雏形,因此可以说,改革开放后至 20 世纪 90 年代中期是我国海洋事业发展的"起步阶段"。海洋政策与法制建设的发展还带动了海洋科技的发展,国家在改革开放后的引领和规划,使得海洋科技管理体制改革全面展开,国内海洋科技力量获得了整合,各类海洋科技专项开始启动。

新中国成立以来,随着海洋事业在我国各项社会发展事业中显现出独立性,我国的海洋管理体系也开始逐步有了基本的形态,并在改革开放后不断获得充实;进入 20 世纪 80 年代,沿海各省市成立了"海岸带调查办公室",并最终成为管理本地海洋工作的海洋局,① 地方海洋管理机构基本建立。我国海洋公益服务作为海洋管理的一环,也在这一阶段完成了基础建设任务,包括基本海洋预报监测网络的建立、海洋各种状况的基础性调查与信息收集、现代化

---

① 王琪等:《海洋行政管理学》,北京:人民出版社,2013,第71页。

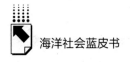

海洋搜救体系建设的初步投入等。

我国沿海地区的国土规划在新中国成立后的近30年时间内,都被束缚在产业规划的框架之内,直至1978年党的十一届三中全会召开之后,政府才真正开启了国土规划的篇章。一直到20世纪90年代前夕,我国沿海地区规划总体上可划分为全国性规划和区域性规划两个层面。

我国海洋事业的全面起步也使得海洋环境问题如影随形,紧跟而来。我国海洋环境保护事业的发展在改革开放以后,经历了一个较为漫长的探索期;海洋的生物资源、矿产资源、空间资源的开发也在这一时期全面展开;同时,我国海洋边界也在这一时期,开始发生争端,并且因为我国仍处于对海洋世界的探索阶段,所以对这类争端大多采取了搁置争议的处理方式。

对外开放以来,不仅我们走向了海洋,同时,海外的思想也传入我国。1978年起直至20世纪90年代前夕,我国的海洋文化思想总体来看一直没有走出"西方海洋文化中心论"的阴影,主张西方海洋文化"优越性"的观点在当时大有市场;但与此同时,考古学家在我国的考古发现与推理论证却一次次证明,在我国沿海,也长期存在着人类海洋开发、利用和保护的实践活动及其成果,为此后阶段我国海洋文化的发展奠定了基础。

(二)"积累阶段":20世纪90年代至21世纪初

"积累阶段"指特定主体逐渐聚集有利于自身发展的事物,并使之逐步增长与完善,为更长远的发展积蓄能量的过程。我国海洋社会在进入20世纪90年代之后直至21世纪初,正是处于这种增长、完善和积累的过程之中。

海洋产业在这一阶段,特别是进入21世纪前后,在种类上有了明显的增长。2000年起,我国主要海洋产业由7个扩大到12个,[①] 海洋第一产业比重下降,海洋第二产业比重上升,战略性海洋新兴产业出现了良好的发展势头。

海洋政策与法制建设在进入20世纪90年代中期之后,已经出现全面与国际接轨的态势,海洋政策制定与法制建设向着维护海洋权益、保护海洋环

---

① 国家海洋局海洋发展战略研究所:《中国海洋经济发展报告(2013)》,北京:经济科学出版社,2013,第53页。

境和资源与实施海洋综合管理的方向逐步、稳健地发展。同样的，20世纪90年代至21世纪初也是我国海洋管理逐步从行业管理向综合管理转换、调整和积累的充分发展时期。海洋政策的发展也使得海洋科技领域发生转变，海洋科技的成果开始广泛应用于生产，海洋科技的研究机构开始了体制改革的探索。

海洋公益服务在进入20世纪90年代后开始进入技术提高阶段，我国公益服务事业在这一阶段已基本拥有了发展现代化海洋公益服务事业的基础，开始在技术上寻求创新与突破。主要表现为应用更为先进的软硬件设备，制定海洋公益服务的规章与议程，以求全面提高海洋公益服务的技术水平。这一阶段持续至21世纪初，是我国海洋公益服务事业实现飞跃式提升前的积累阶段。

我国沿海地区规划事业也在20世纪80年代末开始被纳入城市规划系统之中。这一期间，沿海地区的规划是以城市规划为中心展开的。这一阶段从1989年《中华人民共和国城市规划法》出台，一直持续至2006年国家《"十一五"规划纲要》颁布为止。

随着我国海洋事业从摸索探寻开始逐步走向海洋，深入海洋，海洋环境污染与资源枯竭问题变得愈发受人瞩目；同时，持续深入走向海洋也促使我国更加重视海洋资源与海洋空间的权益。因而，宣誓主权开始逐渐取代搁置争议，成为这一阶段我国处理海洋边界冲突的主要姿态。

随着改革开放步伐的加快，关于海洋神灵的民间信仰以及相应的祭祀活动也得以逐步恢复，海洋文化资源开始获得保护性开发，为海洋文化在21世纪的全面发展打下了厚实、良好的基础。

（三）"全面发展阶段"：21世纪初至今

进入21世纪之后，我国海洋社会发展开始进入全面的、整体性增长时期。2012年党的十八大提出建设"海洋强国"，这不仅意味着"海洋强国"成为国家战略，而且标志着我国海洋事业的发展已正式进入多层面、多领域、多系统共同作用下的"全面发展阶段"。

2010年国家海洋局重组，标志着我国海洋管理体制就此进入全新发展阶段，管理体制从半集中型向集中型过渡；海洋科技政策也随着《全国科技兴海规划纲要（2008~2015年）》的颁布而进入了自主创新的全新发展阶段。

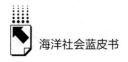

21世纪初至今，国家对海洋权益的维护已经提升至国家战略高度，对海洋资源的开发以及海洋环境的保护都已呈现科学化、系统化的趋势。随着海洋环境污染的全面爆发，海洋环境保护也开始从环境污染的事后处理，逐步走向预防性的全面治理；对海洋资源枯竭问题的担心也使得海洋再生资源的开发利用获得越来越多的重视；同时，对海洋资源与空间资源日益急迫的需求也促使我国在处理海洋边界冲突时转变理念，开始更多提出共同开发的主张。

进入21世纪后，海洋文化事业也进入了多元化及深化发展的阶段，学术界出现了对我国海洋文化的反思浪潮，海洋文化的研究成果也呈现出百花齐放、百家争鸣的繁荣局面。

进入新千年之后，我国海洋公益服务开始进入行政架构改革，改革的成果主要包括建设专门性的海洋公益服务项目体制，在各个领域加强与社会的交流、沟通与合作，进一步深化与大众媒体的联系等。近年来，这一系列改革已初见成效，海洋公益服务在我国海洋事业中的战略地位有了显著提高。

在进入21世纪之后，真正意义上的区域规划开始在沿海地区全面启动，省际区域规划、城际区域规划与试点区域规划获得了有计划、有步骤的实施，沿海地区因此获得了较为广阔的成长空间。

四　中国海洋社会发展特点与面临问题

我国海洋事业的发展从改革开放至今已近40载，在这一历程中取得了一系列阶段性的发展成果，并因此呈现出一定的发展特点，同时也显露出诸多有待解决的问题。梳理发展中的特点有助于我们对我国海洋事业取得的成就作出清晰的认识，分析出现的问题将有助于我们对我国海洋社会今后的发展趋势作出准确的预测。

（一）中国海洋社会发展的特点

梳理我国海洋社会发展的特点，不仅有助于我们了解我国海洋事业所取得的成就，同时也能揭示这些成就作用于社会所产生的社会结构中的各种变迁。

1. 海洋社会的发展开始受到国家战略层面的重视

海洋事业发展至今，显然已受到国家战略层面的高度重视，海洋社会群体已不再是沿海地区"自娱自乐"的各种社会群体，而是国家海洋事业的重要实践者和执行者。我国政府已经深刻认识到，海洋综合实力的发展是关乎国家主权与国际竞争力的问题。近年来，我国政府也一直在致力于从国家战略的层面上重建"海上丝绸之路"，重建的目标不仅是打造新时期的海上航运线路，更是为构建起我国与世界各国间的科技文化流通通道，海上通道之于我国对外文化交流的重要性已被政府充分认识到。进入全面发展阶段，海洋公益服务也成为我国政府宣示海洋权益的有效方式，中央电视台把钓鱼岛及周边海域的天气预报纳入国内城市预报中，① 这正是海洋公益事业与国家战略之间密切联系的有力证明。

2. 调整海洋事业的相关政策、法制及体制建设正在不断完善

海洋开发、利用与保护的相关实践活动越是繁荣，围绕这些活动产生的社会秩序新问题就会越多，新的社会关系也需要获得有效的调整与规范，因此就需要促使相关政策、法制及行政管理体制建设不断修改、调整与完善。

1996 年，我国加入《联合国海洋法公约》，这为我国海洋执法与权益维护提供了正式的国际法律依据。进入 21 世纪以来，我国颁布的涉海法律文件约占我国目前所有涉海法律文件总量的 66.2%，② 近期我国的海洋政策与法制建设相比此前，无疑已呈现出高度的密集性特点。同时，国家海洋科技法制的配套政策也对我国海洋科技事业的发展起到了显著的引领作用。从《1978~1985年全国科学技术发展规划纲要》，到《1986~2000 年全国科学技术发展规划纲要（草案）》与《国家中长期科学技术发展纲领》，再到《全国科技兴海规划纲要（2008~2015 年)》，海洋科技政策的建设与完善过程显而易见。目前，我国沿海地区的规划也在经历了长期作为产业规划、国土规划、城市规划的一部分之后，逐渐被分离出来，现已形成比较完善健全的独立规划体系。

3. 沿海地区间发展不均衡，协调的必要性日益凸显

改革开放之后，沿海地区借助自身的区位优势率先发展了起来，时至今日，我国沿海与内陆地区之间已经产生了严重的发展不均衡；同为沿海地带的各区域

---

① 佚名：《中央气象台将钓鱼岛纳入国内城市预报》，http://www.weather.com.cn/zt/tqzt/714113.shtml，最后访问日期：2015 年 4 月 16 日。
② 北大法律信息网，又称"北大法宝"，网址为 http://vip.chinalawinfo.com/。

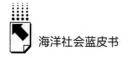

之间实际上也已经产生了显而易见的不均衡。《全国海洋经济发展规划纲要》报告显示，分布在我国海岸带上的各个综合经济区之间，在涉海就业人口比例分布上已呈现出不均衡状态。相应的，我国海洋科研领域的中高级专业技术人才也主要聚集于沿海大城市及海洋经济强省。事实上，在近年来出台的各项政策中，区域间协调发展的重要性往往是强调的重点。当然，这并不仅仅意味着沿海地区之间需要协调，而且也是在强调沿海地区与内陆地区之间的联动协作，亦即沿海与内陆需要统合成一个整体去进行规划。

4. 海洋社会发展所需海洋硬实力显著提升

近年来，海洋社会的发展表明我国海洋硬实力显著提升，无论是海洋科学考察，还是海岛资源综合调查，或是滨海滩涂与海岸带调查，都因拥有过硬的造船、航海、勘探技术等科技硬实力而收获了一系列的成果。同样的，在国家重大基础研究项目中，有关海洋环境、海洋资源的成果也不断涌现，为我国防灾减灾等海洋公益服务事业，以及海水养殖、海水淡化等产业的发展提供了有力的支持。中国政府为海上搜救工作一直在更新设备，也长期与商业通讯机构保持密切合作；随着海洋科技研究的发展，我国海洋科研机构以及科研人员也在不断增加。

海洋硬实力的提升也同样体现在我国海洋执法维权空间的不断拓展这一点上。改革开放之初，我国海洋执法维权的范围曾长期限于近岸，但时至今日，随着相应硬件设备的建设发展，我国已全面建立对我国领海的定期维权巡航制度，并已于2008年赶赴亚丁湾海域，执行护航任务，执法维权空间已明显拓展并深化。

5. 海洋社会发展的理念日趋多元化

随着我国海洋事业的发展逐渐步入新阶段，人们对于海洋事业如何发展、海洋社会如何运行有了更多的思考，海洋社会发展的理念开始从繁荣海外贸易、加强海上军事力量逐步向着提升海洋软实力、重视海洋教育、繁荣海洋文化、重视海洋公共产品提供等更为广泛的领域延伸，发展呈现日趋多元化的态势。

其中，海洋文化事业的繁荣颇为典型。新中国成立后，尤其是在"破四旧"时期，大量海洋民间信仰活动被禁止，海神祭祀场所遭到破坏，改革开放政策的实施再一次为民间信仰提供了生存的土壤。时至今日，在我国由北至南的沿海渔村中，开渔节、祭海节、谢洋节活动随处可见，妈祖信仰更是一举成为我国首个信俗类世界遗产，① 我国海洋文化的内涵正在日趋丰富与多元。

海洋公益服务的发展也是我国海洋社会发展呈现理念多元化的一个典型。2008 年青岛受浒苔侵袭造成的环境突发事件，以及 2011 年渤海湾溢油事件在我国海洋公益服务发展历程中都具有里程碑式的意义。近年来，我国政府在如何通过海洋公益服务水平的提升，来控制海洋环境迫害，预防海洋灾害方面，有了很大的理念上的转变。无论是加强海洋监测系统，还是设立主管预防的政府机构，都是政府在海洋事业领域的公共产品提供上，从事后处理走向事先预防的理念转变的体现。

（二）中国海洋社会发展面临的问题

我国在海洋开发、探索的征程中，既取得了举世瞩目的成就，也出现了一系列需要重视和尽快解决的问题，这些问题实际上也是与海洋社会发展的成就与特点紧密相连的，分析问题可以为我国今后的海洋社会发展之路做出更准确的预测与判断。

1. 海洋社会发展的战略性规范仍显滞后，缺乏统筹

我国海洋社会发展逐步成长，进而走向多元、繁荣，是我国改革开放之后社会生产力获得解放和发展的结果，是社会发展到一定阶段的产物，并非从一开始就有国家战略导向的指引，因而在发展历程中，尤其是在各项海洋事业的成长初期，海洋社会各领域普遍存在明显的战略性规范缺位、统筹规划缺乏的问题，而这些问题显然束缚了海洋社会的进一步发展。

近年来，我国在与周边国家之间的海洋争端中不时陷入被动，给维护我国海洋权益造成不利局面，具体原因固然有各种各样，但归根结底，还在于我国至今尚未建立起综合性的国家海洋战略，来对海洋事务进行统筹指导。我国各地的海洋产业结构趋同，重复建设情况十分明显，海洋油气等资源局部开发过度、总体开发不足的结构性矛盾十分突出。我国海洋公益服务事业虽然在近年来呈现全新发展局面，但不可否认，这项事业长期以来一直是海洋经济发展的附属品，在我国海洋开发、利用的历程中，政府并未对这一保护海洋开发实践

---

① 2009 年 9 月 30 日联合国教科文组织政府间保护非物质文化遗产委员会第四次会议审议，决定将"妈祖信俗"列入世界非物质文化遗产，因而"妈祖信俗"成为中国首个信俗类世界遗产。

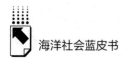

活动安全、顺畅、持久运行的公共服务事业做出过长期性、综合性的规划设计。海洋科研领域的人才培养也因缺乏国家层面的统筹规划而陷入困境。目前，我国海洋科研机构的专业技术人才正面临一轮退休高峰，但后备力量明显不足，海洋事业的发展正在因缺乏长远规划设计而面临人才枯竭的局面。

2. 海洋社会发展受体制与法制不完善的束缚仍然明显

我国海洋开发、利用与保护的实践活动在近几十年来有了长足的发展，从事相关事业的群体由少到多，以至近年来队伍日渐壮大，因而如何协调这些群体之间的关系，如何解决相关群体在生产生活实践中遭遇到的前所未有的社会问题，如何规范相关群体所组成社会的运行秩序成为海洋社会发展中最受人瞩目的话题。

我国涉海法律法规往往是针对某一特定领域或行业的专项立法，法律之间存在立法交叉与冲突。我国海洋执法维权长期实行分散性行业管理模式，直到1998年后才形成五支海洋执法队伍执法维权的格局。长期以来，这一模式一直因执法主体分散、职能交叉、责任不清、缺乏协调等缺陷而备受诟病。2013年国家海洋局改革之后，虽然全新的中国海警局得以设立，但国家海洋局、海警局和我国其他涉海部门、非涉海部门之间的关系协调仍不顺畅，海洋执法维权的体制建设依然任重道远。涉海管理部门众多也使得从事海洋公益服务的机构分散在各个部门中，遇到具体问题往往缺乏有效的职责认定，也阻碍了相关措施的有效迅速实施。目前，我国海洋经济运行的实时监控与能力评估仍很不够，导致国家无法据此对海洋经济做出准确、有效的宏观调控，海洋经济发展的配套政策明显不健全。

3. 海洋硬实力滞后仍是明显短板

我国海洋科技、海洋经济、海洋军备等硬实力在近年来的提升固然有目共睹，但仍然明显滞后于我国海洋社会发展的迅捷步伐。我国海洋执法技术装备虽然在近期获得了比较明显的改善，但大中型执法船数量少[①]等问题仍然突出，无法满足海洋维权的需要。此外，海洋经济发展中的战略性海洋新兴产业

---

① 甘丰录：《为建设海洋强国提供战略支撑》，中国船舶新闻网（2013年8月16日），http://www.chinashipnews.com.cn/show.php? contentid=5563，最后一次访问日期：2014年12月22日。

尚未形成规模，海洋科技成果转化率仍然偏低。海洋科技的关键领域中，自主知识产权的核心技术仍然匮乏，海洋工程、船舶工业等领域与世界强国之间的差距仍然较大。[①] 目前来看，海洋硬实力不足仍然是制约我国海洋事业发展的明显短板。

4. 区域间发展不平衡加剧

海洋社会发展缺乏国家层面战略规划所造成的另一个后果，就是沿海各区域间发展不平衡的加剧。改革开放以共同富裕为目标，以一部分人先富起来为手段，激活了各地区，特别是沿海各地对外开放的自主性，形成了地区间各不相同的特色。这些特色与区位、时机等因素相叠加，又随着时间的推移，不断加剧了沿海各区域之间发展的不平衡。

区域经济发展受优惠政策、时代机遇、区位优势等因素影响很大，海洋经济缺乏相对独立的宏观政策调整，因此作为区域经济的一部分，也受到以上因素影响，区域间发展不平衡的状态十分明显。[②] 经济发展不平衡背后潜在的是人才分布不均衡问题。我国中高级海洋科技人才一方面密集分布于经济最发达的沿海大城市，另一方面也在向北京这一政治资源与经济资源最集中的城市会聚，并且随着海洋开发力度的提升，这一差距正在进一步加大。

5. 海洋生态环境恶化已成为海洋社会可持续发展的重要阻碍因素

我国海洋开发、利用实践活动的发展历程几乎从一开始就与海洋生态环境的破坏相伴相随，沿岸工程的密集建设使得海洋环境污染的风险呈现集中化、规模化；围海造田需求不断增长，近岸开发过度，海岸侵蚀严重，滩涂湿地丧失，可利用资源日渐减少；赤潮等海洋环境灾害频发，虾贝病害严重，溢油及倾废等海洋环境事故屡见不鲜，[③] 近岸海洋生态系统健康状况持续恶化。时至今日，海洋生态环境问题已成为制约我国未来海洋经济社会发展的瓶颈。

我国海洋生态环境问题正在从单项环境问题转向综合性环境问题；由局部性环境问题演变成区域性环境问题；由显性环境问题转换为隐性环境问题；由短期环境问题演化为长期环境污染与生态破坏问题。海洋生态环境保护的任务

---

① 工业和信息化部：《船舶工业"十二五"发展规划》，2012 年 3 月 12 日发布。
② 赵丙奇等：《我国海洋经济发展现状与对策》，《中国国情国力》2012 年第 6 期。
③ 赵丙奇等：《我国海洋经济发展现状与对策》，《中国国情国力》2012 年第 6 期。

变得愈加复杂，这将会是今后很长一段时间内，我国海洋社会发展必须面对的一道难题。

6. 中国海洋社会发展正遭遇全球化挑战

全球化对世界各国、各民族、各地区产生了多层次、多领域的影响，我国海洋社会的发展同样不可避免地遭遇了全球化的挑战。海洋作为资源、通道、全新的生产与生活空间，其战略价值在全球化时代中获得了进一步的提升，也使得海洋权益与国家利益变得愈加不可分离，且关系日益密切。海洋无论从空间容量还是资源储藏量来看，都远超过陆地。因此，世界各国间为了生存与发展所展开的海洋权益与海洋资源的争夺必然会愈演愈烈。此外，我国海洋事业的发展同时还面临海盗、海上走私、海上恐怖袭击、海平面上升等海洋领域的非传统安全威胁。如何协调、推动我国海洋开发利用活动合理、安全、高效、可持续地开展，是全球化时代我国海洋社会发展必然要面对的挑战。

五　2015年中国海洋社会发展的总体形势展望与政策建议

在对我国改革开放至今的海洋社会发展历程进行梳理，对海洋社会发展中呈现的特点进行描述，并对其中存在的问题进行辨析之后，有必要对我国海洋社会发展的走向进行展望与预测，并对如何从政策、法制与体制层面上对海洋社会的运行秩序加以规范与调整提出相应建议。

（一）2015年中国海洋社会发展趋势

对过往进行梳理之后，我们还需要展望未来。步入2015年，我国海洋社会既沿袭了以往的种种发展特点，又将在发展过程中呈现新的动向，这些动向可以从以下几方面加以把握。

1. 海洋社会发展的统筹规划继续推进，相应体制与法制建设加速完善

我国政府显然已经意识到，海洋社会发展亟待国家以长期战略性眼光进行顶层设计，并在这一大框架下不断完善相关法制与体制的建设。我国各涉海政府机构已开始着手推进一系列改革措施，包括合理协调部门权限，整合部门资源，建立相关政策制定的协调化机制。国家在基于"海洋强国"的战略构想，

对海洋事业加以顶层设计的同时，也会致力于海洋环境、海洋文化、海洋科技、海洋产业等领域的具体法制建设。与此相应的海洋政策将会更加注重长期规划与短期规划的有效结合，也会更加注重专门领域的具体措施实施与海洋社会整体发展之间的协调。

2. 海洋经济、海洋科技等硬实力持续增长

以海洋经济、海洋科技为代表的我国海洋开发与利用的硬实力增长势头十分强劲，在 2015 年仍将持续增长。2015 年，我国海洋经济仍将处于成长期，增长方式将进一步由粗放型向集约型过渡，海洋资源有望获得更有效的利用。海洋科技的自主创新能力将随着国家对这一领域投入资金的加大而获得进一步的提升。2015 年，海洋科技领域的创新成果将继续涌现。这样的创新也会表现在海洋公益服务事业中，科技进步将是这一年度海洋公益服务发展的重要课题之一。海洋科研人才的增速与增幅在这一年度也会十分显著，从而推动海洋经济实力与海洋科技实力相辅相成，实现共同提升。

3. 海洋社会发展在新领域中增势显著

近年来海洋社会的发展已表明，各项海洋事业的发展并非齐头并进，海洋传统产业逐渐面临调整、合并、缩减，而海洋生物医药、海水利用、海洋电力等新兴产业近年来却增速显著，这样的趋势在步入 2015 年后会愈发引人注目。海洋环境污染、海洋资源枯竭、海洋生态失衡等问题已促使我国海洋技术不断更新，因而可以预见，海洋生物资源、海洋矿产资源、海水资源、海洋可再生能源、海洋空间资源等新型海洋资源将在今后获得更为广泛的开发利用。与此同时，海洋高技术产业基地的建设将成为今后海洋经济发展中的重要模式，[1]形成"以点带面，辐射全局"的全国海洋产业发展格局。

4. 海洋社会发展呈现多元化趋势，强调各领域间的合作，新理念相应产生

近年来，海洋事业的发展已呈现显著的多元化趋势，新兴产业发展势头迅猛，海洋社会发展过程中出现的一系列前所未有的问题与矛盾亟待新的体制与法制来加以规范与调整，海洋社会各领域开始对彼此间的合作有了更多的需求，传统的管理体制显然已束缚了当前我国海洋事业的前进步伐。

---

[1] 国家海洋局海洋发展战略研究所：《中国海洋经济发展报告（2013）》，北京：经济科学出版社，2013，第 156～158 页。

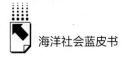
目前，我国海洋管理正在引入可持续发展、公共管理、治理、战略管理、综合管理、生态系统管理等诸多富有时代特性的新理念。以此为指引，政府、社会组织、企业、公民等多元主体合作共治管理模式的构建已经展开，海洋管理正在向着柔性、互动的方向发展。海洋公益服务领域的"蓝丝带"海洋保护协会等非政府组织的迅速发展也是这一理念在实践中的产物。而新时期，"和谐海洋"的发展观显然也是在挖掘传统海洋文化优秀价值观的基础上，不断在理念上实现丰富创新所获得的成果。

5. 全球化时代，海洋社会发展将更依赖国际合作交流

全球化时代对我国海洋事业进程的影响已毋庸置疑，而我国海洋社会今后的发展无疑也将更加依赖国际合作交流。近年来，我国海洋管理的范围已逐渐由近海扩展至大洋；由原本对本国沿海海域的单独管理，走向参与世界各国间的区域性及全球性海域合作管理；管理的内容由我国国内海洋事务延伸向区域海洋事务乃至全球海洋公共事务。我国海洋科技领域的国际交流与合作趋势同样明显，我国海洋生物、海洋地质、物理海洋、海洋环保等多个学科领域都已参与到全球海洋观测的调查及学术交流活动中，并且这样的合作交流正在进一步扩大。同时，我国政府所作出的建设"21世纪海上丝绸之路"的重大倡议，正是在对全球化时代我国发展之路进行深思熟虑后提出的，而我国海洋文化价值观的推广也是这一国家事业建设过程中的重要一环。

与此同时，全球化时代，海洋已毋庸置疑地成为世界各国市场和资源流动的最重要纽带，因此，海洋在将来仍然会是世界各国利益争夺的集中地，与周边海上邻国之间的海洋权益之争仍然会是我国今后海洋事业征程中需要直面的挑战。

（二）中国海洋社会发展的政策建议

在对我国海洋社会发展趋势作出预测之后，我们还需要进一步思考，如何在社会变迁的大趋势之下，致力于从政策、法制与体制建设的层面上，克服目前面对的困难，最大限度地维护我国海洋事业的成就，保障我国海洋利益。

1. 海洋社会发展的规划应进一步提升战略高度，立足长远，合理布局

党的十八大提出建设"海洋强国"战略，是基于21世纪海洋利益对我国社会发展的重大意义所作出的明智判断，这表明党和国家的领导人已经充分意识到，我国需要通过强大的海洋开发能力建设，来满足社会发展的需求，建设国力强大的国家。因此，海洋社会发展的规划应该与国家整体战略紧密配合，进一步提升统筹规划的战略高度，立足长远，对海洋事业的发展进行合理布局。

现有的海洋执法维权有必要进一步理顺，提升主管部门的行政级别，并继续将海洋执法部门的改革进行下去，将海事相关部门纳入海警的统一执法队伍之中。海洋文化事业的发展也需要纳入我国海洋发展战略之中，对这项事业中全局性、高层次的重大问题，国家应作出纵观全局、立足长远的战略性指导。对于新兴的海洋产业，需要予以政策上的重点扶持，以帮助我国海洋产业结构尽快调整并升级；对不可再生的海洋资源，应进行合理的开发与养护；对可再生的海洋资源，应予以支持，助其推广；对深海资源，应尽快明确国家主权所有，加大勘探开发力度。同时，政策上也应对各海域及沿岸区域间的相互配合予以充分的激励，协调北部、东部和南部三个海洋经济区，令其取长补短，发挥协作效应。同样的，海洋科技的研发体系也需要通过对相关科研机构的结构性改革来进行合理布局。涉海就业问题也离不开统筹规划，国家海洋局、统计局等政府部门也应在数据统计上做好长期规划，完善涉海就业人员相关信息的数据库建设，并将这项工作长期坚持下去。

2. 提升海洋硬实力应具有针对性，相关海洋智库的建言献策十分必要

目前，我国海洋硬实力的短板依旧明显，而海洋硬实力的提升又是海洋社会发展的根本，因此，对海洋经济、海洋科技等硬实力的建设应该更具针对性，并应注重专业领域科研技术人员所组成的海洋智库的建设，通过智库的建言献策，来进行海洋硬实力的有效建设。

我国之所以在海洋执法维权中面临一系列困难，从根本上说，还是因为军事力量建设步伐未能跟上。海洋执法队伍离不开船舶、舰艇、飞机、遥感、信息传输等各层面的先进技术装备，同时也需要加大相关领域的科技研发力度，强大的国家军事力量是我国海洋维权的根本保障；而海洋科技研发离不开科研基地、实验室、科技服务平台等基础设施的建设。海洋经济方面，应优化海洋产业结构，提高海洋产业的就业吸纳能力，实现陆域产业与涉海产业的协调发展，并在城市化的快速发展进程中，发挥城市集聚的就业拉动效应，提升涉海

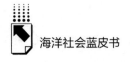

就业人员的数量与质量，繁荣我国海洋经济。同时，应充分利用国内外学术团体与科研机构的学术资源，建立各领域海洋政策制定的决策机制。

3. 全面推进海洋综合管理的实施

从海洋社会发展的大趋势来看，海洋事业各领域的多元化发展格局已经形成，因此，各领域之间合作、协调、沟通机制的建立已成为难以回避的任务，在国家层面的战略规划指引下，对各项海洋事业全面推行综合管理势在必行。

目前，我国海洋法制建设中的一项重要任务就是海洋事业各领域基本法的立法工作，这项立法将有助于确立我国海洋社会秩序的调整原则，理清海洋事业的层次体系，明确当前海洋事业中的重要任务；同时，也应对目前海洋法制体系进行查漏补缺，致力于我国现有海洋法律法规的梳理与整合，不断完善这一体系。国家海洋管理的相关部门之间显然亟须建立海洋综合管理体制，需坚持国家海洋行政主管部门对全国海洋行政管理工作的统一监督和指导，理顺国家与地方政府中的海洋管理部门各自的职责所在，减少职能交叉和重叠，增加部门间的协调配合和资源共享机制。海洋科技研发也需要以国家重大课题的攻关为主要任务，实施跨部门、跨学科的科学研究。面对海洋环境问题，我们应逐步建立海洋环境宏观调控机制，按照统一的监测方案与技术标准，组织开展对全国各海域环境的监测，并对海洋生态资源环境实施分类管理，对海洋经济发展与环境保护实施协调管理。

4. 应加强海洋教育，推进社会参与的多元化机制建设

我国海洋社会的多元化发展趋势决定了社会参与之于海洋事业的重要性。加强海洋教育，加大社会公众对海洋事业的参与，建设海洋社会的多元化机制也是这一阶段我国海洋事业发展的重要任务。

"海洋强国"不应仅仅被视作国家的战略规划，同样应该成为国民教育的主题。我国国民应该从提升中华民族伟大复兴的高度，去认识"海洋强国"对这个时代的意义，只有这样，才能全面推进我国海洋事业的发展进程。海洋管理也需要引入全新理念来克服痼疾，实现创新。应该在全社会范围内加强对海洋价值重新认识的宣传教育，特别是要提升国民对海洋生态价值、战略价值、海洋开发与保护并重重要性的培养教育。加强国民海洋教育的同时，对海洋科技人才的培养同样需要予以重视，相关培养应同时兼顾数量与质量，以确保海洋事业的可持续发展。强调社会公众的多元化参与，加强社会大众的海洋

教育，同时也意味着政府应该退出部分领域，例如在海洋环境治理过程中，政府应该更多地改用间接宏观调控的方式，以市场为中介，将这一系列责任转交给污染者，这样做既有助于发挥社会与市场的积极性，又有助于降低政策的执行成本。①

5. 积极主动参与海洋社会发展领域的国际合作交流

全球化使得世界各国在各领域、各层面之间有了前所未有的紧密联系，海洋因其作为人类的能源、资源、通道与空间所具有的功能，而成为全球化时代世界各国之间无可替代的重要纽带，也因此使得海洋成为世界各国竞相争夺的对象。在这样的时代里，我国海洋开发、利用与保护的实践活动必然会与其他国家的相关活动产生各种冲突、竞争与合作等关系。这样的关系既可以表现为空间、航道、资源的争夺，也可以是海上联合军事演习、海难合作救助、共同勘测调查。我国政府所提出的建设"一带一路"战略构想，正是意在以海洋为媒介、平台与通道，以积极主动的姿态，与世界各国共同打造政治互信、经济融合、文化包容的利益共同体、命运共同体和责任共同体。国家战略规划已然指明方向，因此在海洋事业的推进过程中，我们更需时刻意识到积极主动开展国际合作交流的重要性，唯有如此，方能跟上时代的步伐，推动我国海洋事业、国家事业的蓬勃发展。

---

① 王琪、丛冬雨：《论我国市场型海洋环境政策工具及其运用》，《海洋开发与管理》2011年第2期。

分 报 告

Segment Reports

B.2
中国海洋文化发展报告

宁 波 程永金*

摘 要： 农耕文化、游牧文化和海洋文化构成了中国三位一体的传统
文化内涵。考古学与文化史学研究表明，中国是典型的海洋
大国，创造了灿烂的海洋文化，传播、推动、主导着中华海
洋文化的发展。虽经历西方海洋文化的冲击，但中国海洋文
化发展未曾中断。进入改革开放尤其是海洋世纪以来，海洋
文化的发展进入崭新的轨道。海洋文化民间信仰与海祭活动
得到恢复；海洋文学艺术百家争鸣，百花齐放；海洋文化研
究促使海洋文化学的学科理论、体系不断完善，一门新兴的
海洋文化学科逐步成熟并得以建立；国民海洋意识不断提
升；"21世纪海上丝绸之路"建设引起众多国家共鸣等。尽

---

* 宁波（1972～），上海海洋大学经济管理学院副研究员、硕士生导师，主要研究方向：文化
经济学、海洋社会学、渔文化与海洋文化等；程永金（1991～），上海海洋大学经济管理学
院2012级硕士研究生，主要研究方向：海洋经济与海洋社会学。

管在发展过程中不可避免地存在一些不足，然而面向未来，海洋文化研究的历史使命日益凸显，把握"和谐海洋"发展主题，以文化"走出去"为动力，开创中国海洋文化大发展、大繁荣的全新格局正在逐步形成。

关键词： 海洋文化

一　中国海洋文化的历史概况

人类进入海洋世纪迄今，海洋各项事业取得了长足发展。作为近代迷失于海洋的东方大国，中国海洋事业真正意义上腾飞的起点可以追溯到1978年实施改革开放政策。改革开放，不仅是政治、经济、社会、文化等方面的开放，也是面向海洋的对外开放。正是从这一时期起，面向海洋的各种研究逐渐孕育、发展，成为学界关注热点。《海的梦》《海魂》《奔腾的大海》等海洋文学作品，《大海啊故乡》《军港之夜》等音乐作品，《哪吒闹海》《碧海蓝天》《蓝色的星球》《海洋》《海洋天堂》《甲午大海战》等动画片和电影日渐增多，大连极地海洋世界、上海海洋水族馆、中国航海博物馆、中国海洋博物馆（筹）等海洋休闲娱乐和文博场所的建设成一时之风潮。海洋文化渐渐成为热词。围绕海洋文化的各种节日、研讨会、论坛等如中国开渔节、中国海洋文化节、中国海洋论坛、中国海商文化论坛等也纷繁涌现。尤其是2013年习近平主席提出构建21世纪海上丝绸之路经济带的设想，使海上丝路研究再次掀起高潮，成为海洋文化界的盛事。

在海洋文化研究与学科发展方面，大致表现出这样一个特点：海洋文化由被学界陌生到成为一个热词。陈炎对古代海上丝绸之路、杨国桢对海洋社会经济史的研究等，逐渐将海洋文化推向学术舞台中心。受西方海洋话语权模式影响，学者们从20世纪90年代前的质疑、不自信和西方观点盛行，到其后自觉梳理、肯定中国海洋文化传统，批判西方海洋文化中心论，再到21世纪后引进多学科交叉研究视角和方法，构建比较系统的海洋文化学科体系。可以说中国海洋文化的研究工作，在短短 30 多年时间中实现了快速发展。然而，在迅速发展的背后也存在着理论与现实之间的问题，值得进一步关注、反思和研究。2014 年 12 月，随着曲金良等所著《中国海洋文化基础理论研究》一书由海洋出版社出版，标志着海洋文化学科基本理论体系已经初步建立，但如何深化、完善这一体系仍需付出更多努力。比如批判反思研究方法的缺乏、思维方式僵化、海洋文化实践程度低、组织人员和研究经费投入不足等问题，仍是海洋文化研究的羁绊，海洋文化研究依然任重而道远。

与此同时，中国文化体制改革的深入和海洋战略地位的提升，也提升了海洋文化界的信心，赋予其新的历史使命。比如，"和谐海洋"理念的提出，就充分表明海洋文化在继承、创新传统的基础上本土海洋文化自信的提升。立足现实，秉承这一理念，以文化"走出去"战略为动力，不断推动中国海洋文化发展，将为中国海洋事业发展与世界和平稳定贡献富有中国特色的"海洋智慧"。

二 中国海洋文化的发展脉络

中国在走向海洋的过程中，首先要唤醒对传统海洋文化继承与发展的文化自觉，深入剖析传统海洋文化的起源、发展过程及文化特质；其次要在继承、把握传统海洋文化的基础上发展具有现代意义的海洋文化，发扬具有中国特色的海洋智慧；最后是将海洋文化的自觉与自强变为发展海洋的中国行动自觉。[1]

（一）海洋文化的概念溯源

作为辨明问题的方法，争论和批判被广泛应用于各学科的研究领域。它在辨明学科基本问题，促进学科研究完善和深化方面具有重要作用。在海洋文化领域，这一方法同样被有效运用。它辨明了海洋文化领域的一些基本概念问题，推动人们对海洋文化的认识逐步走向深入和成熟。从"海洋文化"这一

---

[1] 杨国桢：《中国海洋史与海洋文化研究》，载曲金良编《中国海洋文化研究（第 4、5 合卷）》，北京：海洋出版社，2005，第 66 页。

概念提出至今，研究领域先后存在两种不同性质的争论：一是关于东西方海洋文化话语权的争论；二是中国内部海洋文化学者关于海洋文化学研究不同角度的争论。

关于东西方海洋文化话语权的争论，要追溯到黑格尔《历史哲学》对东西方文明的论述。黑格尔在《历史哲学》中，将中华民族界定为典型意义上的农耕民族代表，并进一步指出在中国的历史发展进程中不断更替的大国都将农业奉为国之根本。这种观念认为，中国一向视陆地为疆域及疆界实体，而海洋由于其危险性和不可预测性历来不受重视，甚至海洋经济活动在一定程度上受到抑制。因此，中华民族在以海为界的闭关自守中没能享受到海洋的文明，中国的文化被归类为典型的陆地文化，海洋文化即使有也是处于主流文化的边缘，对陆地文化未能产生多大影响。① 这一观点被广泛认可，也由此揭开了东西方海洋文化争论的序幕。

显而易见，黑格尔是立足西方文化中心论，站在西方海洋文明优越性角度谈这一问题的。在他眼里，西方文明是先进的海洋文化体系，而中国则是落后的陆地文化体系。这种观点开启了西方海洋文化中心论的先河。近 200 年来西方攻击东方世界的理论，几乎都可以在黑格尔的《历史哲学》中找到根据。② 伴随着西方海上殖民活动及文化的全球化输出，这一观点在西方学者的鼓吹下进一步扩大影响并被广泛认可。在中国，这种影响同样深刻、长远。20 世纪 80 年代的纪录片《河殇》，便是这种观念的产物。对此，中国学者自 20 世纪 90 年代起，从质疑、不自信和西化观点中解放出来，在认真梳理、肯定中国传统海洋文化的基础上，对此展开系统回应和批判。其实，海洋文化与大陆文化之间并没有贵贱高低的差别，也没有先进落后的区别。黑格尔所表述的"先进文化"，只不过是基于一个特定历史阶段的意识形态认识陷阱而已……拨开西方话语中心主义所笼罩的海洋文化迷雾，我们才能真正把握并深入海洋文化的自由之境。③

关于另一性质的国内海洋文化学者的争论，主要集中在：海洋文化学科属

---

① 黑格尔：《历史哲学》，北京：生活·读书·新知三联书店，1956，第 133～146 页。
② 徐晓望：《关于人类海洋文化理论的重构》，《福建论坛》（人文社会科学版）1999 年第 4 期。
③ 王宏海：《海洋文化的哲学批判——一种话语权的解读》，《新东方》2011 年第 2 期。

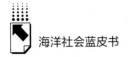

性、海陆文化关系、海洋文化学内涵及外延界定、学科体系构建争论等方面。可以说海洋文化的研究已经起步，并不断走向成熟。

（二）中国海洋文化的历史追溯

从历史维度看，国内外考古发现及文献记载为"中国是海洋文化大国"这一论断提供了有力注解。自中国海洋文明诞生起，伴随着历史脚步，中国人民创造了灿烂辉煌的海洋文化。所构建的中华海洋文化圈和"海上丝绸之路"为此提供了生动诠释。中华海洋文化圈主体的中国海洋文化沿"海上丝绸之路"向周边国家、地区扩展并实现回流，促进了中国海洋文化与周边国家、地区海洋文化的交流、融合，逐步形成了中华海洋文化圈。同时，这也使中华海洋文化圈体系在世界海洋文化体系中占有重要地位。从时间维度看，中国的海洋文化发展可以分为三个时期，即海洋文化的萌芽与发展、海洋文化的两次高潮及衰落、海洋文化的第三次高潮——海洋中国的崛起。

海洋文化的萌芽与发展：关于中国的海洋文化起源，学者基本以考古学发现为论据。即浙江河姆渡古文化遗址出土的木桨、舟，以及鲸、鱼的骨骼标本，都反映出河姆渡先民典型的海洋文化特征，说明当时的河姆渡人已熟练掌握造船技术并从事渔业活动。早在石器时代，河姆渡、壳丘头、龙山、大湾、良渚等沿海地区的远古先民，在长期生活实践和劳动实践中创造出了各种区域海洋文化，并在此基础上交融汇合成具有中国特点的海洋文化。① 随后，中国"海上丝绸之路"的开辟和发展，逐渐成为中国传统海洋文化发展的主线，也构成了传统海洋文化滥觞的实践载体。通过历代统治者及民间海洋活动的努力，中国在东北亚、东亚、东南亚至南亚及非洲开辟了三条"海上丝绸之路"，成为联系亚洲及古代西方和非洲的国际商道和文化输出路线。② 三国时期，吴国开始控制"海上丝绸之路"，具备建造可载三千人大船的能力（《三国志·吴书》）。公元203年，孙权派往台湾的船只，"大者长二十余丈，高出水面二三丈，望之如阁道，载六七百人，物出万斛，随舟大小作四帆"（朱应《南州异物志》）。

---

① 刘家沂、肖献献：《中西方海洋文化比较》，《浙江海洋学院学报》（人文科学版）2012年第5期。
② 徐质斌、张莉：《蓝色国土经略》，济南：泰山出版社，2002，第29页。

　　海洋文化的两次高潮及衰落：秦汉开辟"海上丝绸之路"以后，中国海洋文化开始向外传播，在唐宋时期达到一个高潮。唐宋时期，"海上丝绸之路"已经得到极大发展。唐朝已经和周边的亚洲国家通过海路建立了比较稳固的贸易关系，使者互访及供奉依附关系的建立使得商品、技术、文化的输出成为常态。随着造船术及航海知识的积累，宋代将这一贸易和文化输出交流的范围不断扩大，直达南亚、西亚、东非阿拉伯等地区。[①] 伴随着汪大渊、郑和等大航海家的出现，传统海洋文化的发展在元明达到鼎盛。这一时期海上丝绸之路得到极大延伸并稳定为中外海上贸易的主要线路。同时，这一时期也是中国海洋文化发展的最辉煌时期。明代郑和船队七下西洋开启了明王朝面向海洋的对外友好交流。郑和船队带去的财富引起了其他国家的崇慕，一时间万国来朝，使者往来，海上贸易及海洋文化交流达到前所未有的高潮。然而建立在朝贡恩赏等政治格局上的繁荣未能也难以持久，同时来自其他国家的崇慕反而给沿海带来海患。海盗及倭寇活动在明中期开始泛滥，明廷选择背海发展，随之而来的闭关锁国政策，阻断了中国海洋文化交流发展的海上通道。放弃了海洋也便放弃了陆地的安全屏障。至清道光年间，西方列强长驱直入内陆腹地，源于海上的灾难开启了中国近代的苦难历程。由此，璀璨开放的海洋文化走向内敛、停滞和闭关自守，落后于西方并最终被西方坚船利炮洞开国门，中国被迫重新走向开放。[②]

　　在西方坚船利炮的轰击下，中国的海洋意识被唤醒。1885 年，李凤苞首次翻译奥匈帝国的《海战新义》，引入"海权"一词。林则徐、魏源、李鸿章、张之洞、梁启超、张謇、孙中山等，陆续提出海洋经略与海权思想。张謇更是明确指出"渔界之所至，海权之所在也"的著名主张。此外，林子贞的《海上权力论》（1928），是从军事学角度撰写的国内第一部海权专著。新中国成立后，历代中央领导人均十分重视海洋。比如，毛泽东提出"西太平洋是西太平洋人的西太平洋"；邓小平提出"搁置主权，共同开发""近海防御"思想；江泽民提出"我们一定要从战略的高度认识海洋，增强全民族的海洋

① 叶澜涛：《再论中国古代南部海洋文化的农业性特征》，《广东海洋大学学报》2007 年第 2 期。

② 马志荣、薛三让：《后郑和时代：中国海洋文化由开放走向内敛的现代思考》，《西北师大学报》（社会科学版）2007 年第 5 期。

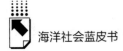

观念";胡锦涛在党的十八大报告中提出:"提高海洋资源开发能力,坚决维护国家海洋权益,建设海洋强国";习近平提出构建"21世纪海上丝绸之路"等方针。不过,由于各种内外现实环境限制,直到改革开放前,中国的海洋文化发展局面仍未打开。

海洋文化的第三次高潮——海洋中国的崛起:改革开放以后,中国的海洋事业和海洋文化发展进入新时期。国家先后颁布实施《海洋技术政策》《中国海洋21世纪议程》《全国海洋开发规划》《全国海洋经济发展规划纲要》《国家海洋政策白皮书》《中国海洋技术政策》《"九五"和2010年全国科技兴海实施纲要》《国家"十一五"海洋科学和技术发展规划纲要》等政策法规。随着改革开放各领域建设取得长足进步,中国开始以一个积极开放的海洋大国形象,在国际舞台上参与地区、国际海洋事务。尤其是2012年,党的十八大报告提出"建设海洋强国"战略。新兴的海洋中国伴随着海洋战略的提出开始崛起。作为海洋软实力、海洋战略理论基础的海洋文化,承担起提升国民海洋意识,为海洋崛起提供智力支持的历史使命。因此,海洋中国的崛起也意味着海洋文化中国的崛起。

三　中国海洋文化的新生

改革开放以后,中国海洋文化逐步获得新生并实现快速发展。海洋文化的再度兴起,不仅是历史给予中华民族再次选择的机会,而且是决定民族命运的关键抉择。我们切勿忘记拒绝海洋文化的沉痛教训,因为海洋文化的根绝,几乎使我们的民族走向消亡,这早已被历史所证实。采取开放包容的姿态,让中华民族的文化传统与海洋文化融合,形成有中国特色的海洋文化,才是符合民族利益的正确选择,才是我们民族的幸事。新时期的海洋文化不仅仅要对传统海洋文化进行梳理、继承,更要对其内涵精神进行创新。这一时期海洋文化研究取得了丰硕成果。从研究阶段特征来看,新时期的海洋文化研究可以划分为三个时期。从研究角度和方法来看,呈现出多领域研究并进的趋势。

(一)新时期海洋文化发展的阶段划分

对新时期的海洋文化发展,学者们曾努力作出不同尝试。20世纪80年代起，中国兴起文化热，大致以 1989 年为分水岭呈现两种趋势。前一个阶段否定传统、呼唤西方比较多；后一个阶段肯定传统、再造传统比较多。① 20 世纪 80 年代以后，有学者致力于传统文化的现代化转化；也有以《河殇》支持者为代表的部分人，试图以西方"蓝色文明"来否定所谓中国的"黄色文明"。20 世纪 90 年代以后，对现代性的反思浪潮风起云涌。主流观点表现为用传统文化的精髓来指引现代文化的发展，欲努力开辟一条中间道路来寻找传统与现代的结合点。② 以曲金良为代表的海洋文化学者倾向于以 1997 年青岛海洋大学海洋文化研究所的成立为时间节点，把中国的海洋文化发展分为前后两个阶段。结合以往学者的观点，笔者试图以阶段发展特征为依据将 30 多年的时间划分为三个时期。

1. 传统质疑与盲目西化阶段（1978～1989年）

以 1978 年改革开放至 1989 年文化评论纪录片《河殇》的播出为标志，这一时期中国的海洋文化思想，仍然笼罩在西方海洋文化中心论的阴影下，西方海洋文化优胜论观点大有市场。整个社会的海洋文化意识和海洋文化思索处于不自觉状态，同时对中国的海洋文化充满质疑和不自信。在质疑"黄色文明"的基础上提出西化观点，用所谓的"蓝色文明"改造"黄色文明"。1989 年《河殇》的播出将这种观点推向极致。这一时期的海洋文化发展，主要以考古领域的考古发现为表现形式。考古学者通过大量考古发现和推理论证，逐步梳理出中华海洋文化圈的轮廓。正是考古学者的努力，为后期的海洋文化自觉和系统化发展奠定了资料基础。

2. 意识启蒙与基础建构阶段（1989～2000年）

《河殇》的播出在整个思想文化界引起巨大震动，再一次掀起东西方文明争论的高潮。面对质疑中国传统文明的浪潮，海洋文化学者积极参与到争论中，通过梳理中国传统海洋文化，对这种否定中国传统文明的观点给予回击，自觉开启了中国海洋文化梳理工作。同时随着改革开放步伐的加快和整个文化思想界的发展，海洋民间信仰及海祭活动得到一定程度恢复，海洋文化资源的开发与保护日益受到重视。中国派代表参加《联合国海洋法公约》谈判并加

---

① 吴继陆：《论海洋文化研究的内容、定位及视角》，《宁夏社会科学》2008 年第 4 期。
② 温玉林：《我国海洋文化研究的四个侧面》，《社会科学论坛》2008 年第 12 期。

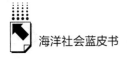

入公约，厦门大学杨国桢开辟中国海洋社会经济史新学科，以及1996年青岛海洋大学（现中国海洋大学）成立海洋文化研究所；1998年，浙江海洋学院成立海洋文化研究所；2001年，广东海洋大学成立海洋文化研究所；2005年，台湾海洋大学、上海海事大学成立海洋文化研究所；2006年，上海海洋大学成立海洋文化与经济研究中心，浙江成立浙江海洋文化研究会；2009年，中国海洋文化研究中心在舟山成立；2014年，海洋文化经济研究中心在宁波大学成立，中国海洋文化传播研究中心在浙江大学成立，等等。这些机构的设立，使得海洋文化发展迈出重大一步，标志着中国的海洋文化发展进入系统化阶段。从总体上看，这一时期的海洋文化实现了从质疑传统到自觉肯定传统再到系统化的转变。物质与非物质的海洋文化资源开始得到保护性开发，为海洋世纪的海洋文化研究大发展奠定了学科基础。

3. 深化与多元化发展阶段（2000年至今）

进入21世纪的海洋世纪以后，中国的海洋发展取得长足进步，建设"海洋强国"和"21世纪海上丝绸之路"经济带被提高到国家战略层面；国民海洋意识不断提升；海洋文化主题公园及海洋节庆日开发不断深化；海洋文学艺术精彩纷呈；海洋文化研究工作在前期积累的基础上，也呈现百家争鸣、百花齐放的面貌，在研究角度、切入点及学科视角方面不断扩展，学科理论体系得以深化、完善；国内及国际学术交流逐步增多，与国家海洋战略需要之间的联系更加紧密；同时，对整个海洋文化学发展的反思浪潮出现，海洋文化学的发展进入多领域、多元化阶段，呈现海洋物质与非物质文化齐头并进的繁荣景象。尤其是在海洋文化研究领域中学科体系研究、文化史研究、比较研究、反思研究、文化实践研究不断推进。从整体上看，这一时期的海洋文化发展呈现与经济和国家战略需要更加紧密结合的特点。

（二）新时期海洋文化发展的部分成果

新时期，海洋文化发展硕果累累、名家辈出，各领域都取得长足进步。海洋民间信仰得以恢复并深化；海洋文学艺术百家争鸣；海洋经济战略地位不断提升；海洋文化研究更是不断创新，发展成为学界热点。

1. 海洋民间信仰得以恢复并深化

中国的海洋民间信仰源远流长。可以说海洋民俗及海洋神话是中国海洋发展的源头。丰富的海洋神话传说是海洋民俗和信仰的来源与表现，同时多彩的海洋民俗和信仰又为海洋文学艺术发展提供了原始素材。中国的海洋民俗与海神信仰在不同地区表现为不同形式，而经过历史演变，妈祖娘娘信仰与供祀、海龙王信仰与祭祀、南海观世音菩萨信仰与供奉等，成为沿海普遍性的民间信仰。历代统治者及民间对于海洋神灵的信仰都相当重视。这在一定程度上充当了统治者巩固统治地位的手段，同时也成为民众寻求庇护和精神寄托的形式。因此，一些海洋神灵一直被统治者不断地加以褒封，被民众立庙祭祀供奉。

伴随近代以来的民主及科学革命，大量海洋民俗及信仰被破除，尤其是在"破四旧"时期，众多海洋神灵供祀场所被捣毁。在改革开放新时期，先是民间海洋民俗及信仰得以恢复，而后政府为保护文化传统，对恢复发展海洋民俗及信仰提供了有力支持。

以妈祖信仰为例，在"文化大革命"期间，妈祖信俗被国家政治意识所挤压和替代，妈祖信俗的实物载体——妈祖庙被大量捣毁，妈祖神像被推倒，大规模的供奉及祭祀活动被禁止。直到改革开放以后，妈祖信俗才逐步得到恢复，在众多信徒的资助下，被捣毁的妈祖庙得以重建，香火不断。20世纪90年代，在两岸交流开放以后，台湾许多妈祖信徒蜂拥前往中国福建湄洲岛进香，并捐款兴建殿宇。这使得妈祖庙和"妈祖遗迹"已经在"文化大革命"中被破坏殆尽的湄洲岛，重新兴建了大量现代化宫殿、参道和牌楼。1994年，中国·湄洲妈祖文化旅游节由莆田市人民政府创办。2007年起，该文化旅游节在福建省政府、文化部以及海峡两岸民间组织的支持下开展。截至2014年，已成功举办16届，活动内容不断丰富，规模影响持续扩大，每届都吸引大批妈祖信徒和游客参会，现已成为对台对外文化交流合作的重要平台和重要的涉台旅游节庆活动。2009年9月30日，妈祖信俗作为中国首个信俗类世界遗产被列入《人类非物质文化遗产代表作名录》。

另外，就海洋信俗文化节日而言，值得一提的是中国海洋文化节。2005年，首届中国海洋文化节由中国海洋学会、中国海洋报社、浙江海洋学院共同主办，岱山县人民政府承办，整个海洋文化节历时近一个月。活动分首届中国海洋文化节开幕式——谢洋休渔仪式、海洋主题系列学术研讨会、海洋主题特色博物馆开馆（奠基）仪式、海洋文化主题文体比赛娱乐活动及中国海洋文化节闭幕式五大块。同年，浙江海洋学院创办第一届中国海洋文化论坛。2010

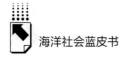

年6月18日，岱山县在舟山群岛·中国海洋文化节开幕式上举行"岱山岛·海坛祭海谢洋大典"活动，通过祭祀和传统民俗表演活动突出"祭海谢洋节"的内涵。这一节庆活动也逐渐成为舟山海洋文化的品牌活动。

在改革开放新时期，祭海仪式、开渔节、谢洋节等传统海洋民俗文化活动的恢复，以新形式、新面貌进一步丰富了中国海洋文化的内涵。

2. 海洋文学艺术百家争鸣

新时期，海洋文学艺术在以海洋诗歌、民间传说等海洋文学形式的基础上，逐渐进入以海洋题材小说、电影、舞蹈、音乐等为表现形式的多元海洋文学艺术时代。可以说，新时期的海洋文学艺术百花齐放、百家争鸣。

进入新时期，海洋文学艺术最大的特点是以人为本。冰心是首个以海为题、书写大海的现代作家。她以孩童般纯洁的心讴歌大海。在大海中，她寻找到了人生主题——爱。20世纪80年代，作家王蒙发表知识分子的精神之歌《海的梦》，邓刚发表了重塑男子气概的《迷人的大海》。两部作品洋溢着积极向上的精神和超越痛苦的努力。在大海的波涛中，在历史的废墟上，高唱知识分子的精神之歌，重塑自由、开拓、奋进的时代精神。20世纪80年代后，单学鹏先后发表《奔腾的大海》《千岛之恋》，海湾三部曲：《初潮》《微澜》《狂涛》，中短篇小说集《警士与美人鱼号》《龙潭礁》等海洋题材文学作品。

20世纪90年代，作家翟晓光发表长篇小说《红海洋》，作为大陆首部海洋军事题材小说，该书展现了中国海军波澜壮阔的发展历程，同时通过对海军人物的刻画，展现出在新时期的海洋军事发展中，中国海军所经历的思想变迁及在新的历史条件下所受到的价值观冲击。21世纪，张剑彬发表中国第一部真正意义上的海洋动物题材长篇小说《鲸歌悠扬》。

在新时期的海洋诗歌创作中，经历了三个不同诗歌流派的演变：以艾青为代表的老一代诗人，在新的历史时期重登诗坛，将自己所经历的历史变迁与个人命运起伏赋予诗文中，抒发着时代变迁和沧海桑田的感慨。艾青先后创作了《拣贝》《虎斑贝》《鱼化石》《盼望》《面向海洋》等多首海洋哲理诗，以海喻人，回味悠长。曾卓在其创作的多篇以海为题的诗歌中，流露出对海洋的独特情感。钟情于海洋的诗人蔡其矫和孙静轩在出版的个人诗集中收录了大量海洋类诗篇，以对海上风光的描写，抒发出对海洋的别样情感。其余还有诸如牛汉（《海上蝴蝶》），鲁藜（《贝壳》），绿原（《我们走向海》），流沙河（《贝壳》），昌耀（《划呀，划呀，父亲们!》《海的小品》《致石臼港海岸的丛林带》）。

新诗潮中以舒婷和北岛为代表的诗人在创作生涯中也将大量笔墨献给了海洋。女诗人舒婷将常见的海洋主题和意象融入诗篇中，先后创作了《致大海》《双桅船》《大海组曲》《珠贝——大海的眼泪》等诗篇；在朦胧诗人北岛和多多的眼中，诸如船、船票等意象则被赋予特殊内涵，借以抒发诗人在当时环境下的内心情感，或直白，或含而不露。20世纪80年代，以李钢和邓刚等为代表的诗人开启了海洋军事诗的先河，以军人视角描写着对海洋的热爱和赞美，同时抒发出海军诗人的豪迈气概。而在东海诗群与群岛诗群内则聚集了大批与海为伴的年轻诗人，以自身的海洋经历和海洋实践为素材创作了大量海洋诗歌。在诗人王彪与岑琦的积极倡导下，1990年主编成《蔚蓝色视角——东海诗群诗选》，共收入包括王彪、岑琦、戴中平、李越、南野、丁竹等在内的37位诗人的263首海洋诗歌，蔚为大观。①

3. "21世纪海上丝绸之路"战略提升

汉武帝时期，打通了南方沿海航路和渤海、黄海沿海航路，以此为基础，开辟了三条"海上丝绸之路"，即通往日本的东北亚"丝绸之路"，通往朝鲜半岛的东亚"丝绸之路"和经过东南亚、南亚，直至非洲东海岸，联系亚欧非的印度洋航线。"海上丝绸之路"作为连接中国与东亚、东南亚、南亚，直至西亚、北非的重要贸易通道，不仅促进了这些地区经济贸易的爆发式增长和持续繁荣，同时作为文化交融通道，也推动了各地区间的文化碰撞与融合，可以说"海上丝绸之路"不仅仅是经济大动脉，更是文化大通道。

新时期，中国政府一直致力于"海上丝绸之路"的恢复重建，不仅致力于将其打造为新时期的海上贸易线，更致力于将其建设成科技文化流通通道。为此，2013年10月，习近平总书记出访东盟国家时倡议建设"21世纪海上丝绸之路"，并将其上升为国家战略。李克强总理在2014年3月5日所作政府工作报告中提出，抓紧规划建设"丝绸之路经济带"和"21世纪海上丝绸之路"。党的十八届三中全会《决定》强调，要加快同周边国家和区域基础设施互联互通建设，推进丝绸之路经济带、"21世纪海上丝绸之路"的建设，形成

---

① 柴丽红：《论现当代海洋诗中的海洋意识》，山东大学，硕士学位论文，2013。

全方位开放新格局。

千百年来，"海上丝绸之路"体现的是一种开放合作、交流互鉴、包容并蓄的发展精神，对古代各文明间的交流作出了重要贡献。在建设"21世纪海上丝绸之路"时，经济贸易通道建设固然是重点，但文化科技及人才交流通道建设也不能不予以重视。文化科技及人才流通已经成为经济贸易活动得以开展的黏合剂，因此在新"丝绸之路"的建设中必须要对文化科技及人才通道的建设予以相当的重视。中国倡议将2014年确定为"中国–东盟文化交流年"。中国与东南亚各国是近邻，无论从历史还是现实来看，都可谓山水相连、血脉相亲，兴衰相伴、同舟共济，双方关系的本质是立足于互利共赢，开展人员及文化交流，推动"21世纪海上丝绸之路"建设不断深入。[①]

4. 海洋文化研究不断创新、独立成学

新时期的海洋文化研究领域，先后涌现出诸多学科领军人物，其中包括以海洋社会经济史研究著称的杨国桢教授。他先后著有《闽在海中》《东溟水土》《瀛海方程》等，并主持编修《海洋与中国丛书》《海洋中国与世界丛书》等，对中国古代的海洋文化梳理研究工作做出了突出贡献。同时以构建海洋文化学学科体系研究著称的曲金良教授，编有中国第一本海洋文化学教材《海洋文化概论》及《中国海洋文化史长编》《海洋文化与社会》《中国海洋文化基础理论研究》等一系列著作，为新时期的海洋文化学科体系构建奠定了基础。另外，以研究区域海洋文化、海洋文化产业和海洋社会学见长的张开城，以研究南海海洋文化见长的司徒尚纪等学者及其著作，在海洋文化学学科独立方面都起到了奠基作用。在学术期刊论文研究方面，1978年1月~2014年7月，在中国知网上共检索到篇名中包含"海洋文化"的期刊论文622篇，平均每年17篇。从年均发表论文数量来看，海洋文化的研究还处于较小范围内，但从年度数据增长趋势看，海洋文化的研究已经受到越来越多的重视。笔者尝试以时间和研究视角两个维度为标准，对新时期的海洋文化研究加以梳理。

（1）海洋文化遗迹考古

这一类型的海洋文化研究是海洋文化发展的基础，同时从不同侧面对海洋

---

① 卢昌彩：《建设21世纪海上丝绸之路的若干思考》，《决策咨询》2014年第4期。

文化发展作出了独特贡献。论证中国具有优秀海洋文化的同时，梳理出中华海洋文化圈系。20世纪30年代，林惠祥在对福建武平遗址考察的基础上，指出东南文化与华北文化存在的差异，通过类比将我国的东南地区划为文化史上的"亚洲东南海洋地带"。① 20世纪50年代，凌纯声在《中国古代海洋文化与亚洲地中海》等文章中，将中国文化分成西部的"大陆文化"和东部的"海洋文化"两大类。认为大陆文化是一种农业文明，而海洋文化是一种渔猎文明，并将我国东部沿海文化划归"亚洲地中海文化圈"。② 1979年，苏秉琦将我国早期古文化的格局表述为东南部的海洋文化区域和西北部的陆地文化区域，并对具体的区域范围作出论证。1981年，在探讨考古学文化的区、系、类型问题时再次提出，大约距今5000年，北至长城地带，南至长江以南的水乡，东至黄海之滨，西至秦晋黄土高原。还逐个地论证了"善于辑舟"的环中国海土著先民对于中国海洋文化的开创之功。③ 房仲甫从1979年到1983年先后撰文论证了殷人东渡美洲，成为美洲大陆最早的发现者，并在美洲大陆定居下来演化为美洲原住民。④ 1996年4~5月，中国文物考古工作者对西沙群岛所属岛屿、沙洲、礁盘进行细致的文物普查，共采集文物标本1800多件，发现水下遗物点8处，以实物的遗存印证了我国先民关于发现和开拓南海诸岛的文献记载，佐证了我国对南海诸岛自古以来具有无可争辩的主权。

（2）海洋文化史研究

海洋文化史的研究以杨国桢、宋正海、李二河为代表。杨国桢对中国海洋史进行了专门研究。他认为应该把我国海洋史的研究作为一门新兴的海洋人文社会科学来对待，并从学科建设角度对其必要性进行论证。同时，他认为海洋文化是关于造船和航海术的文化，主张以这两个视角为切入点研究海洋文化。⑤⑥ 宋正海把西方海洋文化称为海洋商业文化，中国古代海洋文化可称为

① 林惠祥：《福建武平县新石器时代遗址》，《厦门大学学报》1956年第4期。
② 凌纯声：《中国古代海洋文化与亚洲地中海》，《海外杂志》1954年第3期。
③ 苏秉琦：《略谈我国东南沿海地区的新石器时代考古——在长江下游新石器时代文化学术讨论会上的一次发言提纲》，《文物》1978年第3期。
④ 赵君尧：《中国海洋文化历史轨迹探微》，《职大学报》2000年第1期。
⑤ 杨国桢：《从涉海历史到海洋整体史的思考》，《南方文物》2005年第3期。
⑥ 杨国桢：《论海洋人文社会科学的兴起与学科建设》，《中国经济史研究》2007年第3期。

海洋农业文化，两者均是世界海洋文化的基本类型。① 李二河在其专著《中国水运史》和《舟船的诞生》中指出，中国是大陆与海洋的统一体。中国的文化同样是陆地文化和海洋文化的统一体。伟大的中华民族同地中海国家一样，都是人类海洋文明的重要发祥地，都拥有内涵丰富的海洋文化，都是人类历史文明的重要组成部分。中华民族不仅早在7000年之前就创造了辉煌的航海史，而且还在7000年频繁而漫长的航海中，把最早的人类文明、古代文化和科学技术带到美洲和世界各地。曲金良在此基础上提出东亚地中海的概念，它由"东北亚地中海"和"东南亚地中海"构成，并指出海洋文化便是在这一系列地中海上形成的。"东北亚文化圈"和"东南亚文化圈"是"东亚文化圈"的两个子系统；两个子系统共同的本质属性是中国文化，因此，作为两个子系统的整体系统——东亚海洋文化圈的主要内容是中国文化圈。中国文化圈，从其环中国海的地缘生成与发展条件和内涵而言，无疑可称为"中国海洋文明圈"。②

（3）海洋文化概念内涵探讨

在学科基本概念的发展中，集中表现在对海洋文化内涵的争论与探讨。曲金良认为海洋文化作为人类文化四个重要的构成部分和体系，就是人类认识、把握、开发、利用海洋，调整人与海洋的关系，在开发利用海洋的社会实践过程中形成的精神成果和物质成果的总和，具体表现为人类对海洋的认识、观念、思想、意识、心态，以及由此而生成的生活方式包括经济结构、法规制度、衣食住行习俗和语言文学艺术等形态。③ 林彦举认为海洋文化是生活于沿海地区的人民，在具体的海洋实践及海洋生活中所创造出的具有海洋特性的有形的物质文明财富和无形的精神文化成果。④ 陈泽卿认为海洋文化是人类在长期的海洋开发活动中积淀形成的，是人类文化的发端，它以海洋的丰富内涵，影响人们的观念，引导人类走向文明，改变世界历史进程。⑤ 安桃艳则从人类

---

① 宋正海等：《试论中国古代海洋文化及其农业性》，《自然科学史研究》1991年第4期。
② 曲金良：《"环中国海"中国海洋文化遗产的内涵及其保护》，《新东方》2011年第4期。
③ 曲金良：《海洋文化概论》，青岛：青岛海洋大学出版社，1999，第21页。
④ 林彦举：《开拓海洋文化研究的思考》，载《岭桥春秋·海洋文化论文集》，广州：广东人民出版社，1997，第77页。
⑤ 陈泽卿：《海洋文化的重新选择》，《海洋世界》1998年第6期。

认识角度出发，认为海洋文化是以人们对海洋本身及一系列海洋自然现象的认识为基础，并在此基础上利用和创造出的不具有实物形态的文化生活内涵。[1] 霍桂桓在哲学反思的基础上指出所谓海洋文化，就是作为社会个体而存在的现实主体，在其具体进行的与海洋有关的认识活动和社会实践活动的基础上，在其基本物质性生存需要得到相对满足的情况下，为了追求和享受更加高级、更加完满的精神性自由，而以其作为饱含情感的感性符号而存在的"文"来"化""物"的过程和结果。[2] 徐晓望认为海洋文化是人类在处理人与海洋关系时的行为方式和文化方式，即人类在开发、征服海洋的过程中所形成的一整套稳定的行为、理论和方法上的综合体，同时也表现为一种稳定的文化消费方式。[3] 王宏海从文化哲学上指出海洋文化是一种话语权，即海洋文化是一种在地区内由于文化本身发展阶段的差异而导致的在地区内影响力的表征，往往通过意识形态的方式表现出来，海洋文化与大陆文化并无贵贱高低之分，也无先进落后之区别。所谓的先进文化只不过是一种文化意识形态的陷阱而已。[4] 张开城在批判文化定义加法现象的基础上指出海洋文化是人海关系的总和，一方面表现为人类在认识及实践海洋过程中的知识经验积累及进一步形成的具有海洋特性的生活方式，另一方面表现为人类对自我的海洋开发活动的反思和行为方式的改变。[5] 陈涛对传统的海洋文化定义方式进行了批判，指出传统的海洋文化定义具有大而无当的缺点，指出海洋文化是人类在海洋实践中对海洋认识的逐步深化，以及根据海洋反馈来调节自身行为的人海互动关系，总体表现为物质的和精神的成果。[6]

（4）海洋文化学科体系深化

确立学科体系，是海洋文化学科建设的首要问题。学者们从不同角度对有关基本概念和学科构建进行了思考。曲金良对海洋文化学科体系及其研究范畴

---

[1] 安桃艳：《舟山开发海洋文化旅游的思考》，《浙江国际海运职业技术学院学报》2005 年第 1 期。

[2] 霍桂桓：《非哲学反思的和哲学反思的：论界定海洋文化的方式及其结果》，《江海学刊》2011 年第 5 期。

[3] 徐晓望：《论古代中国海洋文化在世界史上的地位》，《学术研究》1998 年第 3 期。

[4] 王宏海：《海洋文化的哲学批判——一种话语权的解读》，《新东方》2011 年第 2 期。

[5] 张开城：《哲学视野下的文化和海洋文化》，《社科纵横》2010 年第 11 期。

[6] 陈涛：《海洋文化及其特征的识别与考辨》，《社会学评论》2013 年第 10 期。

进行了细致分类和总结。他认为海洋文化学应包括海洋文化基础理论研究，海洋文化史研究，中外海洋文化的相互传播、影响及其比较研究，海洋文化田野作业以及海洋文化与社会发展综合研究等 5 个方面。① 姜永兴认为，海洋文化体系可以分为两个层次。第一层次是关于海洋文化学作为一门学科，在其学科建设中要进行的基础理论研究，这在研究方法上与其他学科的基础理论研究具有共通之处，第二个层面是海洋文化具体内容的研究。② 徐杰舜认为当今的海洋文化研究既要有理论研究，又要有文化实践研究，如海洋文化学科理论体系研究和海洋文化产业研究；既要研究中国的海洋文化，又要研究世界的海洋文化。③ 丁希凌从宏观视角对中国海洋文化学的研究对象、范围及未来的发展重点等问题进行了探索，指出海洋文化学由于研究内容本身的开放性和包容性使其成为一门跨越多学科的综合性人文学科。只有通过多学科交叉研究的方式才能实现海洋文化学科的成熟。④ 吴继陆提出了海洋文化研究应当包括的几个层面，并思考中国当代海洋文化研究的意义与定位，强调海洋制度文化研究的必要性。提出从文化解释的角度，探讨海洋文化研究可能的新视角。⑤ 吴建华认为，海洋文化学者在海洋文化研究和海洋文化学科建设中，首先应当考虑的是在深刻认识文化内涵的基础上找出海洋文化研究行之有效的视角、方法和手段，而不是简单地限定海洋文化研究对象和范围，从而禁锢研究视野。⑥

（5）海洋文化的批判反思

在深入开展海洋文化研究的过程中，要秉持的是一种严格意义上的批判研究态度，尤其是要在研究过程中进行哲学上的反思，通过哲学批判反思以确定海洋文化研究的内容、方法和视角，并且通过进一步的批判反思，反思前一阶段批判反思的结论。哲学意义上的批判反思首先要准确指出海洋文化的内涵，

---

① 曲金良：《海洋文化与社会》，青岛：中国海洋大学出版社，2003，第 35 页。
② 姜永兴：《海洋文化研究三题》，《湛江师范学院学报》（哲学社会科学版）1996 年第 12 期。
③ 徐杰舜：《海洋文化理论构架简论》，《浙江社会科学》1997 年第 4 期。
④ 丁希凌：《海洋文化学刍议》，《广西民族学院学报》（哲学社会科学版）1998 年第 7 期。
⑤ 吴继陆：《论海洋文化研究的内容、定位及视角》，《宁夏社会科学》2008 年第 4 期。
⑥ 吴建华：《关于海洋文化研究对象的思考》，《中国海洋大学学报》（社会科学版）2007 年第 5 期。

而不是不假思索的加法定义法或者大而无当的定义法，其次要对海洋文化学科建设过程中所要做的各项研究工作进行方法论上的合理规范。① 李德元在对中国海洋文化与传统文化整合的基础上，对海洋文化农业性的观点展开反思，指出中国传统海洋文化具有不同于农业文化和游牧文化的文化系统。它是中华多元文化格局的一个方面，与农业文化不是简单的中心与边缘的关系。反对将海洋文化视为农业文化附庸的现象。② 霍桂桓通过对海洋文化定义的哲学反思与非哲学反思对比指出：界定海洋文化与界定一般意义上的文化一样，都要进行哲学意义上的批判反思。通过揭示不同于文化本身和其他类型文化的本质区别，准确定位海洋文化及揭示海洋文化发展及其研究发展的本质规律，避免对海洋文化进行"移花接木"式的定义方式和浮于文化表面的研究。③ 陈涛通过考辨海洋文化及其特征，在反思的基础上指出将海洋文化理解为"海洋"与"文化"的二元相加，一是忽视了海洋文化的整体性；二是海洋文化概念界定过于宽泛，存在大而不当的缺陷，无法反映海洋文化的起源与本质；三是海洋文化特征研究不够严谨。④

（6）海洋文化中西比较研究

海洋文化领域内的比较研究涉及两个方面：中西海洋文化的比较研究和陆海文化的比较研究。中西海洋文化比较研究方面：吴建华认为，传统的中外海洋文化在海洋对象上具有一定的共性特征，而又因所在地域差异具有不同特征。⑤ 宋正海认为，中国古代海洋文化受到黄河文化的深刻影响和制约，有着明显的农业性。在某种意义上来说，西方的海洋文化具有商业精神和利益追逐特性，而中国的海洋文化具有农业性和知足性。两者均是世界海洋文化的基本类型。⑥ 赵子彦等通过对中西海洋文化地理环境、观念意识、政策制度、生产

---

① 叶冬娜：《浅析海洋文化哲学》，《淮海工学院学报》（社会科学版）2013 年第 5 期。
② 李德元：《质疑主流：对中国传统海洋文化的反思》，《河南师范大学学报》（哲学社会科学版）2005 年第 9 期。
③ 霍桂桓：《非哲学反思的和哲学反思的：论界定海洋文化的方式及其结果》，《江海学刊》2011 年第 5 期。
④ 陈涛：《海洋文化及其特征的识别与考辨》，《社会学评论》2013 年第 10 期。
⑤ 吴建华：《谈中外海洋文化的共性、个性及局限性》，《浙江海洋学院学报》（社会科学版）2003 年第 1 期。
⑥ 宋正海：《中国传统海洋文化》，《自然杂志》2005 年第 4 期。

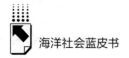

方式的差异比较，得出中国与西方的海洋文化存在的差异。① 刘家沂通过分析中西海洋文化的发展历程，指出中国的海洋文化具有以和为贵、缺乏海洋战略意识、重视输出、轻视拿来、悲天悯人、救苦救难的道德取向和强烈的自然主义色彩；而西方海洋文化具有商业性、侵略扩张性、国家意志性、原创进取性和人文主义特点。②

在海陆文化比较研究方面，徐晓望认为中国海洋文化圈由文化发源地的本土海洋文化圈和随文化输出及文化携带者于海外聚居地而形成的海洋文化圈组成。在谋生方式上，内陆文化和海洋文化的根本区别在于：前者是"静态"文化，定居性、苟安性、封闭性、忍耐性，均是静止性的曲折反映，而后者却是"动态"文化，一个"动"字在不同场合下，转化为流动性、冒险性、开放性、斗争性。二者反映了不同的社会适应性。③ 郭去疾认为，大陆文化与海洋文化是两种最主要的文化形态。大陆文化与海洋文化的区别在于两种文化形成背景的不同，代表着人类不同发展阶段的文化成果，认为海洋文化优于大陆文化，两者具有完全相反的精神内涵。④ 宁波认为，由丝绸之路的开辟到唐代的开放，表明大陆文化并非保守的同义语，海洋文化也不是开放的同义词。大陆文化的主旋律是进取而开放的。海洋文化在发展中也不乏保守的内容。保守的根源是特权文化，而非大陆文化，也非海洋文化。⑤

（三）新时期海洋文化发展存在的问题

中国海洋文化在新时期取得显著成绩的同时，也不可避免地存在一些问题，值得引起关注、思考和分析。

1. 海洋文化资源保护与开发的无序和投入不足

在开发与保护海洋文化资源，发展海洋文化产业的海洋文化实践方面，中

---

① 赵子彦：《中西海洋文化差异研究》，《职业时空》2011 年第 11 期。
② 刘家沂、肖献献：《中西方海洋文化比较》，《浙江海洋学院学报》（人文科学版）2012 年第 5 期。
③ 徐晓望：《论中国历史上内陆文化和海洋文化的交征》，《东南文化》1988 年第 Z1 期。
④ 解飞、顾雪、刘聪、郭去疾：《科大少年班才子的海洋哲学》，《北京青年周刊》2010 年第 27 期，转引自王宏海《海洋文化的哲学批判——一种话语权的解读》，《新东方》2011 年第 2 期。
⑤ 宁波：《科学认识大陆文化与海洋文化》，《上海水产大学学报》2008 年增刊。

国政府、民间组织及学者做了很多有益工作。总体上说提高了中国海洋文化的实践程度，然而仍存在一些需要努力的地方，表现在：对海洋文化资源的开发有余，保护不足，很多开发出来的海洋文化资源仍处于被破坏的尴尬境地，甚至于开发造成了实质性的破坏；对海洋物质文化资源开发有余，对非物质文化资源开发保护不足；对抢救性的海洋文化资源开发、保护工作欠缺；以经济价值作为海洋文化资源开发的衡量标准等。在海洋文化产业建设领域存在诸如：产业布局不合理；产业结构不平衡，文化旅游产业比重大；地域特色不明显，品牌知名度低；低水平重复建设；文化资源开发程度低，形式有余，内涵发掘不足；可持续发展程度低等问题。刘丽、袁书琪在分析中国海洋文化区域特征的基础上指出：海洋文化旅游正在成为一种主流。但目前中国的海洋旅游业与世界上海洋旅游业发达的国家和地区相比，差距较大。主要是因为中国的海洋区域旅游开发中还存在着海洋文化内涵发掘不足，资源利用水平低，缺乏区域特色，不够重视资源保护等问题。① 在海洋文化旅游研究方面，与海洋文化研究形成热潮相比，海洋文化旅游研究则要冷清许多。海洋文化旅游研究无论是在规模上还是在研究范围的广泛性上都有待于进一步提高。由于海洋文化旅游研究比海洋文化研究具有更宽泛的学科跨越性，因此海洋文化旅游研究需要更加广泛的学科视角，而当下的研究却相对缺乏这种视角，另外海洋文化旅游研究注重对国外成功案例的研究而忽视适合本土发展模式及经验的开发。

2. 海洋文化研究亟待深入

（1）学科理论体系相对薄弱

中国是依据研究对象、研究特征、研究方法、学科的派生来源、研究目的和目标等五个方面，即《中华人民共和国国家标准 GB/T13745 - 2009》，来对学科进行分类的。学者们对海洋文化的学科理论体系建设做了不同尝试，但总体来说得到广泛认同而有说服力的体系依然薄弱，主要表现为海洋文化研究的基本问题未得到解决，基本概念缺乏有力阐释，整体理论框架尚未建构，学科研究的理论目标与实践目标还比较模糊等。不少学者多是将海洋文化研究与历史文献或地方风俗相联系，试图阐释海洋文化研究的丰富性及其意义，而对海

---

① 刘丽、袁书琪：《中国海洋文化的区域特征与区域开发》，《海洋开发与管理》2008 年第 3 期。

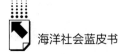

洋文化的学科理论架构、现实应用转化及其发展趋势研究不足。因此,海洋文化作为一门独立学科,根基仍比较薄弱,其关键问题就是相关理论研究还不成熟,还不足以支撑一个独立学科建设和发展需要。① 关于海洋文化的学科属性问题,几乎所有学者都倾向于多学科交叉研究方法,以至于海洋文化糅合了历史学、考古学、文化学、社会学、民俗学、文学、哲学等各种学科的视角,结果其学科自身的独特性和标识性反而受到削弱。目前,只有曲金良的《中国海洋文化基础理论研究》,对海洋文化学的学科属性进行了比较系统的诠释。这是一种良好开端。

(2)批判研究思维相对欠缺

恩格斯说:"一个民族要站在科学的最高峰,就一刻也不能没有理性思维。"同样,海洋文化要站在学科发展前沿,一刻也不能离开对自身文化资源优劣的理性思考。尤其在建设海洋强国的历史进程下,海洋文化建设成为世界沿海城市一种普遍关注点的时候,更应该保持理性头脑去思考自身条件的优势与不足。因而,哲学的反思对于海洋文化建设意义重大,是21世纪海洋学术研究中不可缺失的重要部分。② 而目前的海洋文化研究领域中,哲学批判性的思维依然缺乏,尤其是在对海洋文化学的基本概念进行界定时,比如对海洋文化的定义通过不加以哲学辩证讨论的"平移"定义法和直接引用现象。正如霍桂桓指出众多对海洋文化的定义,都是在"文化"定义的基础上加入有关海洋的表述,即所谓的"移花接木",都没有进行批判性的哲学反思。本质上来说,这种简单的定义方法,不能揭示海洋文化本身所具有的独特性。③ 其他诸如将海洋文化理解为"海洋"与"文化"的二元相加,忽视了海洋文化的整体性,海洋文化概念界定过于宽泛,存在大而不当的缺陷,无法反映出海洋文化的起源与本质和海洋文化特征研究不够严谨。④ 从根本上说,海洋文化研究视角、方法缺乏创新性的根源,在于对海洋文化进行定义时,采取的是简单照搬定义的方式。受思维模式惯习影响,要在海洋文化研究方面取得根本进步充满挑战。

---

① 龙邹霞:《海洋文化研究刍议》,《海洋开发与管理》2013年第6期。
② 叶冬娜:《浅析海洋文化哲学》,《淮海工学院学报》(社会科学版)2013年第5期。
③ 霍桂桓:《非哲学反思的和哲学反思的:论界定海洋文化的方式及其结果》,《江海学刊》2011年第5期。
④ 陈涛:《海洋文化及其特征的识别与考辨》,《社会学评论》2013年第10期。

（3）海洋文化自信相对不足

基于习惯性的传统陆地思维和受到近代西方炮制的西方海洋中心论影响，海洋文化研究领域依然存在思维方式僵化和文化话语权不足的现象。海洋文化只是被看作传统的以农业为主体的中国文化的一部分，然而实际情况是海洋文化并非寄居于农业文化之下，基于海洋实践而产生的海洋文化，与基于农业实践而产生的陆地文化有很大差别。虽然从整个社会历史发展进程来看，海洋文化在区域与影响力上逊色于农业文化，但仍不失为中华传统文化的重要组成部分。① 从文化哲学上讲，海洋文化是一种话语权。这种话语权渗透在政治、经济、哲学、宗教、艺术、历史、习俗等各个方面且均有意识形态的痕迹。这种文化所表现的说服力和带有的权威性明显强于区域内的其他文化。这种文化的话语权实质上可以看成文化上的宗主权，突出表现为这种文化伦理原则的认可度、接受度和被区域内其他文化自觉内化为自身精髓的程度。受近代以来西方海洋中心论的影响，中国的海洋文化自信仍显不足，突出表现为对西方海洋文化的赞美与追捧，及对中国海洋文化的质疑与贬低。自西方大航海时代以来，以海洋文化为基础的西方文明征服了世界，更是对中国传统文化产生莫大冲击。因此，今天我们的选择无外乎两点：拥抱海洋文明或者被海洋文明抛弃。很显然，这种观点并没有对海洋文化进行独立的哲学反思，仍然被黑格尔的话语魔咒所束缚，不自觉地陷入了西方文化中心主义的话语陷阱。②

四　中国海洋文化的发展建议

针对目前中国海洋文化发展和研究工作中面临的问题和不足，中国学界需要正面回应这些问题，并逐步予以解决和完善。

（一）提升海洋文化战略层次

文化事业及文化发展，需要良好的社会环境及顶层文化发展战略的科学谋

---

① 李德元：《质疑主流：对中国传统海洋文化的反思》，《河南师范大学学报》（哲学社会科学版）2005 年第 9 期。

② 王宏海：《海洋文化的哲学批判——一种话语权的解读》，《新东方》2011 年第 2 期。

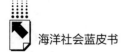
划。海洋文化研究，同样需要突破传统文化体制束缚，制定全面合理的海洋文化战略。在回顾文化体制改革之路，正视文化改革问题，吸取文化改革经验、成果的基础上，结合海洋文化自身特点，推进海洋文化领域的体制改革，以期重焕海洋文化市场活力，为深化整体文化体制改革寻求突破口。

20 世纪 70 年代末以来，中国文化体制改革经历了三个阶段：1978～1991年，为改革的酝酿和初步展开阶段。由于思想准备不足及措施不配套，原本的改革目标未能充分实现；1992～2001 年，为改革的稳步推进阶段。由于切合当时社会现实，文化改革取得了较大成绩，而面临的更为艰巨的文化体制改革，又成为进一步文化改革的阻力；2002 年至今，为改革实现重大突破阶段。在党和政府的高度重视下，改革试点取得成功，改革全面提速，实现了一系列重大突破。[①] 在新时期我们面临文化市场大发展、大繁荣的局面，因而深化文化体制改革，激发市场活力就显得更加紧迫。面对新问题、新情况，要进一步深化政府文化管理体制改革、健全文化体制改革的组织和实施体系。实现管办分离、业务重组、分途发展等战略举措。

海洋文化的繁荣发展，同样也需要国家层面海洋战略的提升。海洋文化战略是海洋战略的重要组成部分，是关于海洋文化的全局性、高层次的重大问题的策略与指导。海洋文化战略具有提高海洋意识、传承海洋精神、创新海洋文化、促进社会发展、丰富文化生活的功能。海洋文化战略根据不同需要，可以分为不同二级战略，即核心战略、继承战略、创新战略、人才战略、特色战略。[②]

结合沿海省份实际情况，张开城在考察广东海洋文化发展的基础上提出"有新观念新战略新举措、普及海洋知识、提高海洋意识、发扬海洋文化精神、培育海洋企业文化、做好海洋文化资源的调查与保护工作、加强海洋文化探索、开展丰富多彩的海洋文化活动、发展海洋文化产业"[③] 等举措。宋宁而在对山东半岛的海洋文化实际形态有所认识的基础上提出："完善海洋公共文化服务体系，提高公民海洋意识，加强省内地区间的沟通与合作，打造品牌效

---

① 曹普：《20 世纪 70 年代末以来的中国文化体制改革》，《当代中国史研究》2007 年第 5 期。
② 宁波、陈艳红：《海洋文化战略及其二级结构略论》，《海洋开发与管理》2013 年第 12 期。
③ 张开城：《广东海洋文化的战略思考和建议》，《战略决策研究》2010 年第 4 期。

应、与时俱进，鼓励创新，增添海洋文化新活力，充分开发海洋文化资源，发挥海洋文化魅力，开发与保护并重"① 等战略举措。

（二）保障海洋文化发展投入

任何一种社会活动的开展都离不开人员、组织及财力投入，否则这种活动基本无法展开或者无法可持续展开。海洋文化研究，同样需要可持续的人员、组织机构和财力投入。人员的可持续交替，依赖于教育的持续培养，突出表现为海洋类高校对人才全面而有侧重的培养。在组织机构及财力投入上，要坚持以政府投入为主导、以市场化融资为辅助的相互结合的机制。政府在专业化、专门化机构设立和重大海洋文化课题方面要积极给予支持，实现海洋文化研究与国家海洋战略相互促进的效果。地方政府在承担本地区海洋文化研究上，同样应扮演积极角色。在市场领域中，要积极寻求校企合作，校方投入智慧，企业提供财力支持，切实实现产学研一体化的发展目标，促进海洋文化研究的可持续发展及海洋文化产业的繁荣。

（三）深化和多领域、多视角研究海洋文化

1. 深化和完善学科体系建设

一门新兴学科的建设和发展，首先要解决诸如研究对象、研究方法、研究特征、研究目的和目标等基本学科理论问题。对于掺杂多种因素和研究视角的海洋文化研究来说，多学科交叉视角的研究方法和多视角基础上的学科体系建设无疑是合理选择。然而，需要指出的是，多学科交叉研究并不是没有学科定位基础上的多学科视角分散研究，而是在确立海洋文化学科定位基础上的多学科多视角整合、渗透研究。对于海洋文化学的学科定位，要考虑到全面性与科学性。全面性意味着一种研究能成为一门学科研究所要具备的方方面面条件；而科学性意味着学科定位要考虑到学科本身的属性特点和区别于其他学科的本质内涵。对海洋文化具体现象的研究应该在整体意识指导下纳入海洋文化学科建设视野，并且要在学科交叉视角下开展。② 海洋文化学是一门跨越哲学、社

---

① 宋宁而等：《山东半岛海洋文化发展战略研究》，《法制与社会》2012 年第 14 期。
② 曲金良：《我国海洋文化学科的建设与发展》，《青岛海洋大学学报》（社会科学版）2001 年第 3 期。

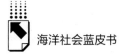

会学、自然科技的综合性的科学，从大概念文化来说，包括社会科学、自然科学、技术科学。而在每一门类内又可以形成学科门类众多的，互有交叉、边缘关系的多层次的学科群。多学科参与研究，才能完善中国海洋文化学的体系，以显示开放性、重商性、和平性、包容性的特征。①

2. 着力批判反思研究方法

反思基础上的批判，不仅仅是一种学术态度，更意味着一种追求创新与进步的学术方法。在海洋文化研究领域同样需要秉持批判精神，大胆质疑、小心求证、勇于创新。站在前人肩膀上，唯有在继承与批判反思的基础上才能走得更远。批判反思本身有着自己的科学方法，在文化研究领域，通常借助哲学的视角对前人成果及现状展开反思。由经验的思维模式向创造性的思维模式转换。在海洋文化研究领域，哲学意义上的批判反思是一种合理、有益的方法。这种批判反思所涉及的主要有两个方面。第一，研究者需要在已有研究成果的基础上，实现对研究对象的批判反思，对自己要研究的对象进行确实的定位；第二，在确实定位的基础上，对前人及自己的研究视角、方法和思维模式进行批判反思，甚至是对产生这样的视角、方法及思维模式的根源进行挖掘式的批判反思。②

3. 重塑海洋文化研究自信

发端于东西方海洋文化争论的中国海洋文化研究，一开始便带有简单演绎西方中心论、话语权自信不足等缺陷。早期的海洋文化研究思维方式，基本沿袭传统视角，即陆地看海洋，以陆地视角研究海洋，把海洋文化看成陆地文化的延伸，甚至是农业文化的附庸，企图以传统陆地文化研究方法应用于海洋文化研究。这种思维习惯无疑都是陆地本体论的衍生，最终落脚点依然是陆地文化。因此，作为独立学科领域的海洋文化研究，必须转变这种思维方式，站在海洋角度研究海洋，树立陆海统筹观念，摒弃海洋文化边缘说，切实站在游牧文化、农耕文化、海洋文化构成中华文化的"三位一体"文明观上开展海洋文化研究。同时，要在梳理中国传统海洋文化基础上，丰富海洋文化的精神内

---

① 丁希凌：《关于建立中国海洋文化学的探索》，《青岛海洋大学学报》（社会科学版）1998年第1期。

② 霍桂桓：《非哲学反思的和哲学反思的：论界定海洋文化的方式及其结果》，《江海学刊》2011年第5期。

涵，树立海洋文化自信，重建中国失落的海洋文化话语权。尤其是在中国海洋文化传统价值观与当今"和谐海洋"主题相契合的前提下，充满自信地参与海洋文化研究及国际海洋文化交流，传承、创新、传播中国传统海洋文化的优秀价值观，以期获得国际认同，为海洋世纪的发展与"一带一路"建设贡献智慧。

五　中国海洋文化研究的前景

1978 年至今，作为一门新兴的文化学分支领域，海洋文化经过 30 余年发展，取得了非常可观的成绩，解决了学科建设过程中一个又一个现实与理论问题。在 21 世纪海洋世纪，海洋文化作为"软实力"，还有更长的路要走，前景是广阔的，也是光明的。尤其是继承了中国传统海洋文化崇尚和平价值观的新时期海洋文化研究，不仅契合了国家战略层面"和谐海洋"的思路，更契合了当今世界"和平与发展"的时代主题，在向世界展示、贡献"中国智慧"的道路上将会走得更远。展望未来，中国的海洋文化依然要秉持塑造海洋精神，提升国家软实力的"使命"，秉承和谐海洋文化的发展主题，以走出去与国际交流为"动力"，全面深化中国海洋文化多领域、多格局的发展。

（一）使命：提升海洋文化"软实力"

海洋文化作为人文社会科学分支学科，同其他人文社会科学门类一样具有意识形态性，即海洋文化是在一国的具体政治、社会环境下的文化形态，深刻受到这种现实的影响，呈现与一国时代发展相吻合的趋势。这种文化的意识形态性，在某种意义上也是促进学科理论与现实结合的重要手段。

在中国，海洋文化的意识形态性，是中国海洋文化工作所肩负的时代使命。作为曾经迷失的海洋大国，在进入改革开放新时期后实现经济社会快速发展，海洋领域的发展同样引人注目。在 21 世纪，如何更加自信地实现海洋文明振兴，建设"海洋强国"，在国际海洋事务中扮演更加重要的角色，是海洋文化研究亟须承担的时代使命。因此，海洋文化工作要在传承与创新传统海洋精神的基础上，培育具有时代感的新时期海洋精神，并实现这种精神的普及、推广与传承，甚至取得国际社会广泛认同，为中国在世界海洋领域赢得话语

权。同时，要在坚持经济与社会效益相统一的条件下，推进文化实践的进一步深化，创造出更多具有时代精神的海洋文化产品，丰富海洋文化市场，满足民众多样化的文化消费需求，不断提升中国软实力。近年，国家海洋局主持的对沿海省市海洋文化资源的挖掘和整理，就是一件提升海洋文化"软实力"，"功在当代，利在千秋"的重要工作。

（二）主题：秉承"和谐海洋"发展观

对中国传统海洋文化进行梳理可以发现：中国传统海洋文化具有崇尚和平、四海一家的价值追求，创造了以"海纳百川，和而不同"为底蕴的中华海洋文化圈。这种价值追求，在郑和下西洋奉行明朝"内安华夏、外抚四夷、一视同仁、共享太平"的基本国策中，得到鲜明体现。如宣诏颁赏，增进友谊；调解纠纷，和平相处；树碑布施，联络感情；克制忍让，化干戈为玉帛等。

2009 年，在中国人民解放军海军成立 60 周年庆典活动上，国家主席胡锦涛指出：推动建设和谐海洋，是建设持久和平、共同繁荣的和谐世界的重要组成部分，是世界各国人民的美好愿望和共同追求。可以说，这种价值追求被"和谐海洋"发展主题予以继承和发展。在新的"和平与发展"世界发展主题下，这种价值追求具有广阔市场。

因此，在今后的海洋文化研究中，需要始终秉承这一海洋文化精神，努力挖掘传统海洋文化的优秀价值观，在批判继承的基础上不断丰富新时期"和谐海洋"的精神文化内涵。

（三）动力：促进海洋文化"走出去"

任何一种文化的发展都要汲取有利于自身发展的营养。这种营养不仅来自历史实践的积淀，更来自不同文化间的交流融合，并吸取有利于自身发展的因素。海洋文化的发展，同样需要汲取其他学科乃至其他类型文化的有利因素，内化为自我发展的动力。从历史角度看，中华海洋文化圈并不等同于中国海洋文化。它是以中国海洋文化为主体的环西太平洋不同地区、国家海洋文化相互交流、融合而形成的海洋文化共同体。换句话说，在中华海洋文化圈形成的过程中，中国的海洋文化沿"海上丝绸之路"传播到其他国家和地区，与当地的海洋文化相融合，同时其他地区的海洋文化以及与当地融合后的海洋文化，沿丝绸之路形成回路，与中国的海洋文化再次交流融合。

当今，开放一体的世界信息系统，加之海洋文化本身的开放性，意味着海洋文化的发展不能居于一隅之内，要积极实施"走出去"战略。一方面海洋文化要走出国门，意味着不仅要研究中国的海洋文化，还要研究其他地区的海洋文化及他们之间的比较研究、关系研究，同时要在发展领域中积极寻求国际合作，对涉及地区性的海洋文化开发及保护工作要积极参与并实现研究成果的相互交流。另一方面要实施海洋文化产业"走出去"战略，通过具有中国智慧的海洋文化产品和海洋文化服务开拓国际市场。在实现中国海洋文化产业发展壮大的同时，推广中国的海洋文化价值观，塑造新时期中国海洋文化和海洋文化国家的新形象。

"21世纪海上丝绸之路"建设战略，从提出之初便坚持国际共建的原则，作为先行理论研究基础的海洋文化研究，同样应坚持国际交流合作的原则，通过与具体地区相结合深入探索，为新"海上丝绸之路"建设提供智慧支持。

（四）格局：构建多元研究与实践体系

海洋文化的发展是多领域、多角度掘进的共同工作。新时期的海洋文化发展，要在明确历史使命的基础上不断开拓，进一步深化海洋文化研究领域的比较研究、反思研究、文化史研究、考证研究、学科理论体系研究、文化实践研究等。同时，要创造性地开辟其他研究视角，多角度推动海洋文化学科体系的完善、丰富与成熟。

在海洋文化实践布局方面，一是要在研究领域中实现物质与非物质文化资源挖掘、整理、开发和保护研究，文化产业理论与实践研究，文化产业、示范区建设与合作机制研究等方面的整体布局、均衡发展和可持续推进。二是海洋文化资源的开发与保护实践，要根据在整体海洋文化资源调查摸底的基础上注意保护性、区别性开发。对有流失风险的物质海洋文化和有失传风险的非物质海洋文化要展开抢救性开发与保护。三是在文化产业发展中，实现产业的合理布局与协同发展，协调海洋文化观光旅游业、海洋文化制造业与海洋文化传播业的产业比重与布局。在满足国内文化消费需求的同时，积极探索国际化战略。在结合本地区海洋文化资源发展文化产业的同时，要避免低水平重复建

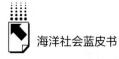

设，打造具有鲜明特色的海洋文化品牌，促进地区海洋文化产业的可持续发展。

改革开放以来，中国的海洋文化发展可谓日趋活跃、繁荣，也可谓包罗万象，不一而足。因此，限于水平，此处所做的简单梳理，不免挂一漏万或存有讹误，旨在抛砖引玉，欢迎批评指正。

参考文献

曲金良：《中国海洋文化基础理论研究》，北京：海洋出版社，2014。

徐质斌、张莉：《蓝色国土经略》，济南：泰山出版社，2002。

曲金良：《"环中国海"中国海洋文化遗产的内涵及其保护》，《新东方》2011年第4期。

吴建华：《关于海洋文化研究对象的思考》，《中国海洋大学学报》（社会科学版）2007年第5期。

中国海洋公益服务发展报告

崔凤 陈默[*]

摘 要： 中国的海洋公益服务体系包括海洋调查与测绘、海洋监测、海洋信息化、海洋预报、海上交通安全保证、海洋防灾减灾、海洋标准计量、海上打捞与搜救等一系列内容。自改革开放以来，中国海洋公益服务的发展经历了基础建设阶段、技术提高阶段、架构改革阶段和全面发展阶段，从无到有发展成为一个现代化全方位的社会服务体系。本文立足于海洋公益服务在过去35年间的发展历程，详细讨论了每一个阶段中国海洋公益服务发展的具体情况、所呈现的主要特点，以及每一个阶段中国海洋公益服务所取得的成就和表现出的不足，并对未来中国海洋公益服务的发展趋势提出了预测和判断，通过对中国海洋公益服务发展的梳理体现中国自改革开放以来海洋社会的发展历程。

关键词： 海洋公益服务

2014年3月，马来西亚航空公司MH370航班失联事件震惊世界。一连数月间，国人目光聚焦于对失联飞机的海上打捞与搜救情况。这一事件也引发了中国社会对于政府海洋公益服务提供能力的关注。虽然这种关注会伴随着海难事故或者海上突发情况的处理善后而持续一段时间，但长期以来，在中国的政

---

 * 崔凤（1967~），男，汉族，吉林乾安人，中国海洋大学法政学院教授，博士生导师，哲学博士，社会学博士后，研究方向：海洋社会学、环境社会学；陈默（1989~），男，汉族，安徽巢湖人，中国海洋大学社会学专业硕士研究生，研究方向：海洋社会学。

治领域和学术界的研究中并没有形成多少成果。海上打捞与搜救，作为海洋公益服务的一种形式，其重要性在海上事故越来越频发的今天是不言而喻的。实际上，包括海上打捞与搜救、海洋气象预报、海洋调查与测绘在内的海洋公益服务事业不仅是保障国民的人身安全和国家海洋产业发展的基础，更是关系到国家海洋强国战略建设和海洋军事部署的重要因素。一方面发展中国海洋公益服务对海洋经济的发展有着显著的促进作用，也能切实确保海上战略通道的畅通与安全，另一方面现代化与高水平的海洋公益服务亦是对中国政府以人为本和以民为本执政理念的最好诠释，是社会文明程度的标志。

2008 年国务院批发的《国家海洋事业发展规划纲要》中明确指出，包括海洋预报、海洋信息化、海上交通安全保证、海洋监测、海洋防灾减灾、海洋调查与测绘、海洋标准计量等多项服务在一起一并构成了现代化海洋公益服务的主要内容。事实上，海洋公益服务究其本质，乃是政府在海洋领域内提供的一种公共产品，因而其同样具备非竞争性、非排他性以及不可分割性等所有公共产品的共同特性。在中国长期以来，受制于计划经济体制的影响和社会民众对海洋的认知水平偏低，海洋公益服务绝大多数是由政府作为主体提供的，由NGO、企业或其他社会组织提供的海洋公益服务仅是在近年来才逐渐起步。而政府提供免费海洋公益服务既是对保障国民安全和海洋产业发展的需要，也是出于对保护海洋国土和国家发展战略的考量。因而，由政府提供的，意在为国家海洋事业发展和海洋社会的构建提供基础和保障的无偿的海洋公益服务成为改革开放以来中国海洋公益服务发展的基本形式，包括在海洋领域内提供的监测、预报、防灾减灾、标准计量、调查与测绘、搜救与打捞以及信息化服务等一系列内容。

一　改革开放以来中国海洋公益服务的发展历程

从自然地理上看，一万八千公里的海岸线，近七千个海上岛屿，三百万平方公里的管辖海域以及近八万平方公里的海岛总面积赋予了中国构建海洋文明十分优良的自然条件。然而五千年的华夏文明史是建立在农耕文明基础之上的，中华民族对于海洋和海外的探索与交流直到郑和下西洋之后才刚刚开始，却又随着明清的"海禁"政策逐渐消亡。得益于"海禁"政策，在历史上中国的海上伤亡事故较少，但同时中国又是一个海洋自然灾害频发的国家，因而海洋公益服务对中国而言至关重要。中国的海洋公益服务从近代开始起步，以青岛为例，在经历了清末时期清政府修建以栈桥为代表的一系列便利海运和渔业发展的设施，民国时期的较大规模的城市防洪工程建设和新中国成立初期的小修小补之后，一直到改革开放之前，中国的海洋公益服务事业依旧停留在起步阶段，海洋调查计量的资料不足，海洋监测预报的技术水平过低，海洋防灾减灾的设施匮乏，根本不足以支撑现代化的海洋产业与高水平的海洋经济的发展。实际上，新中国成立之初党中央和政府就已经开始进行了一些大规模的海洋调查和测量活动。但是这些活动的目的也仅仅是为诞生不久的新中国收集中国自然环境的基本信息，与服务于社会公众和经济建设的海洋公益服务关系并不大。从1979年起，随着党和国家工作重心转移到经济建设上来，海洋产业生产力水平逐渐提高，中国的海洋公益服务亦开始逐渐发展起来，直至今天，根据中国海洋公益服务在这些年里的发展特点与方向，可以将中国的海洋公益服务发展划分为以下四个阶段。

（一）基础建设阶段（1979~1990年）

1978年12月召开的十一届三中全会将全党全国的工作重心由"以阶级斗争为纲"转移到以经济建设为中心上来，确立了改革开放的基本国策。中国的海洋公益服务也伴随着对外开放的进程开始同步推进。改革开放之初，中国海洋公益服务所面临的现状是海洋公益服务的种类少，水平低，不仅缺乏基本的覆盖全国的信息网络与实时高效的救助能力，更是缺少提供具体监管与服务的机构和法律。因而，从改革开放之初一直到1990年，这十年间中国的海洋公益服务是处于一个基础建设的阶段，海洋公益服务体系也处在一个初级的构建状态中。

1. 基本的海洋预报监测网络的建立

海洋预报包括海浪预报、海流预报、潮汐预报、风暴潮预报、海温预报、海冰预报等。虽然这些预报工作中国在20世纪六七十年代便已经开始进行，但是在计划经济时代，它们都是以服务于海洋自然地理信息收集以及国家制定大政方针为目的的。它们与满足社会公众生活需求和市场经济发展的现代化海洋预报有着本质区别。海洋预报的服务最早出现于1986年7月1日，由国家

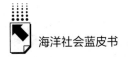

海洋环境预报中心制作，并且在官方传播媒体（中央电视台和中央人民广播电台）的播报下向全社会正式发布。这是中国海洋预报的一个历史性的跨越，由服务于政治体制向服务于社会公众和经济发展的方向转变。从此，随着海洋预报服务的愈发便捷，社会大众开始拥有了抵御海洋自然灾害和保护人身财产安全的重要武器。

1965 年中国便成立了海洋水文气象预报总台，主要开展海洋环境和海洋灾害的监测、预报、预警及沿海救助等活动。只是受制于国家政治和经济的客观条件，海洋预报和海洋监测并没有与市场经济发展和沿海居民生活有效地联系起来。1978 年"渤海、黄海污染监测网"的建立第一次将海洋监测与沿海居民生产生活正式地联系起来。这个由国家海洋局组建的网络化管理系统，有力地促进了渤海和黄海海域的海洋环境污染情况监测工作的推进与展开。1979年《中华人民共和国环境保护法（试行）》的颁布表明中国环境保护工作在法制层面上走上正轨。此后，1982 年国家海洋环境预报中心的成立则标志着中国现代化海洋灾害预警网络的成功建立，因为随着青岛海域、上海海域、广州海域等地的海洋预报台的设立，中国已经建成了一个从中央到地方、从近海到远海的，发布风暴潮、海浪、海冰、海水温度等一系列预报与监测服务的体系。同年，《中华人民共和国海洋环境保护法》正式颁布，中国的海洋环境监测拥有了法律武器的保障。1984 年全国海洋环境污染监测组建，并由此开始连续十年编写了《中国近海环境质量年报》。其下设的北海区、东海区、南海区三个网区则从 1985 年开始编写《海洋环境质量通报》《海洋环境质量快讯》等报告。

改革开放之初，邓小平同志就提到过"开发信息资源，服务四化建设"，可见中国政府比较早地意识到了将现代化的信息技术应用到海洋公益服务事业的重要性与必要性。这一阶段亦是中国海洋信息化服务发展的起始阶段，政府开展了大量海洋调查和考察数据的抢救性保存工作；伴随着磁带、磁盘等磁介质的使用，纸质资料向磁介质转换的完成，海洋信息工作者们由使用穿孔机、黑纸带等简陋的设备来记录宝贵的第一批海洋资料逐渐转变为应用磁介质实现文档化的资料管理。① 这些工作虽然看似粗糙，技术含量不高，

---

① 何广顺：《海洋信息化现状与主要任务》，《海洋信息》2008 年第 3 期。

但正是这些工作汇集了新中国成立以来所收集的海洋信息，保存了不少珍贵的资料与数据，为日后海洋信息化技术的发展奠定了坚实的基础。

2. 组织并开展了许多基础的海洋状况调查与信息收集工作

海洋调查在这一时期得到了充分的发展：1973～1984 年，中国科学院南海海洋研究所对南海海域的东北地区和南部地区进行了三次综合调查；国家海洋局和地质矿产部从 20 世纪 70 年代到 80 年代共进行了 6 个航次的锰结核调查，意欲查明太平洋锰结核资源的概况，为日后的海洋开发打好基础；1980～1986 年，为了有效地开发利用海岸带和滩涂资源，国务院有关部门联合十个省、市、自治区进行了大范围海域的综合调查，调查的内容涵盖了生物资源、水文气象、土地植被、社会经济等多个方面。从 1986 年之后的五年间，政府组织进行了多次区域性海洋放射性污染检测，这些监测不仅在一定程度上调查了中国近海海域的污染基线以及沿海地区的污染源，并且基本上查明了中国沿岸海域的污染状况、污染物入海途径、污染物入海总量，还分析研究了海域的污染程度、污染范围、污染趋势之间的相关性。

海洋调查在这一时期的发展还表现在对外交流方面，改革开放之初政府便积极投入到国际合作调查与研究之中。"向阳红 09 号"和"实践"号海洋综合调查船一起参加了 1978～1979 年国际第一次全球大气环流联合调查，1980～1987 年，中、美共同进行长江口海洋沉积调查，这一调查为多学科综合调查。1985～1988 年中美共同开展渤海及黄河口沉积动力学调查，这是山东海洋学院（中国海洋大学前身）与美国俄勒冈大学的合作研究项目。1985～1987 年，中国科学院海洋研究所与美国开展了调查研究南海、黄海环流及沉积动力学的合作项目。

1978 年在中国海洋测绘史上是一个重要的年份。这一年，海洋重力测量的工作开始得到重视，海洋测绘研究所成立；这一年，中国教育史上第一个海洋测绘系由海军第一水面舰艇学校组建，并开始正式招生。这说明中国政府开始有意识地培养专门化的海洋测绘人才，建立专业的教学体系和研究队伍，从改革开放伊始就开始为海洋公益服务的工作进行长远的规划。此后，1980 年中国第一支海洋重力队组建完成，1982 年与海洋测绘相关的测量大队正式成立，中国测绘学会海洋测绘专业委员会在湛江正式成立。为了应对中国海洋测绘事业在十多年的时间内缺乏标准的图示规范的技术难题，《海道测量规范》

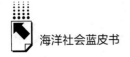

作为新中国历史上第一个海洋测量全国统一标准于 1990 年颁布执行，同年一起颁布执行的还有包括《海图图式》《中国航海图编绘规范》在内的海图制图领域的四部国家统一规范性文件。

1978 年国家海洋局将国家海洋局海洋仪器检定计量总站更名为国家海洋局海洋仪器标准计量总站，1989 年又继续更名为国家海洋标准计量中心。作为一个国家级法定计量检定机构，国家海洋标准计量中心还承担起了计量标准的制定工作。1984 年国家海洋局召开第二次标准计量工作会议和贯彻国务院关于法制计量单位的命令的会议。国家海洋局标准计量中心先后编制了《1975～1980 年海洋仪器标准化计划》《1981～1985 海洋标准化计划》，并三次上报了《国家海洋局标准计量中心基建计划》，还制定了《海洋仪器标准体系表》《海洋仪器新产品定型鉴定管理条例》《海洋仪器型号命名管理办法》《国家海洋局标准化管理条例》《法定计量单位贯彻执行的办法和措施》等一系列文件。

3. 对建设现代化海洋搜救体系的初步投入

海上交通安全是海洋公益服务中一个重要的领域，1983 年全国人大六届常委会第二次会议通过的《中华人民共和国海上交通安全法》，意在规范海上的交通发展，保障国家海上交通运输的安全，此法于 1984 年 1 月 1 日起正式施行。

在海洋防灾减灾方面，一方面中国对突发性海洋灾害的预报范围逐渐扩大，从改革开放前的近海地区扩展到太平洋、印度洋甚至南极大陆；另一方面中国对海洋灾害的预报途径也迅速变得多样化，不仅利用电视台、广播站等传播媒介播报中国海域 24 小时海洋灾害预报（自 1986 年开始），还通过电报、电话、传真等方式提供世界其他海区和大洋的专项海洋灾害预报服务。

中国现代化海上搜救的发展也从这一时期开始奠定基础。中国于 1980 年 1 月 7 日加入《1974 年国际海上人命安全公约》（SOLAS 公约），同年 5 月 25 日公约生效之日起亦对中国生效。1985 年中国加入《1979 年国际海上搜寻救助公约》。自 1988 年中国设立了国家交通通信中心之后，中国的交通系统通信和导航工作有了统一的管理指导中心。在海洋方面，国家交通通信中心建立和加入了维护和管理国际海事卫星通信系统（INMARSAT）、全球海上遇险与安全系统（GMDSS）、水上船岸无线电通信以及交通专用卫星通信网等。虽然同年全国海上安全指挥部被国务院撤销导致了国家的海上搜救工作一时缺乏直接管理机构的困境，但很快，1989 年中国海上搜救中心便成立，该中心主要负责组织和协调全国的海上搜救工作，并且领导指挥沿海各省、市、自治区等的海上搜救工作。

（二）技术提高阶段（1991～2001年）

基础建设阶段为中国的海洋公益服务打下了最初的基础，这样一种面向社会公众和市场经济发展的海洋公益服务开始在力所能及的范围内为中国的海洋建设保驾护航。进入 20 世纪 90 年代，随着建设社会主义非公有制经济制度的指导方针确立，与国际接轨的思想也开始在中国流行起来。其中，接轨国际的首要领域便是科学技术领域，虽然中国的经济水平和社会文明程度在当时还不能够在短时间内赶上发达国家，但是在科学技术领域中国完全可以通过对外学习交流，对内刻苦钻研的方式达到世界领先水平。在海洋公益服务领域亦是如此，在拥有了发展现代化海洋公益服务事业的基础之后，中国开始在技术上寻求突破与创新，力求达到世界一流的技术水平，以保障海洋公益服务事业的服务质量和健康发展。

1. 应用更为先进的硬件设施和更为高效的软件系统

从 1994 年起，中国建成了覆盖全国 22 座沿海城市的 RBN/DGPS 基站系统。基于之前几十年间积累的数据和信息，运用科技含量更高同时也更为商业化的数据分析软件，中国逐渐展开了多项专题的数据库建设，成功地建立了一系列适应现代化海洋事业发展的专题数据库，包括海洋基础地理数据库、海洋水深数据库等。这些现代化的数据库与科学化的软件应用有力地解决了当时困扰着我们海洋数据使用中的数据检索和数据共享的问题，为日后中国海洋信息化事业的腾飞夯实了基础。

国家海洋局于 1991 年 9 月 1 日颁布，从 1992 年 1 月 1 日起实施《海洋监测规范》，用于指导新时期的海洋检测活动发展。从 1996 年开始到 2000 年结束，中国建成了全国联网的"航测信息系统"。2001 年，中国建成长江口、珠江口、琼州海峡 AIS 基站系统。

在海洋标准计量方面，1992 年中国首个海洋行业标准体系发布，它不仅在技术层面上标志着中国的海洋产业发展开始有了一定的规则和结构，也为现代化的海洋开发和工业活动奠定了发展的基础。

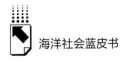

2. 提供科学技术含量更高的海洋公益服务

在海洋预报事业的发展上，1995年海洋城市海域预报正式推出，旨在为中国的近海岸涉海活动提供服务，给出参考依据。

从1988年初开始到1995年底结束的中国海岛资源综合调查与开发试验是一项国家级的重点项目。"国家海洋局、中国科学院、地矿部和教育部系统的十多个研究所，从1991年开始到1995年为止，对中国邻近海域进行了调查研究，重点是海洋自然环境与演化特征、生物资源的种类分布与资源总量以及油气资源类型与远景储量等。"①

值得一提的是，20世纪90年代中国香港地区的海洋测绘等海洋公益服务也得到了长足的发展。这其中，香港海事处作为香港特别行政区，专门负责海上安全和港口事务运作的部门承担起了主要的工作和职责，其在1994年成立了海道测量部，专门负责海道测量的人才培养和梯队建设，同时全面更新测量的硬件设施和船舶设备，还在测量船舶内部安装了专门处理数据和生产海图的管理系统。

3. 制定一系列与科技发展有关的海洋公益服务规章与议程

同样是在海洋测绘方面，1996年中国编纂了《中国海洋21世纪议程》，它是中国进军海洋的任务书和政策指南，该议程将中国未来的海洋产业划分为4个层次：①海洋交通运输业、滨海旅游业、海洋渔业、海洋油气业；②海水直接利用业、海洋药业、海洋服务业、海洋盐业；③海水淡化、海洋能源利用、滨海砂矿业、滩涂种植业、海水化学资源利用、深海采矿业；④海底隧道、海上人工岛、跨海桥梁、海上机场、海上城市。

在海上搜救方面，中国于1996年加入《联合国海洋法公约》，标志着中国的海上搜救服务开始同国际接轨，中国的海上搜救服务工作也成为世界海上搜救体系的一部分。1998年，交通部海事局正式组建，海上搜救工作开始由交通部海事局下设的中国海上搜救中心承担。这虽然表面上看来只是一次正常的中央机构调整，但事实证明交通部海事局的成立明显促进了中国海上搜救工作的进行和进步：海事局与众多科研院校合作，研发并应用了包括电子海图系统在内的海上事故监测信息系统；海事局与国家信息产业部合作，开设了专门

---

① 韩林一：《中国几次大规模海洋调查回眸》，《中国海洋报》2006年7月18日。

用于海上搜救工作的全国搜救统一电话号码 12395；在海事局的推动下，中国船舶报告中心建成，该中心随后制定了《中国船舶报告系统管理规定》，以系统化地应对海上搜救工作的进行。这些便民服务解决了中国海上搜救事业发展多年的时效性和规范性问题，船舶报告系统和搜救电话的设立更是帮助了大量中外籍船舶和未配备 GMDSS 系统的中小型非公约船舶进行海上开发与生产工作。

（三）架构改革阶段

在经历了基础建设阶段和技术提高阶段之后，中国的海洋公益服务无论是在质量还是在数量上都比改革开放之初有了显著的提高。进入 21 世纪，中国加入世界贸易组织，对外开放达到了一个前所未有的高度，对外经济贸易和民间对外交流也呈现井喷式发展，这就对中国的海洋公益服务提出了更高的要求。然而现实情况是，随着中国海洋经济的不断发展，环境问题日益严峻，社会问题逐渐突出，海洋公益服务事业在技术上满足了现代化发展需要的同时，却越来越无法保障海洋经济的健康发展与海洋社会的建设。究其原因，主要在于行政体制的不完善以及制度内部的不协调，海洋公益服务发展依靠的还是改革开放之初所建立起来的初级职能部门与基础设施。于是进入新千年之后，中国的海洋公益服务首先开始在行政领域内进行架构改革，以满足飞速发展的市场经济以及不断进步的海洋社会的需求。

1. 海洋公益服务的制度体制建设

2005 年，由国家海洋局、国土资源部等 11 个涉海部委及其所属 32 家单位合作组建，全国海洋标准化技术委员会成立，这是一个专门负责海洋标准计量工作的国家级标准委员会。

在海上搜救方面，2003 年救捞体制改革正式实施，交通运输部将海上救助局与海上打捞局分开设置，各设立三个分局：北海救助局和烟台打捞局负责黄海、渤海海区的海上救助，东海救助局和上海打捞局负责东海海区的海上救助，南海救助局和广州打捞局负责南海海区的海上救助工作。同期组建的还有"中国救助"和"中国打捞"两支国家级专业队伍。随着交通运输局对海上搜救专业力量的重新协调与部署，以人为本思想的深入贯彻，中国海上搜救服务的发展也进入了一个全新的时期。2005 年，交通部牵头，联合海军、空军等

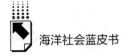

15 家单位建立起国家海上搜救部际联席会议制度，这是一项旨在加强对海上搜救和船舶污染事故应急反应工作的制度，中国海上搜救中心负责其日常工作。至此，中国的海上搜救工作真正实现了"专群结合"和"军地结合"。

2. 依托政治交流项目和大型社会活动促进海洋公益服务的发展

由于"九五"时期政府依托三期日元贷款开展了多项科技项目，因而奠定了海洋信息化发展的基础，进入"十五"时期，中国主要开展了大量专项应用系统的开发工作。这些专题应用系统主要是为了满足社会和民间海洋发展过程中在划界、功能区划、经济统计、海域使用管理、环境监测和预报等方面不断产生的新需求，这些信息化服务的提供帮助政府制定了一系列海洋信息化标准规范，完善了海洋信息化人才队伍的培养机制，也为下一个五年计划中我国海洋信息化的全方位跨越式发展奠定了基础。[①]

另一个得到迅速发展的海洋公益服务项目是海洋监测服务。2002 年中国完成了全部管辖海域的海洋基础测绘工作，自此中国得以编辑出版全面且科学的，包含全部中国海区和国外部分海区的海图。这是中国海洋监测史上一个具有里程碑意义的事件。海洋探测与监视技术是国家"863"计划的一个主题，在这一时期得到了党和政府的高度重视，国家决定在 1996～2000 年为海洋监测高技术研究投入经费 1.2 亿元，2001～2005 年计划投入 2.4 亿元。以中国的海洋浮标监测发展为例，为迎接 2008 年奥运会的到来，2005 年青岛海域完成了三个锚系浮标的锚定工作。这三个浮标自 2006 开始启动，为青岛奥帆赛区的气象、水文等近 20 个海洋环境要素的监测服务。

3. 海洋公益服务进一步深化与大众传媒的联系

国家海洋局作为中国主要的海洋行政管理机构，这一时期积极主动地推动海洋公益服务与社会大众传媒间的合作与联系，这些合作和联系包括 2003 年中央电视台一套推出的全国主要海水浴场环境预报，2006 年旅游卫视出品的海上航线预报和旅游景区预报。这些预报服务和电视产品不仅贴近生活、贴近人民群众，也比各地方电视台、报纸等传媒提供的海洋公益服务更为官方、便捷，因此深受广大群众的好评，为社会公众的出行、娱乐等活动提供了方便。

---

① 何广顺：《海洋信息化现状与主要任务》，《海洋信息》2008 年第 3 期。

（四）全面发展阶段（2008年至今）

通过行政体制内一系列专门的机构与政策的确立，中国海洋公益服务的发展弥补了政治体制内部的空白，许多问题得以找到具体负责的机构与对策。从2007年开始，发展海洋经济得到中央领导的高度重视，在中央政治局常委会《国家中长期科学和技术发展规划纲要（2006～2020年）》中将海洋列为国家超前部署的五大科学技术发展战略领域之一。因而从这一时期开始，针对中国自身状况建设有中国特色的海洋公益服务成为中国海洋公益服务建设的主要目标，结合各个领域内部和各个地方的实际，制定相应的对策与服务方式。

1. 海洋公益服务开始越来越多地应用尖端科技和专业设施

为了更好地为2008年北京奥运会服务，在奥运会开始之前，青岛奥帆赛区的指定水域布放了国内首个大型海洋气象浮标观测站，用来监测和预报青岛奥帆赛区的海水、海浪状况，保障了比赛的顺利举办。自印度洋海啸之后，预防海啸的发生也成为中国海洋监测和海洋防灾减灾工作的一项重要任务，针对这项工作，国家海洋局南海工程勘查中心于2010年在南海海域成功放置了HX1号海啸浮标。这是中国在南海首次成功布放海啸浮标，弥补了中国海啸浮标监测领域的一项空白。而经济实力的增长和科学技术的推动，使得中国不仅能够将海洋观测技术应用于近海海域，还能够进一步扩展到远洋海域：2012年，中国北极科考队在挪威海成功布放了由国家自主研发的首个极地大型海洋观测浮标。

海洋调查服务的建设也开始更多地应用高科技元素，这主要表现在对调查设备的更新与改造上，截至2012年，中国共拥有12艘综合调查船、7艘专业调查船和1艘极地考察船，其均能满足多样化的现代海洋信息调查的需求。

2. 设立专门应对海上突发状况和自然灾害的指挥中心

2008年国家海洋局开设了海洋预报减灾司，目的在于进一步强化国家海洋局在海洋防灾减灾方面的服务能力，以应对国内海洋灾害和海上事故愈演愈烈的情况。为了给海洋预报减灾司提供更多的技术支持，2010年国家海洋局又建立了海洋灾害预报技术研究重点实验室。2011年国家海洋局海洋减灾中心正式成立，这意味着中央和地方相结合的海洋预报减灾管理体系初步形成。

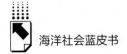

同样，在这一时期，国家海洋局通过确立全国"防灾减灾日"，制定和颁布了包括《赤潮灾害应急预案》《风暴潮、海浪、海啸和海冰灾害应急预案》在内的一系列文件，确保了中国海洋防灾减灾工作的顺利进行。

在海上搜救方面，自 2008 年开始，政府先后投入使用了几条装备完善、技术先进的救助船舶，如"南海救 101"号等。它们的下海使用大大提高了中国海上搜救的应急能力。同年，中国建立了海上搜救联动机制，这是对已有的海上搜救部际联席会议制度的补充和完善，意在保障中国渔业和海上渔政执法等活动的安全开展。

2013 年，国家海洋局海啸预警中心成立，这一机构的建立是为了满足社会对于海洋环境预报服务的需求，同时它还担负着联合国教科文组织赋予的南海海啸预警任务。

3. 海洋公益服务发展在中国海洋事业中的战略地位显著提高

2008 年，国务院批准并印发了《国家海洋事业发展规划纲要》。在这份政府对中国海洋事业发展的纲领性文件中，将海洋公益服务的发展与海洋资源的可持续利用、海洋环境和生态保护、海洋经济的统筹协调等工作列为未来十年中国海洋事业发展的重点规划领域。《国家海洋事业发展规划纲要》明确提出了要"加强海洋调查与测绘、海洋信息化、海洋防灾减灾和海洋标准计量等基础性工作。发展公益事业，完善海洋公益服务体系，扩大海洋公益服务范围，提高海洋公益服务质量和水平"。① 受益于海洋公益服务在国家海洋事业发展中战略地位的提高，海洋公益服务各个方面的工作也愈发得到国家的重视。

以海洋标准计量工作为例，在"十一五"期间出台的三个国家重大规划《国家海洋事业发展规划纲要》《国家标准化"十一五"发展规划》《全国科技兴海发展规划》中，海洋标准化工作均被纳入其中。2009 年全国海洋标准化技术委员会发布了新的海洋标准体系，包括基础通用标准、仪器设备制造等11 个领域。这是自 1992 年中国发布首个海洋行业标准体系以来，标准化计量

---

① 国家海洋局：《国务院关于国家海洋事业发展规划纲要的批复》（国函〔2008〕9 号），2009 年 9 月 17 日，http://www.soa.gov.cn/zwgk/fwjgwywj/gwyfgwj/201211/t20121105_5264.html，最后访问日期：2015 年 3 月 17 日。

工作领域中的一次重大革新，目的是为了适应国内已经发展到较高水平的海洋行业，在现有基础上促进海洋行业的继续飞速发展。"十二五"期间，海洋经济与规划管理、海岛保护与开发、海洋环境保护、海洋观测预报与防灾减灾等十八个关键领域开始成为我国政府提供海洋公益服务的重点内容，国家修订了118项国家标准和361项行业标准，海洋标准化将继续推动着海洋事业向制度化、规范化、标准化方向发展。[1]

二 各个阶段中国海洋公益服务的发展特点分析

1979～2014年，中国的海洋公益服务从无到有，从发展水平参差不齐到建成高标准现代化的海洋公益服务体系。分阶段来看，这35年间，中国的海洋公益服务在每一个阶段的建设与发展都有其独特的发展特点与发展重心。这是由于改革开放的这35年亦是中国经济发展与社会进步的35年，在每一个阶段中海洋公益服务的发展都是同中国社会的发展紧密相连的，因而每一个阶段都带有浓重的社会历史色彩。各个阶段中海洋公益服务的发展特点如下。

（一）基础建设阶段

改革开放是新中国历史上，也是中华民族五千年的历史上一个具有里程碑意义的事件。其意义早已超出了政治领域中党和国家工作重心的转移，更远的影响在于其对人民群众的思想解放作用和对社会进步的巨大推动力。中国的海洋公益服务建设就是这种思想解放和社会进步的直接体现。它使得中国海洋公益服务在起步阶段就是扎根于社会现实和人民群众的。在基础建设阶段，中国的海洋公益服务发展呈现如下特点。

1. 发展取向由面向政治转变为面向经济

改革开放之前中国刚刚经历了十年"文化大革命"浩劫，以阶级斗争为纲成为全国各行各业的工作重心。海洋公益服务也不例外。而在此之前，由于1973年"波罗的海克列夫"号遇险事件在国际政治上产生的极大负面影响（该船舶在福建沿海遇险，由于当时中国无法提供有效的海上救援而沉没），

---

① 张燕歌：《我国海洋标准化发展现状与趋势研究》，《中国标准化》2013年第3期。

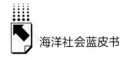

提高海上搜救能力成为中国维护良好国际形象并向国际社会彰显社会主义优越性的迫切要求。同样，在这一时期，党和国家的工作重心转移到经济建设上来，从提出计划经济到全民所有制企业改革，建设社会主义市场经济成为中国经济发展的新方向。受经济发展的大方向影响，中国的海洋经济和海洋产业开始起步，海洋公益服务也渐渐地为海洋经济和海洋产业发展保驾护航。

2. 发展目标由服务政府转为服务社会公众

从新中国成立到改革开放前夕，虽然政府也进行过大规模的海洋调查活动，建设过具有一定科技含量的海洋信息与监测系统，但是这些工作本质上是为了刚成立不久的新中国搜集国家海洋信息，了解中国的海洋概况，并对沿海地区进行监测，防控外在分裂势力和入侵势力。而在改革开放之后的基础建设阶段，中国的海洋公益服务便是以为对外贸易发展提供便利，为海洋开发提供资源信息，为沿海居民生产活动提供安全保障为目的的。正如同这一时期国内的海洋调查发展，着重于对中国沿海的矿产资源和湿地资源等自然资源进行调查，这就为下一步政府的海洋开发打下坚实的基础。

3. 海洋公益服务的种类趋向多元

改革开放之前，由于海洋公益服务是面向政治体制面向政府的，因而对于海洋公益服务的要求也仅限于满足政府对海洋信息的掌握以及对海洋环境的监控。而在改革开放之后的基础建设阶段，随着海洋公益服务的对象和方向的转变，海洋公益服务的种类也在发生变化，海洋公益服务必须提供更多元更广泛的服务品种以满足现代化的经济建设和广大社会公众的需求。于是，像海洋测绘、海上交通安全、海洋防灾减灾等活动都是在这一时期才在国内开始进行的。虽然包括这些新的服务项目在内的海洋公益服务在当时仍属于起步阶段，发展水平较低，但不可否认的是，正是这些在当时还不是很完善的海洋公益服务奠定了日后中国全方位多层次的海洋公益服务体系的基础，正是他们让中国社会对海洋公益服务这一领域应该包含什么以及应该如何发展给予了关注。

（二）技术提高阶段

经过基础建设阶段，中国的海洋公益服务已经有了基本的发展条件，也积累了一定的发展成果和经验，只是这个海洋公益服务的基础水平低且不稳定，难以满足海洋经济与海洋社会快速发展的需要。这就对中国海洋公益服务的发展提出了更高的要求，而具体来看这种要求更多地体现在对科学技术的追求上。例如，在海洋信息化服务领域，大量的海洋数据是通过信息工作者们用纸、磁带等材料，依靠原始而老旧的手抄以及录音的方式收集而来的。这种方式的记录保存一方面不利于进行数据统计和分析，另一方面也对保存的条件提出了十分高的要求，海洋信息化服务领域需要采用电子设备和软件进行资料处理与数据分析，才能更好地发挥所收集的资料的作用。在技术提高阶段，中国海洋公益服务的发展主要呈现这样的两个特点。

1. 积极将科学技术手段引入海洋公益服务的发展之中

在基础建设阶段的末期，邓小平同志就提出了"科学技术是第一生产力"的著名论断。它表明党和政府自 20 世纪末期开始，已经意识到了科学技术对生产力提高和发展所能贡献出的巨大作用。在这之后，创新是民族兴旺发达的不竭动力的思想也逐渐深入人心。追求科技创新在 20 世纪 90 年代初期成为社会风潮，用科技创新促进经济发展和社会进步成为社会共识。同样，为了满足公众和市场对于先进的技术手段的需求，海洋公益服务的发展也追求科技含量的提升，以此为突破口推动中国海洋公益服务的进一步发展。这一点从国家海洋实验室的建设中也可以看出：1990 年海岸和近海工程国家重点实验室建成并通过验收，1992 年海洋工程国家重点实验室建成并通过验收、1997 年国家海洋局海底科学重点实验室成立。党和政府对海洋科技的发展愈发重视。

2. 市场经济对海洋公益服务的作用开始加剧

在改革开放初期，中国的社会主义市场经济还没有得到充分的发展，其对海洋公益服务的影响还不是很突出。经过了十多年的发展，中国的社会主义市场经济已初具规模。1992 年中国共产党第十四次全国代表大会第一次明确提出了建立社会主义市场经济体制改革的目标模式。1993 年中国共产党十四届三中全会提出建立现代企业制度。此后国务院提出了一系列有关税制、金融体制以及外贸制度的改革方案，直到 1998 年九届全国人大二次会议明确了非公有制经济是中国社会主义市场经济的重要组成部分。这对中国海洋公益服务的影响是显而易见的，中国海洋经济的发展在当时已经举世瞩目：中国的海洋运输业已居世界前列，2000 年拥有海上商船载重吨位数居世界第五位，现为世界海运"A 类理事国"；中国的造船业位居世界前三，2001 年造船总吨位达到

350 万吨；中国海洋水产总量在 1995 年就达到 14.391Gg，名列世界榜首，2001 年中国海洋水产业总产值为 2256.56 亿元人民币；中国海洋石油 2001 年产量已达 21.4295Gg，走上了高产量、高效益发展之路；中国还是世界上第五位国际深海"先驱投资者"，为中华民族在北太平洋取得了一块多金属结核资源开发区。[①] 此时中国海洋公益服务建设的一个首要目标便是保障海洋经济和海洋产业的快速和持久发展。因而不论是基站系统建设、海洋标准计量的标准体系发布，还是船舶报告系统的设立、统一搜救电话号码的设置，都是为了保障中国海洋经济和海洋产业的发展，为海上工作的渔民、工人等群体的生命安全作出贡献。

（三）架构改革阶段

进入 21 世纪，中国加入世界贸易组织，这标志着中国的经济发展与对外开放到了一个全新的高度。机遇与挑战并存，是当时中国社会对这一历史性事件的主流评价。其实，这对于中国海洋公益服务发展所产生的影响可以说是利大于弊的。与世界接轨能够明确中国与具有发达海洋公益服务事业的国家间的差距，在引进学习科学技术的同时，弥补中国在相应的政治、文化、社会等方面所存在的漏洞。弊端则是中国的海洋经济可能承受不住国外发达的海洋经济体的竞争压力，这对于中国海洋公益服务发展的影响其实是比较间接的。而在当时制约中国的海洋公益服务发展的主要障碍在行政体制内部。由于缺乏直接对应的监管部门和政策规范，很多海洋公益服务项目缺乏具体承担的部门，因而这一时期中国的海洋公益服务发展体现出这样的特点。

1. 解决行政体制内阻碍海洋公益服务发展的障碍

21 世纪前 20 多年海洋公益服务的发展历程已经证明：一方面行政体制内部确实存在重要性较低或不再具有一定作用的部门体系，需要及时进行职能转变；另一方面，政府通过行政体制内部的整改，加强与地方的联系，才能了解基层对于海洋公益服务的实际需求。如同海上搜救事业的发展，在地方的救捞能力较低，中央缺乏主管监督部门的现实状况下，救捞体制的改革，交通部地方救捞局与打捞局的成立，国家海上搜救联席会议制度的确立则有效地解决了

---

① 梁开龙：《海洋测绘与海洋经济的发展》，《测绘工程》2004 年第 2 期。

这一问题。

2. 海洋公益服务的发展理念紧跟新一届政府的执政理念

2003 年以胡锦涛同志为总书记的新一届党中央领导集体确立。以民为本，建设服务型政府成为这一届领导集体的执政理念，随后 2007 年科学发展观被写入党章，这些都表明了新一届政府对于民生问题的重视。海洋公益服务的发展同样是在践行政府的执政理念，从国家海洋局和中央电视台合作的全国海水浴场环境预报可以体现出海洋公益服务的发展越来越倾向于满足普通社会公众需求，未来的海洋公益服务发展将立足于群众，扎根于基层。

3. 中国积极参与国际海洋公益服务活动

2004 年 12 月 26 日，印尼苏门答腊岛以北发生 9.3 级地震同时引发印度洋海啸。当年年底，中国成为第一个赴印尼实施国际救援的国家。31 日下午，第二救援队由广东卫生厅派出奔赴泰国。这不仅扭转了 1973 年中国对 "波罗的海克列夫" 号营救不利的负面影响，表现了一个负责任大国所应有的风范，更是说明了中国在包括海上搜救在内的海洋公益服务发展已经达到了相当高的水平。中国的海洋公益服务有能力保护内海的经济发展与安全，也能够对公海、外国海域提供必要的支援与帮助。

（四）全面发展阶段

2008 年是中国改革开放 30 周年，也是现代化海洋公益服务发展的 30 周年。经过三个十周年三个阶段的发展，中国已经形成了一个全方位、宽领域、高水平的现代化海洋公益服务体系。然而时代的发展和社会的进步也在不断地对中国的海洋公益服务发展提出更高的要求。2008 年伊始，中国海洋公益服务所面临的主要考验已不再是服务项目是否丰富，法律法规是否健全等简单的问题，而是诸如海洋环境污染，海洋资源枯竭等更为严峻且现实的困难，海洋公益服务的发展需要在一定程度上缓解这些现象而不是使其进一步恶化。在全面发展阶段，中国的海洋公益服务发展呈现这样几个特点。

1. 追求服务质量而非数量，寻求对尖端科技领域的突破

一方面，人民群众日益增长的物质文化需求将会把对服务效率的追求、服务手段是否人性化设定为衡量海洋公益服务发展的标准。正如同中国的海上搜救工作在新时期不仅注重对搜救设备进行更新，对搜救速度进行提

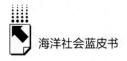

高，更注重加强与商业通信机构间的合作，共建搜救联动机制，千方百计提高搜救效率。另一方面，政府在学习发达国家科技的同时也在加强自主研发的能力，国内自主研发的浮标和观测技术应用到北极便是一个很好的例证。

2. 预防为主，治理为辅成为海洋公益服务发展的新的理念

2008年的青岛浒苔大面积爆发事件，2011年的蓬莱19-3溢油事件表明中国的海洋环境污染已经达到触目惊心的程度。海洋公益服务的发展需要在力所能及的范围内对海洋环境破坏、海洋灾害等起到预防的作用。首先是要杜绝海洋公益服务对海洋环境可能造成的破坏，比如建设灯塔、航标等设施时严格控制使用的材料，建造的方式等；其次创新海洋科学技术的应用，将原本应用于某一个领域的硬件软件系统应用到另一个或几个领域。比如用于监测潮汐的海洋监测系统同样能够应用于监测海岸带的污染情况和陆源污染的排放情况；最后是设置主管预防的政府机构狠抓这一工作，2011年成立的国家海洋局防灾减灾中心便是这样一种机构。

3. 海洋公益服务开始具有新的政治意义和战略意义

在全面发展阶段，海洋公益服务也成为政府宣示主权和表达利益诉求的政治手段。例如CCTV推出的钓鱼岛天气预报、在南海无人岛礁建设航标设施等措施，不仅可以宣示中国对其所拥有的合法主权，而且可以为下一步的商业应用或者军事战略应用做铺垫。

三 各个阶段中国海洋公益服务发展
所取得的成就与不足

35年来，中国的海洋公益服务发展取得了举世瞩目的成就，不仅为中国海洋经济在世纪之交的腾飞奠定了坚实的基础，更是以实际行动保证了人民群众涉海活动的安全开展，为社会公众提供了便捷而高效的服务。这在很大程度上是依靠中华民族善于学习、勤于反思的品质而实现的。同样，中国在现代化海洋公益服务建设中也走过许多弯路，犯过一些错误。每一个阶段中国海洋公益服务的发展都是在总结前一个阶段的经验教训基础上，有针对性地对下一个阶段的发展进行规划的。如此循环往复，螺旋式上升，最终实现中国现代化海洋公益服务体系的构建。具体而言，每一个阶段中国海洋公益服务所取得的成就与不足可以总结如下。

（一）基础设施阶段

改革开放之初，中国海洋公益服务发展最大的成就便是从无到有的，从零基础到小有规模。而不足之处，从宏观背景上来说，是与国内的社会背景和经济发展状况紧密相连的。

1. 成功建立一个基本的海洋公益服务体系

区别于以往由中国政府进行的单独且零散的海洋调查，海洋测绘活动，中国建立起了面向社会主义市场经济发展和满足社会公众物质文化需求的种类多元的海洋公益服务体系。它包括由官方传媒提供的海洋预报和灾害预警、基本的海洋信息数据库、全国性的海洋监测网络和检测中心、服务于经济开发和社会进步的海洋调查和测绘、全国统一的海洋计量标准、官方的海上搜救中心和安全机构。这些都是保障现代化海洋经济发展与人民群众涉海活动安全的必要条件。

2. 中国的海洋公益服务参与了多项国际合作活动

随着中国由沿海到内地形成全方位、立体化的对外开放格局，不论是沿海开放城市、沿海开放地区还是内陆的各城市、经济开放区都与国外建立起了政治、经济、文化等方面的多种多样的联系与合作。海洋公益服务借由这一股开放的东风，也同美国、韩国等海洋公益服务较为发达的国家开展了多项合作项目。对于海洋公益服务事业刚起步的中国来说，参与这些活动项目利远大于弊，既可以学习国外在海洋公益服务方面先进的科学技术与管理模式，又能够塑造中国关注地区安全，积极参与国际事务的负责任的大国形象。

3. 学术界开始将海洋作为研究对象，探索海洋的奥秘

这一时期，对海洋的研究开始在国内盛行起来，在自然科学领域尤为明显：《海洋环境科学》杂志于 1982 年创刊，《海洋科学进展》《海洋学研究》杂志 1983 年创刊，《海洋开发与管理》杂志 1984 年创刊，短短几年间便积累了几百篇有关海洋的学术研究，这与海洋公益服务走入社会公众视线是分不开的。

4. 中国海洋公益服务的科技含量水平低

1977 年中国高考制度恢复，短短十多年间，中国的海洋学科构建还不够完善，相应的，海洋领域的科技发展不仅落后于西方发达国家，更是无法满足

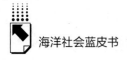

国内的一些基本需求。以海洋测量为例，基础建设时期国内的海洋测量仅能测量一些表面的信息，无法深层探究中国海洋的概况。在 20 世纪 80 年代之前的一段时间，受制于落后的测量仪器和设备，只有很少的海洋要素能够得到准确测量，这其中水深测量便是其中一种科技含量低但是较为常见的测量要素。[①] 这不仅限制了社会和学界对于海洋的认识，更使得进一步的海洋开发无从谈起。

5. 海洋公益服务的子系统不健全，有些项目形同虚设

以海洋监测系统和防灾减灾服务为例，他们本应在这一时期发挥好对自然灾害的预警作用，保护中国沿海城市的经济发展，然而在这一时期台风对社会造成的损失却在逐年增加。台风对中国造成的年均海洋经济损失在 20 世纪 70 年代达上亿元，在 20 世纪 80 年代为 10 亿元，在 20 世纪 90 年代则上升到百亿元。中国经常遭受重大台风影响，例如造成闽江口地区 1 亿余元损失和 7770 人员伤亡的 "6911" 号台风、造成珠江口西部 11.1 亿元损失和 30 人死亡的 "8908" 号台风以及波及八个沿海省市导致 504 亿元损失和 254 人死亡的 "9711" 号台风。[②] 这表明中国虽然建立起了初级的海洋公益服务体系，然而有些服务项目基本只起到名义上的作用，并没有发挥应有的效用。

（二）技术提高阶段

在技术提高阶段，依靠中国科技工作者不断努力攻克难关，中国的海洋公益服务发展在科学技术上取得了许多重大的突破，然而过分注重科技含量的同时也导致了诸如严重的海洋污染问题。

1. 海洋公益服务的科技水平显著提高

这一时期，一系列先进的硬件软件系统开始应用于中国的海洋公益服务之中。以海洋监测系统为例，1996 ~ 2000 年，海洋监测高科技研究取得了一批具有自主知识产权的创新性的研究成果：三项海洋监测尖端技术取得突破性进展，一系列海洋监测关键仪器设备填补了国内空白，并接近或达到世界先进水

平，海洋遥感应用关键技术研究领域也取得了不少创新和突破，集成和建立了两个高新技术和关键仪器设备应用示范系统，有力地促进了中国区域性海洋环境立体监测和信息服务系统的发展。[①] 高科技的应用不仅提高了海洋公益服务的效率，增加了其适用范围，更加强了政府对这一领域的财政支持力度，形成了一个良性循环。在当时政府的"十五"计划里，一项 24 亿元的意在强化海洋监测技术的高科技研究政策赫然在列。

2. 海洋经济持续而稳定发展

海洋公益服务发展技术提高的十年，也是经济领域中确立非公有制经济地位，建立一系列符合社会主义市场经济制度的政策和法规的十年，因而对社会经济的刺激作用巨大。在海洋公益服务的发展上，政府着重调查了海洋油气资源、矿产资源、生物资源等情况，在 1996 年编纂的《中国海洋 21 世纪议程》里明确将未来海洋产业的发展划分为三个层次，有针对性地进行公益服务领域内的辅助发展，起到了很好的帮助作用。根据 2001 年国土资源公报，中国在2000 年的海洋产业总产值已达到 4133.5 亿元，占国民生产总值的 4.2%。这与改革开放之初相比增长幅度巨大，与这一阶段中国高科技的海洋公益服务发展密切相关。

3. 政府对海洋公益服务的发展理念逐渐偏离正轨

或许是看到了科技创新对海洋公益服务和海洋社会发展所带来的显著效果，追求科技创新以及 GDP 增长成为海洋领域内的工作重点，然而技术显然不能解决所有的问题，过分追求科技进步以及 GDP 的增长会造成海洋环境的污染。事实也同样证明了这一点。20 世纪 90 年代以来，中国海洋环境污染一直比较严重，其中近海水质劣于一类海水水质标准的面积，从 1992 年的 10 万平方公里，上升到 1999 年的最高值 20.2 万平方公里，平均每年以 14.6% 的速度增长。[②] 如果政府继续将科学技术进步作为解决一切问题的万能良药必将造成更为严峻的后果。

4. 相关主管部门和政策法规的缺失

在技术提高阶段，党和政府、社会深刻体会到了科学技术的进步对社会进

① 朱光文：《我国海洋监测技术研究和开发的现状和未来发展》，《海洋技术》2002 年第 2 期。
② 王淼、胡本强、辛万光、戚丽：《我国海洋环境污染的现状、成因与治理》，《中国海洋大学学报》（社会科学版）2006 年第 5 期。

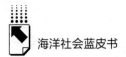

步和经济发展带来的巨大推动力，然而在这一阶段后期，中国海洋公益服务面临的最大问题是在行政领域内的主体缺失现象，许多问题找不到直接的管理机构和负责机构，也没有完善的法规和政策约束。以海洋搜救发展为例，虽然海事局的成立将中国搜救中心的职责与任务也统一划进来，全国统一搜救电话号码的设置能够方便海上事故的群众在第一时间发出求救，但是并不是全国所有的地方海区都有专门的搜救主管部门或者是专业的打捞队和搜救人员，接到求救后，打捞工作也并没有实现立体的全方位的管理，对海上事故的救助争分夺秒，毕竟打捞救助的设备工具，对事故的反应速度、救援速度才是海上救助工作的关键所在，而没有直接领导救助工作的团队，缺少快速的应急反应机制，人民群众的生命安全则会受到危险，海洋公益服务的发展则无从谈起。这无疑已经成为制约中国海上搜救乃至海洋公益服务发展的一个巨大障碍。

（三）架构改革阶段

进入新千年，中国的海洋公益服务也进入了一个全新的阶段，改革开放20年以来在中国海洋公益服务发展的经验教训的基础上，伴随着新一届党中央领导集体的成立，这一阶段海洋公益服务取得了几个重大的成就，新的世纪也对中国的海洋公益服务发展提出了更高的要求，它暴露出中国海洋公益服务发展在新时期的许多问题。

1. 海上搜救发展有了质的飞跃

海上搜救工作是一个对公民人身安全和国家财富至关重要的工作，随着现代化搜救团队的成立，中央地方统一的搜救机构设置，全方位应急系统的建设，中国的海上搜救服务硕果累累：2004～2008年，全国各级搜救中共组织协调搜救行动8586起，协调救助船舶2.8846万艘次、飞机711架次，成功救助遇险人员9.4147万人次，平均救助成功率96.1%，仅在2008年，全国各级海上搜救中心共组织、协调搜救行动1784起，遇险人员2.028万人，协调船舶6520艘次，飞机199架次，获救人员19595人，死亡、失踪715人，救助成功率96.5%，平均每天救助65人。①

---

① 王焕：《我国海上搜救情况浅析》，《天津航海》2010年第3期。

2. 专门的主管机构成立

行政体制内部成立了专门负责海洋公益服务相关项目的主管部门，例如海洋标准化技术委员会、海上搜救部际联席会议制度等，这体现出中国政府决意以专门的机构促进专门领域的发展。海上公益服务发展告别了之前行政部门之间责任无人承担，事故相互推诿的时代，开始迈入新的发展时期。

3. 中国海洋公益服务发展的理念变化

新一届政府对民生问题极为关注，以民为本，科学发展，共同构建和谐社会是社会的主流价值观。同样，中国海洋公益服务发展也一改之前一切以技术提高为重的发展理念，开始强调海洋公益服务发展的社会取向与人文关怀，人民群众不断增长的物质文化需求得到最大的重视，毕竟海洋公益服务在本质上是以服务社会服务大众为主要目标的。"人命救助，以人为本"的海上搜救理念便是对海洋公益服务发展理念的最好诠释。

4. 海洋环境污染问题解决不力

与之前陆源排放构成海洋环境污染的主要原因不同，这个阶段的海洋环境污染成因更为复杂。海洋石油勘探开发污染，船舶排放污染，海上事故污染等以前不存在，或是对海洋影响较小的活动如今成为海洋污染的主要来源。而同时，政府的海洋监测对这方面的执行力度太弱。在监测空间上和时间范围的覆盖上更是出现了执行力不足的问题，海洋环保法实施18年，累计达6000多天，300万平方公里的海域，海洋部门两天才出动一次船舶，4天才派出一架飞机，且飞行不足5小时，其发现某一船只违章排污的概率相当小。[①]

5. 九龙闹海带来的负面效果加剧

专门化管理机构的增多在这一阶段初期曾经成功促进了中国的海洋公益服务朝向高水平宽领域多层次的三个维度扩展，然而随着时间的推移，管理海洋的部门众多，各自进行单独的管理与执法活动，九龙闹海使得主管海洋公益服务的机构显得臃肿，而具体的问题又缺乏解决的对应政策。例如中国渔民在外海打鱼受到外国驱逐逮捕事件，农业部的渔政、海洋局

---

① 王淼、胡本强、辛万光、戚丽：《我国海洋环境污染的现状、成因与治理》，《中国海洋大学学报》（社会科学版）2006 年第 5 期。

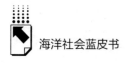

的海巡、交通部的海事、公安部的海警对此都负有一定的责任，然而通常
是哪个方面都没有能给他们提供必要的保护和安全。九龙闹海带来的结果
是群龙无首。

（四）全面发展阶段

2008 年之后，世界经济发展陷入低潮，中国经济的发展同样受到了一定
程度的影响。然而在海洋公益服务领域，中国在面对前一阶段发展所出现的问
题上，拿出了必要的解决措施，也取得了一定的成效。同样，这一时期中国海
洋公益服务的发展亦存在着不少值得重视的问题。

1. 国家海洋局的改组

改组后的国家海洋局最大的改变便是在海洋管理的权责上更为明确也更
为集中。这使得国家海洋局在海洋的规划、海域的管理使用等方面有了更多
的话语权和决策权。就海洋公益服务来说，改组后的国家海洋局几乎承担了
提供所有的海洋公益服务物品的职责，不仅要负责海洋生态环境保护、海洋
防灾减灾、海洋科技发展等工作，还要进行海洋法规政策、海洋战略计划等
部署。从"九龙闹海"到海洋局重组，体现出中国的海洋公益服务不断地解
决实践中产生的问题，并以此为基础促进下一个阶段的发展。实践出真知，
重要的是政府能够承认问题，找出问题所在，面对错误，主动寻找解决的方
法。

2. 多维度共同发展，多方面共同建设

多维度共同发展，多方面共同建设成为海洋公益服务发展的新理念。在这
一阶段，海洋公益服务的发展不再仅仅局限于自身领域内的建设，不同领域相
互交织共同发展，开始出现多个领域共同进行同一公益活动的情况。例如
2008 年青岛市对于浒苔的治理：彼时政府为了科学有序地应对青岛海域浒苔
暴发事件而成立了浒苔自然灾害应急处置专家委员会，根据浒苔监测预警、围
捞、处置及生物生态学等 4 项工作的需要，设立了 4 个专家组，专家委员会的
主要任务包括：实时监测和分析青岛海区海洋环境要素、生态环境变化、浒苔
分布面积、漂移路径等情况，对浒苔发展趋势进行预测和预警；研究并初步确
定浒苔生长机理、生活史、生态特点和功能，分析大规模爆发的原因、过程和
机理，对浒苔大规模爆发产生的次生环境效应进行评价；研究浒苔快速围栏、

打捞、输运和海上现场处置技术，以及打捞后的快速处理及综合利用技术。①可以看出在对浒苔的治理过程中，不仅应用了海洋监测、海洋测绘、海洋预报等方面的服务内容，还在一定程度上促进了海洋科技和海上打捞的发展。

3. 缺乏真正意义上的海洋灾害应急管理法规

海洋灾害对沿海城市的经济破坏作用是巨大的，作为现代社会的风险之一，虽然学界已经对海洋灾害应急管理机制做了相应的研究，国家海洋局也成立了海洋减灾中心，然而中国尚没有一部具有明确指导意义的法规或是政策文件发挥作用。一旦发生诸如印度洋海啸或者日本福岛大地震的海洋灾害，如何在第一时间进入应急管理机制，发挥海洋公益服务的作用，将可能的损害降到最低仍有待进一步研究。

4. 海洋公益服务发展缺乏一个总的指导路线与方针政策

虽然中国海洋公益服务发展已走过了35年的历程，也积累了不少经验和教训，然而回顾35年的海洋公益服务发展，始终是作为海洋开发、海洋经济发展的附庸或者副产品而存在的。政府始终没有从顶层设计的角度制定国内的海洋公益服务发展的总目标、总路线。结果就是海洋公益服务发展的理念、速度等都是随着社会经济社会文化的变化而改变的，并没有一个从一而终的指导思想。而这对于日后中国海洋公益服务的进一步发展显然是不利的。

四 未来中国海洋公益服务发展的趋势

纵观中国海洋公益服务在过去35年的发展历程，总结中国海洋公益服务所积累的经验教训，可以看出中国的海洋公益服务在未来还有很大的发展潜力，同海洋公益服务发达的国家相比，也还有很长的路要走。总的来说，未来中国的海洋公益服务发展会更加注重这样几个维度的建设。

（一）海上交通安全领域——对中国远洋船舶的保护

海盗问题现已成为困扰大多数国家海外贸易发展的一个障碍，中国也不例外：2008年在亚丁湾海域的"振华轮"、2009年在印度洋海域的"德新海

---

① 李震：《青岛近海浒苔的污染与预防治理》，《海洋开发与管理》2010年第9期。

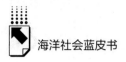

号"、2010年在阿拉伯海的"乐从轮"等皆因为海盗的袭击与劫持遭遇了不同程度的财产损失与人员伤亡。海洋公益服务在未来不仅要能够保护中国领海内的安全，保障中国海上商船的经济贸易活动，更要能够在一定程度上保障他们在公海领域的安全航行。在这一点上，一方面可以依靠海洋技术的发展，加强中国的海洋监测技术，加大中国的海洋救援力度，一旦收到船只的求救信号，海警和海监部门能够在最短的时间内赶到事故现场，保护中国的财富和利益。另一方面可以依靠中国海洋公益服务参与更多的国际海洋安全事务，打击海盗是关系到全世界人民的共同利益而不是某几个国家的利益，因而共同的海洋公益参与能够维护共同的区域安全。

（二）科学技术领域——科技进步对海洋公益服务发展的贡献依旧巨大

正如同第二次科技革命极大地改变了世界的面貌，海洋科技也极大地改变了海洋的面貌和人类对于海洋的认识。中国海洋公益服务的历程表明，只有依靠海洋科技的进步才能实现海洋公益服务的跨越式发展，正如同没有AIS基站系统、信息化软件的应用，中国的海洋公益服务不可能取得上述的种种成就。未来，中国的海洋公益服务对科技的追求将更多地体现在对自主研发能力的培养，对高精尖技术领域的开拓上。中国自主研发的浮标和观测技术应用于北极海域进行观察活动便是一个很好的例证，它不仅表明中国已成为海洋科技强国，还表明中国成为对世界海洋发展具有重大影响力的大国。在未来，这种自主研发的科技产品将会更多，科技推动中国海洋公益服务的发展也将会更快。

（三）非政府组织领域——加强与社会各界海洋公益服务组织的联系

虽然在海洋领域内的非政府组织所进行的社会活动一般鲜为人知，但是这些年来，随着社会的发展，确实出现了许多在海洋环境保护领域和海洋公益服务领域发展较快的非政府组织。例如"蓝丝带"海洋保护协会。这是一个2007年在三亚成立的以海洋环境保护为主旨的民间公益社会团体，致力于海洋环境保护的事业。近年来他们不仅开展了全民净滩、海洋生物资源增殖放流等活动，还走进校园、参与了多项国际交流。其实，非政府组织的海洋公益服务活动对社会有着更大的感召力，中国的官方海洋公益服务可以加强与非政府组织的合作。既可以提高非政府组织在海洋公益服务领域的影响力，又可以适当地减轻政府的压力与负担，是一个双赢的过程。正如同 MH370 事件后，全世界有许多非政府组织同政府机构的救捞团队一起合作开展救援活动，未来非政府组织的海洋公益活动将会在中国产生非常大的作用和影响，政府需要加强与其的联系和交流。

（四）政治经济领域——统筹区域发展

改革开放以来的 30 多年是中国社会经济腾飞的 30 多年，但也确实是中国社会发展差距扩大、区域发展差距扩大的 30 多年。在海洋公益服务发展领域也是如此，仅就沿海地区海滨观测台站的建设情况来看，2012 年广东省拥有包括海洋站、验潮站、气象台站在内的海滨观测台站共 143 个，而河北省仅有 21 个。这其中虽然有国家海洋监测发展战略部署的因素影响，但是海洋监测的目的是为海洋经济和海洋产业发展服务，二者间的经济发展差距越大，海洋公益服务的发展差距也就越大，随之则导致经济发展的差距更进一步加大。2013 年在国务院印发的《全国海洋经济发展"十二五"规划》中也指出对于陆海资源配置、陆海经济布局、陆海环境整治和灾害防治、陆海开发强度与利用时序和近岸开发与远海空间拓展等因素的统筹规划是未来一段时间政府海洋发展工作的重点所在。这可以看作中央在政策上开始平衡区域发展，向尚待开发的区域倾斜。

B.4
中国海洋科技发展报告

李国军*

摘　要：　本文以国家海洋局发布的《中国海洋年鉴》（1982～2013年）为依据，并参考相关文献，对改革开放以来中国海洋科技发展过程做了梳理。首先，本文界定了海洋科技发展的内涵和外延。其次，以中国海洋科技政策演变为线索，将改革开放以来中国海洋科技发展过程分为启动、体制改革与调整背景下的建设和全面部署推动创新三个阶段，分别从海洋科技发展战略、科技政策、体制改革、海洋调查、科技投入与产出、海洋科技支撑经济发展状况及国际海洋交流与合作等方面进行了梳理。接着，对改革开放以来中国海洋科技发展的特点和发展趋势做了概括和阐述。最后，本文给出了关于推进中国海洋科技领域改革的政策建议。

关键词：　海洋　科技发展　政策体系

一　概述

海洋科技是建设海洋强国的强大支撑，开发和保护海洋都要依靠海洋科学技术。海洋科技的发展在维护国家海洋权益、保障国家安全、保护海洋生态环境、保障海洋资源可持续利用以及海洋经济可持续发展等方面都具有十分重要的作用。

---

* 李国军（1975～），男，山东潍坊人，经济学博士，上海海洋大学人文学院讲师，研究方向：海岸带人口、资源管理及海洋环境保护与治理。

从 1956 年制定海洋科学远景规划开始，中国海洋科技发展已有 50 多年的历史。其间经历了新中国成立初期的初级发展阶段、"文化大革命"期间的艰难发展阶段、改革开放后的快速发展阶段和腾飞发展阶段。[①] 目前，中国海洋科技事业正处于快速发展的大好时期，但机遇与挑战并存。[②]

（一）概念界定

1. 海洋科技

海洋科技是科技大系统的重要组成，包括既独立又彼此紧密联系且逐步趋于融合的两个部分的知识体系，即海洋科学和海洋技术。知识经济时代海洋科学与海洋技术同步化发展，并渐趋融合为一个有机的整体，构成人类文明中的一个具有特殊功能的知识系统，简称"海洋科技"。[③]

海洋科技知识体系是一个多系统、多学科交叉的综合性研究、应用技术体系，由基础科学、应用科学和工程技术构成。其中，海洋科学包括海洋自然科学和海洋社会科学两部分（具体如表 1 所示）。传统上，将海洋科学仅理解为海洋自然科学，是研究海洋的自然现象、变化规律，及其与大气圈、岩石圈、生物圈的相互作用以及开发、利用、保护海洋有关的知识体系。而海洋技术是研究海洋自然现象及其变化规律、开发利用海洋资源和保护海洋环境所使用的各种方法、技能和设备的总称。[④]

表 1　海洋科学学科体系构成

海洋自然科学	海洋社会科学	海洋自然科学	海洋社会科学
物理海洋学	海洋管理学	海洋化学	军事海洋学
海洋物理学	海洋法学	海洋地质学	海洋旅游学
海洋气象学	海洋经济学	极地科学	海洋历史学
海洋生物学	海洋灾害学	环境海洋学	海洋文化学

---

① 王平、陈思增、陈国生、杨黎静、谢素美、叶冬娜：《现代海洋科技理论前沿与应用》，北京：电子工业出版社，2013。
② 孙志辉：《回顾过去展望未来——中国海洋科技发展 50 年》，《海洋开发与管理》2006 年第 9 期。
③ 沈满洪、李建琴：《经济可持续发展的科技创新》，北京：中国环境科学出版社，2002。
④ 全国科学技术名词审定委员会：《海洋科技名词》，北京：科学出版社，2007。

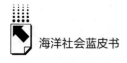

2. 海洋科技发展

现有文献中，对海洋科技发展状况多以海洋科技综合实力、海洋科技能力、海洋科技竞争力等名称加以界定，并且用这些名称来衡量和评价海洋科技的发展水平。

科技实力的内涵包括科技潜力和科技实际能力两个方面，外延涵盖三个方面，即科技资源、科技产出力及科技对社会经济、技术发展的影响力。科技竞争力是反映与基础研究、应用研究和试验开发密切相关的科学技术能力，是科技资源与科技活动过程的统一。三者关系如图1① 所示。

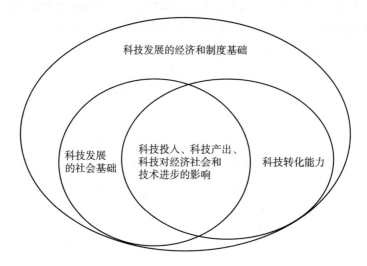

图1 科技竞争力、科技实力、科技能力包含关系示意图

资料来源：引自殷克东和卫梦星（2009）。

综上所述，海洋科技发展的内涵是指海洋科技发展水平、程度等的总称。海洋科技发展的外延包括海洋科技的发展基础、投入与产出水平、产业化水平以及海洋科技对社会经济和技术发展的影响力等方面的发展状况。本文即从这几个方面对我国改革开放以来海洋科技发展情况进行梳理。

（二）改革开放以来我国海洋科技发展概况

自改革开放以来，中国海洋事业发展迅速，海洋科学技术的整体水平不断

---

① 殷克东、卫梦星：《中国海洋科技发展水平动态变迁测度研究》，《中国软科学》2009 年第 8 期。

提升，自主创新能力不断增强。我国海洋科技研究从近海陆架区海洋学起步，逐步形成了具有区域特征、多学科综合交叉的中国海洋科技研究体系。

经过近 60 年的发展，中国海洋科学与技术研究在物理海洋学、海洋地质学、生物海洋学、海洋生态学、海洋化学、环境科学等学科都取得了显著进展，已经形成了海洋环境技术、资源勘探开发技术、海洋通用工程技术三大类，包括 20 多个技术领域的海洋技术体系，并为海洋渔业、油气资源开发、环境保护和防灾减灾等方面的发展，提供了科学指导和依据。

海洋调查取得了丰硕成果，先后组织实施了全国海洋综合调查、西沙和南沙调查、极地科学考察、环球大洋考察、深海油气资源和天然气化合物调查等。海洋农牧化成就世界瞩目，先后形成了藻类、虾类、贝类和高值海产品等海水养殖浪潮，经济效益和社会效益显著；在养殖生物种质与病害基础研究、工程化养殖技术研究、环境友好养殖技术研究方面取得了显著进展。海洋分类学体系建设进一步深入，海洋生态系统过程研究取得重要进展，为中国近海生物资源的持续利用提供了科学依据。以海洋环流为主体的物理海洋学形成，对黄海、东海、南海的环流认知作出了突出的贡献。海洋地质学研究取得重要成就，海洋油气与矿产资源探测领域日益扩大，海底成矿作用理论日趋成熟，深海热液与生命过程研究孕育着地球系统科学理论的突破。海洋生态环境与安全研究在中国近海生物资源可持续利用、有害赤潮发生机制与预测防治、重要生源要素生物地球化学循环过程、近海污染物行为与危害效应等方向上的研究取到较大的进步，为维护海洋权益与安全、促进海洋经济发展、加强海洋管理工作等都提供了有力的技术支撑。

二 改革开放以来中国海洋科技发展历程

经过新中国成立初期的初级发展阶段、"文化大革命"期间的曲折发展阶段，在改革开放和国家科技发展的大环境下，中国海洋科技事业进入了快速发展期，开始走出近海，走向深海、大洋和极地，以开发利用海洋资源、发展海洋经济、保护海洋环境为中心，大力发展海洋科技，在各方面都取得了很大的成绩。

海洋事业的快速发展与海洋科技政策的支撑紧密相关。与经济体制改革同

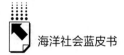

步，中国海洋科技政策领域也发生了深刻的变革。依据海洋科技政策体系所表现出的阶段性特征、海洋科技政策的制定实施及其效力期限，可以将改革开放以来海洋科技政策体系的演变过程划分为启动、体制调整背景下的建设和全面部署三个阶段。[1]

在此过程中，立足于海洋经济发展的需求，海洋科技政策关注的重点从传统海洋产业延伸至新兴海洋产业，政策弹性逐渐增大，统筹力度逐渐增强，各阶段政策层面的共时性特点对海洋事业的快速发展起到了重要的推动作用。

（一）启动阶段（1978～1985年）

在此阶段，国家在海洋科技领域充分发挥了战略引领和规划指导作用，海洋科技管理体制改革得以开展，海洋科技政策全面启动。新建一批大型海洋综合调查船和专业调查船，整合国内海洋科技力量，组织实施海洋科技专项研究，成为这一时期海洋科技工作的主要特点。

1. 战略引导、制定规划、调整机构、出台政策

1977年12月，在全国科学技术规划会议上，国家海洋局明确提出了"查清中国海、进军三大洋、登上南极洲，为在20世纪内实现海洋科学技术现代化而奋斗"的战略目标。我国海洋科技工作向新高度攀登的大幕由此拉开。1978年，在国家对科技工作进行了新的全面部署的背景下，海洋科技政策逐渐启动。

在《1978～1985年全国科学技术发展规划纲要》中，海洋科技被正式列入，重点技术发展领域为海洋捕捞、海水养殖、海上石油开采技术和成套设备、现代化港口建设新技术、大型和专用船舶研制以及航海新技术。

1978年国务院批准成立了中国水产科学研究院。1981～1991年国家先后建立了南极和大洋研究考察与管理机构。各涉海部门对本系统的科研机构进行了调整：海洋渔业科技主要由国家水产局负责实施；港口建设及海洋船舶制造业科技研究主要由交通部负责实施；海洋石油及天然气勘探开采主要由石油部、国家地质总局及一机部负责实施。

这一时期，政府对海洋科技创新工作主要采取指令性方式。由国家科技部

---

① 乔俊果、王桂青、孟凡涛：《改革开放以来中国海洋科技政策演变》，《中国科技论坛》2011年第6期。

（科委）事先给定科技计划的范围，以行政手段或准行政手段命令相关部门负责实施。海洋科技政策发布机构较为集中，科技部处于政策制定主体的核心地位，其他涉海主管行政部门处于从属地位。经贸委在科技政策制定中也发挥了较大作用。这与国家当时的"经济建设要依靠科学技术，科学技术要面向经济建设"为导向的经济发展模式相一致。

与此相对应，政策内容都比较具体，多以"计划"和"决定"命名。如1980年发布的《国家重点科技攻关计划》、1983年发布的《国家重点技术发展项目计划》和1985年发布的《关于科学技术体制改革的决定》等，都以具体项目列出。因而政策的弹性较差，政策运行路径是一种自上而下的强制路径，政策作用对象主要包括中科院在内的科研机构以及国有大中型企业。科技投入主要依赖财政拨款。海洋科技政策仅散见于各涉海行政管理部门制定的行业科技发展规划中，并未制定统筹协调的海洋科技政策。

2. 海洋调查观测陆续展开

20世纪80年代，我国组织开展了"全国海岸带和海涂资源综合调查"等科技专项行动，包括全国海岸带和海涂资源海岛资源综合调查，三次大规模的南沙群岛及其邻近海区、台湾海峡及邻近海域综合科学考察以及多次对太平洋海域多金属结核资源的系统调查。

1984年我国第一次进行了南极和南大洋科学考察，在南极建立了永久科学考察站——中国南极长城站和中山站。截至1984年底，我国已拥有了165艘调查船，总吨位约15万吨，居世界第四位。[1]

3. 海洋科研水平稳步提高

物理海洋学的进步使海洋综合动力过程的计算和预测提高到新水平。建立了超浅海风暴潮理论，对渤海风暴潮进行了计算，探讨了该海区风暴潮的动力学机制。研究了海面对于平行和（或）垂直海岸移动台风的影响，某些结论已被用于台风暴潮的分析。对中国各海区相继提出了风暴潮的数值计算和预报方案并做了试验。对东南沿海和南海台风暴潮过程做了动力学诊断分析，剖析了各种可能的地理、水文、气象因子以及差分网格的格距对台风暴潮的影响。中国沿海各主要港口相继建立或改进了风暴潮的极值和过程预报公式，并投入

---

[1] 国家海洋局：《中国海洋年鉴1986》，北京：海洋出版社，1988。

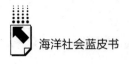

了业务预报使用。

海洋物理学进一步发展了浅海声学和深海声学，对厄尔尼诺现象进行了大量分析和研究，并在热带天气学方面进行了探讨。

海洋生物学研究跻身世界先进行列。广西钦州市淡水养殖场工程师张伟贤经过分析研究，对引进的淡水鱼种尼罗罗非鱼进行了大面积和高盐度的试验。结果表明，尼罗罗非鱼能较好地生长，并且可以产卵。中国科学院南海海洋研究所邹仁林副研究员应马耳他政府邀请，于1984年7月21日至12月27日帮助马耳他寻找红珊瑚资源，终于发现了红珊瑚，打破了外国学者认为"马耳他水域无红珊瑚"的结论，而且还有新种发现。[1]

海洋物理化学、海洋分析化学和测试技术研究方面取得了很大进展。近海水化学研究先后出版了一批专著。中国学者在对海水中无机离子交换和吸附理论、各种化学元素在海洋中的存在形态和转移机理的研究，以及化学元素分布、含量、平衡等的数学模式研究方面，做了大量的工作，已从定性描述海洋中化学成分的分布变化，过渡到定量揭示海洋中各种化学过程的新阶段。在分析方法和测试技术方面亦有很大进步，目前已研制出原子吸收法、阳极溶出伏安法、气相色谱法、气相谱法、荧光法、中子活化分析法等，并投入实际应用。

20世纪80年代以来，国家海洋局、中国科学院、地质矿产部等单位对渤海、黄海、东海和南海海区进行了一系列的现代海洋地质调查工作，还开展了大规模的海岸带综合调查和大洋锰结核的调查，从而使我们对我国周围大陆架的地质构造、表层沉积特征、分布和形成过程、第四纪地质发展史等问题有了较多的了解。

中国的海洋地球物理工作虽然起步较晚，但发展较快并取得了长足进步。已完成我国近海航磁、船磁、地震、重力等物探普查及部分海区的详查工作，所获调查资料已经在中国近海地质构造研究、海上油气勘探方面发挥了重要作用。国内学者对板块构造动力学进行的探讨性研究和提出的若干模式，无疑会加深人们对地球上层及深部物理性质和运动规律的认识，对发展和完善板块构造理论起着积极的促进作用。

---

[1]　国家海洋局：《中国海洋年鉴1986》。

潜水医学有了长足的进展。1982 年海军在"勘察一号"潜水母船上完成了氦氧模拟饱和潜水实验，获得了较系统的技术资料。1983 年海军成功地进行了深度 10～100 米使潜艇员顺利地上升脱险的模拟实验，获得了宝贵的技术资料。1983 年完成了干舱空气潜水实验，为探索在高原地带进行潜水作业的医学、生理学问题积累了资料。1983 年海军研制成功了潜水呼吸器无人检测装置，可模拟各种潜水作业条件，对潜水呼吸器的研制很有价值。① 在减压病的预防、治疗方面做了大量的研究工作，取得了丰硕的成果。在常规空气潜水方面，作业深度、作业能力及医学保障基本上达到国际先进水平。在氦氧常规潜水方面，已完全使用国产装具、氦气和氦氧通信机进行作业，下潜深度接近世界水平。

4. 海洋技术创新取得突破

经过三十多年的科研和生产实践，我国就淤泥絮凝沉降，及其浓度较高所出现的制约沉降和群体沉降的运动机理和沉降规律，针对天津渤海湾、长江口、钱塘江口、连云港等，进行了大量黏性泥沙静水沉降特性的试验研究，并取得了一定成果；成功地整治了天津塘沽新港的徊淤问题；珠江三角洲流域的模型试验，不稳定流计算，电模拟计算等都有新的进展，为今后全面整治提供了科学依据。在理论工作上中国已有自己的普遍风浪谱，区域性的渤海谱、局部范围的浅水谱和地址谱在实际工程中逐渐得到应用。我国还进一步开展了削角圆筒防波堤的研究，并经实际应用，证明效果良好。为建立中国的典型谱和各地址谱，各海洋部门加强了海洋观测网建设，测试手段和仪器获得了改善和更新，对资料的精度、连续性、自记、自存、自报及分析处理，达到了更高的水平。

与发达国家相比，中国海洋工程从理论到实践上，均与其有一定差距，具体表现在施工工艺与装备，技术队伍的培养、组织和管理，生产成本及在整个国民经济中所占的比重上，缩小这个差距是中国海洋工程界的任务和努力方向。

此外，"863"计划中设立了海洋领域专项。在专项支持下，我国成功研制了 6000 米自容式温盐深自记仪等一批海洋仪器，组织实施了一网三系统（海洋环境监测网和海洋执法管理系统、海洋环境预报服务系统和海洋资料服

---

① 国家海洋局：《中国海洋年鉴 1986》。

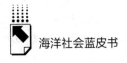

务系统）专项。

5. 海洋国际合作广泛开展

改革开放为海洋科技的国际合作带来了契机。1977 年我国正式加入联合国政府间海委会，以高票数当选海委会执行理事会成员国，在参与重大计划以及规则制定等方面发挥了重要作用。我国积极参与海委会发起的一系列重大全球性海洋科学计划，如全球海洋与大气相互作用计划、世界大洋环流计划、全球海洋观测计划等，提高了我国在海洋资料交换、防灾减灾、海洋制图和海洋观测与预报等方面的能力，促进了我国海洋科学的发展，扩大了我国在世界海洋界的影响。参与全球海平面计划，促成了我国南沙永暑礁观测站的建立，维护了国家海洋权益。参加资料交换工作，使我国成为世界海洋资料中心，海洋资料管理水平获得全面提升。

1978 年，以著名海洋学家沃尔特·蒙克为团长的美国海洋科学代表团应邀访华；同年，中国首次参加国际全球大气试验，海洋学研究介入国际前沿。1979 年，中美签订了海洋和渔业科学技术合作议定书；同年 11 月，中美代表团在华盛顿就两国海洋资料交换、海洋沉积过程研究、水产养殖等合作项目举行第一次工作会议，开启了中国国际海洋科技合作与交流之门。1980 年 "中美长江口联合调查" 开展。1985～1990 年，中美在赤道和热带西太平洋开展的海洋大气相互作用合作科学考察（TOGA）在中国海洋学史上具有重要意义；同期还开展了 "世界大洋环流实验"（WOCE）和 "海洋—大气耦合响应实验"（TOGA-COARE）。①

（二）体制改革与调整背景下的建设阶段（1986～2000年）

1986～1992 年，在整个科研体制改革的背景下，海洋科研机构及高校开展了体制改革的探索。涉海管理技术政策的颁布实施，促进了海洋科技成果迅速而广泛地应用于生产。

"九五" 期间，在海洋高新技术研究与应用、海洋基础性研究和公益性研究、海洋关键技术攻关、近海和大洋调查以及海洋科技开发等海洋学科和领域取得了突破性和跨越式发展，成效卓著。在国家重点科技攻关计划、国家重大

---

① 国家海洋局：《中国海洋年鉴 1987～1990》，北京：海洋出版社，1992。

基础性研究规划项目、国家自然科学基金及海洋"863"高技术计划、海洋勘测专项计划以及科技兴海等一批重大的研究和开发计划的推动下,中国海洋科技工作基本形成了面向经济建设主战场、发展高新技术及其产业、加强基础研究三个层次的战略格局和较完整的科技开发体系,缩短了我国与国际海洋科技发展水平的差距,并使海洋经济成为国民经济新的增长点。

1. 发展战略作出调整

随着社会主义市场体制改革的深入,行政命令、指令式的政策逐渐淡出。在出口导向型经济模式下,"以市场换技术"的各种产业政策手段被广泛应用,政策工具出现多元化的趋势。财政、税收政策的受众不仅包括国有企业及科研机构,还包括其他类型的企业。技术政策趋于规范,多以意见、办法的形式出现,如《技术更新改造项目贷款贴息资金管理办法》。政策的弹性增大,涉海行政主管部门不再单纯履行国家层面科技规划的职能,而是综合考虑海洋科技自身及经济实际发展状况,结合所掌握的经济和行政资源,制定的政策向促进科技成果转化及科技在经济发展中的应用倾斜。

在此期间出台的两个重要科技政策文件——《1986～2000年全国科学技术发展规划纲要(草案)》及1992年国务院《国家中长期科学技术发展纲领》中指明,海洋科技政策的重点领域是海洋油气、海洋渔业、海洋交通运输、港口建设、海洋生物。这在其细化的《中华人民共和国科学技术发展十年规划和"八五"计划纲要(1991～2000)》《全国科技发展"九五"计划和到2010年长期规划纲要》《国民经济和社会发展第十个五年计划科技教育发展专项规划(科技发展规划)》中均有体现。海洋科技政策的重点从以往的基础性调查,转向以应用研究和技术开发为主,而海洋渔业技术重点转向技术成果的推广。

1985年3月,中共中央作出《关于科学技术体制改革的决定》,确立了科学技术体制改革的大政方针。1987年,国务院出台《关于进一步推进科技体制改革的若干规定》,提出了进一步放活科研机构、放宽放活科研人员管理政策和促进科技与经济结合的具体措施。1988年5月3日国务院发布《关于深化科技体制改革若干问题的决定》,鼓励科研机构发展成新型的科研生产经营实体。1993年国家实施科教兴国战略,改变单纯的以项目为龙头的国家计划,而增加其他方式的科研支持。1995年中共中央、国务院印发《关于加速科学

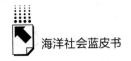

技术进步的决定》，体现了资源向重大项目集中的趋势。①

2. 体制改革逐步展开

随着科研体制改革的深入，企业作为科技创新主体的地位逐渐确立。与此同时，随着海洋综合开发技术需求的增长，除科技部及各涉海行政主管部门如国家海洋局、农业部、交通部外，掌握大量行政和经济资源的部门如发改委、税务总局、商务部、经贸委等也参与到海洋科技政策的制定中。跨部门联合发布的政策逐渐增多，政策制定的协调化机制初现雏形。

20 世纪 90 年代初，负责海洋科技创新政策协调的主要部门是科技部，国家海洋局也发挥了一定的作用。随着参与制定政策的行政级别等同的部委增多，国务院逐渐介入海洋科技政策事务的协调工作。因而，海洋科技政策的作用范围日益扩大，效力不断增强。

各科研院所体制改革迈出了坚实的步伐，已基本完成研究所内管理机构的改革，较大幅度地精简了管理队伍；开展了研究方向与学科结构调整和优势集成，逐步形成了各自的优势学科；建立起了面向市场提供服务的技术开发体系，以及提供有偿服务的后勤服务体系。

3. 政策引导科技发展

涉海行业众多，客观上要求国家制定统筹开发利用海洋资源的技术政策。而财政、税收等激励性的政策措施在海洋领域的作用日渐显现，有效促进了海洋油气勘探、开采设备及技术的引进。

1989 年《开采海洋石油资源缴纳矿区使用费的规定》出台，推行海洋油气开发向气倾斜、油气并重的财政政策。1991 年出台的《90 年代中国海洋政策和工作纲要》围绕 10 个方面提出了保障 20 世纪 90 年代中国海洋事业顺利发展的宏观指导意见。1993 年的《海洋技术政策》及《海洋技术政策要点》旨在通过国家的引导，使海洋科技队伍形成整体力量，是国家管理配置海洋科技资源所做的有益探索。《国家海域使用管理暂行规定》指出，海洋勘探石油平台免收海域使用金，海洋石油生产平台酌情收取海域使用金。1995 年《全国海洋开发规划》标志着中国正走向全面开发利用海洋阶段，国家将通过实

---

① 乔俊果、王桂青、孟凡涛：《改革开放以来中国海洋科技政策演变》，《中国科技论坛》2011 年第 6 期。

施各类重大科技计划，逐步增加对海洋科技的投入，以推动海洋资源开发、海洋环境保护等领域的重大科技问题的研究，并促进相关产业的形成。1996 年《中国海洋 21 世纪议程》提出"科教兴海"战略。此后，实施"科教兴海"战略、统筹海洋科技政策、提升海洋科技战略地位成为中国海洋科技政策的主要走向。1997 年《在我国特定地区开采石油（天然气）进口物资免征进口税收的暂行规定的通知》及其补充通知规定了海洋石油（天然气）勘探、开采、进口设备、材料免征税收。①

4. 科技投入不断加大

大范围的近海和远洋调查任务进展顺利，获取了大量海洋环境、海洋资源的资料。开展了中国大陆架、专属经济区的海洋综合调查，获取了大量宝贵资料。开展了太平洋多金属结核资源调查，取得了丰硕的成果。

海洋基础性研究和公益性研究工作也已全面启动，几个海洋科研基地正在逐步形成。

1997 年科技部组织实施了国家重点基础研究发展计划（"973"计划），其中包括海水重要养殖生物病害发生和抗病力的基础研究，东海和黄海生态系统动力学与生物资源可持续利用，我国近海有害赤潮发生的生态学、海洋学机制及预测防治等重大项目。而推动高技术产业化的火炬计划、面向农村的星火计划、支持基础研究的国家自然科学基金等也都涵盖了海洋领域。

5. 科技产出效果明显

海洋关键技术的攻关取得了一定成果，许多成果已转化、应用到实际海洋管理与海洋开发之中。

20 世纪 80 年代实现了扇贝苗种的工厂化生产。20 世纪 90 年代突破了泥蚶大规模人工育苗的技术及大黄鱼种苗繁育技术；创造和发展了各种渔具渔法，渔船装备和捕鱼技术逐步现代化；1992 年推广了双船底拖网渔具性能及优化设计、贝劳海域远洋渔场探查与钓捕技术。

国家高技术计划（"863"计划）中一批关键性海洋高新技术研究与应用取得了突破性进展。海洋监测、海洋生物、海底探测、海洋卫星研制及海洋卫

---

① 乔俊果、王桂青、孟凡涛：《改革开放以来中国海洋科技政策演变》，《中国科技论坛》2011 年第 6 期。

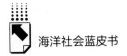

星遥感技术取得了跨越式发展，缩短了与世界先进水平的差距，个别成果为国际首创。"863"计划实施 4 年来，在海洋环境监测、海洋生物、海洋探查与资源开发技术 3 个主题之下取得了丰硕成果，突破了 11 项重大关键技术，开发了 60 余项产品，获得专利 142 项。① 海洋关键技术的攻关取得了一批成果，许多成果已转化、应用到实际海洋管理与海洋开发之中。南北极科学考察进一步加强了中国在国际极地事务中的地位。

6. 支撑经济能力提升

科技兴海已经得到沿海省市的认同，通过科技兴海项目的实施及成果的推广和转化，部分沿海省市海洋经济的发展得到了推动。随着沿海造船技术的突破和港口设施建设的推进，海洋交通运输和沿海造船产业年均增长 11%。海洋生物医药技术的应用，取得了一批技术成果，推动了我国海洋生物产业的发展。第一代海洋药物抗脑血栓降血脂的新药藻酸双酯钠，投放市场以来产值达数十亿元。2001 年海洋生物制药和保健品业总产值为 20.87 亿元，成为增长潜力较大的海洋产业之一。"863"项目一些主要成果已经应用于海洋产业发展，建立了 4 个高技术示范系统、31 个海洋高技术产业中试基地和示范基地，产生经济效益近 25 亿元。②

7. 开展国际海洋合作

国际海洋科技交流与合作进一步活跃。我国参加了全球海洋观测系统计划（GOOS），全球海洋生态动力学（GLOBEC）、海洋科学钻探（ODP）、海岸带陆—海相互作用（LOICZ）等一系列国际海洋科技合作项目；先后与朝鲜（1986）、德意志联邦共和国（1986）等 5 个国家及南太平洋常设委员会（1987）签订了海洋技术合作议定书；与联合国全球环境基金、联合国开发计划署等国际组织开展的区域海洋科技合作成绩卓著。东亚海计划渤海环境保护与管理、黄海大海洋生态系计划、南海北部生物多样性保护项目等都向世界展示了中国海洋科技发展的实力和参与世界海洋科技发展的信心。

（三）全面部署推动创新阶段（2001 年至今）

作为科技政策的一个分支，海洋科技政策的基本指导方针与国家科技战略

---

① 国家海洋局：《中国海洋年鉴 2001》，北京：海洋出版社，2002。

② 国家海洋局：《中国海洋年鉴 2001》。

方针的变化是一致的。《全国科技兴海规划纲要（2008～2015 年)》指出，海洋科技政策不仅要面向海洋经济发展，更要强调自主创新、重点跨越，逐步确立企业自主创新的主体地位。这显示出政策制定者欲通过海洋科技能力建设，转变海洋经济增长模式，实现海洋经济可持续发展的政策意图。海洋事业的全面发展要求对部门分割的涉海科技政策加以协调。因此，国务院作为协调海洋科技事务强有力的代表，增强了对海洋科技政策的协调力度。同时，国家对海洋科技创新支持的领域更加广泛，除考虑传统海洋产业的升级外，对新兴海洋产业及海洋产业共性技术的支持力度增大，海水利用、海洋能利用、海洋监测成为政策支持的重点。与此相对应，海洋科技政策工具种类增多，政策工具的弹性增加。这是社会主义市场经济体制改革深化于海洋领域的必然结果。

1. 战略规划陆续出台

2002 年中国共产党第十六次全国代表大会提出的全面建设小康社会的国家战略中专门提出了中国要实施"海洋开发"的要求。2003 年《全国海洋经济发展规划纲要》作为我国第一个涉及海洋区域经济发展的宏观指导性文件，明确提出了实施科技兴海战略。[①] 2005 年《国家中长期科学和技术发展规划纲要（2006～2020 年)》明确提出了今后科技工作的指导方针是"自主创新，重点跨越，支撑发展，引领未来"，意味着我国开始探索以自主创新为主的科技战略模式。《海水利用专项规划》是我国海水利用工作的指导性文件和项目建设的依据。2006 年制定印发的《国家"十一五"海洋科学和技术发展规划纲要》确定了"一个中心，两个突破，三种能力，四个统筹"的发展思路，提出了"深化近海、拓展远海、强化保障、支撑开发"的发展方针。[②] 2007 年《全国科技兴海规划纲要（2008～2015 年)》是中国新形势下对海洋科技发展、科技兴海工作的全面规划。2008 年《国家海洋事业发展规划纲要》和《全国科技兴海规划纲要（2008～2015 年)》已成为现阶段指导我国海洋事业发展的纲领性文件。[③]

2. 配套政策全面覆盖

2001 年国家海洋局发布了《海洋科技成果登记办法》《国家海洋局重点实

① 国家海洋局：《全国海洋经济发展规划纲要》，2003。
② 国家海洋局：《国家"十一五"海洋科学和技术发展规划纲要》，2006。
③ 国家海洋局：《全国科技兴海规划纲要（2008～2015 年)》，2008。

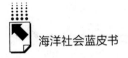

验室管理办法》《海洋公益性科研专项经费管理暂行办法》《中国极地科学战略研究基金项目管理办法》等政策文件。

2002年国家经济贸易委员会、财政部、科学技术部、国家税务总局共同发布《国家产业技术政策》，海洋高新技术包含在重点支持目录中。

2003年国务院《全国海洋经济发展规划纲要》明确提出了建设海洋强国的战略目标。重点支持对海洋经济有重大带动作用的海洋生物、海洋油气勘探开发、海水利用、海洋监测、深海探测等技术的研究与开发。实施海洋人才战略，加快培养海洋科技和经营管理人才。《国家税务总局关于海洋工程结构物增值税实行退税的通知》规定，对国内生产企业与国内海上石油天然气开采企业签署的购销合同中所涉及的海洋工程结构物产品，实行"免、抵、退"税管理办法。

2006年《中国鼓励引进技术目录》中，变水层拖网捕捞技术及设备的关键技术、深水大网箱养殖配套技术、深海钻探海上油气田欠平衡钻井、完井技术等海洋技术包含其中。2007年《关于落实国务院加快振兴装备制造业的若干意见有关进口税收政策的通知》规定，大型船舶、海洋工程设备进口可减免税收。2008年国务院批复了《国家海洋事业发展规划纲要》，对海洋基础研究和高新技术的发展、科技创新平台的构建、海洋人才的培养及海洋科技促进海洋经济又好又快发展提出了要求。①

3. 体制改革稳步推进

根据《国务院办公厅转发科技部等部门关于科研机构管理体制改革实施意见的通知》和《国务院办公厅转发科技部等部门关于非营利性科研机构管理的若干意见（试行）的通知》精神，国家海洋局确立了"准确定位、突出优势、统筹考虑、分类改革、稳步推进"二十字科技体制改革的基本指导思想。

2003年国家海洋局进入国家第三批启动的科技体制改革部门名单。国家海洋局第一至第三海洋研究所、天津海水淡化与综合利用研究所等4家单位被批准为非营利性科研机构，保留了一支688人的国家海洋科技队伍和较为完整的海洋科技创新体系。市场能力较强的国家海洋局杭州水处理技术开发中心转为企业，将在新的市场经济体制下运行发展。科研机构"开放、流动、竞争、

①　国家海洋局：《中国海洋年鉴》（2007～2009），北京：海洋出版社，2007～2009。

协作"的运行机制逐步形成。

2005 年国家海洋局制定了《国家海洋局关于非营利性科研机构建设若干问题的指导性意见（试行）》。人员按多种渠道进行了分流和转岗，科研人员承担的任务和职工收入增长明显，科研水平和海洋科技创新能力有了较大提高，尤其是作为部属的非营利性科研机构，在促进海洋经济社会持续快速健康发展的公益服务能力和科技创新能力方面有了较大提高。

2009 年系统整合全国优势创新团队，构建了产学研用相结合、中央和地方相结合、不同机构和地方科技人才相结合的链条式"科技兴海"创新体系框架，并对公益专项项目管理模式加以创新。2009 年共获批项目 23 项，经费约 3.64 亿元。①

4. 创新条件持续优化

海洋科技发展环境和基础条件进一步得到优化。2005 年政府投入海洋科研经费总计 17.7 亿元。对 125 个主要海洋科研机构的统计表明，海洋专业技术人员总数为 13987 人，其中拥有高级技术职称的 4035 人，获博士学位的 1261 人，获硕士学位的 2865 人。截至 2005 年底，全国共有海洋科学调查船 27 艘，拥有 200 万元以上的大型海洋科学仪器设备 44 台。②

根据财政部《中央级科学事业单位修缮购置专项资金管理办法》，国家海洋局编制了 2006~2008 年修缮购置工作计划，总体目标是建成"国际先进、功能完善、结构优化、开放共享"的海洋科技研究观测、探测、综合试验平台，形成一批优势突出、装备一流的重点实验室和中试基地。国家海洋局 4 个中央级海洋科学事业单位成为 3 个区域国家级海洋科学研究和海水利用研究仪器设备共享中心，大幅提高了我国海洋科技原始创新能力和解决海洋经济、社会发展与安全重大科技问题的能力。

2007 年用于支持研究所科研设备和条件改善的修购专项资金 10145 万元落实。南、北极生物和地质标本标准化整理与共享试点完善了"一网五库"极地标本管理与共享规范；海洋科学数据共享中心建设完成全国 9 个省市海岛自然环境资料库，新增 6 个用于共享的海岛数据库，先后建立了 3 个海区的海

① 国家海洋局：《中国海洋年鉴 2010》，北京：海洋出版社，2010。
② 国家海洋局：《中国海洋年鉴 2006》，北京：海洋出版社，2006。

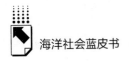

洋科学数据共享平台，并建立了相应的共享网络分中心。

2008 年国家海洋局海洋赤潮灾害立体监测技术与应用重点实验室和海域管理技术重点实验室成立。卫星海洋环境动力学国家重点实验室获国家专项经费支持 600 万元。国家海洋局联合天津市人民政府申报的"国家海水利用工程技术研究中心"获批复。海洋领域获国家修缮购置专项经费接近 10145 万元。① 2009 年国家海洋局海洋环境信息保障技术重点实验室成立；国家海洋局第二海洋研究所的卫星海洋环境动力学国家重点实验室建设也于 2009 年 12 月通过验收。

5. 海洋调查继续深入

全面启动的"我国近海海洋综合调查与评价"是新中国成立以来规模最大的一次专项调查。首次开展了横跨三大洋的环球大洋科学考察。开展的第 21 次南极考察，首次实现了人类从地面到达南极冰盖最高点。通过大范围的近海和远洋调查、南北极考察等基础性调查计划的顺利实施，我国继续获取了一批对海洋经济可持续发展、海洋资源开发、海洋环境保护、海洋权益维护、海洋综合管理具有重大意义的海洋基础数据资料和研究成果，进一步完善了"海洋科学数据库""极地数据库"，并在海洋资源综合调查中获得重大发现。2002 年大洋多金属结核矿产资源、深海石油、生物资源勘查任务全面完成。

6. 专项经费保持增长

历年专项立项及经费情况如表 2 所示。

表 2　专项立项及经费情况

年份	专项立项及经费情况
2003	《我国近海海洋综合调查与评价》专项立项(简称"908"专项)。
2005	国家重大基础研究发展计划支持实施的海洋项目共有 6 项，其中，已经验收的 2 项，正在实施的 2 项，新增 2 项。国家拨款 2789 万元。
2008	国家"863"计划海洋技术领域共立项 51 个课题，7 个重点项目，已立项项目新启动 9 个课题。"973"计划在海洋研究方面共有在研项目 7 项，投入经费 4766 万元，取得了一系列重要进展；新立项 3 项项目，5 年经费总额度为 1.01 亿元。新立项海洋公益性行业科研专项项目 53 项，其中重点项目 10 项，一般项目 43 项，专项总经费 3.1 亿元。

---

① 国家海洋局：《中国海洋年鉴 2009》，北京：海洋出版社，2009。

续表

年份	专项立项及经费情况
2009	"863"立项课题 22 个,安排经费 29172 万元。"973"计划在海洋研究方面共有在研项目 10 项,投入经费 7195 万元。截至 2009 年底,"十一五"期间"863"海洋技术研究领域已启动重大项目 4 项,重点项目 35 项,专题课题 392 个。专项经费 182540.4 万元,累计拨款 138258.4 万元,占专项经费的 75.8%。
2010～2011	两年共获批海洋公益专项项目 70 项,落实经费 8.7 亿元。5 年来公益专项共立项 177 项,总经费达到 16.7 亿元。
2012	共有 34 个公益专项获批,预算为 4.85 亿元。2007 年完成了首批 25 个项目的验收,取得 54 项新产品、新技术,形成 13 个示范工程和基地,9 个业务化示范系统。"908"专项累计验收任务共 278 个,占总任务数的 94% 以上,省市专项任务验收工作全部完成。
2013	公益专项立项 33 项,总经费约 4.5 亿元。

资料来源:根据历年《中国海洋年鉴》整理。

7. 科研水平持续提升

海洋科技研究取得丰硕成果。在国家高技术研究发展计划、国家科技攻关计划、国家重大基础研究发展计划及国家自然科学基金项目支持下,取得了一批创新成果。在海洋环境预报与减灾、海水综合利用、海洋资源环境信息共享、水产集约化及健康养殖技术开发与示范等研究领域取得了阶段性成果,为防灾减灾、公益服务和我国海水淡化产业化发展奠定了基础。

2002 年"973"计划项目共发表重要论文 300 余篇,整体基础研究水平上了新的台阶,大大提高了物理海洋学、海洋生物学等学科研究在国际上的地位,为国家安全、海洋资源开发、海洋管理提供了理论指导。2005 年取得海洋科技成果共计 1306 项,获得专利 488 项,发表学术论文 4949 篇,获省部级以上科技成果奖 68 项,其中,国家技术发明奖二等奖 2 项,国家科技进步奖二等奖 3 项。海洋科技发展环境和基础条件得到进一步优化。截至 2005 年,共培养博士后 14 人,博士 66 人,硕士 96 人。研究生发表论文 317 篇,其中被 SCI 收录的 85 篇,被 EI 收录的 22 篇。[①]

---

① 国家海洋局:《中国海洋年鉴 2006》。

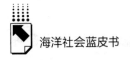

8. 技术创新不断突破

"九五"期间的一些课题继续取得重大进展，获得了一批高水平成果。在"973"计划、"863"计划、国家重点科技攻关计划、国家基础性和公益性专项、国家自然科学基金、国家计委高技术应用开发项目、海洋卫星及卫星应用专项及科技兴海等一些重大研究和开发计划的推动下，近海环流、海洋赤潮机理、海洋生态动力学、边缘海成矿机理、海洋监测技术、海洋生物技术、海底探测技术、海洋卫星研制、海洋卫星遥感技术等取得了重大进步，一些成果所获专利大大缩短了与世界先进水平的差距，个别成果为国际首创；大范围的近海和远洋调查任务进展顺利，获取了大量海洋环境、资源基础调查资料，并在海洋资源环境综合调查中再获重大发现。

我国通过海洋监测技术标准化定型掌握了一批实用的海洋监测技术装备。建立了中国海岸带及近海卫星遥感综合应用系统平台、航空遥感多传感器集成与应用技术系统、海洋遥感信息提取通用技术平台等多功能信息综合服务系统，提高了信息综合应用服务能力。海洋生态监测系列技术取得重大进展，建立了船载海洋生态环境监测综合集成系统和渤海生态环境海空立体实时综合监测示范系统。

一批名特优良海水养殖种苗技术实现产业化，这标志着我国海水养殖动物种苗繁育关键技术取得跨越性发展。海洋医用生物材料即将进入临床应用阶段。建成了海洋水产品加工工业化生产示范工程，获得了一大批海洋生物功能基因技术。实现了深水网箱养殖的规模化和产业化，建立了滩涂海水种植—养殖系统示范区。

2002 年由海洋监测技术、资源勘探开发技术、海洋生物技术构成的海洋技术体系，整体科技水平实现了新的跨越，有力地推动了海洋科技人才的成长，为海洋资源的可持续利用、海洋经济的快速健康发展提供了坚实的科技保障，为海洋管理、海洋生态环境保护、海洋权益维护、海洋公益服务水平提高提供了科技基础。

2003 年通过研制发射海洋卫星等一批国家重大专项、国家重大基础研究、高技术研究、关键技术攻关、科研基础性工作、科技平台工作计划项目的顺利实施，科技创新能力得到较大提高，取得了大量成果。

2004 年"我国近海综合调查与评价研究"（"908"专项）全面启动；研

制发射海洋卫星完成了远景规划设计；海洋科技硕果累累，全国共登记海洋科技成果 142 项；① 重大基础研究项目圆满完成年度任务，有的成果达世界先进水平；海洋关键技术取得新成果。海洋高新技术取得新突破。

2005 年发展海洋技术列入我国中长期科技发展的 5 个战略重点任务之一。以国家"863"计划、国家科技攻关计划、"973"计划及国家自然科学基金项目为研究重点，取得了一批重要成果。2005 年取得海洋科技成果共计 1306 项，获得专利 488 项，发表学术论文 4949 篇，获省部级以上科技成果奖 68 项，其中，国家技术发明奖二等奖 2 项，国家科学技术进步奖二等奖 3 项。国家海洋局编制的我国海洋卫星与卫星海洋应用"十一五"发展规划，已列入国家民用航天发展规划。②

9. 促进经济不断发展

"九五"规划实施初期，许多科技成果已转化、应用到实际海洋管理与海洋开发之中，一批高新技术产业示范基地运行良好，科技兴海计划推动了部分沿海省市海洋经济的发展，为海洋经济增长作出了新的贡献。科技兴海计划提高了海洋经济的科技含量，部分成果已应用于海洋开发和海洋管理事务。海洋科技工作者在支撑、推动海洋经济发展中取得了显著成绩。海水增养殖和病害防治技术、海洋生物深加工技术、海水农业技术、海水淡化技术、海洋药物与资源开发技术等实用和高新技术成果获得进一步转化，推动了沿海海洋经济发展。

2005 年海洋科技成果实现产业化，总产值达 50.50 亿元，横向技术服务总收入 4.4 亿元。2010 年国家海洋局与科技部联合召开了"全国科技兴海大会暨首届全国科技兴海成果展览交易会"，吸引了 197 家单位参展，开展了各项专题活动，如科企合作对接、技术成果对接签约、信息平台开通、工程中心挂牌等，成立了两个产学研用战略联盟，即海洋监测专用装备开发生成与应用战略合作联盟和微藻产业技术创新联盟，印发了《2010 年度全国海洋高新技术成果推广转化目录》，共筛选成果 237 项。20 项技术成果在展交会上签约成功，签约金额达 15.44 亿元。2012 年中央财政安排四省及计划单列市成果转

① 国家海洋局：《中国海洋年鉴 2005》，北京：海洋出版社，2006。
② 国家海洋局：《中国海洋年鉴 2006》。

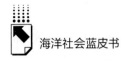
化与产业化资金 10.08 亿元。①

10. 国际交流日益增进

我国不断加强与其他国家在海洋科技方面的合作，分别与美国、英国、法国、俄罗斯、日本、秘鲁等 40 多个国家和地区建立了双边海洋科技合作关系。南北极科学考察进一步提高了我国在国际极地事务中的地位，国际海洋科技交流与合作成绩显著。

近年来，我国与其他国家在海洋科技方面的国际交流及合作日益增多，中美联合执行了首次深潜航行；召开了中韩海洋科技合作联合委员会第八次会议，再次启动了黄海水循环动力学调查研究项目；在全球气候变暖问题上，与俄罗斯进行了更深一层的合作，并且在深海钻探技术、海气相互作用等海洋科技方面加强了与俄罗斯的合作。

此外，在海洋科技研究的国际交流方面，我国越来越多的海洋科技人才活跃在各种国际海洋组织机构中，以及各种海洋科技国际合作的重大项目或者重大合作研究计划中。例如与欧盟进行国际合作，启动了"海岸带复合系统中的生态养殖研究"国际合作项目，东亚海计划渤海环境保护与管理、黄海大海洋生态系计划、南中国海北部生物多样性保护项目、国际 ARGO 合作计划等重大国际合作研究计划等，这些项目内容涉及海洋生物、海洋地质、物理海洋、海洋环保、海洋技术等多个学科领域。

三 我国海洋科技发展的特点

改革开放以来，在国家海洋科技发展战略指引下，在不同层面的规划和具体政策的作用下，我国海洋科技获得了长足的进步。

在改革初期，我国加大海洋调查投入，增加科考设备，广泛开展了近海、大洋及极地海洋考察，获得了大量海洋基础数据资料及相应研究成果，为海洋科学和技术各领域研究的开展奠定了坚实的基础。随着我国社会主义市场经济体制改革的不断深化，海洋科技领域进行了发展战略调整，构建了面向经济建

---

① 国家海洋局：《中国海洋年鉴》（2006、2011、2013），北京：海洋出版社，2006、2011、2013。

设主战场、发展高新技术及其产业、加强基础研究三个层次的战略格局和比较完整的科学研究与技术开发体系,加大海洋科技投入,推进海洋科技体制改革,采用弹性政策工具,将海洋科技事业不断推向前进。21世纪以来,为了应对新形势下出现的新问题,在可持续发展方针指导下,我国逐步完善海洋科技发展战略框架,综合部署,全面推进,在海洋科技各个领域出台法律法规,改革管理体制,加大科技投入,优化创新条件,构建服务平台,海洋科技产出水平持续提升,支撑海洋经济发展能力不断提高,国际交流与合作日益扩大,海洋科技各项事业欣欣向荣。

梳理我国海洋科技发展状况,参考国家海洋局《国家"十二五"海洋科学和技术发展规划纲要》(2011),① 本报告将30年来我国海洋科技发展历程的特点概括如下。

(1)国家海洋科技发展战略的制定和海洋科学发展规划与政策的陆续出台,对海洋科技的发展产生了显著的推动作用。从《1978~1985年全国科学技术发展规划纲要》将海洋科技列入国家海洋科技发展战略规划开始,经《1986~2000年全国科学技术发展规划纲要(草案)》及《国家中长期科学技术发展纲领》对海洋科技管理体制改革的指导,直到《全国科技兴海规划纲要(2008~2015年)》确立海洋科技可持续发展战略框架,海洋科技发展战略及配套政策对我国海洋科技的发展产生了显著的推动作用。

(2)海洋调查观测能力显著增强。通过新建大型海洋调查船、实施海岸带和海涂资源综合调查、海岛资源综合调查、南极科学考察、环球大洋科学考察等基础性调查计划,我国获取了一批对海洋经济可持续发展、海洋资源开发、海洋环境保护、海洋权益维护、海洋综合管理具有重大意义的海洋基础数据资料和研究成果。

(3)海洋科学研究水平稳步提高。以国家重大基础研究发展计划及国家自然科学基金项目为研究重点,我国在海洋环境预报与减灾、海水综合利用、海洋资源环境信息共享等研究领域取得了阶段性成果,为防灾减灾、公益服务和海水淡化产业化发展奠定了基础。

(4)海洋技术创新不断取得新的突破。在"863"计划、国家重点科技攻

---

① 国家海洋局:《国家"十二五"海洋科学和技术发展规划纲要》,2011。

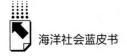

关计划、国家计委高技术应用开发项目、海洋卫星及卫星应用专项以及科技兴海等一些重大的研究和开发计划的推动下，海洋监测技术、海洋生物技术、海底探测技术、海洋卫星研制、海洋卫星遥感技术等取得了重大进步，大大缩小了与世界先进水平的差距。一批实用的海洋监测技术装备，海水养殖动物种苗繁育关键技术实现了跨越性发展。

（5）海洋科技能力跃上新的台阶。我国构建了海洋赤潮灾害立体监测技术与应用实验室、海域管理技术实验室、卫星海洋环境动力学实验室、国家海水利用工程技术研究中心、海洋环境信息保障技术实验室、卫星海洋环境动力学实验室等国家重点实验室；在海洋科研机构中，海洋专业技术人员大多拥有高级技术职称或博、硕士学位，具备了相当的海洋科技研发能力。

（6）支撑经济发展能力显著提高。许多科技成果已转化、应用到实际海洋管理与海洋开发及海洋产业发展中，所建立的高技术示范系统、海洋高技术产业中试基地和示范基地运行良好，为海洋经济增长作出了新的贡献。

四　我国海洋科技发展的趋势

随着海洋经济地位和战略地位的提升，整体布局、综合开发海洋已成为人们的共识，这将导致多学科交叉的海洋技术开发成为未来海洋开发的主流，统筹性海洋科技发展政策成为海洋科技政策体系的核心。这要求打破各个涉海行政管理部门的行政壁垒，完善涉海科技政策制定的制度，统筹海洋开发、利用、保护方面的工作，发挥国务院在统筹海洋科技事务中的主导作用。海洋科技政策协调的规则框架及类似的制度模式会影响整个科技创新政策的资源整合、资源配置、资源运用能力及机会。因此，跨行业、跨部门、综合性的海洋科技统筹发展规划将成为海洋科技政策的主要趋势，国务院将是统筹海洋科技政策的强有力代表。

海洋经济最富活力的增长点来自海水淡化技术、海水综合利用、海洋能利用、海洋信息技术、海洋工程等新兴海洋产业，其发展壮大是海洋经济结构优化升级的必要条件，也是海洋经济快速可持续发展的内在要求。因而，海洋科技政策的重点支持领域必将向新兴海洋技术倾斜。

以海洋开发和潜在需求为出发点，紧跟世界前沿技术，注重创新源头的把握和创新知识的积累，提升海洋高新技术的自主能力，是海洋经济增长模式转变的必要条件，也是海洋经济保持持久竞争力的关键。要将技术优势转化为经济优势，必须坚持运用多元化的政策工具，将税收优惠、教育培训、科技投入、公共技术采购等多种形式的政策工具结合起来。

上述变化将使我国海洋科技事业走上新的发展轨道。借鉴相关文献，① 本报告认为未来我国海洋科技发展的趋势有以下几个。

（1）作为顶层设计的海洋科技发展战略将体现统筹全局、全面推进的特点。作为现阶段指导我国海洋事业发展纲领性文件的《国家海洋事业发展规划纲要》和《全国科技兴海规划纲要（2008～2015年)》，统筹考虑全国海洋科技力量和资源，提出"深化近海、拓展远海、强化保障、支撑开发"的方针，体现了新阶段新形势下对海洋科技发展工作的全面规划。

（2）合理协调部门权限、整合部门资源的管理体制将逐步建立。随着科研体制改革的深入，企业被确立为科技创新的主体。按照"准确定位、突出优势、统筹考虑、分类改革、稳步推进"的科技体制改革指导思想，各科研院所体制改革迈出了坚实的步伐，建立起面向市场提供服务的技术开发体系，以及提供有偿服务的后勤服务体系。海洋综合开发技术需求的增长，对跨部门联合决策的需求增加，要求建立政策制定的协调化机制，随着参与制定政策而且行政级别等同的部委增多，单一部门自身可调度的资源有限，国务院将逐渐介入海洋科技政策事务的协调工作，这将使海洋科技政策的作用范围及效力明显增强。

（3）海洋科技投入将进一步加大，自主创新能力将进一步提升，科技成果将不断涌现。随着海洋科技公益专项立项数的增多，海洋科技投入将进一步加大；随着人才队伍和实验室建设的不断推进，海洋科技创新能力将进一步增强；可以预计，海洋科技创新成果将不断涌现。

（4）海洋科技支撑经济发展的能力将进一步增强，而海洋新兴产业将获得快速发展。随着科技成果的不断转化，科技兴海计划的不断推进，传统产业的科技附加值将进一步提高，海洋医药业等新兴产业将获得快速发展，海洋经济产值将不断扩大，在整个国民经济中所占比重将持续提高。

---

① 石莉：《美国海洋科技发展趋势及对我们的启示》，《海洋开发与管理》2008年第4期。

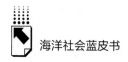

（5）海洋科技领域的国际交流与合作将进一步扩大。我国海洋科技工作者在海洋生物、海洋地质、物理海洋、海洋环保、海洋技术等多个学科领域，在参与全球海洋观测调查项目和海洋科学技术交流活动等方面的国际交流与合作将进一步扩大。

五 对我国海洋科技发展的政策建议

我国海洋科技发展具有广阔前景。然而，目前我国海洋科技发展领域还存在着诸多不足，表现为：海洋科技开发的政策机制有待进一步完善；海洋科技开发的核心技术需要进一步提高，特别是深海技术以及远洋作业等方面的科学技术，有待进一步发展；缺乏具有布局合理的创新型科研机构以及精干的海洋科技人才等。所有这些都表明，我国海洋科技的整体水平需要进一步提高，以满足高速发展的国民经济的需要。

借鉴相关文献，[1][2][3][4] 本报告认为应从以下几方面推进我国海洋科技领域改革。

（1）建立海洋科技政策和科技立项咨询决策机制。充分利用国内外相关学术团体、科研机构等学术资源，在政策制定、立项咨询等方面建立科学高效的决策机制。

（2）完善多层次海洋科技规划，形成有机联系的科技规划体系。逐步建立和完善从国家到地方的多层次海洋科技规划体系，发挥对海洋科技发展的指导作用。

（3）跨部门、跨学科组织重大课题研究。组织跨部门、跨学科的海洋观测调查、海洋科技研发项目，切实解决海洋领域面临的基础性、紧迫性重大课题。

（4）改革科研机构，建立具有一定规模的创新型海洋科学技术研发体系，

① 杨金森：《我国海洋科技发展的战略框架》，《海洋开发与管理》1999 年第 10 期。
② 耿相魁：《建立海洋科技人才创新体系的几点思考》，《当代社科视野》2010 年第 10 期。
③ 潘诚：《基于科学发展观的中国海洋科技发展战略分析》，《中国渔业经济》2012 年第 5 期。
④ 谢子远、孙华平：《基于产学研结合的海洋科技发展模式与机制创新》，《科技管理研究》2013 年第 9 期。

专门负责海洋科学技术的研究。

（5）培养具有求实创新精神的海洋科技人才研究队伍；改革人才使用配套政策，调动人员积极性，发挥海洋科技人才的主观能动性。

（6）加强海洋科研基础技术设施建设。加强实验室、科研基地等基础设施建设，构建科技服务平台，为海洋科技创新提供良好的条件。

（7）完善政府、企业和科研机构联合投资体制。完善海洋科研投融资体制，构建政府、企业和科研机构联合投资体系，为海洋科技发展提供物质保障。

（8）扩大国际合作与交流。进一步扩大海洋领域的科技交流与合作，充分利用国际资源，发展我国海洋科技，并积极投入国际海洋科技发展前沿领域。

B.5
中国海洋经济发展报告

陈 晔*

摘 要： 海洋经济具有综合性、国际性和科技性等特点，改革开放以来，我国海洋经济取得了较大的发展，经历初步发展（1979~2000年）、快速发展（2001~2011年）和高速发展（2012年至今）三个阶段。全球化时代，在我国实施海洋强国战略的背景下，海洋经济对整个国民经济的发展将产生越来越大的影响。未来20年中国海洋经济仍将处于成长期，海洋新兴产业将引领海洋经济快速发展，海洋高技术产业基地建设将成为促进海洋经济发展的重要举措。中国海洋经济发展过程中存在不少问题，如海洋生态环境破坏、海洋科技创新不足、海洋经济布局不合理等。进一步提升海洋意识、保护海洋生态环境、统筹优化海洋产业、完善海洋经济法律法规和深化海洋国际协作，对我国海洋经济的发展具有重要战略意义。

关键词： 海洋经济 海洋强国 海洋产业

一 我国海洋经济发展概况

改革开放以来，我国海洋经济取得长足发展，正如《全国海洋经济发展

---
* 陈晔（1983~），男，浙江镇海人，上海海洋大学经济管理学院，讲师，博士，研究方向：海洋经济及文化。

"十二五"规划》中所指出的"海洋是潜力巨大的资源宝库，也是支撑未来发展的战略空间。我国海域辽阔，海洋资源丰富，开发潜力巨大。经过多年发展，我国海洋经济取得显著成就，对国民经济和社会发展发挥了积极带动作用。大力发展海洋经济，进一步提高海洋经济的质量和效益，对于提高国民经济综合竞争力，加快转变经济发展方式，全面建设小康社会具有重大战略意义"。

（一）海洋经济的含义

"海洋经济"的概念是伴随着 20 世纪 60 年代以来，地球上陆地资源的衰竭、生态环境的恶化、人类对海洋资源价值的发现、海洋科学技术的进步、海洋经济地位的提高而逐步孕育形成的。20 世纪 70 年代初，国外学者开始从经济学角度研究海洋问题。我国海洋经济研究始于 1978 年，在当年召开的全国哲学和社会科学规划会议上，著名经济学家许涤新、于光远等提出建立一批新学科，其中就包括"海洋经济"，并建议设立专门的海洋经济研究机构。1980年初，于光远、许涤新、张海峰给国家科学技术委员会写报告，建议创办"海洋开发"期刊，① 建立海洋经济研究所。1981 年 6 月，国家海洋局和中国社会科学院经济研究所在北京联合召开中国第一次海洋经济研究座谈会，次年10 月中国海洋经济研究会第二次会议召开，中国海洋经济研究会正式成立。与此同时，时任中国社会科学院院长的马洪与山东省政府负责人协商，于1984 年在山东社会科学院设立海洋经济研究所。自此，中国海洋经济研究有组织有计划地开展起来。

1987 年 8 月 30 日，李先念为国家海洋局题词：发展海洋事业，振兴国家经济。1990 年 8 月，宋平在山东考察时指出：要做好海洋经济这篇大文章。1991 年 1 月，国务院召开全国首次海洋工作会议，会议确定了 20 世纪 90 年代中国海洋工作的基本指导思想：以发展海洋经济为中心，围绕权益、资源、环境、减灾四个方面展开。此后各级政府的文件中都开始使用"海洋经济"一词。② 2003 年 5 月，中国政府第一次明确提出了海洋经济概念，制定了开发海

---

① 《海洋开发》1982 年创刊，现名《海洋开发与管理》。
② 张莉：《海洋经济概念界定：一个综述》，《中国海洋大学学报》（社会科学版）2008 年第 1 期。

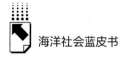

洋经济的战略部署，在《中华人民共和国国民经济和社会发展第十一个五年规划纲要》（2006 年）中提出我国应"促进海洋经济发展"的要求。①

海洋经济概念的提出已近 30 年，相关文献中对其描述甚多，其中国务院 2003 年 5 月颁布实施的《全国海洋经济发展规划纲要》以及《海洋及相关产业分类》（中华人民共和国国家标准 GB/T20794 – 2006）中给出的定义最为权威："海洋经济（ocean economy），是开发、利用和保护海洋的各类产业活动，以及与之相关联活动的总和。"②

根据海洋经济活动的性质，可将海洋经济划分为海洋产业和海洋相关产业（见图 1）。根据《海洋及相关产业分类》（中华人民共和国国家标准 GB/T20794 – 2006），海洋产业（ocean industry）是开发、利用和保护海洋所进行的生产和服务活动，包括直接从海洋中获取产品的生产和服务活动、直接从海洋中获取的产品的一次加工生产和服务活动、直接应用于海洋和海洋开发活动的产品生产和服务活动、利用海水或海洋空间作为生产过程的基本要素所进行的生产和服务活动以及海洋科学研究、教育、管理和服务活动。③ 海洋相关产业（ocean-related industry），是指以各种投入产出为纽带，与海洋产业构成技术经济联系的产业。

海洋经济的核心层（主要海洋产业），指一定时期内具有相当规模或占有重要地位的海洋产业，包括海洋渔业、海洋盐业、海洋船舶工业、海洋油气业、海洋交通运输业、海水利用业、海滨矿业、海滨电力业、海洋化工业、海

---

① 金永明：《中国建设海洋强国的路径及保障制度》，《毛泽东邓小平理论研究》2013 年第 2 期。

② 国家海洋局海洋发展战略研究所：《中国海洋经济发展报告》（2013），北京：经济科学出版社，2013，第 1~3 页。

③ 美国哥伦比亚大学商业研究院庞特克威（Pontecorv）与威尔金森（Willkinson）在测算美国海洋经济对国民生产总值的贡献时，认为如果企业的主要活动至少符合下列一项标准，那么该企业产出的全部或部分将归入对口的海洋产业：①企业的主要活动是从海洋中采集生物或非生物物质；②企业的基本活动或该企业的主要活动（包括某些旅客、货物、自然资源的运输）是以海水作为生产过程的基本要素；③企业产出的主要产品是海洋所需求的；④企业所处的地理位置是在靠近海洋的区域内；⑤部门的大部分功能是致力于海岸或海洋资源的开发、管理或立法，或部门的职能是从事海洋教育或研究，海域、海岸的监测等。[详见汪长江、刘洁：《改革开放以来我国海洋经济概况及发展对策研究》，《浙江海洋学院学报》（人文科学版）2009 年第 3 期]

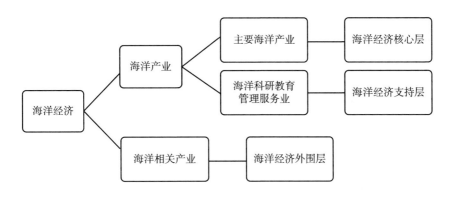

图1 海洋经济分类示意图

洋生物医药业、海洋工程业和滨海旅游业等。海洋经济的支持层（海洋科研教育管理服务业），包括海洋保险与社会保障业、海洋教育、海洋科学研究、海洋地质勘查业、海洋行政管理、海洋环境保护业、海洋技术服务业、海洋信息服务业、海洋社会团体与国际组织等。海洋经济的外围层（海洋相关产业）是指以各种投入产出为联系纽带，通过产品和服务、产业技术转移等方式与主要海洋产业构成技术经济联系的产业，包括海洋批发与零售业、海洋农林业、海洋设备制造业、海洋建筑与安装业、涉海服务业、涉海产品及材料制造业等。①

海洋是一种新兴的经济载体，海洋经济有别于传统陆地经济，有其独有的特征。

1. 综合性

海洋经济活动跨度大，涉及行业众多，其各行业之间往往反映出较陆地经济更为密切的联系，具有很强的综合性。就其运作空间而言，海洋经济包括海空、海岸、海面、海水、海底等；就其开发等级来说，每一类型的资源，都具有多种用途的可能性，往往可以同时进行海洋生物、矿产、海盐、航运、海洋能、旅游的开发；就其产业分布来说，海洋经济贯穿于国民经济第一产业、第二产业和第三产业各个部分，包括直接生产活动以及为直接生产活动提供服务

---

① 何广顺、王晓惠：《海洋及相关产业分类研究》，《海洋科学进展》2006年第3期。

的相关产业。①

2. 国际性

在汉语中，通常用"海外"来指代"外国"，如"海外归来"等。既然"海的外面"是"外国"，那么介于本国和外国之间的海洋，自然就涉及国际。无独有偶，在英语中经常使用"overseas"（跨越海洋）来表示外国，如"overseas student"（留学生）。海洋经济的国际性与生俱来。海洋经济以海洋作为经济活动的载体，海洋资源存在流动性（水平或垂直），与陆地经济存在本质不同。不仅海水资源及其所蕴含的矿产资源具有流动性，海洋中的生物、热能、动能、风能等资源，同样在不同的海域之间，依照自身规律进行移动，海洋整体构成地球上最为广阔的介质总体，海洋经济活动很难进行专属划界和支配。因此，如何处理资源开发与环境保护中各国、各地的关系，就成为海洋经济理论中的重要研究课题。②

3. 科技性

海洋自然条件极端恶劣，气象灾害层出不穷，给海洋经济活动带来极大危险。人类必须借助专用的技术设备，如船舶、捕捞设备、勘探开采机械、抗风浪设备等，才能开发和利用海洋资源。人类历史上，每一次海洋经济的高速发展，都伴随某种技术的进步。20 世纪以前，科学技术发展水平较低，海洋捕捞业、海水制盐业和海洋运输业构成海洋经济活动的全部，海洋产业规模小，发展速度缓慢；21 世纪起，科学技术迅猛发展，电子计算机、遥感、激光、机械制造和交通运输等领域获得长足发展，海洋电力、海洋化工业、海洋油气业、海洋生物等众多新兴产业得到发展。海洋经济高度依赖海洋科技，任何对海洋经济的研究都不能忽略科技的力量。③

（二）海洋经济发展对国民经济推动的影响

海洋经济的发展对国民经济发展具有极强的推动作用，包括直接影响、间接影响和其他影响。在全球化时代，海洋强国的背景下，海洋经济对国民经济

---

① 姜旭朝：《中华人民共和国海洋经济史》，北京：经济科学出版社，2008，第 371~372 页。
② 姜旭朝：《中华人民共和国海洋经济史》，北京：经济科学出版社，2008，第 372~373 页。
③ 姜旭朝：《中华人民共和国海洋经济史》，北京：经济科学出版社，2008，第 373~374 页。

发展的影响变得更为巨大。

1. 对国民经济的直接影响

我国对海洋产品和服务的需求巨大，随着经济的发展，我国居民对动物蛋白、能源消费、生活服务以及生态环境都有更高的要求，从而对海洋渔业、海洋能源、海洋运输、滨海旅游以及海洋环境等产业提出了更高的需求。从供给角度看，海洋经济是国民经济的重要组成部分，涵盖第三大产业的各个重要领域。海洋经济增长能够促进国民经济增长，对国民经济的冲击表现出即期和延期效应，增长弹性呈先增后减的规律。[1]

2. 对国民经济的间接影响

海洋经济的发展还对国民经济产生一系列间接影响。首先，海洋经济具有增长快、效益好、市场占有率高、产业关联性强等特点。发展海洋经济可以促进海洋高新技术的发展，优化产业结构，促进和带动相关产业的发展。其次，发展海洋经济，有助于增进国际合作，扩大对外开放。我国改革开放的前沿阵地，如经济特区等，都与海洋紧密联结在一起。

3. 对其他领域的影响

1906年12月2日，在日本东京《民报》创刊周年庆祝大会的演说中，孙中山积极倡导发展海洋实业，争取中国海洋权益，以造福中华民族。[2] 发展海洋经济有助于维护国家海洋权益，有利于海洋强国战略的实施。[3] 海洋蕴藏着丰富的资源，可为人类的生存及发展作出重要贡献，也是人类社会可持续发展的巨大源泉。我国是海洋大国，发展海洋经济，有效、合理地利用海洋资源，能为我国可持续发展提供保障。[4] 2013年1月26日，来自我国钓鱼岛附近海域的鲜鱼运抵上海光大会展中心，8000斤新鲜马面鱼、马鲛鱼、青砧鱼、红鲬鱼被众多顾客抢购一空。在实施海洋强国战略的大背景下，海洋的开发利用，能增强百姓的海洋意识。[5]

---

[1] 方春洪、梁湘波、齐连明：《海洋经济对国民经济的影响机制研究》，《中国渔业经济》2011年第3期。

[2] 宁波：《渔权即海权》，《上海海洋大学学报》2011年第3期。

[3] 金永明：《中国建设海洋强国的路径及保障制度》，《毛泽东邓小平理论研究》2013年第2期。

[4] 姜旭朝：《中华人民共和国海洋经济史》，北京：经济科学出版社，2008，第374~377页。

[5] 新华网：《8000斤"钓鱼岛鲜鱼"被上海市民抢购一空》，2013年1月28日，http://news.xinhuanet.com/photo/2013-01/28/c_124287982_2.htm。

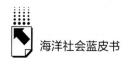
二　我国海洋经济发展的过程

从改革开放至今，我国海洋经济发展已有 30 多年的历程。这是一个海洋意识不断提升、海洋科技水平不断提高、海洋经济管理体制不断创新、海洋产业快速崛起、海洋资源开发不断深化的过程。[①] 2003 年 10 月 14 日中国共产党第十六届中央委员会第三次全体会议通过《中共中央关于完善社会主义市场经济体制若干问题的决定》，其中指出："社会主义市场经济体制初步建立，公有制为主体、多种所有制经济共同发展的基本经济制度已经确立，全方位、宽领域、多层次的对外开放格局基本形成。"20 世纪末，我国初步建立起社会主义市场经济体制，[②] 海洋经济的重要性得到彰显，纳入海洋经济统计的主要海洋产业由原先的 7 个扩大为 12 个。[③] 2012 年党的十八大报告指出"提高海洋资源开发能力，发展海洋经济，保护海洋生态环境，坚决维护国家海洋权益，建设海洋强国"，第一次将"海洋强国"提升为国家战略，我国海洋经济发展进入全新阶段。改革开放以来，中国海洋经济发展大致分成三个阶段，即海洋经济初步发展时期（1979～2000 年）、海洋经济快速发展时期（2001～2011 年）和海洋经济高速发展时期（2012 年至今）。

（一）海洋经济初步发展时期（1979～2000年）

改革开放至 21 世纪初，是我国海洋经济的初步发展阶段。该时期内，我国海洋综合管理体制不断发展，行业管理政策不断完善，海洋科技水平取得长足进展。沿海地区区位优势凸显，国内内陆企业和发达国家的产业不断转移到我国沿海地区。海洋渔业、海洋盐业、海洋船舶工业、海洋油气业、海洋交通运输业、滨海旅游业、海洋矿业等得到相应发展，海洋可再生能源也开始起

[①] 国家海洋局海洋发展战略研究所：《中国海洋经济发展报告》（2013），北京：经济科学出版社，2013，第 31 页。

[②] 中国共产党新闻网，http://theory.people.com.cn/n/2012/1026/c350814 - 19402309.html，2015 年 3 月 11 日。

[③] 国家海洋局海洋发展战略研究所：《中国海洋经济发展报告》（2013），北京：经济科学出版社，2013，第 53 页。

步，海水淡化业有了长足发展。

1. 海洋渔业

按照《海洋及相关产业分类》，海洋渔业包括海水养殖、海洋捕捞、海洋渔业服务及海洋水产品加工等。在海洋产业中，海洋渔业是开发利用最早、最全面、最重要的产业之一。长期以来，海洋渔业在海洋经济乃至国民经济中占据重要地位，是海洋资源开发利用的主要形式之一。[①] 十一届三中全会之后，海洋渔业总产量稳步增长。

1994 年《联合国海洋法公约》生效，我国加大对海洋捕捞的管理，积极鼓励海洋养殖，1999 年提出并基本实现海洋捕捞计划产量"零增长"目标，海水养殖量稳步提高，1996 年以后大幅增长，海洋渔业总产量逐年增加[②]（见图 2）。

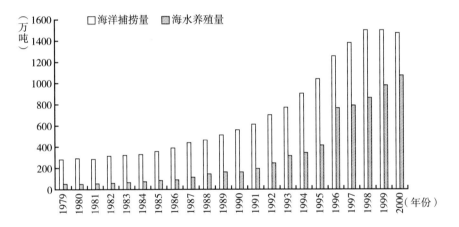

图 2　1979～2000 年海洋捕捞量和海水养殖量

数据来源：国家海洋局海洋发展战略研究所《中国海洋经济发展报告》（2013），北京：经济科学出版社，2013，第 44 页。

2. 海洋油气业

按照《海洋及相关产业分类》，海洋油气业指在海洋中勘探、开采、输送、加工原油和天然气的生产活动。1987 年之前，我国海洋油气业发展缓慢，之后由于国家政策支持以及国内外需求拉动，海洋油气业快速发展（见图 3）。

---

① 姜秉国：《海洋农业助力海洋强国建设》，《中国农村科技》2013 年第 11 期。
② 姜旭朝：《中华人民共和国海洋经济史》，北京：经济科学出版社，2008，第 154 页。

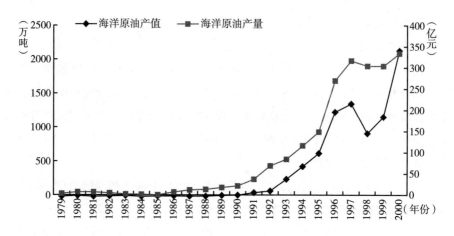

图 3　1979～2000 年海洋原油产量和海洋原油产值

数据来源：国家海洋局海洋发展战略研究所《中国海洋经济发展报告》（2013），北京：经济科学出版社，2013，第 46 页。

3. 海洋矿业

按照《海洋及相关产业分类》，海洋矿业指海滨砂矿、海滨土砂石、海滨地热、煤矿开采和深海采矿等采选活动。除个别年份外，我国海洋矿业产量总体增加（见图 4）。我国海洋矿业的生产主要集中在海南、福建、广东、广西和山东。

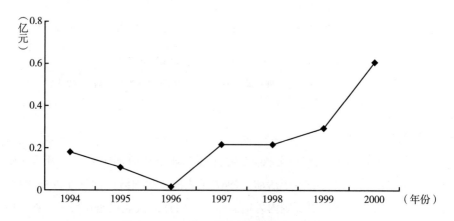

图 4　1994～2000 年我国海洋矿业增加值

数据来源：国家海洋局《中国海洋统计年鉴》（1997～2001），北京：海洋出版社。

4. 海洋盐业

按照《海洋及相关产业分类》，海洋盐业是指利用海水生产以氯化钠为主要成分的盐产品的活动，包括采盐和盐加工。1979～2000年海盐产量在起伏中增加，从1979年的1100.2万吨增长到2000年的2364.4万吨。海盐产值大幅增长，从1979年的84592万元增长到2000年的473540万元（见图5）。

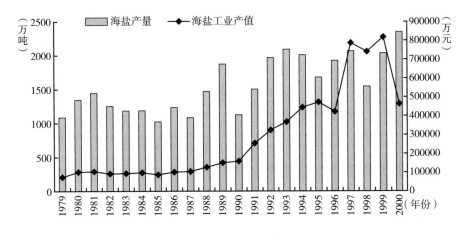

图5 1979～2000年海盐产量和海盐工业产值

数据来源：国家海洋局海洋发展战略研究所《中国海洋经济发展报告》（2013），北京：经济科学出版社，2013，第45页。

5. 海洋船舶工业

按照《海洋及相关产业分类》，海洋船舶工业是指以金属或非金属为主要材料，制造海洋船舶海上固定及浮动装置的活动，以及对海洋船舶的修理及拆卸活动。1977年12月，邓小平提出中国船舶要出口，要打进国际市场的要求。根据该要求，中国六机部系统立即行动，开展行政改企业的改革实践，将上海造船局改制成为上海船舶工业公司，此后又把整个六机部改制成中国船舶工业总公司，这是中国工业改革历史上的重要突破，也是中国船舶工业市场化道路的转折点，从此中国船舶工业开始走向国际化市场。[1] 在20

---

① 姜旭朝：《中华人民共和国海洋经济史》，北京：经济科学出版社，2008，第224页。

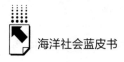

世纪 90 年代中后期，我国海洋船舶工业发展虽有所波动，[①] 但是总体趋势良好（见图 6）。

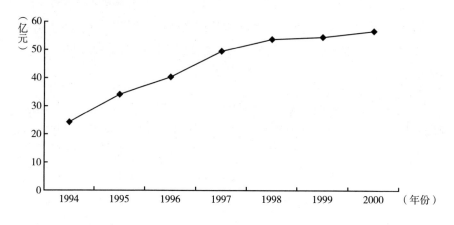

图6　1994～2000 年我国海洋船舶工业增加值

数据来源：国家海洋局《中国海洋统计年鉴》(1997～2001)。

6. 海洋交通运输业

按照《海洋及相关产业分类》，海洋交通运输业指以船舶为主要工具，从事海洋运输以及为海洋运输提供服务的活动，包括远洋旅客运输、沿海旅客运输、远洋货物运输、沿海货物运输、水上运输辅助活动、管道运输业、装卸搬运及其他运输服务活动。20 世纪 80 年代，海洋运输泾渭分明，沿海运输和远洋运输不能兼营。20 世纪 90 年代初期，我国海运市场经历了一系列改革，将国内沿海和国际远洋运输市场打通，允许国内企业竞争发展，同时根据对等和逐步开放的原则引入国际竞争者。[②] 改革开放之后，我国海洋交通运输业得到发展，货运量大幅提高，从 1979 年的 11113 万吨，增长到 2000 年的53653 万吨，旅客运量从 1981 年的 1232 万人，增长到 2000 年的 6380 万人（见图 7）。

---

① 国家海洋局海洋发展战略研究所：《中国海洋经济发展报告》(2013)，北京：经济科学出版社，2013，第 47 页。

② 姜旭朝：《中华人民共和国海洋经济史》，北京：经济科学出版社，2008，第 187～188 页。

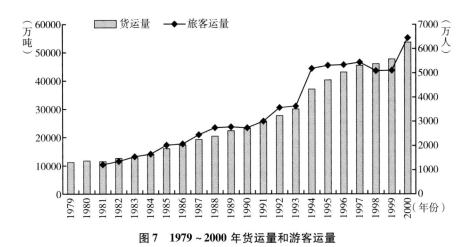

图7　1979～2000年货运量和游客运量

数据来源：国家海洋局海洋发展战略研究所《中国海洋经济发展报告》（2013），北京：经济科学出版社，2013，第45页。

7. 滨海旅游业

按照《海洋及相关产业分类》，滨海旅游业包括以海岸带海岛及海洋各种自然景观、人文景观为依托的旅游经营、服务活动，主要包括：海洋观光游览、休闲娱乐、度假住宿、体育运动等活动。由于滨海旅游业具有投入少、见效快、无污染、解决就业等优势，20世纪80年代初期，我国沿海城市充分利用滨海旅游资源，开发滨海旅游项目，发展滨海旅游业，滨海旅游业得到迅速发展（见图8）。

8. 海洋新兴产业

海洋新兴产业开始起步。1978年，我国在浙江舟山海区的水道上，对8千瓦潮流发电机进行原理性试验，随后又研究建成一座装机10千瓦的潮流试验电站。1980年，我国规模最大的潮汐电站——浙江江厦潮汐电站——第一台机组开始发电，容量500千瓦，总规模3200千瓦。

海水淡化产业取得长足进步。西沙永兴岛于1981年建成日产200吨的电渗析淡化站，并于1990年扩建为日产600吨。1997年，日产500吨的反渗透海水淡化站在浙江嵊山建成，2000年，日产1000吨的海水淡化站在大连长海县建成。①

---

① 国家海洋局海洋发展战略研究所：《中国海洋经济发展报告》（2013），北京：经济科学出版社，2013，第47页。

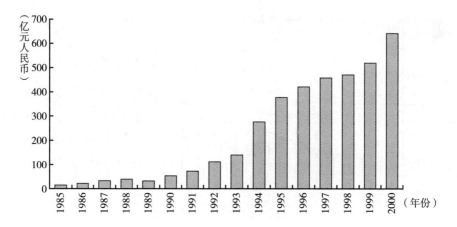

图8　1979～2000年滨海旅游业外汇收入

数据来源：国家海洋局海洋发展战略研究所《中国海洋经济发展报告》（2013），北京：经济科学出版社，2013，第47页。

（二）海洋经济快速发展时期（2001～2011年）

进入21世纪，随着我国科学技术的发展，海洋经济开始快速发展。从2000年开始，进入海洋经济统计范围的主要海洋产业由7个扩大到12个，新增海洋化工、海洋生物医药、海洋电力、海水利用、海洋工程建筑。2000～2011年，我国各主要海洋产业总体呈现持续增长态势。[1] 21世纪的前10年，海洋生产总值年均增长16.7%，高于同期国内生产总值（GDP）增长。海洋经济第一产业比重逐年下降，海洋第二产业比重增加，战略性新兴产业蓬勃发展，海洋综合管理体制不断发展，海洋经济宏观调控政策不断加强，海洋科技飞速发展亮点突出，海洋生态环境保护工作得以加强（见表1）。

1. 海洋传统产业平稳快速增长

2000～2011年，海洋渔业、海洋盐业、海洋船舶工业等海洋传统产业，取得了进一步发展（见表2）。

---

[1]　国家海洋局海洋发展战略研究所：《中国海洋经济发展报告》（2013），北京：经济科学出版社，2013，第53页。

表1　我国历年海洋生产总值

年份	海洋生产（亿元）				占国内生产总值比重（%）	增长速度（%）
	总值	第一产业	第二产业	第三产业		
2001	9518.4	646.3	4152.1	4720.1	8.68	
2002	11270.5	730.0	4866.2	5674.3	9.37	19.8
2003	11952.3	766.2	5367.6	5818.5	8.80	4.2
2004	14662.0	851.0	6662.8	7148.2	9.17	16.9
2005	17655.6	1008.9	8046.9	8599.8	9.55	16.3
2006	21592.4	1228.8	10217.8	10145.7	9.98	18.0
2007	25618.7	1395.4	12011.0	12212.3	9.64	14.8
2008	29718.0	1694.3	13735.3	14288.3	9.46	9.9
2009	32277.6	1857.7	14980.3	15439.5	9.47	9.2
2010	39572.7	2008.0	18935.0	18629.8	9.86	14.7
2011	45496.0	2381.9	21685.6	21685.6	9.62	9.9

资料来源：国家海洋局《中国海洋统计年鉴2012》，第47页。

表2　2001～2011年我国海洋主要产业增加值

单位：亿元

年份	海洋渔业	海洋油气业	海洋矿业	海洋盐业	海洋船舶工业	海洋交通运输业	滨海旅游业
2001	966.0	176.8	1.0	32.6	109.3	1316.4	1072.0
2002	1091.2	181.8	1.9	34.2	117.4	1507.4	1523.7
2003	1145.0	257.0	3.1	28.4	152.8	1752.5	1105.8
2004	1271.2	345.1	7.9	39.0	204.1	2030.7	1522.0
2005	1507.6	528.2	8.3	39.1	275.5	2373.3	2010.6
2006	1672.0	668.9	13.4	37.1	339.5	2531.4	2619.6
2007	1906.0	666.9	16.3	39.9	524.9	3035.6	3225.8
2008	2228.6	1020.5	35.2	43.6	742.6	3499.2	3766.4
2009	2440.8	614.1	41.6	43.6	986.5	3146.6	4352.3
2010	2851.6	1302.2	45.2	65.5	1215.6	3785.8	5303.1
2011	3202.9	1719.7	53.3	76.8	1352.0	4217.5	6239.9

资料来源：国家海洋局《中国海洋统计年鉴2012》，第47页。

2011年，全国海洋生产总值达45496亿元，比前一年增长9.9%，海洋生产总值占国内生产总值（GDP）的9.62%，其中海洋三大产业的产值分别为

2381.9 亿元、21685.6 亿元和 21685.6 亿元，海洋三大产业产值占海洋生产总值的比重分别为 5.21%、47.40% 和 47.40%。2007 年，我国造船完工量占世界市场份额超过日本，达 23%，占据世界主流船舶市场。尽管受到 2008 年国际金融危机的影响，与往年相比，新接订单量有所减少，但总体发展趋势良好。[①]

2000~2011 年，中国近海油气勘探取得重大进展，平均每年发现 20 个左右的油气田或油气点。十年间，除 2008 年受国际油价波动影响外，其余年份均保持快速发展态势。

2. 海洋新兴产业发展势头良好

我国海水利用技术基本成熟，已经具备产业化发展的条件。反渗透法、蒸馏法等主要海水淡化关键技术均已取得重大发展，已完成多项具有自主知识产权的工程。海水循环冷却技术领域也取得巨大进展，成功将海水代替淡水作为工业循环冷却水，运行成本降低 50%，温水排放减少 95%。

我国海洋药物研究以及海洋生物医药业获得高速发展。已知药用海洋生物近 1000 种，得到天然产物数百种，制成单方药物 20 余种，复方中成药近 200种，获省级批准的海洋药物约 15 种，全国海洋药物企业 20 余家。[②] 2011 年，我国海洋生物医药业增加值为 150.8 亿元（见表 3）。

表 3 2001~2011 年我国海洋生物医药业增加值

单位：亿元

年份	增加值	年份	增加值
2001	5.7	2007	45.4
2002	13.2	2008	56.6
2003	16.5	2009	52.1
2004	19.0	2010	83.8
2005	28.6	2011	150.8
2006	34.8		

资料来源：国家海洋局《中国海洋统计年鉴 2012》，第 53 页。

[①] 国家海洋局海洋发展战略研究所：《中国海洋经济发展报告》（2013），北京：经济科学出版社，2013，第 54 页。

[②] 国家海洋局海洋发展战略研究所：《中国海洋经济发展报告》（2013），北京：经济科学出版社，2013，第 54 页。

海洋电力产业获得快速发展，海上风力发电实现突破性进展。2007年上海东海大桥10万千瓦海上风电场项目开工建设，这是国内首个经国家发改委核准的海上风电场，该项目于2009年建成投产（见图9）。全国沿海风力发电场近20家，南澳风力发电场、山东长岛风电场、大连横山风电场等已实现并网发电（见表4）。①

图9　上海东海大桥10万千瓦海上风电场项目

表4　2001~2011年我国海洋电力业增加值

单位：亿元

年份	增加值	年份	增加值
2001	1.8	2007	5.1
2002	2.2	2008	11.3
2003	2.8	2009	20.8
2004	3.1	2010	38.1
2005	3.5	2011	59.2
2006	4.4		

资料来源：国家海洋局《中国海洋统计年鉴2012》，第54页。

---

① 国家海洋局海洋发展战略研究所：《中国海洋经济发展报告》（2013），北京：经济科学出版社，2013，第54页。

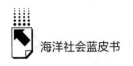

（三）海洋经济高速发展时期（2012年至今）

2012 年党的十八大报告指出要"提高海洋资源开发能力，发展海洋经济，保护海洋生态环境，坚决维护国家海洋权益，建设海洋强国"，第一次将"海洋强国"提升为国家战略，这标志着我国海洋经济的发展进入崭新的阶段，具有重大的现实意义和深远的历史意义。①

2012 年 9 月国务院印发了《全国海洋经济发展"十二五"规划》，对我国海洋事业的发展提出了新的要求。2012 年前后我国海洋经济发展迎来高速发展时期，2012 年，全国海洋生产总值 50045.2 亿元，占国内生产总值（GDP）的 9.64%，海洋生产总值增长 8.1%。②

海洋渔业总体保持平稳发展，2012 年海洋渔业实现增加值 3560.5 亿元，占全国农业总产值的 10.5%，与 2001 年相比，增长 2.69 倍，连续 11 年养殖产量超过捕捞产量，连续 20 年稳居世界第一。海洋盐业生产量稳居世界第一位。2012 年我国海洋盐业实现增加值 60.1 亿元，与 2001 年相比，增长 0.84 倍。我国海洋船舶工业成就斐然，2012 年实现增加值 1291.3 亿元，与 2001 年相比，增长 10.81 倍。2012 年海洋油气业实现增加值 1718.7 亿元，与 2001 年相比，增长 8.72 倍。2012 年海洋交通运输业实现增加值 4752.6 亿元，与 2001 年相比，增长 2.61 倍。除个别年份外，滨海旅游业发展势头强劲，2012 年实现增加值 6931.8 亿元，和 2001 年相比，增长 5.47 倍（见表5）。

表5　2011~2012 年我国主要海洋产业增加值

单位：亿元

主要海洋产业	2011 年		2012 年		增长（%）
	增加值	比例（%）	增加值	比例（%）	（按可比价计算）
海洋渔业	3202.90	16.98	3560.50	17.09	4.6
海洋油气业	1719.70	9.12	1718.70	8.25	0.2
海洋矿业	53.30	0.28	45.10	0.22	-13.5
海洋盐业	76.80	0.41	60.10	0.29	-24.3

① 刘赐贵：《建设中国特色海洋强国》，《光明日报》2012 年 11 月 26 日第 13 版。
② 国家海洋局：《中国海洋统计年鉴2013》，北京：海洋出版社，2013，第 47 页。

续表

主要海洋产业	2011 年		2012 年		增长(%)
	增加值	比例(%)	增加值	比例(%)	(按可比价计算)
海洋船舶工业	1352.00	7.17	1291.30	6.20	-4
海洋化工业	695.90	3.69	843.00	4.05	26.2
海洋生物医药业	150.80	0.80	184.70	0.89	22.3
海洋工程建筑业	1086.80	5.76	1353.80	6.50	22.6
海洋电力业	59.20	0.31	77.30	0.37	25.9
海水利用业	10.40	0.06	11.10	0.05	3.8
海洋交通运输业	4217.50	22.36	4752.60	22.82	5.2
滨海旅游业	6239.90	33.08	6931.80	33.28	8.9
合　计	18865.20	100.00	20829.90	100.00	7

资料来源：国家海洋局《中国海洋统计年鉴》(2012~2013)。

1. 区域海洋经济发展

我国海洋经济发展还呈现区域性特征，已形成环渤海、长江三角洲和珠江三角洲三大经济区，这三大经济区推动着中国北部、东部和南部的经济发展（见图10）。

北部海洋经济区由辽宁、河北、天津、山东组成，包括辽东半岛、渤海湾、山东半岛沿岸及海域。2012 年，该区域海洋生产总值18078 亿元，占全国的36.1%。该区的海洋第一产业、第三产业比重高于全国平均水平。区域内海水养殖产业、海洋油气业、海洋化工业和海洋交通运输业均具有举足轻重的地位。[①]

东部海洋经济区由江苏、上海、浙江组成，包括长江口沿岸及三省（市）沿岸和海域。2012 年该地区海洋生产总值15440 亿元，占全国海洋生产总值的30.8%。东部海洋经济区在海洋船舶工业和海洋工程装备制造业方面，处于领先地位，目前已经成为中国主要的海洋工程装备及配套产品研发与制造基地。上海、宁波已进入世界十大集装箱港口之列。依靠海洋交通运输业、船舶修造业、海洋工程装备业、滨海旅游业的有力支撑，长三角地区海洋经济取得了长足进展。[②]

---

① 国家海洋局海洋发展战略研究所课题组：《中国海洋发展报告》(2014)，北京：海洋出版社，2014，第137 页。

② 国家海洋局海洋发展战略研究所课题组：《中国海洋发展报告》(2014)，北京：海洋出版社，2014，第139~140 页。

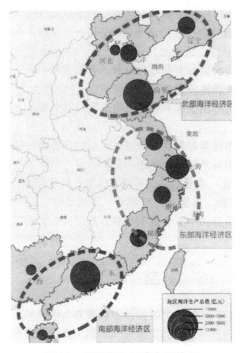

图 10　我国海洋经济空间格局

资料来源：国家海洋局海洋发展战略研究所课题组《中国海洋发展报告》(2014)，第 136 页。

南部海洋经济区由福建、广东、广西、海南组成，包括福建沿海、珠江口及其两翼、北部湾、海南岛沿岸及海域。该区域经济发展基础好，外向型经济优势明显，产业体系完善，经济辐射能力强，是中国海洋经济增长最快、最充满活力的地区之一。无论在资源型海洋产业、制造型海洋产业，还是海洋服务业，南部海洋经济区均具竞争力，特别在滨海旅游、远洋渔业、海水养殖、海洋交通运输业、海洋油气业等方面具有较强实力。2012 年区内海洋生产总值13724.3 亿元，约占全国海洋生产总值的30%。①

2. 海岛经济发展

海岛是拓展海洋开发空间的支点，是海洋经济发展的重要载体。中国政府

---

① 国家海洋局海洋发展战略研究所课题组：《中国海洋发展报告》(2014)，北京：海洋出版社，2014，第 142 页。

重视海岛在区域经济、海洋经济发展中的重大作用，近年来还将舟山、平潭、横琴和三沙群岛的开放纳入国家战略层面。舟山经济基础较好，港口物流、海洋渔业、船舶修造三大产业均具有较强实力；平潭、横琴、三沙建区、建市时间较晚，目前仍处于基础设施建设和重大项目建设推动阶段，做好区域性海洋经济发展规划，培育优势海洋产业是近期海岛开发的主体（见表6）。①

表6　四个主要海岛地区开发建设情况

名称	陆域面积（平方公里）	人口（万人）	发展定位	发展产业
舟山	1440	114	海岛经济示范	港口、船舶、渔业、临港工业
平潭	392.9	39	海峡两岸交流平台	旅游、港口、物流
横琴	106.46	0.7	粤港澳合作示范	休闲度假、创意产业、现代制造
三沙	10	—	远海资源开发	海水养殖、水产品加工、海洋新能源、海水淡化

资料来源：国家海洋局海洋发展战略研究所课题组《中国海洋发展报告》（2014），第148页。

三　我国海洋经济发展的趋势

经济预测是以调查统计资料和经济数据为依据，从经济现象出发，运用科学方法，对经济现象未来发展前景的测定，是编制经济发展规划的重要组成部分，对国家确定经济发展目标和制定相关政策措施有重要意义。②

2012年9月国务院印发《全国海洋经济发展"十二五"规划》，确定"海洋经济总体实力进一步提升。海洋经济平稳较快发展，海洋经济增长质量和效益明显提高"为"十二五"时期全国海洋经济发展的主要目标（见表7）。③

① 国家海洋局海洋发展战略研究所课题组：《中国海洋发展报告》（2014），北京：海洋出版社，2014，第146页。
② 罗鹏、白福臣、张莉：《中国海洋经济前景预测》，《渔业经济研究》2009年第2期。
③ 《全国海洋经济发展"十二五"规划的通知》（国发〔2012〕50号），国务院2012年9月16日印发。

海洋社会蓝皮书

表7 "十二五"期间海洋经济发展主要预期指标

指标名称		2010 年	2015 年	年均增长
经济发展	海洋生产总值年均增长(%)			8
	海洋生产总值占国内生产总值的比重(%)	9.9	10	
	新增涉海就业人员(万人)		〔260〕	52
科技创新	海洋研究与试验发展经费占海洋生产总值比重(%)	1.48	2	
	海洋科技成果转化率(%)		>50	
	海洋科技对海洋经济的贡献率(%)	54.5	>60	
结构调整	海洋新兴产业增加值占海洋生产总值比重(%)	1.6	>3	
	海洋服务业增加值年均增长速度(%)			9
环境保护	新建各级各类海洋保护区(个)		〔80〕	16
	海洋保护区面积占管辖海域面积的比重(%)	1.1	3	

注:〔　〕内为五年累计数。
资料来源:《全国海洋经济发展"十二五"规划的通知》(国发〔2012〕50 号),国务院 2012 年 9 月 16 日印发。

(一)海洋生产总值预测

首先预测海洋生产总值占国内生产总值(GDP)的比重,再依据较权威文献中有关国内生产总值(GDP)的预测,得到海洋生产总值的预测值。根据"十二五"时期全国海洋经济发展的主要目标等预测结果:海洋生产总值占国内生产总值(GDP)的比重,根据最佳预测值,在 2020 年达到 12.44%,2025 年达到 13.89%,2030 年达到 15.49%。"中国 2007 年投入产出表分析应用"课题组运用 CGE 模型对中国"十二五"至 2030 年经济发展前景进行预测分析,其中对"十二五"至 2030 年国内生产总值(GDP)的预测结果见表8。

表8　三种不同情景下中国国内生产总值(GDP)预测值(2015~2030 年)

单位:万亿元

情景	预测值			
	2015 年	2020 年	2025 年	2030 年
基准情景	51.86	72.84	100.21	133.69
发展方式转变较快	59.57	84.33	116.08	153.89
风险情景	55.82	73.65	94.44	116.57

参考三种情况国内生产总值（GDP）预测值，中国 2015 年、2020 年、2025 年和 2030 年海洋产业总值的预测值见表 9。[1]

表9 三种不同情景下中国海洋生产总值预测（2015~2030年）

单位：亿元

情景	海洋生产总值预测值			
	2015 年	2020 年	2025 年	2030 年
基准情景	51860	90612.96	139191.69	207085.81
发展方式转变较快	59570	104906.52	161235.12	238375.61
风险情景	55820	91620.6	131177.16	180566.9

（二）主要海洋产业发展预测

党的十八大报告指出，要"提高海洋资源开发能力，发展海洋经济，保护海洋生态环境，坚决维护国家海洋权益，建设海洋强国。"海洋强国战略具有重大的现实意义和深远的历史意义。[2] 顺应时代潮流，我国海洋产业将迎来全新发展。出于环境保护等因素的考虑，海洋渔业将严格控制近海捕捞强度，用高技术改造海水养殖业，发展远洋渔业和休闲渔业。[3] 远洋渔业将成为海洋渔业发展的重点，在农业部 2011 年 10 月 17 日颁布实施的《全国渔业发展第十二个五年规划（2011~2015 年)》中，有很多鼓励远洋渔业发展的规划，如培育远洋渔业企业和远洋渔业船队、推进海外渔业基地建设、继续完善相关扶持政策、打造渔港经济圈、提高总体装备水平、建造适度规模的公海大洋性资源调查船等。[4]

在海洋交通运输业方面，最大的亮点是北极航道的开通。气候变暖，北极冰层融化，使得通航成为可能，通航可以缩短亚洲、欧洲、北美洲之间的

[1] 国家海洋局海洋发展战略研究所：《中国海洋经济发展报告》（2013），北京：经济科学出版社，2013，第 144~147 页。
[2] 陈晔：《海洋强国战略与上海》，载上海市社会科学界联合会编《中国梦：道路·精神·力量》，上海：上海人民出版社，2013，第 843~852 页。
[3] 刘容子：《中国区域海洋学——海洋经济学》，北京：海洋出版社，2012，第 71 页。
[4] 《全国渔业发展第十二个五年规划（2011~2015 年)》，农业部 2011 年 10 月 17 日颁布实施。

航运距离。2012 年 9 月，中国第五次北极科学考察返程时，沿北纬 80 度的高纬航线航行，此次航行表明北极大规模商业通航即将成为现实。① 通过北极航道抵达欧洲，比传统航道缩短航程近 2800 海里，节约时间约 9 天，每年可节省海运成本近千亿美元。仅 2013 年一年，全球就有 71 艘商船通过该航道。2013 年，我国中远集团的"永盛"轮从大连港始发，途经北极东北航道抵达欧洲，这是中国商船首次尝试，表明北极东北航道通航已初具条件。②2014 年 9 月 18 日，交通运输部海事局组织编撰，为计划在北极东北航道航行的船舶提供海图、航线、海冰、气象等全方位航海保障服务的《北极航行指南》（东北航道）正式出版发行。③ 北极航道的开通，将对我国海洋交通运输业产生巨大影响。

滨海旅游业由海洋旅游和海岸带海岛旅游构成。在建设海洋强国过程中，发展海洋旅游，能够超越领土争议，促进民间交流，避免国际纷争，树立海权形象，"柔中寓刚、以柔克刚"地维护国家海洋权益。为此国家旅游局将 2013 年的旅游主题设定为"2013 中国海洋旅游年"。④《全国海洋经济发展"十二五"规划的通知》将海洋文化产业专列一节，提出很多弘扬海洋文化的具体措施，如充分挖掘涉海民俗文化、继续办好中国海洋文化节、广泛传播海洋文化、积极培育以海洋为主题的文化创意产业等。⑤

要发展其他海洋产业，必须首先发展海洋船舶工业，《全国海洋经济发展"十二五"规划的通知》对海洋船舶工业的发展提出了很多具体要求，如建立现代造船模式、推进产品结构调整、加强高端船舶和特种船舶研究设计、提高自主研发能力、大力发展船舶配套产业等。⑥

---

① 贺书锋、平瑛、张伟华：《北极航道对中国贸易潜力的影响——基于随机前沿引力模型的实证研究》，《国际贸易问题》2013 年第 8 期。

② 赵征南：《上海至鹿特丹可缩短 9 天航程》，《文汇报》2014 年 9 月 20 日第 5 版。

③ 中国海事服务网：《〈北极东北航道航行指南〉出版发行》：http：//www.cnss.com.cn/html/2014/liuchang_ 0918/160051.html，2015 年 3 月 11 日。

④ 魏诗华：《建设海洋强国需要发展海洋旅游》，《人民日报》（海外版）2013 年 1 月 11 日第 8 版。

⑤《全国海洋经济发展"十二五"规划的通知》（国发〔2012〕50 号），国务院 2012 年 9 月 16 日印发。

⑥《全国海洋经济发展"十二五"规划的通知》（国发〔2012〕50 号），国务院 2012 年 9 月 16 日印发。

传统海洋产业得到改造，新兴海洋产业得到培育，未来海洋产业得到储备。海洋化工业、海洋油气业、海洋生物医药业、海洋矿业、海洋工程建筑业、海水利用业和海洋电力业等，恰逢历史机遇，都将迎来新的发展。

（三）前景展望

海洋经济的资源性、区域性特征，决定其发展受到多种因素的影响，也决定其未来发展必然展现出多种特征。

1. 未来20年中国海洋经济的总体发展仍将处于成长期

预测结果显示2015~2030年，中国海洋经济仍将处于成长期，将由不成熟逐步走向成熟，增长方式将由粗放型向集约型转变，海洋资源的利用率将大幅提升。根据"近海海洋环境调查与综合评价"（"908专法"）成果，中国海洋经济还将保持年均8%左右的增长，对国民经济的贡献率还将继续增长，预计到2020年，我国海洋生产总值占国内生产总值（GDP）的比重超过12%，2030年超过15%。同时受国家宏观调控政策的影响，滨海砂矿业、近海捕捞业将下降回落，2030年之后中国海洋经济将进入成熟期。

2. 海洋新兴产业将带领海洋经济高速发展

近十年来，在所有海洋产业中，海洋新兴产业增长最为迅猛。海洋新兴产业，如海洋生物医药、海水利用业、海洋电力业等，增速超过传统海洋产业。国家高度重视海洋新兴产业发展，近年来相继发布实施《海洋工程装备产业创新发展战略（2011~2020年）》《海洋工程装备制造业中长期发展规划（2011~2020年）》《海水淡化科技发展"十二五"专项规划》等专项规划。预计未来十年，海洋新兴产业将成为我国海洋经济发展新的增长点，其增速仍将高于海洋产业整体水平。

3. 海洋高新科技产业基地将成为发展海洋经济的重要模式

1992年，国家海洋高科技开发区在天津塘沽建立，三年后晋升为国家级高新区。国家发改委的《国家发展改革委关于加快国家高技术产业基地发展的指导意见》于2009年12月26日出台，要求加快培育和形成一批创新能力突出、产业链完善、产业特色鲜明的高新科技产业基地。2011年12月15日国家海洋局正式批复同意上海临港海洋高新技术产业化基地为国家科技兴海产业示范基地。2012年新增山东长岛、辽宁大连、福建诏安三个科技兴海示范基地。海洋高新

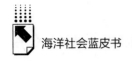

科技产业基地的建设和发展，可以"以点带面、辐射全局"，推动全国海洋高新科技及其产业化的整体发展，成为发展海洋经济的重要模式。①

四 我国海洋经济发展中存在的问题

（一）海洋生态环境破坏

与陆地生态系统相比，海洋生态系统更加脆弱，具有明显的相互影响、扩散性强的特点。我国海洋生态环境面临越来越复杂多样的污染和大范围的生态退化压力等复合型问题。海洋生态环境问题，将成为制约我国未来海洋经济发展的瓶颈因素。我国近海环境污染呈交叉污染态势，危害加重，防控难度加大。大型火电厂、核电站、炼油厂、海上油气管线工程以及国家石油储备基地等项目，在沿岸相继建成，并出现集中化、规模化趋势，给邻近海域带来巨大的热污染、核泄漏、溢油等潜在生态环境风险。② 临海（港）工业与海洋生态环境之间缺乏宏观调控和相互协调，矛盾日益尖锐，装备制造业、重化工等开发过度，大量占用岸线和海域资源，对海洋生态环境的保护和海洋资源可持续利用带来巨大压力。③ 赤潮频发，溢油、排废事件屡见不鲜。④

（二）海洋科学技术创新不足

我国海洋经济发展仍延续粗放型增长的老路，战略性海洋新兴产业尚处于起步阶段，海洋科学技术成果转化水平偏低，缺乏具有自主知识产权的核心技术，相关重要仪器设备仍旧依赖进口，海洋高端科技人才严重不足，海洋科学研究水平有待进一步提高。⑤ 以海洋船舶工业为例，我国海洋船舶工业创新能力不强，结构性矛盾突出，产业集中度较低，生产效率和管理水平亟待提高，

---

① 国家海洋局海洋发展战略研究所：《中国海洋经济发展报告》（2013），北京：经济科学出版社，2013，第156～158页。
② 国家海洋局海洋发展战略研究所：《中国海洋经济发展报告》（2013），北京：经济科学出版社，2013，第158页。
③ 何广顺：《"十一五"海洋经济发展情况述评》，《海洋经济》2011年第3期。
④ 赵丙奇、蒋晓燕、杨丽娜：《我国海洋经济发展现状与对策》，《中国国情国力》2012年第6期。
⑤ 何广顺：《"十一五"海洋经济发展情况述评》，《海洋经济》2011年第3期。

船舶配套业发展滞后，海洋工程装备发展步伐缓慢。与世界造船强国相比，我国船舶工业整体水平和实力仍有较大差距。[①]

（三）海洋经济布局不合理

我国海洋产业综合效益水平不高，结构有待优化。目前我国海洋产业仍以传统产业为主，高技术产业的发展相对滞后。以 2011 年为例，我国海洋第一产业占比 5%，第二产业占比 48%，第三产业占比 47%，虽较往年有所改善，但与发达国家的发展水平相比仍存在一定差距。[②] 海洋产业发展结构趋同，开发规模过大，仅环渤海地区，河北唐山曹妃甸、黄骅港，辽宁营口鲅鱼圈、盘锦和天津的滨海化工区临港产业区都将建设以钢铁石化为主的新工业区，重复建设，恶性竞争不可避免。与此同时，我国海洋资源利用还存在"总体开发不足，局部开发过度"的问题，比如海洋油气开发主要集中在近海，而远海则基本处于未开发状态。[③]

（四）海洋经济发展的相关政策仍不健全

目前我国尚未全面系统深入地对海洋经济运行状况及其规律进行分析，也没将海洋经济作为相对独立的经济部门进行深入研究，海洋产业的优势及其影响力尚未充分展现。[④] 我国现行的海洋管理体制缺乏协作，与当前我国海洋经济的发展需求不相适应，缺乏高层级的协调和决策机构，机构设置重叠职能交叉重复，海洋经济管理的法律法规不健全。[⑤] 相关机构的地位没有得到认可，以渔政为例，中国渔政代表国家，行使对海洋生物资源的主权，该地位并没有得到完全承认，我国渔业行政主管部门所属的渔政渔港监督管理机构和人员，有的还不是公务员系列，而是参照公务员管理系列。[⑥]

---

① 《船舶工业"十二五"发展规划》，工业和信息化部 2012 年 3 月 12 日发布。
② 赵丙奇、蒋晓燕、杨丽娜：《我国海洋经济发展现状与对策》，《中国国情国力》2012 年第 6 期。
③ 何广顺：《"十一五"海洋经济发展情况述评》，《海洋经济》2011 年第 3 期。
④ 何广顺：《"十一五"海洋经济发展情况述评》，《海洋经济》2011 年第 3 期。
⑤ 赵丙奇、蒋晓燕、杨丽娜：《我国海洋经济发展现状与对策》，《中国国情国力》2012 年第 6 期。
⑥ 黄硕琳：《渔权即是海权》，《中国法学》2012 年第 6 期。

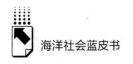

（五）全球化时代使我国海洋经济发展遭遇挑战

海洋经济活动经常跨越国界，具有很强的国际性特征。以海洋渔业为例，渔业国际化程度不断提高，全球范围内渔业资源衰退逐年加剧，渔业利益冲突和国际渔业资源争夺更加激烈，这使得我国渔业发展面临的国内外形势变得更加错综复杂，因而对我国渔业经营活动提出了更高要求，维护周边海域正常渔业生产将变得愈加困难，涉外渔业纠纷仍将长期存在。①

在我国海洋经济快速发展的同时，我国海洋经济安全形势不容乐观，面临诸多挑战。在国际环境方面，美国提出"重返亚太战略"。第二次世界大战时，美国实行欧洲亚洲并重战略，第二次世界大战后因美国与苏联两大集团对立对峙，美国战略重心放在欧洲。苏联解体后，俄罗斯实力大不如前，中国实力有很大提升。美国为遏制中国的发展，将其战略重心东移，加强在亚洲太平洋地区的部署，以遏制中国的崛起。美国前国务卿希拉里，于 2011 年 10 月在《外交政策》（*Foreign Policy*）杂志上发表题为"美国的太平洋世纪"（America's Pacific Century）的评论文章，对美国未来十年的亚太战略进行介绍，指出了为了保证美国的利益，推进美国价值观在亚太地区的认知，美国应大幅增加其在亚太地区的投入。

国际经济增长缓慢，各国政府出于自身利益的考虑，越来越重视相关海洋权益事件。我国海洋权益面临来自海洋领土和海域划界的挑战。我国海洋国土约 300 万平方公里，其中约有一半存在争议，如东海的钓鱼岛及其附属岛屿和南海的南沙群岛。我国海域相对狭窄，黄海与东海最宽处也不足 400 公里，与周边国家主张的海域存在重叠。另外，以美国和印度为代表的国家，出于其各自不同的利益，掺和其中，使得我国海洋权益保护面临巨大的挑战。②

五　对我国海洋经济发展相关政策制定的建议和对策

海洋经济是国民经济的重要组成部分，大力发展海洋经济，对于提高国民

---

① 《全国渔业发展第十二个五年规划（2011~2015 年）》，《农业部》2011 年 10 月 17 日颁布实施。

② 李佳营：《海洋权益事件对我国海洋经济安全的影响：传导路径及传导效应研究》，硕士学位论文，中国海洋大学经济学院，2013，第 18~19 页。

经济综合实力，加快转变经济发展方式，全面建设小康社会具有重大战略意义。改革开放以来，我国海洋经济发展已经取得显著成就，通过提升海洋意识，保护海洋生态环境，统筹优化海洋产业，完善海洋经济法律法规，深化海洋国际协作，我国的海洋经济将迎来更大发展。

（一）海洋意识亟待进一步提升

据《联合国海洋法公约》（*United Nations Convention on the Law of the Sea*）规定的 200 海里专属经济区制度和大陆架制度，中国拥有管辖海域约 300 万平方公里，大陆海岸线约 18000 公里，沿海滩涂约 20709 平方公里，沿海岛屿 6500 余个。海洋资源相当丰富，开采潜力巨大。海洋石油资源量约 451 亿吨，海洋天然气资源量约 141000 亿立方米，有 20000 种以上海洋生物，海洋能源蕴藏量约 4.31 亿千瓦。[①] 中国的海洋文明历史悠久，最迟至汉代就拥有幅员辽阔的大陆海岸带、近海岛屿和环中国海海域，跨海经营着朝鲜半岛、日本列岛、中南半岛、南海和环南海群岛列岛，元、明时代和清代前中期的管辖疆域更是北至北极圈、东北至今鄂霍次克海、日本海，而且通过密集的中外海上交通形成"海上文化线路"，连接着东西方世界。海洋强国是实现中华民族伟大复兴的"中国梦"的重要组成部分。[②] 国人应该把对海洋强国的认识，提升到中华民族伟大复兴的高度，只有这样才能完全感悟海洋强国战略的内涵。

（二）加强保护海洋生态环境

海洋经济可持续发展的基础是海洋生态环境，必须尽快建立健全海洋环境综合管理体系，完善海洋环境保护法规建设。加强执法队伍的自身建设，提高执法人员的整体素质。海洋生态环境保护要实行"防治结合，以防为主"的方针，贯彻"谁污染、谁治理；谁破坏、谁恢复；谁使用、谁补偿"原则。应该结合我国国情和海洋实际情况，科学系统地制定我国海洋污染控制战略以及海洋资源开发战略，为我国海洋经济的可持续发展奠定良好基础。强化海洋

---

① 范代读、邓兵、杨守业：《二十一世纪的逐鹿之地——海洋》，《同济大学学报》（社会科学版）1999 年第 2 期。

② 曲金良：《海洋强国建设的文化理念与道路抉择》，《中国文化报》2013 年 4 月 22 日第 3 版。

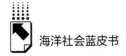

管理，加强海洋科学技术创新，合理开发利用海洋资源，建立和完善海洋生态环境监测系统与评价体系，加强海洋污染控制与整治，制定海上事故发生的应急预案。[1]

（三）统筹优化海洋产业

"高投入、高风险、高科技"是海洋经济的特点，政府应该积极鼓励和支持海洋经济研究及开发，推进海洋科学技术研究的成果转化及其产业化。努力运用现代科学技术改造传统产业，加大对海洋高新科技产业的培育，推进海洋产业的结构升级。加大各海洋区域间的相互交流与合作，协调三大海洋经济圈（北部、东部和南部）的合作，缩小各海洋经济区域之间的差距，发挥协同创新效应。

（四）健全完善海洋经济法律法规

相关政府部门应对战略性和前瞻性问题进行研究，健全完善海洋规划体系，制定适应新的国内外环境的海洋政策和海洋开发战略，建立完善畅通的信息发布系统，及时制定出台与海洋经济相关的法律法规以及具体实施细则，进一步完善《海域使用管理法》《海上交通安全法》《海洋环境保护法》和《渔业法》等配套法规。[2]

（五）深化海洋国际协作

海洋经济具有国际性的特点，海洋资源的保护、开发和利用，离不开国际协作。睦邻友好是发展我国海洋经济的前提。两国关系协调好，海洋资源就能得到合理的开发和利用，实现双赢；如果处理不好，则是两败俱伤。我国还应该积极加入国际相关组织，增加我国在相关领域的话语权。例如，2013年5月，我国加入北极理事会，成为正式观察员，就是很好的例子。

---

[1] 范代读、邓兵、杨守业：《二十一世纪的逐鹿之地——海洋》，《同济大学学报》（社会科学版）1999年第2期。

[2] 赵丙奇、蒋晓燕、杨丽娜：《我国海洋经济发展现状与对策》，《中国国情国力》2012年第6期。

专 题 篇

Subject Reports

B.6

中国海洋执法与权益维护发展报告

姜地忠*

摘　要：　改革开放以来我国海洋执法与权益维护工作取得了较大的成就，其中突出地表现为海洋执法维权的法律体系不断发展与健全，海洋执法维权的体制建设不断完善与合理，以及海洋执法维权的空间范围不断拓展。但在开展执法维权过程中也遇到了一系列问题。首先，海洋执法维权的法律体系还不够完善；其次，海洋执法维权体制始终运行得不够顺畅；再次，我国与相关国家之间的海权争端也从根本上制约着我国海洋执法维权工作的顺利开展；最后，长期以来比较落后的技术装备也制约了海洋执法维权工作的有效开展。为了进一步加强我国海洋执法维权工作，应当不断增强我国海空军实力以便为海洋执法维权提供保障；应当全面完善海洋执法维

---

* 姜地忠（1978～），男，福建永安人，社会学博士，上海海洋大学人文学院讲师，研究方向：海洋社会学、社会工作。

权的法律体系以便为海洋执法维权提供有效的法律依据；应
当提升国家海洋局的行政级别以使海洋执法维权体制运行得
更加顺畅；此外，还应当不断提升执法维权的技术装备水平
以便为海洋执法维权提供有效的物质技术支持。

关键词： 海洋执法 海洋权益维护

一 海洋执法与海洋权益的概念

海洋执法总是围绕维护海洋权益而展开。然而，海洋权益这一概念在我国
出现的时间并不长。1992 年《中华人民共和国领海及毗邻区法》颁布时才将
这一概念引入我国法律中。① 可以说，海洋执法和海洋权益都是国内相对较新
的概念。因此，要了解改革开放以来我国海洋执法和权益维护问题，首先要对
这两个概念的内涵进行准确把握。

1. 海洋权益

海洋权益是海洋权利和海洋利益的总称，其内容包括海洋领土主权、海洋
司法管辖权、海洋污染管辖权、海洋资源开采权、海洋空间利用权、海洋科学
研究权以及国家安全权益和海上交通权益等。从宏观的角度看，海洋权益一般
可分为政治权益、经济权益和安全权益等三个方面。"政治权益即维护国家对
所属海域和岛屿的主权并行使管辖权，包括领海、毗连区、大陆架、专属经济
区，以及岛屿。经济权益即开发利用国家管辖海域以及其他海洋空间的各种资
源，发展海洋经济的权利和所获得的收益。安全权益就是维护国家管辖海域安
全的权利和收益，包括应对传统威胁及非传统威胁。"②

从比较具体的角度看，根据《联合国海洋法公约》（下文简称《公约》）
的规定，沿海国享有的海洋权益主要包括如下方面："一是，在内水享有完全
的排他性主权；二是，在 12 海里的领海内享有自然资源所有权和专属管辖权，

---

① 桂静、范晓婷、高战朝：《我国海洋法律制度研究》，《海洋开发与管理》2010 年第 7 期。
② 靳萱：《关于海洋权益维护国家利益》，《民主》2012 年第 7 期。

海上航行和空中飞行管辖权，海洋科学研究专属权，海洋环境保护和保全管辖权，以及国防保卫权；三是，在自领海基线起的 24 海里毗连区内，享有行使海关、财政、移民、卫生等行政管辖权；四是，在自领海基线起的 200 海里的专属经济区内，享有勘探、开发、养护和管理海洋自然资源的主权权利，行使海洋环境保护和保全之管辖权，以及在其中建造人工岛屿、设施、结构和从事海洋科学研究等权利；五是，在自领海基线起至大陆边缘距离不超过 350 海里的大陆架上，享有开发自然资源的主权权利，其他国家未经其同意不得在其大陆架上从事开发资源的活动；除此之外，沿海国还同全球所有国家共同享有用于国际航行之海峡的过境通行权，在公海航行、飞越、捕鱼、科研、铺设电缆管道和建造人工岛屿、设施的自由权利，以及通过国际机构分享国际海底资源的权利。"[1]

需要强调的是，对于海洋权益的理解还需要特别注意如下几个问题。首先，上文关于海洋权益的解释主要基于 1982 年 12 月 10 日联合国第三次海洋法会议通过，并于 1994 年 11 月 16 日生效的《联合国海洋法公约》的相关规定。由于我国 1996 年 5 月 15 日批准遵守该《公约》，因此我们对于海洋权益的主张以《公约》之规定为基础。其次，海洋权益除了《公约》所规定的各项权利和利益之外，实际上还应该包括各国国内单方立法所确定的各项海洋权利以及由此带来的利益，而这一点往往被很多研究者所忽略。由于《公约》的很多规定往往都是原则性的，具有模糊性，因此各沿海国纷纷以《公约》为基础并结合自己的国家利益制定各自的关于本国海洋权益的单方面法律，而这些单方面法律对于海洋权益的主张是存在差别的，甚至存在重大的差别。就我国而言，1994 年《联合国海洋法公约》生效以后，我国有关部门对原有的相关法律进行了修订，同时还制定了《中华人民共和国港口法》和《中华人民共和国航道法》等一系列相关的新法律。[2] 因此，我们对于海洋权益的主张除了《公约》赋予的权益外，还应该包括我国以《公约》为基础自行制定的一系列涉海法律所规定的权益。当然，总体而言二者是相互协调的。再次，还

---

[1] 详见《联合国海洋法公约》，北京：海洋出版社，1986，第 15～87 页。

[2] 详见赵晋《论海洋执法》，博士学位论文，中国政法大学国际法学院国际法学专业，2009，第 60 页。

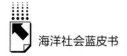

应当从动态的角度来理解海洋权益。从长期看，海洋权益实际上是一个动态的概念，它的形成与科技进步、时代变化、国家发展密切关联，[①] 也与国际社会各国和各国家集团之间的斗争、妥协有关，因此，我们对海洋权益的主张应该以《公约》为基础，但也不能局限于《公约》。[②]

2. 海洋执法

海洋执法也称海洋行政执法，也有学者将其称为海上执法。[③] 在国内学界，这是一个相对较新的概念，因此人们对其解释存在一定的差别。目前比较常见的解释有如下几种。

第一种解释认为，海洋行政执法是"指国家行政机关包括政府及其职能部门，依照法定职权和程序，对海洋环境、资源、海域使用和海洋权益等海洋事务实施法律的专门活动"。[④]

第二种解释认为，海洋行政执法是"海洋行政机关及其人员贯彻法规和政策的全部活动或整个过程。其内容既包括海洋行政规划、海洋行政命令、海洋行政许可，也包括海洋行政指挥、海洋行政沟通、海洋行政协调、海洋行政检查，同时还包括海洋行政处罚、海洋行政诉讼、海洋行政复议、海洋行政强制等层次"。[⑤]

第三种解释认为，"海洋行政执法是公安边防部队和其他涉海行政机构所专设的海上行政执法组织，依据法律、法规和本部门所制定的其他规范性文件，针对特定的调整和管理对象所作出的处理和执行行为。如果着眼于未来或与国际'接轨'，可以将海上行政执法定义为海上综合执法主体根据法律、法

---

① 李亚强：《国家发展与海洋权益》，《国际观察》2013 年第 2 期。

② 例如在我国东海、南海等海域划界、岛屿归属等问题上，我们应当以历史事实和早于《联合国海洋法公约》的确立而于第二次世界大战末期发布的《开罗宣言》《波茨坦公告》等国际条约为依据。

③ 有必要说明的是，这几个概念的互用是不够严谨的。一般而言，海洋执法的根本目的是指向维护海洋权益，而维护海洋权益过程中最为重要的力量或最根本支柱是海军，但是执法之"执"表明其主体应为行政机构或其授权机构，而海军非行政机构。因此，本文所使用的海洋执法概念是在海洋行政执法的意义上使用的。

④ 参见胡增祥《论海洋行政执法管理》，《海洋开发与管理》2002 年第 2 期；胡增祥等：《论海洋行政执法的几个问题》，《青岛海洋大学学报》2002 年第 4 期；张宏声：《海洋行政执法必读》，北京：海洋出版社，2004，第 75 页。

⑤ 高艳：《海洋行政执法的理论探讨和改革取向》，《东方法学》2012 年第 5 期。

规及国际条约的相关规定，对国家主权领域及国际海商法规定的可以行使海上执法权的其他海域内的船舶和人员所发生的违法行为和其他行为所采取的处理和执行行为"。①

上述几种界定为理解海洋执法奠定了良好的理论基础，但是它们可能还需要进行一定的完善。首先，第一种解释不够严谨，尽管其指明了海洋行政执法的主体，却没有指出海洋行政执法的依据，同时它在海洋行政执法的内容中将"海洋环境、资源、海域使用"与"海洋权益"并列并不是十分恰当，根据前文对海洋权益的解释，前者实际上都属于海洋权益的内容。第二种解释有一定的模糊性，这种解释指出了海洋行政执法的主体，并罗列了海洋行政执法的层次，但对执法依据以"贯彻法规和政策"带过，这种模糊的表述方式肯定不会出现错误，却无助于人们更好地理解这一概念。第三种解释相对全面、合理，但没有明确指出执法的目的，因此也有必要进一步予以完善。

其实，要对任何一个领域之执法概念进行较清晰的解释，至少应该回答"谁执法""执何法"这两个基本问题，如果再能够表明"为何执法"，那么这一概念才能相对清晰明确并有助于人们理解和把握。对于海洋执法等这类比较新的概念尤其应当如此。

任何执法都是为了维护法律赋予当事人的权利及由此权利而形成的利益，同时维护由此法律建构而成的秩序。同理，海洋执法也是围绕维护海洋利益和海洋秩序而开展的。从一国的角度而言，海洋执法是为了维护该国的海洋利益和海洋秩序。而一国的海洋利益和海洋秩序来源和形成于国际海洋法律（主要是《公约》）以及与之相协调的国内单方立法。所谓的执法，是"国家机关依照法定职权和法定程序执行法律的专门活动。这里所谓的国家机关包括司法机关和行政机关两大系统"。② 从各国海洋执法的实际情况看，其执法机关多为行政机关。综合以上几个方面的分析，我们可以把海洋执法定义为：国家涉

① 转引自陈雪《我国海上行政执法体制研究》，硕士学位论文，大连海事大学交通运输管理学院行政管理专业，2012。也可参见满华峰《中国与外国的海上行政管理与行政执法体制》，http://wenku.baidu.com/link? url = szf - ymaAvg57HrmZWmP _ MyMeUEWMmJyFGE9VhQj2qFe23WS4Upnh2nOi3HS_ 2obQK7IBi7sH5Z8nsXlsO48nCSifU - LCCO876jnpdzDqP3S，最后一次访问日期：2014 年 12 月 15 日。
② 卢云、王天木：《法学基础理论》，北京：中国政法大学出版社，1999，第 330 ~ 332 页。

海行政机构依据国际条约、协定和与之相协调的国家法律法规，按照法定职权和程序开展的以维护国家海洋权益和海洋秩序为目的的专门行政行为。

二 改革开放以来我国海洋执法与权益维护工作所取得的成就

以海洋权益和海洋执法的概念及其内涵为观察视角，我们可以发现改革开放以来我国海洋执法和权益维护工作有了较大的进展。其中，最主要的成就包括：海洋执法维权所依据的法律体系不断发展和健全、海洋执法维权的体制不断完善与合理、海洋执法维权的空间范围不断拓展。

1. 海洋执法维权的法律体系不断发展和健全

权益源于法律赋予，执法维权的前提必须是有法可执。改革开放以后，随着我国各项事业快速步入正轨，我国有关海洋管理方面的法律也开始逐步完善，这使海洋执法和权益维护获得了日益坚实的法律依据。

1982 年 12 月 10 日联合国第三次海洋法会议通过《联合国海洋法公约》后，我国立刻开始着手制定维护国家海洋权益的一系列法律法规，先后制定和通过了《中华人民共和国领海及毗连区法》（1984 年开始起草，1992 年 2 月 25 日审议通过），《中华人民共和国专属经济区和大陆架法》（1985 年开始组织制定，1998 年 6 月 26 日颁布实施）等海洋基本法，并先后制定和颁布了《中华人民共和国海洋环境保护法》《中华人民共和国海上交通安全法》《中华人民共和国渔业法》《中华人民共和国矿产资源法》等海洋单行法律。此外，为落实海洋管理基本法和单行法律，还相应地制定了一系列海洋行政法规，如为实施《中华人民共和国海洋环境保护法》，1983～1990 年，先后制定和颁布了《中华人民共和国海洋石油勘探开发环境保护管理条例》等 5 个条例；为实施《中华人民共和国渔业法》，1987 年制定了《中华人民共和国渔业法实施细则》等。

1994 年 11 月 16 日《联合国海洋法公约》正式生效以后，我国有关部门立刻以《公约》为基础，对《中华人民共和国渔业法》《中华人民共和国海洋环境保护法》和《中华人民共和国海上交通安全法》等进行了修订，同时还制定了《中华人民共和国港口法》和《中华人民共和国航道法》等法律法规，并于 1996 年 5 月 15 日，第八届全国人大常委会第 19 次会议批准加入《联合国海洋法公约》。① 据统计，截至 2009 年 9 月，我国涉海法律法规已达 36 部。② 除了国家层面制定的这些法律法规之外，我国各级地方人民政府还先后制定了一系列的地方性涉海法律法规，如《江苏省海洋环境保护条例》《山东省海洋渔业安全生产管理法规》《厦门市海洋环境保护若干规定》《青岛市海洋环境保护规定》，等等。

正是由于这些法律规范的不断建立和逐步完善，我国海洋执法和权益维护才获得了坚实的法律依据。而《联合国海洋法公约》更是为我国海洋执法和权益维护提供了共识性的国际法律依据。因此可以说，海洋法律法规的不断建立和完善，是改革开放以来我国海洋执法和权益维护领域取得的最重要成就之一，它奠定了我国海洋执法和权益维护工作不断发展的基础。

2. 海洋执法维权的体制不断完善与合理

执法维权，除了要"有法可执"之外，同样也离不开"有人执法"，亦即离不开执法维权的队伍。改革开放以后，我国海洋执法维权体制不断发展，确保了我国执法队伍的不断壮大，因而使我国海洋执法维权有了坚实的力量保障。

改革开放前我国海洋执法管理实行的是海军统管模式。改革开放后，我国海洋管理开始从先前海军统管的模式向分散型行业管理模式转变，在专门的海洋机关（国家海洋局）统一管理海洋事务的同时，农业部、交通部、公安部、国土资源部等其他部门也根据自身的职责参与到海洋执法维权中来，并逐步形成了海监、渔政、海事、海警、海关等五支主要的海洋执法维权队伍，海洋执法维权有了坚实的力量。

1980 年国家海洋局由原先的海军代管转为国家科委代管，1982 年国务院机构改革将国家海洋局调整为国务院的隶属机构，使之成为国务院管理全国海洋工作的职能部门。这对于我国海洋管理和执法维权工作具有十分重要的意义。因为，1964 年成立之际，国家海洋局仅是一个事业机构，没有海洋行政

① 赵晋：《论海洋执法》，博士学位论文，中国政法大学国际法学院国际法学专业，2009，第 60 页。
② 高艳：《海洋行政执法的理论探讨和改革取向》，《东方法学》2012 年第 5 期。

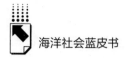
管理职能，此次改革使之成为专门从事海洋管理和海洋权益维护的国家机构。体制调整和职能转变后的国家海洋局不断探索和推进海洋管理、海洋执法维权工作，并于 1988 年建立了"国家海洋局—海区分局—海洋管区—海洋监察站"四级海洋管理系统以有效进行海洋管理和海洋权益维护。

20 世纪 90 年代后，根据海洋管理和执法维权的新需要，国家海洋局开始酝酿建立海洋执法队伍。"1998 年 10 月中央批准成立'中国海监总队'，1999 年 1 月隶属国家海洋局的中国海监总队正式成立。"[1] 中国海监是由北海、东海、南海三个海区总队和沿海省、市、县各级支部组成的一支海洋执法维权队伍。根据相关规定，中国海监的主要职责包括："第一，对经批准进入中国管辖海域之外国调查船及其他运载工具所进行的科学考察、海底电缆及管道铺设等各类活动实施监视；第二，对未经我国有关部门批准进入中国管辖海域的外国船只、平台及其他运载工具等根据有关规定予以查处，如必要可进行监视和搜索；第三，对海洋石油勘探开发和海洋倾废活动等各类造成的海洋污染损害之事件进行调查取证，并依法处理；第四，对未经批准在我国管辖海域进行海洋资源勘查与开发，以及破坏海洋资源等事件进行调查取证；第五，根据国家需要，配合其他部门共同参与海上救助及其他军事保障等工作。"[2] 截至 2013 年我国海洋执法机构改革前，中国海监执法队伍人数已达 10000 余人，并拥有各类执法船 400 余艘，执法飞机 10 架。[3] 可以说，自其成立后，它始终是我国海洋执法维权的最主要力量之一。

在国家海洋局建立专门的海洋执法维权队伍的同时，我国其他涉海相关部门也开始纷纷建立自己的专业执法队伍。

1998 年经国务院批准，中国公安边防海警部队（简称"中国海警"）成立。截至 2013 年中国海洋执法机构改革前，中国公安边防海警部队在沿海地区共设有 20 个海警支队，拥有各类执法舰艇 300 多艘，相关执法人员 10000

---

① 需要说明的是，中国海监的前身即中国海洋监视监测船队 1982 年 8 月 23 日即已成立，并于 1983 年开始巡航中国领海。详见百度百科《中国海监总队》，http：//baike. baidu. com/view/1945962. htm？fr = aladdin，最后访问日期：2014 年 12 月 17 日。
② 转引自阎铁毅、孙坤《论中国海洋执法主体》，《大连海事大学学报》（社会科学版）2011 年第 1 期。
③ 详见百度百科"中国海监总队"，http：//baike. baidu. com/view/1945962. htm？fr = aladdin，最后访问日期：2014 年 12 月 17 日。

余人。主要职责是，"第一，负责沿海地区边防管理；第二，担负沿海边境地区、海上治安管理，以及渔船渔民管理；第三，对出入境人员、交通运输工具进行边防检查和监护；第四，对毗邻香港、澳门一线进行警戒巡逻，同时负责对北部湾海上边界的巡逻监管；第五，开展涉外边防合作，对沿海地区各种违法犯罪进行打击、防范，并管辖海上发生的各类刑事案件，以及沿海地区发生的组织他人偷越国（边）境案、运送他人偷越国（边）境案、偷越国（边）境案，与此同时，它还担负着查获沿海地区的走私、贩卖、运输毒品和走私制毒物品等案件等职责"。① 虽然（原）中国海警所担负的职责中有很大一部分属于公安业务范畴，但它同样也承担着维护我国海洋安全权益的重要职责，因此它也是过去我国海洋执法维权的一支重要力量。

1998 年 10 月，经国务院批准，原交通部港务监督局和船舶检验局合并成立中国海事局，并仍旧隶属交通部。"中国海事局成立后，它在沿海省市、主要内河干线和主要港口城市先后设立了 14 个直属海事机构和 28 个地方海事机构，人员共达 20000 余人。"② 除内陆省份的海事机构外，中国海事局的主要力量都用于我国海洋执法和权益维护工作。根据规定，中国海事局的主要职责包括："第一，负责管理水上安全和防止船舶污染；第二，负责船舶、海上设施检验、发证、船舶适航以及船舶技术的管理，负责对船舶检验机构和验船师资质进行审定，同时负责对外国验船组织在华设立的代表机构进行审批和监督管理，对中国籍船舶进行登记、发证、检查和进出港（境）签证，对外国籍船舶入出境及其在我国港口、水域的活动进行监督管理，对船舶载运的危险货物及其他货物的安全进行监督；第三，对船员、引航员的适任资格进行培训、考试、发证管理；第四，对通航秩序和通航环境进行管理；第五，负责航海保障，负责管理沿海航标无线电导航、水上安全通信以及海区港口航道测绘，并组织编印相关航海图书资料和归口管理交通行业测绘工作；第六，对水上搜寻救助进行组织、协调和指导，并具体承担中国海上搜救中心的日常工作；第七，组织实施国际海事条约；第八，负责全国海事系统中长期发展规划和有关计划的组织编制工作，以及

① 详见百度百科"中国海监总队"，http：//baike. baidu. com/view/1945962. htm？fr = aladdin，最后一次访问日期：2014 年 12 月 17 日。

② 中国海事局网站，http：//www. msa. gov. cn/Static/jgjj/00000000 - 0000 - 1400 - 0200 - 010000000001，最后访问日期：2014 年 12 月 17 日。

负责船舶港务费、船舶吨税等有关管理工作。"① 可见，中国海事局是一支以维护我国海上交通安全为主要职责，兼顾我国海洋环境保护和海洋经济权益维护的重要执法力量。1999 年，海关总署成立走私犯罪侦查局，2003 年 1 月更名为海关总署缉私局，其主要职责涵盖海上缉私、走私犯罪侦查与处理、缉私情报搜集与国际执法合作等多方面。具体而言包括："第一，依法对走私犯罪案件和走私犯罪嫌疑人进行侦查、拘留，以及执行逮捕和预审工作；第二，负责向检察机关移送起诉侦查终结的走私犯罪案件；第三，负责立案调查和处理违反海关监管规定和依法不追究刑事责任的走私行为，以及负责调查和处理相关法律和行政法规规定的由海关实施行政处罚的行为。"② 虽然从其职责内容看，海关缉私局作为海洋执法维权队伍的特点并不十分鲜明，但实际上它们在维护我国海洋经济权益及安全权益方面的作用不可忽视。

2000 年，为顺应新的国际海洋管理制度和统一国内执法工作的需要，经中央批准，农业部成立了"中国渔政指挥中心"，该中心作为渔政渔监执法部门负责统一指挥和管理全国渔政渔港的执法工作。中国渔政指挥中心成立后，原先三个直属的海区管理局也相应更名为海区渔政总队。③ 截至 2013 年我国海洋执法机构改革前，中国渔政在全国范围内建立了县级及以上渔业执法部门30000 余个，执法人员达 30000 多人，拥有执法船艇 20000 余艘。根据规定，中国渔政的主要职责为，"第一，进行渔业资源管理，负责水生野生动植物保护，以及对渔业水域生态环境保护进行监督、管理和执法；第二，负责渔业船舶检验，担负渔业无线电管理以及渔港的监督、管理和执法工作；第三，对水产品质量和水产养殖及水产种苗进行监督、管理和执法；第四，负责我国专属经济区的渔业执法检查，负责组织实施我国与他国共管水域的渔业执法检查；第五，与军队、边防、外交等部门共同调查和处理重大涉外渔业事件，协助交通部做好海事处理工作，会同相关部门调查处理渔业污染事故"。④ 虽然从职

---

① 转引自阎铁毅、孙坤《论中国海洋执法主体》，《大连海事大学学报》（社会科学版）2011年第 1 期。
② 转引自阎铁毅、孙坤《论中国海洋执法主体》，《大连海事大学学报》（社会科学版）2011年第 1 期。
③ 1988 年中华人民共和国渔政渔港监督管理局（2008 年更名为农业部渔业局）成立，下设东海、南海、黄渤海三个海区直属管理局，并建立了渔政、渔港监督和渔船检验三支执法队伍。
④ 阎铁毅、孙坤：《论中国海洋执法主体》，《大连海事大学学报》（社会科学版）2011年第 1 期。

能上看，中国渔政也承担着一部分内陆渔业的执法工作，但其东海、黄海、黄渤海三个海区的渔政总队在我国海洋执法维权，尤其是我国专属经济区的渔业资源保护方面发挥了无可替代的作用。

从国家海洋局的职能转变，到五支最主要的海洋执法队伍的建立及其执法职责的详细规定可见，改革开放以来我国海洋执法维权的体制在不断健全。尤其是，从五支海洋执法队伍的职责看，它们所担负的执法职责基本上涵盖了我国海洋权益的绝大部分领域。虽然近年来人们一直在批判我国海洋执法维权体制存在着执法主体分散、职能交叉、责任不清、缺乏协调等一系列问题；但是，这绝不能抹杀它们在改革开放 30 多年中在我国海洋执法维权过程中所起到的历史性作用。因为任何事物的发展总是有一个逐步完善的过程，我国海洋执法维权体制的发展也同样如此。

2013 年，为应对海洋执法维权的新需要，国务院机构改革和职能转变方案将原国家海洋局及其中国海监、农业部中国渔政、公安部边防海警、海关总署海上缉私警察的队伍和职责进行整合，重新组建国家海洋局，并将其隶属国土资源部管理，对外以中国海警的名义进行执法维权。这次机构调整和职能改革使原先困扰海洋执法体制的诸多弊病在一定程度上得到较为有效的消除，我国海洋执法维权体制也进一步合理化，这为今后执法维权工作的开展提供了坚实的体制保障。

3. 海洋执法维权的空间范围不断拓展

从我国海洋执法维权体制的建立和发展过程可以看出，我国海洋执法队伍的建设相对滞后。与此同时，这些队伍建立之后都不同程度地面临着执法维权的技术装备落后、执法资金不足问题的困扰。因此，改革开放以后相当长的一段时间内，我国海洋执法维权的范围还比较小，以近岸执法为主，对于距离较远的专属经济区和大陆架上发生的侵害行为，往往是事件发生之后才临时前去执法维权，表现出明显的应急处置和被动执法的特征。

1999 年国家海洋局下属的中国海监正式成立，拓展执法维权范围的工作开始摆上日程。2001 年 12 月，中国海监开展了多次重大执法维权专项行动，我国海洋执法维权的范围才开始得以扩大。但由于这些执法维权行动都是专项行动，而非常态化管理，因此，可以说它还未能实现对我国主张海域的全面有效监控。

2004 年 7 月，日本罔顾我国强烈反对，在其单方面主张的"中间线"以东隶属我国的大陆架上进行大规模油气资源调查。为维护我国海洋权益，中国海监前去相关海域执法，并与之进行了持续一年的执法对峙。事件发生之后，国家海洋局对我国海上形势进行了深入分析，在此基础上制定了关于加强海上维权执法工作的方案，其中明确提出"建立定期维权巡航执法制度"。2006 年 7 月 20 日，经国务院批准，中国海监在我国管辖的东海海域开始实施定期维权巡航执法制度。"2007 年 2 月 1 日，经上级批准，中国海监将定期巡航区扩展到黄海、南海北部海域。2007 年 12 月，又对包括南海南部在内的我国全部管辖海域开展定期维权巡航执法。"① 至此，我国全海域全面建立起定期维权的巡航制度。这标志着我国海洋执法队伍对我国主张的 300 多万平方公里管辖海域实现了有效监管，我国海洋执法维权工作迈出了具有历史意义的一大步。

根据《联合国海洋法公约》，我国除享有管辖海域范围内的相关权益外，还享有"国际航行海峡的过境通行权，在公海航行、飞越、捕鱼、科研、铺设电缆管道和建造人工岛屿、设施的自由权利，以及通过国际机构分享国际海底资源的权利"。② 为有效维护相关海洋权益，从 2008 年 12 月 26 日我国海军从海南三亚起航前往索马里亚丁湾海域执行护航任务开始，截至 2004 年 7 月已进行了 16 批次的护航任务。海军护航工作的开展不仅有效保障了我国应当享有的相关海洋权益，③ 也反映了我国海洋执法维权在空间上的进一步拓展。

三　改革开放以来我国海洋执法与权益维护过程中遇到的突出问题

改革开放以来，虽然我国海洋执法维权工作取得了一系列成就，但在开展执法维权工作过程中也面临着一系列问题的困扰。

---

① 凤凰网：《中国建立全海域维权巡航制度定期全天候巡航》，http：//news. ifeng. com/mil/2/200808/0806_ 340_ 699837. shtml，最后一次访问日期：2014 年 12 月 18 日。
② 《联合国海洋法公约》，北京：海洋出版社，1986，第 87 页。
③ 需要说明的是，海军本质上虽然不属于海洋行政执法主体，但是由于我国海军护航不是以军事活动为主要目的，而是以保障我国商船的安全，应对海洋安全权益中的非传统安全威胁为目的，因此，它应属于特殊的海洋执法维权形式。

1. 海洋执法维权的法律体系一直不够完善

改革开放以后，尤其是加入《联合国海洋法公约》之后，我国海洋执法维权方面的法律建设有了较大的发展，时至今日我国海洋执法维权领域的法律框架已具雏形，但还不够完善，这是过去和当前我国海洋执法工作不得不面对的问题。首先，海洋基本法一直没有建立。"以往我国制定的相关海洋法律法规大多采取分领域、分事务、分行业的分割式立法模式，以单个要素为调整对象，海洋法律体系的整体性存在一定问题，尤其是缺乏统领全局的海洋基本法律。"① 由于缺乏统一海洋基本法的指导，各涉海部门和执法队伍只能各自为政。其次，海洋执法维权相关法律之间缺乏有效的协调。长期以来，我国海洋执法维权的相关法律，多数是以往各涉海相关部门从自身职能，甚至从自身利益出发制定的行业性法律法规。由于我国涉海相关部门多达十几个，各部门在制定相关法律法规时主要考虑的是自身的职能和利益，由此导致这些海洋法律法规之间存在着许多交叉、重叠甚至相互冲突之处，这难免造成执法的混乱。因此，我国海洋法律法规急需梳理并相互协调。尤其是，2013年3月除海事外的其他四支海洋执法队伍已经合并为中国海警，以往这些执法队伍所依据的法律法规之间更亟待整合。再次，现有海洋法律法规多数是原则性的规定，不够细致和系统，尤其是对海上执法队伍的权限、职责、程序的规定不够详尽，因而导致执法维权过程中面临着虽有法可依但标准模糊的困境。最后，过去乃至今日我国的海洋法律法规体系都不十分完善，未能全面覆盖我国的所有海洋权益，这也是过去和当前我国海洋执法维权不得不面对的现实。

2. 海洋执法维权的体制运行始终不够顺畅

改革开放以后的相当长一段时期内，我国海洋管理实行的是分散性行业管理模式，并在1998年之后形成了五支主要的海洋执法队伍。在这段时期内，我国海洋执法维权体制存在着一直为人所诟病的执法主体分散、职能交叉、责任不清、缺乏协调等问题。

2013年初重组国家海洋局的改革，将除中国海事之外的原先四支海洋执

---

① 刘惠荣：《制定中国海洋基本法依法维护海洋权益》，《中国海洋报》2014年6月17日第3版，http://epaper.oceanol.com/shtml/zghyb/20140617/40692.shtml，最后访问日期：2014年12月20日。

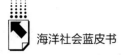

法队伍合并为中国海警，这虽然在一定程度上克服了之前一直为人所诟病的那些问题，但是新的海洋执法维权体制运行仍旧不够顺畅。首先，国家海洋局、海警局、公安部三个部门之间的关系还未彻底理清。根据规定，国家海洋局担负着包括执法维权、海洋生态保护、海洋使用管理、处理国家海洋委员会具体工作等一系列职责，并以中国海警局的名义对外执法维权，业务上接受公安部的指导。也就是说，海洋执法维权实际上是其众多职能中的一个。但从领导分工和行政级别上看，国家海洋局局长的行政级别为副部级；海警局长由公安部副部长担任，其行政级别为正部级。可见，国家海洋局和海警局在领导行政级别方面是不协调的。而如前文所分析，海警局承担的实际上是海洋局众多职能中的执法维权职能，因此国家海洋局和海警局领导行政级别的不协调，理论上很可能影响执法维权工作的开展。其次，国家海洋局与其他涉海部门之间也存在着矛盾。国家海洋局是隶属于国土资源部的副部级机构，但是我国涉海管理部门除了国家海洋局之外，还有其他相关部门，如农业部、交通部、环保部等，这些机构多数为正部级机构，国家海洋局在机构级别上与其不对等，国家海洋局在执法维权中如需要这些机构协调，将不可避免地受到影响。

3. 海洋执法维权一直面临着海权争端的根本性困扰

由于周边国家长期以来对我国传统海域之资源的觊觎，从 20 世纪 70 年代开始他们便不断侵占我国南海岛礁。尤其是《联合国海洋法公约》出台后，周边国家罔顾该公约实施之前提，即不改变各国对领土和岛屿的主权归属这一事实，片面依据公约中的一些模糊性规定（如一国所管辖的专属经济区和大陆架最大宽度分别不超过 200 海里和 350 海里等），不顾历史事实，片面划定其专属经济区或占有我国传统岛屿岛礁，造成我国与日本、菲律宾、马来西亚、文莱、印度尼西亚等毗海相邻国家都存在着海域划界或岛屿归属方面的争端。

海洋执法维权的根本目的在于维权，而这些争端长期以来都未能有效解决，即海洋执法所维之"权"（主权或主权权利）未能得到实际有效控制，因而使得过去很长一段时间内我国的海洋执法维权一直受到他国的严重干扰、阻挠乃至对抗，这导致我国海洋执法维权的效果大打折扣。可以说，这是改革开放以来我国海洋执法维权工作面临的最根本性困扰。并且从目前的实际情况看，这些争端一时也难以解决。因此，今后一段时间内它仍旧是我国海洋执法维权工作不得不面对的困难。

4. 海洋执法维权的技术装备始终不够先进

海洋执法维权既需要有法可依，也需要一支强大的执法队伍，同时也离不开有效的执法维权技术装备。然而，改革开放相当长的一段时间内，受到我国专注于经济建设、西方技术封锁等因素的影响，我国海洋执法维权的技术装备一直都十分落后。即使是我国的海军和空军，也由于技术装备的落后，很长一段时间内都无法对南海边远地区传统主权海域进行有效控制。因此，从某种程度上说，长期以来我国海、空军技术装备，以及海洋执法维权队伍技术装备的落后，是我国海洋权益受到周边各国不断侵害的重要原因。

近年来，虽然我国海洋执法技术装备有了一定程度的改善，但仍旧难以满足我国海洋权益维护的需要。国家海洋局海洋发展战略研究所海洋经济与科技研究室主任刘容子先生在2013年8月曾明确地指出，"我国海洋维权力量明显不足，主要表现在大中型海监执法船数量较少、千吨级以上的海监船数量仅占总量的7%且排水量也大都在1500吨以下等方面。较小的船舶吨位既限制了相关海监设备的安装和使用，也制约了海监船的续航能力。在渔政船方面，目前我国拥有各类渔政船约1420艘，其中海洋型渔政船约450艘，但千吨级以上的渔政船仅有10艘。海洋装备发展水平落后，既与我国的整体国力不相匹配，也难以满足我国维护海洋权益的迫切要求"。[①]

四 进一步加强我国海洋执法和权益维护工作的主要途径

由于过去和当前我国海洋执法维权工作始终面临着一系列问题的困扰，因此必须全方位地加强我国海洋执法维权工作，确保我国的海洋权益得到有效维护。

1. 进一步增强海空军实力

长期以来，我国一直未能有效解决周边国家与我国的海域划界和岛屿归属

---

① 甘丰录：《为建设海洋强国提供战略支撑》，中国船舶新闻网（2013年8月16日），http：//www.chinashipnews.com.cn/show.php? contentid＝5563，最后一次访问日期：2014年12月22日。

争端，这是我国海洋执法维权面临的根本性困难。这一困难不解决，海洋执法维权的各个环节都无法取得根本性进展，难以全面维护我国所具有的全部海洋权益。但是，这些争端并不是海洋执法和海洋管理相关部门可以解决的。从根本上说，这些问题的解决依赖于强大的国家实力和军事力量，尤其依赖于强大的海空军事实力。因此，必须全方位地加快国家建设的步伐，增强我国的国家实力和海空军力量。只有具备了强大的国家实力和海空军事力量，才能拥有更多更有效的经济、政治、外交、军事等资源助推这些争端的解决，从而有效扫除长期以来我国海洋执法维权面临的这一根本性困难，全面维护我国的海洋权益。

2. 进一步完善海洋执法维权法律体系

由于我国执法维权所依据的海洋法律体系还存在着海洋基本法缺乏、未能全面覆盖我国海洋权益、相关法律法规还不够协调和细致等问题。因此，有必要进一步完善我国海洋执法维权体系。第一，要尽快制定一部能够涵盖海洋主权、海上安全维护、海洋资源保护以及海洋意识教育等各方面内容的海洋基本法，使之成为我国的海洋母法或海洋宪法，并统领海洋执法维权工作。第二，查缺补漏，全面建设能够覆盖我国全部海洋权益的法律体系。第三，对我国现有的海洋法律法规进行梳理和整合，使以往那些基于部门职责而订立的法律法规之间实现相互协调，为海洋执法维权提供统一的法律标准。第四，细化现有的法律法规，尤其是要对与海洋执法环节相关的规定进行操作化，使海洋执法维权不仅有法可依，而且执法责权、程序等都清晰明确。

3. 提升国家海洋局行政级别，以便协调海洋执法维权工作

在现有的海洋执法维权体制中，海洋执法维权主要承担者的国家海洋局只是副部级单位，它在工作过程中难免存在着与交通部、农业部、环保部等涉海管理部门行政级别上的不协调问题。同时，国家海洋局、中国海警局与公安部之间的沟通也不是十分顺畅，尤其是国家海洋局和中国海警局主要领导在行政级别上存在着不协调问题。因此，为了进一步加强我国海洋执法维权工作，有必要进一步理顺海洋执法维权的体制。着眼于我国海洋执法维权的实际需要，在今后的机构改革过程中，有必要将国家海洋局升级为海洋部或海洋总局，使之成为正部级单位。另外，2013年重组国家海洋局时将原先四支主要的海洋执法力量进行了整合，但另外一支海洋执法力量即中国海事并未并入。在今后

改革中也需要考虑是否进一步调整，将中国海事队伍中的海洋执法部分并入中国海警，理顺我国海洋执法维权体制。

4. 提升海洋执法维权的技术装备水平

由于改革开放以来我国海洋执法维权的技术装备一直比较落后，为进一步加强我国的海洋执法维权工作，有必要进一步改善海洋执法维权的技术装备。为此，国家要加大在海洋执法维权技术装备上的资金投入，为海洋执法队伍配备先进的船舶、舰艇、飞机，遥感、信息传输等技术装备，同时也要对海洋执法装备科技研发领域进行必要的支持。只有拥有了先进的技术装备，海洋执法维权的范围才能有效扩大，力度才能不断加强，海洋权益才能得到有效的维护。

总而言之，改革开放至今，我国海洋执法和权益维护工作取得了较大的成就，在此过程中也暴露出不少需要改进的问题。随着国家海洋战略的深入推进，相信这些问题一定能够获得有效解决，我国的海洋执法工作一定能够跃入更高的层次，我国的海洋权益也一定能够获得更加全面有效的维护。

B.7
中国海洋环境发展报告

唐国建　赵　缇*

摘　要：　改革开放至今，中国海洋环境发展经历了三个阶段，即探索海洋时期、走向海洋时期和经略海洋时期。本文从中国海洋环境的污染与保护、海洋资源环境的变迁以及海洋边界的冲突与明晰三个角度系统阐述了三个时期的不同发展状况，并对未来中国海洋环境的发展走向进行了初步的预测。针对当前海洋环境发展过程中存在的重大问题，本文给出了一些可行性建议。

关键词：　海洋　海洋发展　海洋资源　海洋边界

一　我国海洋环境概述

关于"海洋环境"的内涵，不同学科从各自的研究视角出发给出了不同的定义。如海洋环境学认为"海洋环境是指地球上连成一片的海和洋的总水域，包括海水、溶解和悬浮于水中的物质、海底沉积物，以及生活于海洋中的生物"。[①] 而法学注重于指涉权力归属的各种要素的综合，在《中华人民共和国海洋环境保护法》中"海洋环境"是一个可限定权限的海陆空三位一体，其中"海"指由海水水体、海床、底土以及生活于其中的海洋生物所构成的

---

* 唐国建（1978~），男，广西桂林人，哈尔滨工程大学人文学院讲师、硕士生导师、博士，主要研究方向：环境社会学、海洋社会学和农村社会学；赵缇（1992~），女，山东淄博人，哈尔滨工程大学人文学院硕士研究生，研究方向：环境社会学。
① 赵淑江、吕宝强等：《海洋环境学》，北京：海洋出版社，2011，第15页。

统一体;"陆"指由环绕于海域周围的海岸、滨海陆地以及人工改造的地域构成的统一体;"空"指由海域上空的大气、空间等因素所构成的统一体。

基于海洋环境与人类社会之间的相互关系,社会学将研究聚焦于人类社会发展与海洋环境演化规律的相互作用上。因此,我们把影响人类生存和发展的海洋要素构成的集合体称为海洋环境。海洋学家通常依据五种标准将海洋环境进行划分——地理、区域、水层、水底、主权,① 其中,前四种划分属于对海洋物理环境进行归类,而主权划分则涉及海洋边界的确定与明晰。对于人类社会整体发展而言,海洋物理环境、海洋资源和海洋边界是最重要的影响因素。虽然人类海洋开发活动的主要对象是海洋资源,但海洋物理环境决定了特定海域中的资源类型与储量,而海洋边界则关涉海洋资源的分配。因此,本文就将从这三方面着手考察海洋环境的发展状况。

(一)我国海洋物理环境

海洋物理环境是指与人类生产生活息息相关的海洋物质系统,其中与人类社会相互影响的海底地形、海水运动等是人们研究的主要对象。

我国海洋的物理环境具有多样性特征。这种特征是由我国辽阔的海域和漫长的海岸线决定的。具体来说,我国海域位于亚洲大陆东侧的中纬度和低纬度带,跨越热带、亚热带和温带三个气候带,大陆岸线将近两万公里,沿海海域分布有六千多个岛屿,沿海滩涂约四百万公顷。在如此辽阔的海域中存在着的各种形态的海底地形和海水运动方式,深刻地影响着我国海洋资源的存储和利用。

---

① 赵淑江、吕宝强等:《海洋环境学》,北京:海洋出版社,2011,第7页。海洋环境的区域划分:为评价区域海洋环境质量,按照海域与海岸线的距离,可将海域分为近岸海域(near-shorearea)、近海海域(inshorearea)、远海海域(oceanicarea)。海洋环境的水层划分:从水平方向,水层环境可以分为近海带(neritic)和大洋区(oceanic)。近海带与大洋区在水层垂直方向的界限通常是在200米等深线处,实际上,这一界限的深度一般是大陆架的外缘。海洋环境的水底划分:海洋的水底环境包括所有海底以及高潮时海浪所能冲击到的全部区域。通常情况下,水底环境可划分为:潮间带(intertidalzone)、潮下带(subtidalzone)、深海带(bathyalzone)、深渊带(abyssalzone)。潮间带:是指有潮汐现象和受潮汐影响的区域;潮下带:是指从潮间带下限至水深200米处这一区域;深海带:是指由水深200米至1000~4000米处这一区域,由此深度向下至6000米深度处为深渊带,由此以下至大洋最深的海底为超深渊带(hadalzone)。

1. 我国海底地形

海底地形主要是在地球的各种内动力作用下塑造成的。地壳的升降、褶皱、断裂、地震和火山活动等对海底地形都有影响，同时海水运动对海底地形也有相应的作用。[①] 科学家根据海域水深、海底坡度和海底沉积物将海底地形分为以下三种——大陆边缘、大洋盆地和大洋中脊，其面积及所占比例详见表1。

表1　大陆边缘、大洋盆地和大洋中脊面积及所占比例

地形单元		面积/10^6km²	占海洋面积(%)	占地球表面积(%)
大陆边缘	大陆架	27.5	7.5	5.4
	大陆坡	27.9	7.8	5.5
	大陆基	19.2	5.3	3.8
	岛弧、海沟	6.1	1.7	1.2
大洋盆地	深海盆地	151.5	41.8	29.7
	火山、海峰	5.7	1.6	1.1
	海底高原	5.4	1.5	1.1
大洋中脊		118.6	32.7	23.2

资料来源：根据同济大学海洋地质教研室编《海洋地质学》和李凤岐《环境海洋学》第29页数据整理而成。

上述三种地形区域在水深、坡度、沉积物的构成和区域分布方面均有显著差异。海洋靠近陆地的部分一般都有大陆架，大陆架水深在200米以内，坡度一般为1°~2°，沉积物主要是河流带来的泥沙；大陆坡水深一般为200~2500米，倾斜度为4°~7°，沉积物也主要来自大陆；大洋盆地平坦开阔，深度为2500~6000米，倾斜度为0°20′~0°40′，沉积物主要是大洋性软泥，如硅藻、放射虫等。[②] 大陆架和大陆坡主要分布于靠近大陆的近海海域，而大洋盆地和大洋中脊多分布于公海区域。由图1可知，中国近海海底的总体趋势是自西北向东南倾斜，它延续了中国大陆陆地地形的自然延伸状态。

[①] 李凤岐、高会旺：《环境海洋学》，北京：高等教育出版社，2013，第29页。
[②] 赵淑江、吕宝强等：《海洋环境学》，北京：海洋出版社，2011，第7页。

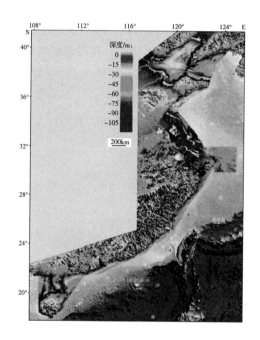

图1 中国近海海底三维地势

资料来源：曹超等《中国近海海底地形特征及剖面类型分析》，《中南大学学报》（自然科学版）2014年第2期。

2. 我国海域的海水运动

海水的运动形式主要有三种——波浪、潮汐和洋流，其中，洋流是海水运动的主要形式。形成洋流的原因有很多，最主要的是大气运动。盛行风吹拂海面，使表层海水随风流动，上层海水又带动下层海水流动，这样就形成洋流。另外，海水密度的差异也可以形成洋流。最后，由于风力、密度差异而形成的海水流动，使流出海区的海水减少，周围海区海水便来补充，这也是形成洋流的原因之一。

由于我国海岸线南北跨度大，海岸自然环境具有多样性，因此所属海域中的海水运动表现出多种形态。其中，不同类型的洋流使我国近海海域拥有丰富的生物资源。沪浙闽沿岸流的显著特点是冬、夏两季方向不同，冬季沿岸南下可达台湾海峡南部，夏季则转为东北方向，可汇入长江冲淡水。长江冲淡水夏季指向东或偏东北方向，冬季则南下汇入沪浙闽沿岸流。这样就形成了以长江口为界的寒暖流交汇处。在这个海域中，由于海水受到扰动而将下层营养盐类带到了表层，为鱼类的生存提供了大量的食物，有利于鱼类的繁殖。此外，两种洋流还可以形成"水障"，阻碍鱼类活动，使得鱼群集中，易于形成大规模渔场。如位于舟山群岛东部的舟山渔场，在北纬28°～31°，东经125°以西的范围，靠近长江、钱塘江的出海口，不同水系在这一海域中汇合，海水水质与饵料供应都非常适合密集的鱼群生存，因而成为我国近海最大的渔场，也是世界上少数几个大型渔场之一。

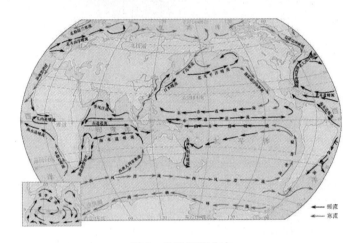

图2　世界洋流分布

资料来源：www. pep. com. cn/gzdl/jszx/tbjxzy/kbjc/tpzy/tp/201101/ t20110128_ 1019771. htm。

我国近海海域中的海水运动受全球海洋环流状况的影响。大至世界大洋或某个洋区，小至一个具体的海区甚至其中的一个海湾，都各有其环流运动结构，它们之间又借助于世界大洋的连通性而彼此联系。正是有赖于此，广袤而复杂的世界大洋各部分才联系在一起，从而维持着全球大洋的水文特征长期相对稳定，为人类和海洋生物提供了适宜生存繁衍的良好环境。

（二）我国海洋资源环境

人们对海洋资源环境的理解和定义随着海洋科学技术的不断进步而逐渐深化和完善。狭义上的海洋资源主要包括四个部分：依靠海水生存的生物、溶解于海水中的化学元素、海水中所蕴藏的能量以及海底的矿产资源。广义上的资源环境，除狭义中所包含的因素外，还包括沿海港湾、海洋风能、海洋交通运输航线、海底地热、海洋景观、海洋的纳污能力等。我国海洋资源环境指海洋所固有的或在海洋内外力作用下形成并分布在我国海洋地理区域内的，可供人类开发利用的、能产生经济价值和文化价值的所有自然资源的集合。[1] 中国海岸线漫长、海域辽阔、岛屿众多、资源丰富，海洋生物物种和生态系统具有多样性。按照海洋资源的自然本质属性，可将我国海洋资源分为六类（见表2）。

表2　我国海洋资源分类

海洋资源种类	涵盖范围
海洋生物资源	渔业资源、海洋药物资源和珍稀物种资源等
海底矿产资源	金属矿物资源、非金属矿产资源、石油和天然气资源
海洋空间资源	海岸带区域、港口和交通资源、环境空间资源
海洋化学资源	盐业资源、溶存的化学资源、水资源等
海洋新能源	潮汐能资源、波浪能资源、海流能资源、温差和盐能产资源、海上风能资源等
海洋旅游资源	海洋自然景观旅游资源、娱乐与运动旅游资源、人类海洋历史遗迹旅游资源、海洋科学旅游资源、海洋自然保护区旅游资源等

资料来源：根据中国自然资源丛书编纂委员会《中国自然资源丛书·海洋卷》（1995）整理而成。

海洋资源的形成和分布受自然规律支配，只有摸清海洋资源的分布规律，才能有效、合理地开发和利用海洋资源，保护海洋环境。我国海底地形变化很大，在不同海区分布的生物资源、形成的沉积矿产等不仅种类有别，而且具有各自的特点：海水化学资源分布于整个海洋，海洋生物资源也分布于整个海洋，但以大陆架浅海地区为主；滨海砂矿主要分布于大陆架的滨海地带，而多金属结核、矿床等则分布于大洋海底；海洋油气资源分布于大陆架区域；海洋能源分布于整个海洋的海水中；海洋空间资源和海洋旅游资源分布于海岸带、海洋海水表层、整个海洋的海水水体及海底底床。

（三）我国海洋边界

一个国家的海洋物理空间主要通过海洋边界来确定。目前国际上关于"海洋边界"的基本共识是基于1982年《联合国海洋法公约》的规定，国家

---

[1]　赵淑江、吕宝强等：《海洋环境学》，北京：海洋出版社，2011，第220页。

在海洋上的划界有两种类型：一是海洋国界线，即"海上国门"。这是一条达成共识的、无形的国家边界，距各国的领海基线不超过12海里。线以内的海域为领海，在这一区域内领海国享有完全的和排他的主权。二是海洋资源管辖线，主要指沿海国管辖的专属经济区和大陆架的界线，这条线与相应沿海国的海岸一般距离200海里。各沿海国在划定了这条界线后，即可独享该区域内的所有自然资源。因此，海洋国界线是一个国家主权或主权权利的标志，而海洋资源管辖线则是相应沿海国的地方政府、民间团体和个人开发利用海域的权属标志。

新中国成立60余年来，我国海洋边界的划定经历了一个由模糊到明晰的过程。新中国成立之初，国民的海洋领土意识普遍薄弱，许多海域边界不够明确，甚至在1954年《中华人民共和国宪法》中也未对我国海域边界作出详细规定。直至1958年，党中央就领海宽度问题展开讨论研究，才确定将新中国的领海线由国民政府时期规定的3海里改为12海里。20世纪末，国内关于海洋边界的讨论愈演愈烈，《中国21世纪议程》把海域的法治建设提上日程，《议程》要求以《联合国海洋法公约》为基础，健全海洋基本法，除《中华人民共和国领海和毗连区法》《中华人民共和国海洋环境保护法》外，制定并实施海洋专项性法规迫在眉睫，如海洋开发管理法、海岸带管理法、海岛开发管理法，等等。此外，《议程》对已制定并公布执行的海洋基本法、综合管理法规、地方管理法规进行了补充、修改和不断完善，进一步明确了中国海洋边界的划定。

中国伟大的航海家郑和曾说："国家欲富强，不可置海洋于不顾，财富取之于海，危险亦来自海上。"① 因此，在21世纪这个海洋世纪，我们应该紧扣时代脉搏，把握时代潮流，紧跟时代步伐，关注海洋安全，维护海洋权益，建设和谐海洋。

二 我国海洋环境的发展历程

海洋环境状况的变迁与海洋政策的制定和完善是密不可分的。新中国成立

---

① 引自《"国家欲富强，不可置海洋于不顾"——中国海洋资源及开发现状调查（下篇）》，《中国青年报》2004年8月5日。

以来，中国领导人对海洋战略有着深刻的见解，尤其是改革开放以后，更是将对海洋的认识提高到战略高度，与之伴随的一系列海洋政策应运而生。依据海洋政策的转变程度，我们将改革开放至今的海洋发展分三个阶段进行描述。第一阶段，"探索海洋时期"——自改革开放至2002年中共十六大召开，限于当时的科技水平和政策支持力度，海洋事业处于起步阶段；第二阶段，"走向海洋时期"——自十六大至2007年中共十七大召开，无论是在海洋资源的开发和利用，还是在海洋权益维护方面，国家都高度重视并加大政策扶持力度；第三阶段，"经略海洋时期"——自2007年十七大至2013年，这一时期国家已将海洋权益的维护提升至战略高度，无论是从技术角度还是从政策支持力度来看，海洋资源的开发、环境的保护都已经科学化、系统化。

政策是国家海洋开发的指导性纲领，而海洋开发又与环境相互作用、相互影响。海洋资源环境的开发利用必然伴随着海洋环境的污染，而海洋环境的污染也必然会给海洋资源环境带来不利影响，两者是息息相关、不可分离的。同时，海洋资源具有流动性特点，因此海洋资源环境的变迁又必然会牵涉国家间海洋划界、海洋权益竞争等问题。因此，本文着力从海洋环境的污染与保护、海洋资源环境的变迁、海洋边界的冲突与明晰三个主题分阶段进行阐述。

（一）我国海洋环境的污染与保护

海洋环境的污染意味着人类向海洋所排放的物质与能量超出了海洋的自净能力。在《联合国海洋法公约》中，"海洋环境污染是指人类直接或间接把物质或能量引入海洋环境（包括河口湾），以致造成或可能造成损害生物资源和海洋生物，危害人类健康，妨碍包括捕鱼和其他正当用途在内的各种海洋活动，损坏海水使用质量或减损环境优美等有害影响"。[①]

随着我国海洋开发的进程加快，沿海经济得到快速发展，海洋环境问题日益突出。一方面由陆地流入海洋的各种物质被海洋接纳，从而导致海洋环境的恶化；另一方面人类在对海洋矿业资源和海洋油气资源开发的过程中，产生了大量废弃物及船舶油污，直接污染了海洋环境。对海洋环境的评估主要是通过入海排

---

① 引自新华网，http://news.xinhuanet.com/ziliao/2005 - 04/04/content_ 2784208_ 1.htm，《联合国海洋法公约》第一条第一款第四项规定，最后访问日期：2015年4月23日。

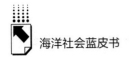

污口的监测、主要河流污染物入海量、含油污水排海量、海洋油气平台的建设、海上溢油事件发生次数和海洋垃圾数量等指标来描述的，而海洋环境污染的结果则主要通过海水质量状况、赤潮发生次数及其发生面积等指标来呈现。

1. 探索海洋时期的海洋环境污染与保护

（1）海洋污染问题初显——探索海洋时期的海洋环境污染

改革开放至 20 世纪 90 年代初期，在以经济建设为中心的方针指引下，中国沿海地区的经济高速发展。但是，经济发展与环境污染之间的矛盾在沿海地区也同样彰显。我国近海环境质量在这一时期因为近海城市生活和工业排污、河流排污、油田开发、海上溢油等诸多涉海行为而明显下降，海洋污染问题随着赤潮等现象的频繁出现而逐渐显现在国人面前。

首先，陆源污染物是这一时期的主要污染源。

陆源污染物的监测主要通过对陆源排污口的监测来完成。陆源排污口是指直接向海域排放废水和污染物的排放口，但不包括河流入海口。对陆源排污口及其所受影响的海域的监测，在很大程度上能够反映出海洋污染状况的变动情况。

从表 3 可以清晰地看出，这一时期大部分入海排污口都存在超标排污现象且排污量有逐渐上升趋势，以致排污口周边水域水体质量恶化。国家也愈加重视对于入海排污口的监测，自 2003 年起国家开始统计入海排污口数目并在随后几年进行重点监测。

表3　1998～2008 年我国入海排污口监测统计情况汇总

	年份	入海排污情况
探索海洋时期	1998	沿海地区企业排入近岸海域的工业废水约 39.8 亿吨,占全国工业废水排放总量的 19.9%。
	1999	沿海地区排放工业废水 100.2 亿吨,比 1998 年减少 3.1 亿吨,降幅为 7.8%;沿海地区生活污水排放量共 108.1 亿吨。
	2000	数据缺失
	2001	数据缺失
	2002	长江、珠江和辽河入海的污染物总量较大;各入海河口的海域环境污染难以有效遏制;国家海洋局所监测的河口海域普遍受到污染,其中长江口、珠江口等海域污染严重。

	年份	入海排污情况
走向 海洋 时期	2003	全国主要陆源入海排污口867个。其中,工业污水直接入海排污口448个、市政污水直接入海排污口244个、排污河流入海口175个。排污口日均排放入海污水量达240多万吨,日均排放入海的各种主要污染物近3500吨。
	2004	43个(约占全国入海排污口总数的4%)重点监测的陆源入海排污口日均排放入海污水量约850万吨,日均排放入海的各种主要污染物有6650多吨,其中56%的排污口污水超标排海。
	2005	全国陆源排海污水总量约317亿吨,主要入海污染物约1463万吨。
	2006	全国实施监测的入海排污口609个,实施监测的入海排污口中约81.4%的排污口超标排放污染物,入海排污口污水排海总量约387亿吨,主要污染物总量1298万吨。
	2007	全国实施监测的入海排污口573个。实施监测的入海排污口中,约87.6%的排污口超标排放污染物。入海排污口污水排海总量约359亿吨,主要污染物总量约1219万吨,比2006年减少6.1%。

注：表格中涉及的全国性统计数字，均未包括香港、澳门特别行政区和台湾省。
资料来源：根据国家海洋局1998～2007年《中国海洋环境质量公报》整理而成。

陆源污染物的增长同时也体现在主要河流污染物入海量这一指标上，图3显示我国主要河流污染物入海量呈现总体快速增加趋势，海洋环境状况不容乐观。

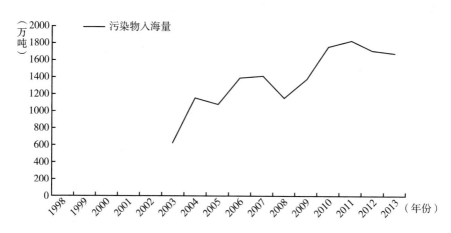

图3 1998～2013年我国主要河流污染物入海量

注：1998～2002年数据统计资料缺失。
资料来源：根据国家海洋局1998～2013年《中国海洋环境质量公报》整理而成。

陆源污染物大量入海，最终沉积在海底生成海洋沉积物。海洋沉积物是许多海洋生物（特别是底栖生物）赖以生存和生长的环境。沉积环境污染会对底栖生物和海水水质造成有害影响，从而间接危害人类健康。

其次，海源污染随着海洋开发力度的增强而日益显著。

海洋探索时期，每年排入海洋的石油污染物达几千万吨，主要是由工业生产（海上油井管道泄漏、油轮事故、船舶排污等）造成的，一些突发性的事故一次性泄漏的石油量甚至可达 10 万吨以上。

图 4 与图 5 显示，在海洋探索时期，伴随油气平台数量的增加，含油污水排海量大幅增加，海洋污染在这一阶段初步显现。原因是全球商业能源需求量在这一时期大幅度增加，从而促进了原油燃料的生产。同时，沿海地区采油设施以及石油开采对海床造成的破坏严重影响海产品的价值，从而对海洋生态系统造成长期危害。此外，采矿废物、贸易和运输带来的二次污染物，以及石油矿物资源初级燃烧的副产品，也将通过陆地和大气进入沿海水域造成海洋的污染。

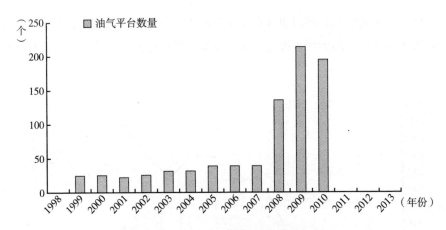

图 4 1998～2013 年我国油气平台数量统计

注：图中缺失 1998、2011、2012、2013 四年统计数据。

资料来源：根据国家海洋局 1998～2013 年《中国海洋环境质量公报》整理而成。

海上油气平台数目增长，油气开采量上升，海洋溢油事件频频发生，溢油量也逐年上升。在我国，1987～1996 年 10 年间发生的大大小小溢油事故有 1856 起，相当于每 2 天发生一起。从图 6 来看，在 2002 年中共十六大之前我

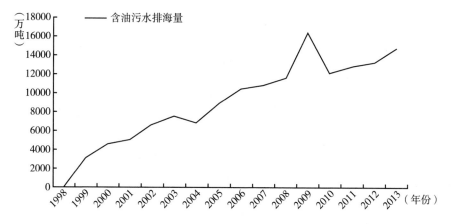

图5　1998～2013年我国含油污水排海量

资料来源：根据国家海洋局1998～2013年《中国海洋环境质量公报》整理而成。

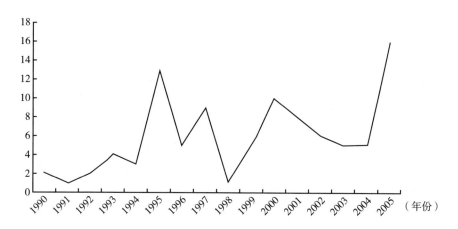

图6　1990～2005年我国海域重大溢油事件频次统计

资料来源：根据中国海洋信息网1990～2005年《中国海洋灾害公报》整理而成。

国海上溢油事件发生频率极其不稳定。船舶溢油污染的日趋严重与海洋经济的快速发展所导致的海上船舶数量迅速增加直接相关。

再次，海洋污染导致海水质量下降、赤潮频发。

水质方面　表4和图7显示，2001年和2002年，我国远海海域基本上全部达到清洁海域水质的标准；大部分近海海域符合清洁标准；但近岸海域的水污染严重，不过污染的范围有限。

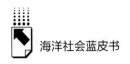

海洋社会蓝皮书

表4 2000~2013年我国海水质量状况

单位：平方公里

	年份	较清洁海域	轻度污染海域	中度污染海域	严重污染海域	总和
探索海洋	2000	102000	54000	21000	29000	206000
	2001	99440	25710	15650	32590	173390
	2002	111000	20000	18000	26000	175000
走向海洋	2003	80000	22000	15000	25000	142000
	2004	66000	40000	31000	32000	169000
	2005	58000	34000	18000	29000	139000
	2006	51000	52000	17000	29000	149000
	2007	51000	48000	17000	29000	145000
经略海洋	2008	65000	72000			137000
	2009	70920	25500	20840	29720	146980
	2010				48000	
	2011	47840	34310	18340	43800	144290
	2012	46910	30030	24700	67880	169520
	2013	47430	37720	15460	43940	144550

注：近岸海域：指我国领海基线向陆一侧的全部海域，尚未公布领海基线的海域及内海，指负10米等深线向陆一侧的全部海域。

近海海域：指近岸海域外部界限平行向外20海里的海域。

远海海域：指近海海域外部界限向外一侧的全部我国管辖海域。

清洁海域：符合国家海水水质标准中一类海水水质的海域，适用于海洋渔业水域，海上自然保护区和珍稀濒危海洋生物保护区。

较清洁海域：符合国家海水水质标准中二类海水水质的海域，适用于水产养殖区、海水浴场、人体直接接触海水的海上运动或娱乐区，以及与人类食用直接有关的工业用水区。

轻度污染海域：符合国家海水水质标准中三类海水水质的海域，适用于一般工业用水区。

中度污染海域：符合国家海水水质标准中四类海水水质海域，适用于海洋港口水域和海洋开发作业区。

严重污染海域：劣于国家海水水质标准中四类海水水质的海域。

资料来源：根据国家海洋局2000~2013年《中国海洋环境质量公报》整理而成。

赤潮方面 海水水质的变化与海洋赤潮的发生频率息息相关，水体的富营养化则直接引发赤潮。据统计，2000年至2002年中共十六大召开，赤潮每年发生次数分别为28、77、79，呈现逐年上升的趋势，而且伴随海洋水体恶化，2001年赤潮频次是上年的2.75倍。图9显示与之成正相关的赤潮累计发生面积也在扩大。

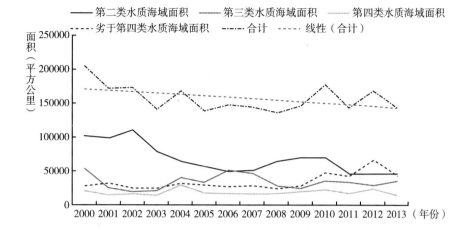

图 7　2000～2013 年我国管辖海域劣于第一类水质标准海域面积变化示意图

资料来源：根据国家海洋局《中国海洋环境质量公报》和崔凤《"从快速恶化到基本稳定"——论 1989～2013 年我国海洋环境的变迁》整理而成。

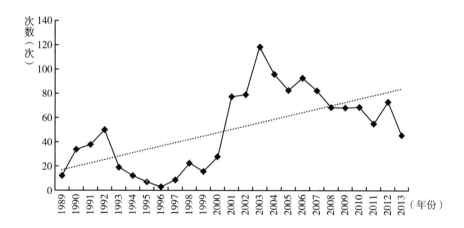

图 8　1989～2013 年我国管辖海域赤潮发生次数的变化示意图

资料来源：根据中国海洋信息网《中国海洋灾害公报》以及崔凤《"从快速恶化到基本稳定"——论 1989～2013 年我国海洋环境的变迁》整理而成。

（2）基于监测的监管——探索海洋时期的海洋环境保护

探索海洋时期，我国的海洋环境保护在思想意识和具体实施措施上都比较薄弱。单从我国第一部有关海洋环境保护的基本法制定与施行的过程中就足以证明这一点：1982 年 8 月 23 日，第五届全国人大第二十四次会议通过了《中

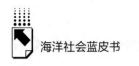

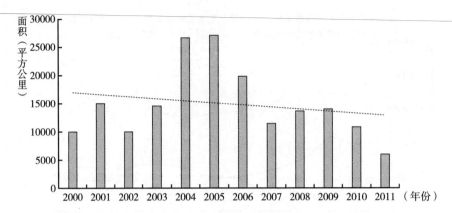

图 9　2000～2011 年我国管辖海域赤潮发生面积示意图

资料来源：根据中国海洋信息网《中国海洋灾害公报》以及崔凤《"从快速恶化到基本稳定"——论 1989～2013 年我国海洋环境的变迁》整理而成。

华人民共和国海洋环境保护法》，但由于我国还未制定关于海洋的基本法即海洋法，因此该法是我国海洋环境保护的主要法律依据。2002 年下半年，中共召开第十六次全国代表大会，在总体战略部署中提出中国"实施海洋开发"的要求，这是国家首次将探索海洋发展事业提升至如此高度，充分体现出发展海洋事业的紧迫性。

探索海洋时期的海洋污染及其影响，使得我国政府在加强海洋环境的监管上加大力度。由国家计委批准、国家海洋局负责实施的"中国海洋环境监测系统建设项目"经过两年多的建设，2001 年全面完成。该项目的实施，改善了海洋环境监测站的基础设施，对于增强我国海洋环境监测能力、准确掌握我国海洋环境现状及变化趋势、提高防灾减灾能力等方面具有重要意义。2002年 1 月 1 日《中华人民共和国海域使用管理法》正式施行。同年 5 月，我国第一颗海洋卫星"海洋一号"成功发射，该卫星主要用于监测海洋水色、悬浮物浓度和海表面温度等。2002 年 8 月，国务院授权国家海洋局发布实施了《全国海洋功能区划》，这是我国政府依《中华人民共和国海洋环境保护法》和《中华人民共和国海域使用管理法》的规定而出台的第一部全国性海洋功能区划。

2. 走向海洋时期的海洋环境污染与保护

（1）海洋污染愈加严重——走向海洋时期的海洋环境污染

走向海洋时期，我国海洋环境污染愈加严重。

海洋排污方面，2004 年 56% 的排污口污水出现超标排放，2007 年这一数据则上升至 87.6%。2003 年我国主要河流污染物入海量约 619 万吨，而 2007 年则跃升为 1407 万吨。海洋油气方面，走向海洋时期国家主要油气平台数量仅在 2005 年显著增加，由 2004 年的 32 个增长至 2005 年的 39 个，此后增幅并不明显，处于稳定阶段。而含油污水排海量呈现逐年递增趋势，由 2003 年的 7619 万吨跃升至 2006 年的 10840 万吨。海洋溢油事件发生频率更是居高不下，2003 年有 3 次重大溢油事故，而 2005 年这一数字则跃升至 16 次，[①] 这一时期海洋污染物的急剧增加继续导致了海水水质下降，赤潮发生频率提高。

国家海洋局公布的《中国海洋环境质量公报》显示，中共十六大之后，虽然我国近海大部分水域河源海水质量好，但近岸海水质量非常令人担忧（见图 7）。全海域未达到清洁海域水质标准的总面积在 2004 年达到高峰值，即 16.9 万平方公里。水质污染在海域的分布上也有很大的差异，2007 年严重污染海域主要分布在渤海湾、黄河口、长江口、珠江口和沿海部分大中城市近岸水域。但相比探索海洋时期的海洋水体质量，走向海洋时期的水体状况有所好转，总面积均未突破 17 万平方公里的临界值。

在赤潮发生状况方面（见图 8），我国海洋环境污染状况与 20 世纪末期相比有比较明显的恶化趋势。通过对十六大以来国家海洋局发布的《中国海洋灾害公报》和《中国海洋环境质量公报》中有关赤潮方面的数据统计进行分析，我们能够发现 2002 年之前我国赤潮年发生率较低，但 2002～2007 年每年发生赤潮的次数明显增多。另外，图 9 显示，在赤潮累计发生面积上，自 2002 年开始赤潮所波及的海水面积呈逐年扩大趋势，其中，在 2004 和 2005 两年中赤潮发生面积达到最大值，之后，虽然发生面积在缩小，但发生的频次仍然较高。

（2）基于管理的治理——走向海洋时期的海洋环境保护

中共十六大召开之后，在国务院批准实施的《全国海洋经济发展规划纲要》中明确提出了实施海洋功能区划，合理开发与保护海洋资源，防止海洋污染和生态破坏，促进海洋经济可持续发展的基本政策和原则。此后，《关于

① 依据国家海洋局 2003～2007 年《中国海洋环境质量公报》数据整理而成。

进一步加强海洋管理若干问题的通知》《中国水生生物资源养护行动纲要》《海洋倾废管理条例》《海洋倾废管理条例实施办法》《海洋倾倒区选划与监测指南》等政策法规相继出台，这些都对促进我国海洋经济与海洋环境协调发展起到了重要作用，从宏观上减缓了海洋环境恶化的速度。

另外，在区域性海洋环境管理方面，渤海治理堪称典型。《渤海碧海行动计划》正是应着"拯救渤海"的呼声出台的。该《计划》是中国首次联合各省市、各部门就海域编制海洋保护进行的规划。只是该《计划》过于注重管理，使得这个治理行动只实施了一个五年计划，就被 2006 年出台的《渤海环境保护总体规划》所取代。

3. 经略海洋时期的海洋环境污染与保护

（1）海洋污染全面爆发——经略海洋时期的海洋环境污染

经略海洋时期，持续积累的海洋环境污染问题全面爆发。

陆源污染状况方面，2009 年超标排污现象所占百分比达 73.7%，2010 年有所好转。2011 年，入海排污口的达标排放次数与上年相比提高了 6%，2012、2013 年这一数据与 2011 年基本持平。图 3 显示经略海洋时期我国主要河流污染物入海量增幅明显。2008 年污染物入海量约 1149 万吨，2011 年这一数据增至 1820 万吨，达到了目前污染物入海量的最高值，之后有所回落，并于 2013 年降至 1676 万吨，但总体呈上升趋势。

表 5　2009～2013 年我国入海排污口监测统计情况汇总

	年份	0 次达标	1 次达标	2 次达标	3 次达标	4 次达标	调查总数
经略海洋时期	2009	141	55	70	71		337
	2010	129	71	77	78	117	472
	2011	83	75	81	85	121	445
	2012	111	63	65	57	139	435
	2013	129	57	60	79	106	431

资料来源：根据国家海洋局 2009～2013 年《中国海洋环境质量公报》整理而成。

海源污染方面，这一时期的油气平台建设数量较前两段时期大幅上升（见图 4），含油污水排海量（见图 5）也呈逐年上升趋势。另外，油轮事故也是海洋石油污染最主要的来源。

伴随这一时期的海洋产业发展，我国海面漂浮垃圾、海滩垃圾和海底垃圾数量的增加也引起人们的注意，并作为一项新的污染统计指标列入了我国海洋环境质量公报。表6数据显示，随着海洋旅游资源的开发力度加强，海滩垃圾数量一直处于有增无减的状态，从2007年的400个/平方公里跃升至2013年的70252个/平方公里；2007~2012年，海面漂浮垃圾数量虽有起伏，但整体上呈迅猛增长态势，海面小块垃圾更是由2008年的1200个/平方公里上升至2012年的5482个/平方公里。与之相对，海底垃圾数量在近三年处于减少状态。

表6 2007~2013年海洋垃圾统计数据

单位：个/平方公里

年份	类型	海面漂浮垃圾	海滩垃圾	海底垃圾
2007		2900	400	3000
2008	大	10	8000	400
	小	1200		
2009	大	20	12000	200
	小	3700		
2010	大	22	30000	759
	小	1662		
2011	大	17	62686	2543
	小	3697		
2012	大	37	72581	1837
	小	5482		
2013	大	29	70252	575
	小	2819		

注：表格中涉及的全国性统计数字，均未包括香港、澳门特别行政区和台湾省。
资料来源：2007~2013年《中国海洋环境质量公报》。

水质方面，我国海水水质在经略海洋时期继续恶化，据表4数据显示，2008~2013年较清洁海域面积由65000平方公里降至47430平方公里，而严重污染海域面积则由2009年的29720平方公里增至2012年的67880平方公里，与第一、二阶段相比较，水体污染也有显著的扩大趋势（见图7）。

赤潮方面，结合图8、图9可以看出，自2007年中共十七大开始，海域赤

165

潮频次有所回落并趋于稳定，并于 2011 年达到时期最小值，全海域共发现赤潮 55 次，累计面积 6076 平方公里，均为 5 年来最低。2012 年，全海域共发现赤潮 73 次，为 2008 年以来频次最多的一年，但累计面积较五年平均值减少 2585 平方公里。2013 年赤潮发现次数和面积为近 5 年来最少，相比 2012 年均有大幅降低的趋势。图 10 显示赤潮高发期集中在 5～6 月，季节性（主要在夏季）特征明显。

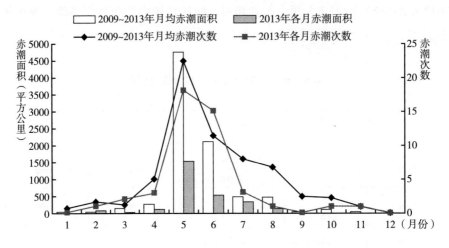

图 10　2009～2013 年我国海域赤潮频次与面积的月份分布

资料来源：根据历年《中国海洋环境质量公报》整理而成。

（2）走向预防的全面治理——经略海洋时期的海洋环境保护

经略海洋时期，我国政府已经全面认识到加强海洋环境保护工作的重要性。2009 年，国家海洋局选择对气候变化较敏感的几种动植物进行试点监测，初步建构起海洋生态系统对气候变化的响应监测体系，对我国气候变化海洋生态敏感区的脆弱性和适应性作出评估。2012 年，国家海洋局从监测、审批和执法三个角度对各类污染源加强监测、对各类用海项目严格审批、对海上环境违法案件严肃查处。海洋生态红线制度建立实施，控制海洋开发强度，规范海洋开发秩序，明确海洋管控措施，同时推进海洋生态补偿和生态损害赔偿工作，加强宣传海洋环境保护工作，打破传统的"海洋无限论"和"海洋万能论"的片面理解，从媒体借力倡导海洋环境保护，树立科学的海洋发展观。

（二）我国海洋资源环境的变迁

我国地处中、低纬度带，海洋环境和资源条件优越，海洋生态系统多样化，蕴藏有各种各样的资源信息，是我国未来高品位生活物质来源的储藏库，同时也是解决能源危机、拓展生存空间的重要手段。

然而，目前海洋资源，尤其是近海生物资源的利用趋于过度状态，深海资源有待开发；海洋油气、矿产资源和化工资源的利用正朝着提高技术、降低成本的方向发展；海上交通运输业发展较早，已为国民经济作出重要贡献，同时带来的海洋污染不容忽视；海洋能源、医药资源开发尚处于起步阶段；滨海旅游产业方兴未艾。

1. 传统资源的再开发——探索海洋时期的海洋资源环境

（1）海洋生物资源

中国是世界上海洋生物物种资源最丰富的国家之一。据 1994 年的统计资料，中国海域已有发现记录的海洋生物 20278 种，其中分布于南海的种类约占 68.3%，达 13860 种。

表 7　截至 1994 年中国主要海洋生物资源类别统计

类别	大型藻类	刺胞动物	环节动物	软体动物	甲壳动物	棘皮动物	鱼类
种目（种）	1200	1000	900	3000	3000	580	3029

注：大型藻类包含褐藻、红藻和绿藻等。

资料来源：根据 1994 年黄宗国的统计及黄良民《中国海洋资源与可持续发展》，2007，第 6 页数据整理而成。

由于我国海区位于西太平洋陆架边缘，基本属于封闭、半封闭性的海区，一些大洋性鱼类较少游入，所以探索海洋时期渔业总产量与世界一些高产区相比较，明显处于中下生产水平。因此，拓展远洋渔业和海水养殖业是这一时期我国渔业发展的主要途径。

我国远洋渔业的发展起步较晚，始于 20 世纪 80 年代中期，90 年代初期获得初步发展。发展远洋渔业对技术要求较高，需要投入大量的资金，并且相对于近海捕捞来说风险也大得多。因此政策的支持是远洋渔业得以进一步发展的重要前提，概括来讲，主要是增加远洋补贴、减少税负以减轻渔民负担，提高预期收益，以吸引更多的人力和资本进入远洋渔业中来。

从图 11 中可以看出我国远洋渔业在 1997 年之前呈高速发展的趋势，但之后出现颓势，甚至在 21 世纪初产量出现下滑，开始停滞不前。而海水养殖总体一直呈上升趋势，发展势头良好（见图 12）。我国海洋渔业资源衰竭的主要原因是近海过度捕捞，而海水养殖业和远洋捕捞的发展，对于近岸渔业资源的减少起到了缓冲作用。

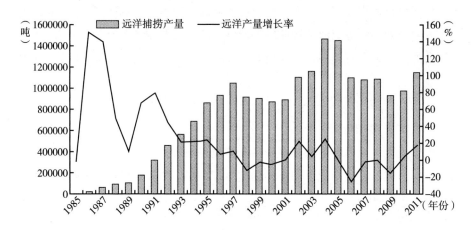

图 11　我国远洋捕捞产量变化图

资料来源：引自郭庆海《中国海洋渔业资源可持续实现机制研究》，第 23 页。

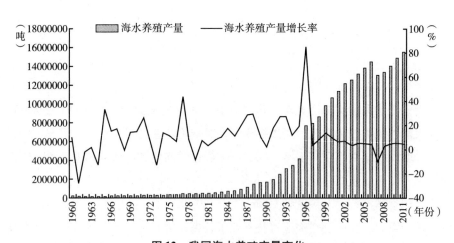

图 12　我国海水养殖产量变化

资料来源：引自郭庆海《中国海洋渔业资源可持续实现机制研究》，第 21 页。

我国海水养殖业发展的初期，由于科学技术水平较低，其发展完全依赖于天然海洋资源环境，养殖产量非常有限。图 12 显示自 20 世纪 90 年代末，技术的改进使得我国海水养殖产量迅猛增加，从而缓减了捕捞业下滑的不利影响。

（2）海底矿产资源

在种类繁多的海底矿产资源中，海洋油气资源最为重要，它们的产值在整个海底矿产资源开发值中占 90% 以上，始终处于第一位。探索海洋时期的海洋矿产资源也主要集中在对海底油气资源的开采。

我国海域的油气资源储量相当丰富，主要包括两部分：近海大陆架上的油气资源和深海区的油气资源。据统计，我国海域及邻区分布有 50 多个沉积盆地，其中大部分分布在大陆边缘，而主要含油气盆地则分布在大陆架部位。[1]因此，在探索海洋时期我国海洋油气资源的开发主要集中在近海海域。

由表 8 可知，这一时期我国海洋油气资源探明率远低于世界平均水平，整体上处于勘探的早中期阶段，80% 以上的油气资源还有待进一步勘探。

表8　探索海洋时期我国海域油气资源统计

	近海盆地资源总量	经济资源量	探明率（%）	世界平均探明率（%）
海洋石油	225 亿吨	78.8 亿吨	12.3	73
海洋天然气	15.8 万亿立方米	5.53 万亿立方米	10.9	60.5

资料来源：根据黄良民《中国海洋资源与可持续发展》，2007，第 7 页数据整理而成。

（3）海洋空间资源

一般来说，海洋空间资源主要是指海洋交通运输资源与港口资源。海洋交通运输资源是指以海洋为交通通道，以海上交通运输工具和港口为载体进行输运的能力资源。据统计，我国沿岸 10 平方公里以上的海湾有 160 多个，绝大多数常年不冻，除河口区外，大部分不淤，具有良好的建港自然条件。[2]"全国宜建港的海湾和大江河口近 120 个，宜建港的岸线总长度超过 900 公里，其中深水岸线总长超过 400 公里；可供建设中级泊位以上的港址 160 多处，其中可供建设万

[1] 蔡乾忠：《中国海域及邻区主要含油气盆地与成藏地质条件》，《海洋地质与第四纪地质》1998 年第 4 期。
[2] 水君：《我国海洋港湾资源开发及海运概况》，《海洋信息》1996 年 10 月 15 日。

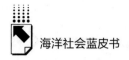

吨级以上泊位的港址有 40 处。"① 据不完全统计，至 2002 年，全国港口的生产用码头总泊位数有 33600 个，其中万吨级泊位 835 个；年货物总吞吐量达 167000 万吨；旅客吞吐量 19000 万人次。主要港口的国际标准集装箱吞吐量，由 1981 年的 10 万多标箱增加到 2002 年的 3376 万多标箱，增加了约 337 倍。在海运方面，1993 年，全国海洋运输船舶近 3760 艘，约 2500 万载重吨，10.2 万载客位。②

（4）海洋化学资源

海洋化学资源主要指盐业资源、海水中溶存的化学资源以及水资源三大类。探索海洋时期，我国海洋化学资源的利用主要体现在海洋盐业的发展和海水资源利用业的发展上。

海洋盐业是指海水晒盐和海滨地下卤水晒盐等生产和以原盐为原料，经过一系列工序，加工制成盐产品的生产活动。海盐主要指钠盐、镁盐、钾盐和钙盐。我国海岸线漫长，滩涂面积广阔，跨越热带、亚热带和暖温带，多数岸段阳光充沛，发展海洋盐业及其化工业条件较优越。探索海洋时期我国主要海盐区域包括：渤海湾盐区、北部湾盐区、黄海盐区、东南沿海盐区、杭州湾附近盐区。据统计，截至 2002 年，全国盐田生产总面积约 43 万公顷，主要分布在山东、河北、辽宁、天津、江苏等沿海省市。其中环渤海盐区盐田面积近 30 万公顷，占全国盐田总面积的 70% 以上。

海水水资源利用可分为海水直接利用和海水淡化利用两个亚类。具体来说，海水可直接用于工业冷却、灌溉、洗涤、冲厕、工程环境等方面；也可通过海水淡化，生产大量淡水，解决沿海或岛屿上的生活用水问题。

相比其他国家，这一时期我国海水利用不够充分。据统计，我国 2001 年海水作为冷却水用量约为 150 亿立方米，仅是日本的 1/20。其中，青岛、大连和天津等沿海较大城市的发电、石油和化工等部门的年海水直接利用量为 50 多亿立方米，是全国海水利用的主要力量。③

"海水淡化是指通过水处理技术脱除海水中的大部分盐类，使处理后的海水达到生活用水或工业纯净水标准，作为居民饮用水和工业生产用水。"④ 我国海水淡化工程始于 1958 年，起步较早，探索海洋时期已具有相当的规模。

---

① 黄良民：《中国海洋资源与可持续发展》，北京：科学出版社，2007，第 7 页。
② 黄良民：《中国海洋资源与可持续发展》，北京：科学出版社，2007。
③ 黄良民：《中国海洋资源与可持续发展》，北京：科学出版社，2007。
④ 黄良民：《中国海洋资源与可持续发展》，北京：科学出版社，2007。

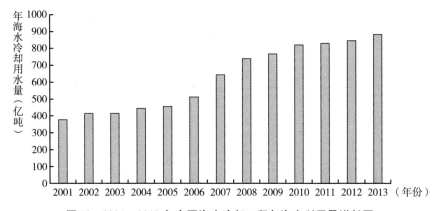

图 13　2001～2013 年全国海水冷却工程年海水利用量增长图

资料来源：引自国家海洋局《2013 年全国海水利用报告》。

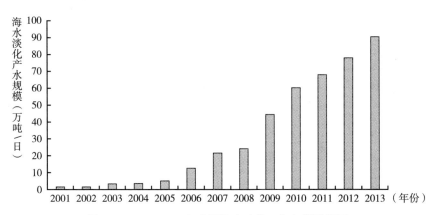

图 14　2001～2013 年全国海水淡化工程规模增长图

资料来源：引自国家海洋局《2013 年全国海水利用报告》。

据粗略统计，这一时期全国从事海水淡化技术研究、设计和教学等工作的单位有 100 多个，相关的生产厂家超过 150 个，生产淡化设备的厂家有 30 多个，使用淡化技术的单位有 150 多家。①

（5）海洋新能源

在探索海洋的战略机遇期，海洋能作为一类新能源引起国家的重视。海洋

---

① 郝艳萍：《我国海水资源开发利用技术产业化的难点及对策》，《高科技与产业化》1997 年第 4 期，第 28 页。

能一般指海洋的自然能量（动能、热能和势能），包括潮汐能、潮流能、波浪能、温差能、盐差能等。据估算，我国的海洋能可开发总量达 10×10^8 千瓦以上。限于国家实力和技术因素，这一时期的海洋新能源开发以潮汐能和波浪能为主。

我国潮汐能资源量储藏丰富。已知的蕴藏量约为 1.9 亿千瓦，可开发利用的装机容量为 2157 万千瓦，每年可发电 618 亿千瓦时，占世界潮汐能总量的 1/10。另外，在世界 11 个大型潮汐电站中，我国有 8 个（见表 9）。浙江、福建两省的潮汐能约占全国的 80%，其中又以浙江省为最，以钱塘江口潮差最大，资源最丰富，其蕴藏量几乎占全国的 25%。据对 242 处海湾、河口小型坝址的统计，中国沿海可开发潮汐能资源总装机容量为 125.55 兆瓦，年发电量为 314.03×10^6 千瓦时。

表 9 世界主要潮汐电站

单位：米，兆瓦

国家	站名	潮差	容量	国家	站名	潮差	容量
法 国	朗斯	8.5	240	中 国	岳浦	3.6	0.15
加拿大	安纳波利斯	7.1	19.1	中 国	海山	4.9	0.15
苏 联	基斯拉雅	3.9	0.4	中 国	沙山	5.1	0.04
中 国	江厦	5.1	3.2	中 国	例河	2.1	0.15
中 国	白沙口	2.4	0.64	中 国	果子山	2.5	0.04
中 国	幸福洋	4.5	1.28				

资料来源：引自朱晓东等《海洋资源概论》，2004，第 35 页。

中国沿海地区的波浪能资源亦较为丰富，但波浪能资源在沿海各省的分布却很不均匀，以台湾省最多，约占全国总量的 1/3（见表 10）。据推算，我国海域的波浪能理论总蕴藏量为 800 亿～9000 亿千焦，波浪能理论总功率为 5000 亿～15000 亿千瓦。

表 10 中国沿海省份波浪能资源理论平均功率

单位：兆瓦

省份	平均功率	省份	平均功率
台湾	4291.22	福建	1659.67
浙江	2053.40	山东	1609.79
广东	1739.50	广西	80.9

资料来源：根据黄良民《中国海洋资源与可持续发展》，2007，第 144 页数据整理而成。

（6）海洋旅游资源

我国海域南北跨度大，包含热带、亚热带和温带三个气候带，具备"阳光、海水、沙滩、空气"四种最为主要的旅游资源要素。加之海岸线绵延曲折，地貌类型众多，自然景观、名胜古迹丰富多彩，适宜开展不同类型的海洋旅游活动。

我国滨海旅游开发最早可追溯到 19 世纪。而滨海旅游作为一项产业，则是在 20 世纪 80 年代后才出现。有统计显示，我国在探索海洋时期开发出的滨海旅游景点有1500多处，滨海沙滩有100多处，其中国家历史文化名城有16个、国家重点风景名胜区 25 处、全国重点文物保护单位 130 处、国家海洋自然保护区 7 处、国家级旅游度假区 7 个。① 国内学术界有关滨海旅游的研究始于 20 世纪 90 年代，其中 1998 年 10 月全国首届滨海旅游、旅游地理学术研讨会在青岛召开，此次会议对滨海旅游研究的发展产生了巨大的推动作用。

2. 新资源的开发与利用——走向海洋时期的海洋资源环境

2003 年党的十六大之后，我国海洋资源环境有了全新的发展机遇，并首次提出了"实施海洋开发"的战略构想，先后制定了《中国海洋 21 世纪议程》和《全国海洋经济发展规划纲要》。这些都加速了我国海洋开发的进程。国内海洋生产总值从 2001 年的 9301 亿元增长到 2007 年的 24929 亿元，占国内生产总值的比重也从 8.48% 上升到 10.11%。海洋资源及其开发利用在国民经济中的地位得到了极大的提升。

（1）海洋生物资源

伴随海洋环境的变迁，走向海洋时期的海洋生物资源种类也发生了新的变化。据统计，截至 2007 年，已报道记录的海洋生物为 22600 多种，较上一时期增加 2322 种。其中，鱼类名录（包括台湾在内）已达 4621 种（引自《拉汉世界鱼类名典》记录），除鱼类外，甲壳类、贝类等在各个海区也占一定的比例。

就远洋捕捞产量来讲，2005 年，我国远洋渔业发展到最高峰，之后几年有一定程度的下滑（见图 11）。这主要是因为新的海洋制度实行以后，入渔条件变得严格，导致我国渔民远洋捕捞的空间进一步缩小，渔业发展受到较大程

---

① 刘国强：《滨海旅游业的发展潜力评价》，《经济导刊》2012 年 7 月 8 号，第 82 页。

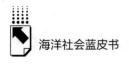

度的影响。另外，由于非洲东海岸海域是我国远洋捕捞重要的作业区之一，当地海盗的安全威胁，给我国远洋渔业的发展也造成了很大冲击。

海水养殖业在这一时期发展迅速，养殖生物种类跃居世界首位，我国成为养殖生产模式最为多样化的国家（见表11）。虽然养殖产量呈逐年稳步上升趋势，但海水养殖增长率较上一时期有显著下跌（见图12）。其原因主要在于海水养殖水域生态环境的污染恶化。

表11　我国海水养殖对象和场所类别

	类别
海洋养殖藻类	海带、紫菜、龙须菜、江蓠、麒麟菜
海洋养殖动物类	软体动物中的贝类，甲壳动物中的虾类、蟹类，脊索动物中的硬骨鱼类，棘皮动物中的海参类、海胆类，环节动物中的沙蚕，刺胞动物中的海蜇，星虫动物门中的星虫
海洋养殖场所	滩涂、浅海、港湾、鱼埕、池塘、网箱

资料来源：根据黄良民《中国海洋资源与可持续发展》，2007，第6页资料整理而成。

（2）海底矿产资源

走向海洋时期的国内油气生产远不能满足消费需求，油气勘探需求形势十分严峻。因此这一时期努力发展国内油气工业特别是海洋油气产业，对减小油价震荡，缓冲国际能源潜在危机，保障国家能源安全具有重要的战略意义。[1]

针对国内油气资源供求不均的现象，国家提出了海洋油气资源开发必须贯彻"勘探与开发海洋并举，自营开采与对外合作并行，利用与保护并重，提出新区和新的含油层位"的政策。"改革开放初期我国海洋油气产量仅为9万吨当量，2004年为1700万吨当量，2005年超过2000万吨当量，以1995年为基础年计算，2005年平均递增17%，远高于陆上油气0.9%的增长量。1990年，海洋原油产量占全国原油产量的比重约为1.05%，而2003年这一数值则提升至14.4%。天然气所占比重则从1995年的2.1%提高到12.8%。"[2] 随着海洋油气产业的发展，我国对原油进口的依赖程度将会有所缓解。

---

[1]　黄良民：《中国海洋资源与可持续发展》，北京：科学出版社，2007，第120页。
[2]　引自中国广播网，http://www.cnr.cn/home/column/lsjj/yqkc/200411020268.html。

在积极开发国内油气资源的同时，我国也加强同别国的能源交流与合作。近年来，我们已经与世界上 18 个国家和地区约 70 家石油公司签订了海洋石油合同。合同所覆盖的海域面积约 12 万平方公里，共 13 个海上合作油气田。其中蓬莱 19－3 油田，是中海油与菲利普斯公司合作建成的中国第二大整装油田。走向海洋时期中国近海油气勘探开发情况如表 12 所示。

表 12　中国近海油气勘探开发状况

盆地名称	面积（平方公里）	已发现圈闭数（个）	已发现油气田数（个）	探明地质储量	
				石油（亿吨）	天然气（亿立方米）
渤　　海	55000	49	18	61.9	254
北黄海	5045				
南黄海	63945				
东　　海	250000	12	2	1.3	283
台　　西	17600				
台西南	18500				
珠江口	177820	13	15	37	41
莺一琼	161640	11	4		2492
北部湾	19800	12	5	8.4	12
总　　计	769350	97	44	108.6	3082

资料来源：引自黄良民《中国海洋资源与可持续发展》，2007，第 122 页。

（3）海洋空间资源

经过 50 多年的港口建设，我国港口建设在走向海洋时期已基本形成布局合理、门类齐全、设施配套完整、现代化程度较高的沿海港口体系。2004 年，全国沿海港口拥有生产用码头泊位 4197 个，其中万吨级及以上泊位 790 个，年吞吐量约为 24 亿吨。沿海完成货运量 5.63 亿吨，货物周转量 6989 亿吨；远洋运输完成货运量 3.95 亿吨、货物周转量 32255 亿吨。远洋运输集装箱 1207.43 万标箱，集装箱货运量 11177.60 万吨。[①]

为充分利用海洋港口资源，自 20 世纪 90 年代中期以来，国内两大船舶运输企业——中国远洋运输（集团）总公司和中国海运（集团）总公司积极发展修造船业，在传统的修船业务中，两大集团已占据了市场的主导地位。2004

---

① 黄良民：《中国海洋资源与可持续发展》，北京：科学出版社，2007，第 126 页。

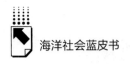

年，两大集团修船产值达 35 亿元，约占全国修船产值的 1/4。改革开放至 2007 年，中国船舶工业积极开拓国际市场，造船产量连续十年居世界第三位，已能建造符合各种国际规范、可航行于任何海域的船舶。

（4）海洋化学资源

海盐产业在这一时期得到了迅速发展并逐渐规模化。我国主要海盐区域有五个：渤海湾盐区、北部湾盐区、黄海盐区、东南沿海盐区（包括台湾在内）、杭州湾盐区。表 13 列出了我国主要盐场海水成分。

表 13　我国主要盐场海水成分和浓度

海域	地　区	化学成分/‰				备注
		NaCl	MaCl₂	MgSO₄	CaSO₄	
黄海	皮子窝	25.33	2.39	1.82	1.24	
黄海	青　岛	23.95	3.19	1.73	1.30	
黄海	灌　东	15.56	2.15	1.13	0.84	
渤海	营　口	23.73	3.28	1.72	1.48	1954 年 6 月轻工部北京工业试验所分析
渤海	锦　州	16.18	2.24	1.12	0.96	
渤海	金　州	24.41	3.27	1.76	1.35	
渤海	塘　沽	24.60	3.48	1.63	1.34	
渤海	大清河	21.83	2.98	1.53	1.31	
东海	山　腰	27.00	0.15	0.51	0.13	1975 年 8 月贮水池采样
南海	莺歌海	25.55	0.337	0.18	0.136	1960 年各月平均
南海	徐　闻	26.69	0.325	0.206	0.132	1978 年 5 月 3 日采样
东海	梅　山	21.83	0.247	0.192	0.112	1978 年 4 月 25 日采样

资料来源：黄良民《中国海洋资源与可持续发展》，2007，第 159 页。

在海洋化学资源利用中，海水提铀研究在这一时期进展很快，成绩显著，曾经先于日本 7 年提得产品铀，并在不少方面居世界领先水平。但在提铀工艺和实用化研究方面，我国相对落后。尽管如此，我国在吸铀机理和主控力学研究方面，仍居世界前列，有些富集实验的回收率可达到 95% 以上。

走向海洋时期的全国海水冷却工程年海水利用量呈现稳步增长的趋势（见图 13）。这一时期的全国海水淡化工程相较于第一阶段增速加快，规模骤增（见图 14）。"十五"期间我国海水淡化技术已经进入工程示范阶段，在辽宁、山东、浙江、河北、甘肃等地已建、在建规模在 500～18000 立方米/天，海水和苦咸水淡化示范工程 12 项。[①] 全国包括引进系统在内的反渗透海水、苦咸水淡化产量日产达 35000 立方米以上。

海水淡化在这一阶段取得了较好的社会效益和经济效益。例如，西沙永兴岛电渗析海水淡化站供应的淡化水，比船运淡水节约费用 80%。海南蜈蚣洲岛、浙江嵊泗岛等地的太阳能蒸馏法淡化装置、山东长岛县大钦岛的电渗析苦咸水淡化站和南长山岛的反渗透苦咸水淡化站，解决了这些岛居民大部分用水问题。另外，据全国十个发电站统计，用电渗析法供水，每年仅节省处理费就近百万元。各种船舰上使用的淡化装置，不仅解决了船上的饮用水问题，而且利用废热能造水还能节省能源，船舰可以在海上连续作业不用回岸加水，提高了工作效率。

（5）海洋新能源

除潮汐能和波浪能外，走向海洋时期的海流能与温差能、盐差能引起广泛关注。

海流能是海洋新能源的代表，它是引力、风、密度等所导致的有规律的海水流动形成的机械能。其中，由月球、太阳引力导致的海水流动成为潮流，其特征是随潮汐的涨落改变大小和方向；由大气环流引起的海水表层流动称风海流，由密度引起的海水流动称为热盐流（实际是因温差、盐差引起的海水密度变化，进而引起海水流动）。潮流、风海流和热盐流的机械能称为海流能，其主要部分是潮流的能量，称为潮流能。[②]

世界上可利用的海流能约 1×10^8 千瓦，我国海域的理论蕴藏量则为 1400×10^4 千瓦。[③] 据对 130 个水道的统计，东海沿岸潮流能最丰富，南海沿岸最为欠缺。具体蕴藏量如表 14 所示。

表 14 我国沿海潮流能资源蕴藏量

海域	水道（个）	理论平均功率（兆瓦）	比例（%）	海域	水道（个）	理论平均功率（兆瓦）	比例（%）
东海沿岸	95	10958.15	78.6	南海沿岸	23	681.99	4.9
黄海沿岸	12	2308.38	16.5	总计	130	13948.52	100

资料来源：根据黄良民《中国海洋资源与可持续发展》（2007）第 146 页数据整理而成。

---

① 宋建军、刘颖秋：《加快海水利用步伐，缓解淡水资源供需矛盾》，《科技导报》2004 年第 5 期，第 48 页。
② 黄良民：《中国海洋资源与可持续发展》，北京：科学出版社，2007，第 146 页。
③ 朱晓东等：《海洋资源概论》，北京：高等教育出版社，2004，第 35 页。

温差能是指海洋表层海水和深层海水之间水温之差的热能。一方面，海洋表层海水吸收来自太阳的辐射，水温升高，大量热能储存在海面上层；另一方面，海底接近冰点的大面积水域在不到一千米的深度自上而下地吸收热量。因此热带或亚热带海域终年垂直海水温差可达20℃以上。人们可以利用这一温差实现热力循环并发电。

我国南海海域面积广阔，加之地处低纬度地区，太阳辐射强，使得该海域成为典型的热带海洋。这一海域的表层水温常年在25℃以上，深层水温不及5℃，两者水温差在20℃~24℃区间内，温差能资源蕴藏量丰富。据不完全统计，南海海域的温差能资源蕴藏量在1.19×10^{19}~1.33×10^{19}千焦。另外，在我国台湾以东的海域，海水温差也在20℃~24℃区间内，蕴藏的温差能资源量约为2.16×10^{14}千焦。①

盐差能是指海水和淡水之间或两种含盐浓度不同的海水之间的浓度差能，主要存在于河海交界处。我国幅员辽阔，入海的江河众多且径流量较大，又因为海岸线曲折漫长，因此，在我国东部沿海的江河入海口附近，盐差能资源蕴藏量丰富，约为3.9×10^{15}千焦。

（6）海洋旅游资源

2005~2007年，我国滨海旅游区接待国内游客呈快速增长趋势，旅游者从50717万人次增长到65875万人次，年均增长率为13.97%（见表15）。在所有沿海省中，浙江省沿海城市的国内旅游人数最多，海南人数最少（见图15）。

表15　2005~2007年我国滨海旅游区接待国内旅游者人数

单位：万人次，%

省份	2005	2006	2007	年均增长率
天津	5013	—	6018	9.57
河北	2098	2377	2613	11.60
辽宁	4061	4901	6150	23.08
上海	9012	9684	10210	6.44

① 黄良民：《中国海洋资源与可持续发展》，北京：科学出版社，2007，第147~148页。

续表

省份	2005	2006	2007	年均增长率
江苏	1973	2297	2686	16.68
浙江	12481	14565	16879	16.29
山东	6968	8195	9927	19.37
广东	7605	8253	9238	10.23
广西	786	–	1097	–
海南	720	778	1057	21.96
合计	50717	51050	65875	13.97

数据来源：根据《中国海洋统计年鉴2009》第78页数据整理而成。

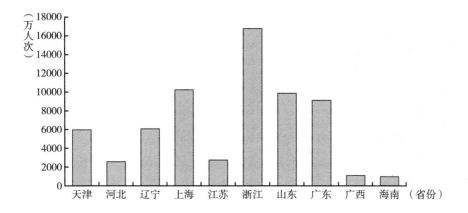

图 15　2007 年我国滨海地区国内旅游人数

资料来源：刘明、徐磊《我国滨海旅游市场分析》，《经济地理》2011 年第 2 期，第 319 页。

这一时期我国沿海地区国内旅游客源在旅游方式上，以海滨观光旅游为主体，休闲度假旅游正逐步兴起，商务会议和考察旅游近年来发展迅速，团队旅游仍占主导地位。由表 16 分析可知，2005～2007 年国内居民旅游在总人次、出游率、总花费、人均花费等指标方面均呈逐年上升趋势，滨海旅游占国内旅游的比重逐年上升，这充分说明这一时期国内居民休闲意识的提升和旅游市场的繁荣发展。

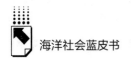

表 16　2005～2007 年国内居民旅游基本情况

	年份	全国总计	城镇居民	农村居民
总人次数（亿人次）	2005	12.12	4.96	7.16
	2006	13.94	5.76	8.18
	2007	16.10	6.12	9.98
出游率（%）	2005	92.7	135.1	76.2
	2006	106.1	157.7	86.4
	2007	122.5	166.3	105.4
总花费（亿元）	2005	5286.86	3656.13	1629.73
	2006	6229.74	4414.74	1815.00
	2007	7770.62	5550.39	2220.23
人均花费（元）	2005	436.1	737.1	227.6
	2006	446.9	766.4	221.9
	2007	482.6	906.9	222.5

资料来源：根据中华人民共和国国家旅游局网站数据整理而成，http://www.cnta.gov.cn/html/gny/index.html。

3. 再生资源得到重视——经略海洋时期的海洋资源环境

2008 年以来，海洋产业总值及其各类增加值较前两阶段均有所上升，年平均增长率约为 9.71%。这也是国家经略海洋伟大成就的体现。海洋地位已不容小觑，海洋经济也已经成为我国国民经济新的增长点，而沿海地区的海洋产业发展具有天然优势，因此，我们应遵循海陆整体发展战略，把潜在海洋优势转变为经济优势，并将其纳入国民经济发展计划。

（1）海洋生物资源

我国海洋捕捞业在 20 世纪末经历了高速增长之后，21 世纪以来开始趋于平稳甚至有下滑的趋势，最近几年开始出现产量下降。一方面是因为人类对海洋捕捞的强度过大，超过了海洋渔业资源的承受力；另一方面，为保持海洋渔业资源的永续利用，我国政府制定了"零增长"政策，转变了以往对海洋的掠夺式捕捞。到 2011 年，我国海洋捕捞（除去远洋）的产量达到了 1241.94 万吨，占海水产品总量的 42.71%。①

---

① 农业部渔业局：《中国渔业统计年鉴》，2011，第 44 页。

经略海洋时期，我国远洋渔业发展已初具规模，但增速降缓。2011 年，我国远洋渔业的产量为 114.78 万吨，占海水产品产量的 3.95%。海水养殖业在经略海洋时期发展迅速，形成一定规模（见表17）。2006 年，我国海水养殖产量（见图 12）达 1446 万吨，超过同年海洋捕捞的产量（1442 万吨）。

表17　我国海域养殖面积

单位：万公顷

指标	海水可养殖面积	海水已养殖面积	浅海滩涂可养殖面积	浅海滩涂已养殖面积
指标值	260.01	109.49	242.00	89.37

资料来源：引自国家海洋局《中国海洋统计年鉴 2010》，第 32 页。

（2）海底矿产资源

以海洋油气资源为代表的海底矿产资源勘探开发技术经过了一个引进—消化吸收国外技术—国际合作—自主研发的过程。经略海洋时期，我国在海洋油气资源勘探技术方面取得了突破性进展。根据国内最新的勘探成果，在新增探明储量方面，2008 年底，全国范围内累计探明油田数量约 614 个，累计探明石油地质储量约为 287.2×10^8 吨，其中，中国海洋石油总公司占 10%。

表18　我国海区海洋石油储量

单位：万吨

自然海区名称	海洋石油	
	累计探明技术可采储量	剩余技术可采储量
渤海	42289.5	29299.5
黄海	—	—
东海	1221.7	835.0
南海	31052.2	10030.0
合计	74563.4	40164.5

资料来源：引自国家海洋局《中国海洋统计年鉴 2010》，第 33 页。

随着国家"十五"计划海洋资源开发技术主题研究课题的结项，大量技术成果应用于海洋油气资源勘探开发过程中，并取得明显效益。目前近海油气勘探开发技术体系已初步建立，深水油气勘探开发技术基础也基本具备。但水

下生产系统作为开发边际油田和深水油田的有效方法尚处于起步阶段，不过经过多年的研究，我国已经初具技术突破的基本条件。①

（3）海洋空间资源

经略海洋时期，为推动我国空间资源有序开发、促进港口健康发展，港口资源整合成为我国沿海港口发展的重要途径，近年来港口的整合速度显著加快。

所谓港口资源整合即大型港口所辖区域内不同港与港之间的整合，举例来说烟台港是烟台、龙口和莱州三港的整合。港口资源整合并非仅仅指几个港口的简单合并，而是与港口可持续发展密切相关的一项系统性工程。合理的港口资源整合有利于完善港口布局、优化港口功能结构、充分利用海洋空间资源，最大限度地发挥港口群的规模经济效益和社会效益。

经略海洋时期，滩涂围垦所带来的环境效应愈加显著。中国东部许多地区的海岸带是一个广阔的造陆地带，平缓的大陆架为陆地的自然淤张提供了物质来源，这些都为滩涂围垦提供了自然条件。滩涂围垦造地可以解决沿海地区土地供应紧张的问题，促进沿海地区经济和社会发展。但围垦造地要遵循生态学规律，否则会给当地海洋生态系统带来巨大破坏力。近年来，围垦造陆使得近岸海流的流速、流向发生改变，从而导致了海岸侵蚀加剧和海岸的不稳定，某些港湾淤积严重，影响河口、港口功能。另外，围垦必然改变海岸形态，降低海岸线的曲折度，使沿海地区失去了有效的生态屏障，造成海洋灾害加剧，危及红树林等生物资源，破坏海洋生态环境。

（4）海洋化学资源

进入21世纪，海洋资源正以一种愈显重要的作用补充着陆地资源之不足。这一时期全国已建成海水淡化工程总体规模不断增长（见图14），特别是近年来海水淡化工程规模迅速攀升，涨幅明显。截至2013年底，全国已建成海水淡化工程103个，产水规模900830吨/日，较2012年增长了16%。2013年，全国新建成海水淡化工程8个，新增海水淡化工程产水规模125465吨/日。截至2013年底，全国已建成万吨级以上海水淡化工程26个，产水规模800300吨/日；千吨级以上、万吨级以下海水淡化工程31个，产水规模91500吨/日；

---

① 连琏、孙清、陈宏民：《海洋油气资源开发技术发展战略研究》，《中国人口·资源与环境》2006年第1期，第66页。

千吨级以下海水淡化工程 46 个，产水规模 9030 吨/日。①

我国沿海火电、石化、核电等行业也普遍采用海水作为工业冷却水，海水直流冷却技术得到了广泛应用，年利用海水量稳步增长（见图 13）。截至 2013 年底，年利用海水作为冷却水量为 883 亿吨，其中，2013 年新增用量 42 亿吨。

（5）海洋新能源

我国幅员辽阔，海岸线长，风能资源比较丰富。据初步估算，我国陆上离地面 10 米高度处计算的风能资源理论储量为 43 亿千瓦。技术可开发量（年平均风能密度大于 150 瓦/平方米的区域为技术可开发区域）约为 3.8 亿千瓦，技术可开发面积约 20 万平方公里，用陆地风能资源的估算方法，海面以上 10 米高度可利用的风能资源蕴藏量达 7 亿多千瓦。②

我国并网风电建设始于 20 世纪 80 年代，但海上风能资源开发自经略海洋时期才取得较大突破。2007 年 11 月，第一台 1500 千瓦海上风电机组在渤海绥中成功安装；2008 年 5 月，国家核准了上海东海大桥 100 兆瓦海上风电示范项目，这些项目的实施，为我国海上风能利用和风电开发事业累积了技术经验。

综合来讲，海洋风电研发技术在我国发展尚未成熟，我们依旧缺乏对于新技术和新产品的自主开发能力。同时，由于介入零部件生产的各类企业众多，在尚未建立风电设备检验监测制度的情况下，不利于保障风电设备的质量。

（6）海洋旅游资源

经略海洋时期的旅游资源种类伴随社会经济条件的改善愈显丰富，并且在各个方面得到进一步的发展。从各种海洋旅游资源的分类汇总中，我们可以将海洋旅游资源主要提炼为两大类，一是海洋自然旅游资源，二是海洋人文旅游资源。③

近年来中国滨海旅游业发展迅速。2007 年，全年滨海旅游收入约为 7748 亿元，占全国主要海洋产业总产值比例的 31.08%，较上年增长 19.9%，我国

---

① 引自国家海洋局《2013 年全国海水利用报告》。
② 引自中国气象局风能太阳能资源中心，http：//cwera.cma.gov.cn/Website/index.php? WCHID=3。
③ 根据中华人民共和国国家旅游局网站（http：//www.cnta.gov.cn/html/2008-6/2008-6-27-20-31-36-7.html）旅游资源分类整理而成。

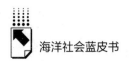
滨海旅游业持续保持稳健增长态势（见表19）。其中，上海滨海旅游业增加值占全国滨海旅游业增加值的24.0%，高居全国之首。①

表19　滨海旅游业增加值

单位：亿元

年份	2001	2002	2003	2004	2005	2006	2007	2008	2009
增加值	1072.0	1523.7	1105.8	1522.0	2010.6	2619.6	3225.8	3766.4	4352.3

资料来源：引自国家海洋局《中国海洋统计年鉴2010》，第51页。

海洋资源开发与保护事业并非一蹴而就，我们要"着力贯彻好海洋发展的宏伟蓝图和纲领性文件，确定海洋资源开发的战略目标、海洋区域开发原则和海洋产业布局，以及相关支持领域的发展方向和重要措施。有计划有步骤地推动海洋资源开发的发展步伐，使我国逐步成为海洋资源开发大国，并最终成为海洋强国"。②

（三）中国海洋边界的冲突与明晰

人类对海洋的管理远远落后于对陆地的管理。这不仅仅是因为人类开发利用海洋资源的历史相对较短，海洋面积广阔，更重要的是由于海洋环境的特殊性和复杂性增大了海洋管理的难度。此外，世界各地不同的文化背景、不同的科技水平和社会经济发展水平对海洋的管理产生了很大影响。

我国位于亚洲大陆东部，太平洋西岸，除陆上领土外，按照《联合国海洋法公约》的规定，我国沿海300多万平方公里的海域也被列为我国的可管辖海域，位列世界海洋大国的第九位。但其中争议海域面积达到150万平方公里，约占我国海域辖区的1/2。我国的领海由北往南主要包括渤海、黄海、东海和南海（详见表20）。渤海作为中国的内海，毋庸置疑属于中国领海，但在其他海域，关于划界问题我国与其他海上邻国均有争端。此外，中国作为国际海底资源开发的先驱投资者之一，在太平洋公海海域还拥有 7.5×10^4 平方公

---

① 引自中商产业研究院《2011~2015年中国滨海旅游行业市场调查及投资咨询报告》。
② 引自中华网原国家海洋局局长王曙光专访，http：//www.china.com.cn/chinese/huanjing/350445.htm。

里的海底矿区专属开发权。因此，对我国海洋权益的维护将直接影响国家社会经济发展。

表 20　我国海区海域面积统计

自然海区名称	海域总面积(千公顷)	平均深度(米)	最大深度(米)
渤海	7700	18	70
黄海	38000	44	140
东海	77000	370	2719
南海	350000	1212	5559
合计	472700		

资料来源：国家海洋局编《中国海洋统计年鉴》(2010)。

1. 搁置争议——探索海洋时期的海洋边界问题

改革开放以来，党和国家注意到解决海洋争端、维护海洋权益也是我国重要的长远兴国计划，它寄托着民族振兴的希望。虽然这份关注相较西方海洋强国来讲落后了很多年，但将之作为一个战略问题提出来，对国家长期发展来说是具有里程碑意义的举措。

（1）我国海洋争端问题

改革初期在海洋探索阶段，中国政府在海洋领土争端问题上坚持"主权属我、搁置争议、共同开发"的政策主张，然而，从实践来看，这一政策并没有取得太大实效。在沿海边境，威胁边境安全稳定的传统与非传统因素相互交织。我国与 8 个海上邻国均有海洋争端，同传统的陆地边界问题不同的是，中国面临的海洋边界问题并非仅仅属于双边问题的范畴。

在黄海，20 世纪 90 年代初期，在未与中方达成协议的条件下，韩方私自在我国黄海水域进行石油钻探活动，我方提出强烈抗议。在东海，海洋争端主要表现在我国与日本之间存在着钓鱼岛主权争议问题。在南海，由于南海海域蕴藏着丰富的石油资源，这片海域成为附近诸国争夺的目标。虽然有关国家之间已经签订了《南海行动宣言》，但划界问题不解决，国家间的海洋争端始终是一个安全隐患。[①]

---

① 引自人民网，http://theory.people.com.cn/GB/15067287.html。

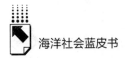

(2) 我国政府海上维权行动

为行使中国对领海的主权和对毗连区的管辖权，显示维护主权的决心以及更好地开发利用和保护海洋，我国于 1988 年 3 月对越南的侵犯行为采取了有限的自卫还击行动，同年，海南省设立，以利于国家对南海诸岛进行管理。1992 年 2 月 25 日我国颁布《中华人民共和国领海及毗连区法》，建立了内水、领海和毗连区等基本制度。1996 年 5 月，我国正式批准《联合国海洋法公约》，正式承认并宣布对 200 海里专属经济区和大陆架拥有主权和管辖权。2002 年中国与东盟签订《南海各方行动宣言》，《宣言》规定在争议解决之前各方保持克制，不采取扩大化行动。

可以认为，探索海洋时期的中国领导人已确立了现代的海洋观，即现代的海洋国土观、海洋防卫观和海洋权益观。这是海洋时代所确立的新国土观，也是人类海洋观的必然发展。但改革初期的中国仍然是一个弱国，与上述周边邻国的观念和认识相比，我们的海洋观念转变太慢，与错综复杂的国际形势和我国严峻的海洋形势相比较，我国国民的海洋意识和政府的海洋政策还需要进一步增强和完善。

2. 宣誓主权——走向海洋时期的海洋边界问题

走向海洋时期，国民的海上维权意识普遍觉醒，主要表现在我国海军国防队伍的壮大。中共十六大以来，我国两位数增长的国防预算为建造高技术、高成本的海上作战平台提供了强大的经费保障。

2002 年以来，中国海军作战能力得到较大提升。2003 年，为了精简指挥层次，解放军海军撤销了基地一级指挥机构，撤销了海军航空兵部，把海军航空兵交由军区空军统一指挥。2004 年，为加强军队制度性管理，我军继续推进军事革命的战略转型，赋予了新时期的人民解放军"新的历史使命"，其中尤其强调我军在捍卫国家的海外利益、海上利益的重要作用。

走向海洋时期，我国政府高度重视并优先发展海军力量。2006 年 12 月，时任国家军委主席的胡锦涛同志出席了中国海军新型核动力潜艇的下水典礼。2009 年 4 月，胡总书记又出席了中国人民解放军海军建军 60 周年的海上阅兵式。另外，在党政和军方层面，海军进入高层的现象都呈现增长趋势，海军将领出任重要职务的概率大大上升。这一趋势明显昭示着我国海军宣誓主权、走向海洋的决心。

186

3. 共同开发——经略海洋时期的海洋边界问题

海洋边界的共同开发通常指边界海洋资源的共同开发、利用。随着全球陆地生态破坏和资源枯竭的问题日益严峻，沿海国家和地区的经济社会发展对海洋的倚重越来越大，边界海洋资源开发已经逐步成为这些国家和地区维持经济社会持续发展的战略性举措。

近年来我国争议的领海所涉及的利益范围大大扩展，参与的部门不断增加。2012 年 6 月，我国撤销了西沙群岛、南沙群岛、中沙群岛办事处，设立地级市——三沙市，下辖西沙、南沙、中沙诸群岛及海域。三沙市的设立，标志着中国对南海及其附属岛屿、岛礁及有关领海的控制有了更为有力的法理依据。

为巩固海防，捍卫国家主权和领土领空安全，维护空中飞行秩序，2013 年 11 月，国防部宣布划设中华人民共和国东海防空识别区，以对航空器进行识别，判明其意图和属性，为采取相应处置措施留出预警时间，保卫空防安全。在中国划设的防空识别区中，钓鱼岛空域自然也在其中。钓鱼岛及其附属岛屿自古以来就是中国固有领土，将钓鱼岛纳入防空识别区，表明了中方捍卫钓鱼岛领土主权的决心。据相关人员透露，继东海后，中国对黄海、南海等相关海域，都会陆续划设防空识别区。

然而在复杂的周边环境下，我国现行的"主权属我、搁置争议、共同开发"的政策仍然是唯一选择。一方面因为在南海问题上我国与周边多国存在海洋边界争端，处于一国对多国的不利局面之中；另一方面，自新中国成立以来，我国一贯奉行和平睦邻的外交政策。①

三 我国海洋环境发展趋势

海洋环境发展问题伴随着人类社会的发展而产生，是人与海洋对立统一关系的产物。对于海洋环境发展趋势的关注关系着人类社会的未来。目前海洋生态环境发展有以下三种趋势。

---

① 关培凤、胡德坤：《新中国边界政策：从陆地到海洋》，《现代国际关系》2009 年第 10 期，第 49 ~ 50 页。

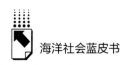
首先，海洋生态环境的破坏程度将随着海洋开发程度的加深而加深，但海洋污染则因政府海洋环境保护政策的强化而趋于稳定。随着人类科技的进步和对海洋的不断探索，人类对海洋更加无节制地开发，诸如因为开采油、气、可燃冰等矿产资源而造成的海底地质地貌破坏等活动，打破了自然界的生态平衡，给人们带来了无数灾难。并且伴随陆上资源日益衰减，人们对海洋资源的依赖程度日益增大，生态环境的破坏趋势也越发明显。然而，人们环保意识的觉醒对这一发展趋势起到了有效遏制的作用，这一点从前文第二部分诸多指标可以明显看出。

其次，传统海洋资源日趋枯竭，但更多海洋资源会随着技术的更新而得以广泛地开发与利用。人口数量的增长、经济和科技的进步，使得人类能够开发利用更多的海洋资源。以当前人类的开发能力为前提，以国际海洋法赋予的开发权利为依据，海洋资源开发总体呈现量大域广的发展趋势。①

最后，海洋边界的明晰问题随着国家海洋开发战略的实施将变得越来越重要，但受国际大环境和历史遗留因素的影响，因边界问题引发的邻海国双边甚至多边冲突可能会成为未来十年影响中国周边区域稳定的最主要因素。毕竟，国家发展的核心在于控制市场与资源，而连接世界市场和资源流动过程的则是海洋。因此，海洋仍然是国家间政治利益争夺的集中地。

四　我国海洋环境政策存在的问题及修订建议

（一）我国海洋环境政策存在的问题

过去几十年，我国在海洋环境法制建设方面取得了举世瞩目的成就，为保护海洋环境做出了贡献，但与国际社会相比仍有不少差距。

首先，海洋问题复杂多样，且紧密相连，然而我国尚未出台统筹指导海洋事务的综合性国家海洋战略。这使得我国在解决与周边国家的海洋争议过程中丧失了主动权，对于维护我国的海洋权益极为不利。

其次，自《联合国海洋法公约》生效后，虽然我国制定了一系列涉海法

---

① 李军、袁伶俐：《全球海洋资源开发现状和趋势综述》，《地质与矿产》2013 年第 12 期。

律法规来统筹海洋事务，但这些涉海法律法规之间在立法上大多存在交叉，在管理实践方面出现立法空白现象。

最后，与其他海洋大国相比，我国海上执法力量建设要落后许多。这不仅表现在我国海上执法装备条件差，技术保障程度低，还表现在执法法律方面。截至目前，我国尚未制定有关海洋执法的专项法规。以上因素均不利于我国的海上执法行动，影响我国海上执法水平。

（二）我国海洋环境政策的修订建议

针对我国海洋环境政策短板，今后一段时期，改善我国海洋环境工作的措施应该主要从以下四方面展开。

第一，强化综合性国家海洋战略的制定与实施。绝大多数的海洋问题是复杂的，既有法律的不完善，又有政治性的争端；既有经济利益的维护，又有历史遗留的影响。因此，必须要站在国家战略高度强化综合性的国家海洋开发和管理战略的制定。

第二，在实际的管理和检测方面，要建立综合性的海洋管理机构。海洋环境监测与海洋环境管理都涉及多个领域、多个部门，但是目前的"九龙治海"状况使得该监测的没有去监测，不该管理的地方却在多头管理。因此，建立起一个由各个涉海部门参与进来的综合海洋管理机构，对于应对突发性的海洋污染问题和涉海国际事务等都是非常必要的。

第三，强化并整合海上执法力量。海上执法力量是维护国家海洋权益和海上通道安全的强有力保障。[①] 从表 21 中可以看到，在整合之前，海上执法部门很多，但分工不清，在具体的执法中容易产生职能重叠或冲突现象；整合之后，职能部门减少了，分工也明确了。但是，整体的执法力量还是比较薄弱，尤其是在海洋军事力量这一后盾力量不足的情况下，海警的力量还不足以应对中国广阔海域中各种突发性的重大冲突事件。因此，有必要在整合力量的基础上继续加强海洋执法力量。

---

① 王杰、陈卓：《我国海上执法力量资源整合研究》，《中国软科学》2014 年第 6 期，第 29 页。

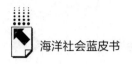

表 21 我国海上执法力量一览

	执法力量	主要职能
整合前	国土资源部国家海洋局	监管海域使用及环保、海洋维权、海岛保护、组织海洋科研等
	公安部边防局	海域治安秩序维护、海上重要目标安全警卫、参与海难救助等
	农业部渔政局	渔业资源及环境保护、渔业监管等
	海关总署缉私局	海上缉私等
	交通运输部海事局	水上交通安全监管、船舶检验和登记、防治船舶污染、航海保障等
整合后	国土资源部中国海警局	管护海上边界、维护海上安全及治安秩序、海上重要目标的安全警卫、渔业执法、海域及海岛的保护及使用、海洋资源环境保护、海洋科研、参与海难救助等
	交通运输部海事局	水上交通安全监管、船舶及相关设施检验和登记、防治船舶污染、航海保障等

资料来源：王杰、陈卓《我国海上执法力量资源整合研究》，《中国软科学》2014 年第 6 期，第 27 页。

第四，充分发挥市场的功能，进一步落实市场型海洋环境政策工具。市场型环境政策工具是指鼓励通过市场信号来作出行为决策，而不是制定明确的污染控制水平或方法来规范人们的行动。① 任何以强制力为后盾的控制政策和方法只治标不治本，在足够的利润面前，海洋环境的污染者都会想方设法地去钻政策的漏洞或者直接暴力违法。因此，发挥市场的激励功能，有助于提升人们减少排污和促进技术革新的积极性，同时也是降低海洋环境政策执行成本的重要途径。

参考文献

黄凤兰、王溶媖、程传周：《我国海洋政策的回顾与展望》，《海洋开发与管理》2013 年第 12 期。

李令华：《南海周边国家的海洋划界立法与实践》，《广东海洋大学学报》2008 年第 4 期。

刘明、徐磊：《我国滨海旅游市场分析》，《经济地理》2011 年第 2 期。

---

① 王琪、丛冬雨：《论我国市场型海洋环境政策工具及其运用》，《海洋开发与管理》2011 年第 2 期。

刘顺斌：《制度、国情、政策与渔业问题》，《海洋开发与管理》2006 年第 6 期。

罗国强：《"共同开发"政策在海洋争端中的实际效果：分析与展望》，《法学杂志》2011 年第 4 期。

宋宁而、王琪：《从国外浒苔治理经验看海洋环境应急管理中社会组织的重要性》，《海洋开发与管理》2010 年第 9 期。

唐国建、崔凤：《海洋开发对中国未来发展的战略意义初探》，载《2013 年中国社会学年会暨第四届海洋社会学论坛论文集》，2013。

温海明：《海洋资源开发利用与环境可持续发展问题研究》，《绿色科技》2012 年第 10 期。

杨国祯：《人海和谐新海洋观与 21 世纪的社会发展》，《厦门大学学报》2005 年第 3 期。

杨国桢、周志明：《中国古代的海界与海洋历史权利》，《云南师范大学学报》2010 年第 3 期。

杨洁、黄硕琳：《日本海洋立法新发展及其对我国的影响》，《上海海洋大学学报》2012 年第 2 期。

张清敏：《中国解决陆地边界经验对解决海洋边界的启示》，《外交评论》2013 年第 4 期。

张宝平：《我国边境安全的基本态势》，《太平洋学报》2008 年第 4 期。

郭庆海：《中国海洋渔业资源可持续实现机制研究》，硕士学位论文，中国海洋大学国民经济学专业，2013，第 21 页。

国家海洋局：《中国海洋统计年鉴》，北京：海洋出版社，1989～2013。

国家海洋局：《中国海洋经济统计公报》，http：//www. soa. gov. cn/zwgk/hygb/zghyjjtjgb/，最后访问日期：2015 年 3 月 15 日。

国家环境保护总局：《中国保护海洋环境免受陆源污染国家报告》，《环境保护》2006 年第 20 期。

国家统计局、国家环境保护总局：《2011 中国环境统计年鉴》，北京：中国统计出版社，2011。

舒运国：《和平解决边界争端》，《人民日报》2010 年 7 月 30 日第 3 版。

中国国家统计局：《2013 中国渔业统计年鉴》，北京：中国农业出版社，2013。

中华人民共和国旅游局编《2011 中国旅游统计年鉴》，北京：中国旅游出版社，2011。

B.8
中国涉海就业发展报告

崔 凤 张晓英*

摘　要：　随着全球经济的一体化，海洋产业逐渐得到各国重视，已成为各国经济发展的新增长点。与此同时，伴随着国家的进步和社会经济的发展，国家对社会就业和人才工作越来越重视，党和国家领导人多次指出劳动就业是重大、长远的战略问题，党和政府要作为头等大事来抓。海洋产业的发展产生了一个庞大的就业群体——依托海洋、利用海洋在海洋产业中从事涉海活动，具有较强涉海性特征的涉海就业人口。不可否认海洋世纪的到来使得涉海就业人员已成为我国劳动大军的重要组成部分。但长期以来，我们对涉海就业方面所做的调查研究少之又少，鲜有看到相关文献资料对该对象的论述。顺应海洋发展的时代大潮，了解和掌握我国涉海就业人员的现状，对于缓解日益增长的社会就业压力，扩大劳动就业机会，促进沿海地区乃至整个国家的社会经济发展大有裨益。本报告从2001～2012年国家海洋局公布的海洋统计数据入手，选取涉海就业相关数据，从社会变迁的视角，对改革开放以来我国涉海就业的基本状况进行考察，分析了我国涉海就业在数量和质量分布上的变化规律，进而总结出涉海就业对国民经济社会的发展和劳动力压力的缓解具有重要作用。

---

* 崔凤（1967～），男，吉林乾安人，中国海洋大学法政学院教授，博士后，研究方向：海洋社会学、环境社会学、社会保障；张晓英（1988～），女，山东青岛人，中国海洋大学法政学院2012级硕士研究生，研究方向：海洋社会学。

关键词： 涉海就业人员　涉海就业　海洋产业

　　海洋世纪的到来使得人类对海洋的开发掀起一阵新的狂潮。21 世纪是全面开发利用海洋的世纪。迄今为止海洋开发利用已经取得很大进展。对海洋的开发利用不仅使得海洋产业领域拓宽，而且规模扩大。海洋产业的发展催生了涉海就业，涉海就业人口在劳动力中所占的比例越来越大。然而，对涉海就业进行的专项研究却很少，涉海就业人员由于其特殊的涉海特征同内陆就业人员有一定差异，鉴于国家政策的倾向性，海洋开发的必要性，有必要对涉海就业人员这一群体进行单独研究。

一　相关概念界定

（一）就业与涉海就业

　　通过查找相关文献资料，笔者发现对涉海就业概念进行定义的几乎没有。所以本报告将利用就业的相关定义对涉海就业进行定义。周洪军根据国家统计局对就业人员的界定，参照国家对海洋产业范围的规定，在《全国涉海就业情况调查与分析中》对涉海就业人员进行了定义，涉海就业人员是指在沿海地区进行涉海活动的人员的总称，包括主要海洋行业就业人员和相关涉海行业就业人员。[①] 这是从文献查阅中所能找到的仅有的对涉海就业人员的定义。

　　"涉海就业"有"涉海"和"就业"两个关键词，"涉海"一词体现了涉海就业的本质特征——涉海性。"就业"是我国从农业社会发展到工业社会一直存在的社会现象，随着社会经济的发展，它已经不仅是一个经济问题，也逐渐成为一个社会问题。什么是就业呢？就业又有哪些特征呢？

　　就业有广义和狭义之分，广义的就业是指社会中所有生产要素获得充分利用并从中获取劳动报酬的活动，包括土地所有者利用占有的自然资源获取收入

[①]　周洪军：《全国涉海就业情况调查与分析》，硕士学位论文，天津大学，2005。

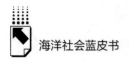
的活动，资本所有者利用资本要素获取收入的活动，企业家利用其管理才能获取收入的活动，劳动者付出劳动力等。狭义的就业特指劳动要素取得相应劳动收入的活动，也可称为劳动就业。本文所指的就业是狭义的就业，即劳动就业。国际劳工组织曾对就业作出明确界定，就业是指在一定年龄范围内人们为获取报酬或赚取利润而从事的相关活动。①

本报告在借鉴国际劳工组织对就业的概念界定的基础上，对涉海就业的含义进行了思考。笔者认为涉海就业是指达到法定年龄具有劳动能力的人依托海洋、利用海洋在不同海洋产业中所从事的合法性涉海活动，并从中获取劳动报酬或经营收入的活动。

（二）海洋产业

1. 海洋产业的含义

海洋产业是海洋经济的基础，是海洋经济持续发展的前提。张耀光认为，"海洋产业是指通过对海洋资源、海洋能和海洋空间的开发利用而产生的产业部门。不仅包括海洋捕捞业、海洋水产养殖业、海洋盐业和海洋交通运输业等在内的物质生产部门，也包括滨海机场、滨海旅游、海底贮藏库等非物质生产部门"。② 刘慧认为："海洋产业是指通过对海洋资源和海洋空间的开发、利用而产生的各种物质生产部门和非物质生产部门的总和，是进行各种海洋生产加工和海洋服务活动的统称。"③《中国海洋统计年鉴》对海洋产业的定义是："对海洋的开发、利用和保护所进行的各种海洋生产和海洋服务活动，包括海洋渔业、海洋盐业、海洋化工业、海洋生物医药业、海洋电力业、海水利用业、海洋船舶工业、海洋工程建筑业、海洋交通运输业、滨海旅游业等主要海洋产业以及海洋科研教育管理服务业。"④

---

① 国际劳工组织：《劳动统计年鉴 - Yearbook of Labor Statistics》，日内瓦：国际劳工组织，1988，第204页。
② 张耀光：《关于大连发展新兴海洋产业的思考》，《经济地理》1997年第2期。
③ 刘慧：《海洋产业结构升级背景下的就业支持体系构建研究》，硕士学位论文，中国海洋大学，2013。
④ 国家海洋局：《中国海洋统计年鉴2011》，北京：海洋出版社，2012。

从以上定义可以看出，海洋产业的定义有如下特点：①以海洋为基石，从最初的为获取海洋产品所进行的生产和服务活动，到中期的利用海洋空间进行的产品生产和服务活动，再到后期为了促进海洋经济的健康发展而开展的海洋教育以及设立海洋科研机构等活动，都以海洋为依托。②海洋活动范围广，既有直接开发海洋资源产生的产业，也有利用海洋独特的风光所发展出的滨海旅游产业；海洋活动可以发生在海底、海面、近海、海岸带等不同区域。

海洋产业对海洋经济的持续发展有着极其重要的作用，从某种程度上说海洋经济的发展是海洋产业的发展。因此海洋产业是指为了海洋经济的发展，以海洋资源和海洋空间为依托所进行的一切生产和服务活动。

2. 海洋产业分类

一是按照海洋经济活动的性质分为海洋产业（包括主要海洋产业和海洋科研教育管理服务业）和海洋相关产业。①

主要海洋产业是指在一定时期内具有一定规模或占有重要地位的海洋产业。② 主要包括海洋水产业、海洋生物医药业和滨海旅游业等在内的 12 项产业。

海洋科研教育管理服务业是指在对海洋资源的开发、利用和保护的过程中所进行的科研、教育、管理及服务等活动。③ 主要包括海洋信息服务业、海洋科技服务业、海洋教育等在内的 11 项产业。

海洋相关产业是指以各种投入和产出为联系纽带，通过产品的生产和服务、产业投资、产业技术转移等方式与主要海洋产业构成技术经济联系的上下游产业，④ 涉及海洋农林业、涉海产品及制造业、涉海服务业等 6 大产业，如图 1 所示。

二是按照三大产业分类方法将海洋产业分为海洋第一产业、海洋第二产业、海洋第三产业。⑤

① 朱坚真、吴壮：《海洋产业经济学导论》，北京：经济科学出版社，2009，第 7 ~ 8 页。
② 国家海洋局：《中国海洋统计年鉴2011》，北京：海洋出版社，2012。
③ 国家海洋局：《中国海洋统计年鉴2011》，北京：海洋出版社，2012。
④ 国家海洋局：《中国海洋统计年鉴2011》，北京：海洋出版社，2012。
⑤ 任淑华：《海洋产业经济学》，北京：北京大学出版社，2011，第 21 ~ 26 页。

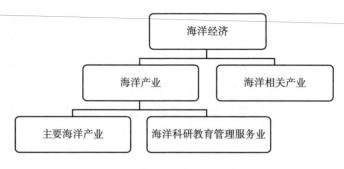

图1 海洋产业分类

资料来源：根据《海洋及相关产业分类》（GB/T20794－2006）
中的分类方法绘制而成。

海洋第一产业是指直接利用海洋资源进行生产活动的部门。主要包括海洋
捕捞业、海水养殖业等。

海洋第二产业是对海洋资源进行加工与深加工的生产部门。主要包括海洋
水产品加工业、海洋电力业、海洋盐业、海洋工程建筑业等。

海洋第三产业是指为海洋生产和海洋消费开展服务的部门，主要包括海洋
交通运输业、滨海旅游业、海洋科研教育管理服务业等。

根据国家相关行业统计分类方法的标准及规定，本文将海洋三大产业主要
涵盖的产业进行如下分类（见图2）。

（三）涉海行业

通过对相关文献进行整理，笔者发现《海洋统计分类与代码》HY/T052－
1999 对涉海行业进行了定义，周洪军在对全国涉海就业情况的调查与分析中
也提及了涉海行业的概念。出于学术严谨性考虑，笔者认为有必要单独进行界
定与区分。周洪军根据《海洋统计分类与代码》HY/T052－1999 以及国民经
济行业分类的标准将涉海行业分为主要海洋行业和相关海洋行业。[①] 主要海洋
行业是指在一定时期内从事具有相当规模或占有重要地位的海洋产业活动所涉
及的产业领域，包括属于主要海洋产业所涉及的领域，例如海洋渔业、海洋盐

---

① 周洪军：《全国涉海就业情况调查与分析》，硕士学位论文，天津大学，2005 年第 5 期。

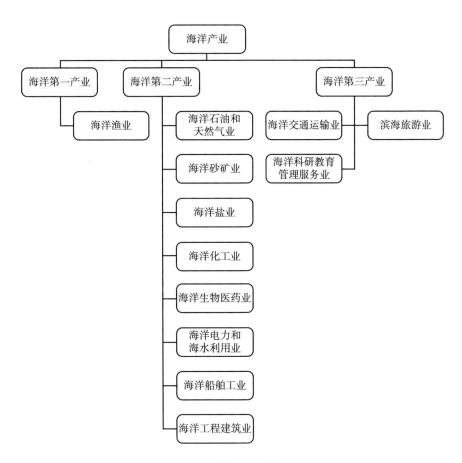

图2　海洋产业分类

资料来源：根据《海洋及相关产业分类》（GB/T 20794－2006）中的分类方法绘制而成。

业、滨海旅游业等行业。① 相关海洋行业是与主要涉海行业紧密相关的行业，是与主要涉海行业构成技术经济联系的上下游行业，包括海洋农林业、涉海产品及制造业、涉海服务业等行业。从定义可以看出，涉海行业与海洋产业关联度较高，从某种意义上说海洋产业的范围大于涉海行业，前者主要依据海洋经济活动的性质进行分类。出于研究的方便性和数据资料的可获得性，本报告中主要以海洋产业为依托研究涉海就业。

---

① 周洪军：《全国涉海就业情况调查与分析》，硕士学位论文，天津大学，2005年第5期。

二 改革开放以来我国涉海就业变化及现状

改革开放以来，随着我国从计划经济向市场经济的转变，就业形势越来越严峻，与此同时国家对就业的重视程度也逐渐加强。21 世纪是人类开发、利用海洋的世纪，在对国家经济的贡献上，海洋凭借蕴藏的巨大潜力在社会发展中的作用越来越明显，海洋经济成为我国国民经济新的增长力量，相关涉海产业的发展也必然会带动涉海就业人口规模的扩大。本报告利用《中国海洋统计年鉴》《中国海洋统计公报》和《中国统计年鉴》中 2001～2012 年的相关数据对我国涉海就业人员数量和质量进行分析，希望据此了解我国当前涉海就业的现状和变化趋势。

Excel 具有强大的数据统计分析功能，其中的趋势线功能，具有操作方便简单、过程直观明了的优点，因此本报告利用 Excel 中的"线性、指数、对数、多项式、乘幂"五种趋势线拟合模型，选取合适的趋势线来简单预测未来我国涉海就业人员数量和质量的变化趋势。

1. 改革开放以来我国涉海就业人员总量变化

众所周知，海洋产业具有新兴部门多、产业关联性强等特点，对劳动力人口、劳动力素质以及科研人员能力都有较强的包容性，对缓解我国当前就业压力具有举足轻重的作用。本章节选取 2001～2012 年《中国海洋统计年鉴》中涉海就业相关数据研究涉海就业人员在数量和质量上的变化。伴随着海洋事业的不断发展，国家对海洋人才的需求量越来越大，海洋从业人员的从业水平直接关系到海洋强国的建设。由于数据资料的有限，笔者无法获取改革开放以来涉海就业人员的教育水平、专业技术分布、年龄等方面的相关资料，只能利用历年《中国海洋统计年鉴》中的海洋科研机构从业人员的学历、行业分布以及职称三方面的数据来分析海洋科研人员的素质，以求以点带面对我国涉海从业人员的整体质量水平有所参考。

海洋经济的不断发展，使得海洋从业人员的数量呈现不断增长趋势，海洋产业的就业人数变化也将更加合理。下文将通过统计数据分析具体的变化情况。

（1）变化过程

表 1 统计了我国涉海就业人员的总量变化，本文将对这些数据进行详细分

析并对涉海就业人数未来的变化趋势运用 Excel 趋势线进行简单预测。

表1给出了9年的统计数据。首先从我国就业人员总数上看，2001年全国就业人员总数为73025万人，我国涉海就业人员总数为2107.6万人。经过4年的发展，到2005年全国就业人员总数增加了2800万人，我国涉海就业人数增加了601.2万人，增长率分别为3.8%和28.5%。到2012年我国就业人员总数为76856万人，12年间增加了3831万人，我国涉海就业人员总数为3468.8万人，12年间增加了1361.2万人，增长率分别为5.2%和64.6%，增长速度比2001～2005年明显加快，涉海就业人员总数在全国就业人员总数中所占的比重不断加大，增长速率超过了全国就业人口的增长速率。从占全国就业人数的比重来看，从2.9%增长到4.5%，12年的时间提高了1.6个百分点，且数量逐年增大。

表1 我国涉海就业人员总数变化

年份	全国就业人员总数（万人）	我国涉海就业人员总数（万人）	占全国就业人数比重（%）
2001	73025	2107.6	2.9
2005	75825	2708.8	3.6
2006	76400	2960.3	3.9
2007	76990	3151.3	4.1
2008	77480	3218.3	4.2
2009	75828	3270.6	4.3
2010	76105	3350.8	4.4
2011	76420	3421.7	4.5
2012	76856	3468.8	4.5

资料来源：全国就业人员总数根据人力资源和社会保障部《人力资源和社会保障事业发展统计公报》数据整理而得；我国涉海就业人员总数根据《中国海洋统计年鉴》2001年、2005～2012年共9年数据整理而得；占全国就业人数比重数据由数据计算而得。

图3给出了更为直观的图表形式，反映了涉海就业人员总量的变化趋势。从图3可以看出，全国就业人员总数在2001～2008年呈缓慢上升趋势，自2009年后呈现缓慢下降趋势，2010年又缓慢回升；我国涉海就业人员的数量却一直呈现缓慢增加趋势，未有过间断；涉海就业人数占全国就业人数的比重也是呈现规律性平稳上升状态。

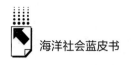

从以上数据资料的分析可以看出，随着我国就业人数的不断增加，我国涉海就业人数也呈逐年增加的趋势，在我国就业人数中所占的比重逐渐加大，说明我国涉海就业在缓解就业压力方面所发挥的作用越来越大。

（2）趋势预测

在图3的基础上，笔者根据柱形图以及折线图的走势添加了趋势线来预测2013年以及未来我国涉海就业人数总量的变化趋势。

通过表1的数据可以发现，时间与涉海就业人员总数两者之间的数学关系开放度较高，无法确定两者之间的趋势线模型，本文采用对五种趋势线分别拟合的方法，通过计算R的平方值来进行比较，选取最佳拟合模型。R的平方值在这里是一种相关系数，反映了数据与趋势线拟合程度的高低。在0~1之间，当R的平方值越接近1，趋势线对于实际数据的拟合程度越高，此时趋势线越可靠。本文就选取数值最接近1的那条趋势线进行预测；同理，数值越接近0，拟合程度越低，趋势线越不可靠。

笔者分别在Excel表中进行多种模型的拟合尝试，得出R的平方值计算如下。

类型	线性函数	对数函数	多项式函数	乘幂函数	指数函数
R的平方值	0.8087	0.9705	0.9586	0.943	0.7568

R的平方值最接近1的是对数函数模型，说明对数函数趋势线对当前数据的拟合度最高，笔者确定了如图3所示的对数函数趋势线模型。经计算，2013年涉海就业人数预测值为3595万人。通过趋势线的延伸变化也可以说明我国涉海就业人数在未来几年内将会保持平稳增长趋势，无明显起伏变化。

趋势线模型只是大体拟合了一种变化趋势，计算结果同所给数据有一定的残差，但通过计算，残差并没有呈现某种规律性的变化，所以对数函数相关程度高，拟合尚好，预测未来涉海就业人数变化是可靠的。

2. 改革开放以来我国涉海就业结构分析

（1）我国涉海就业产业结构分布

我国海洋产业迅速发展的同时，为社会提供了更广阔的就业前景。海洋产

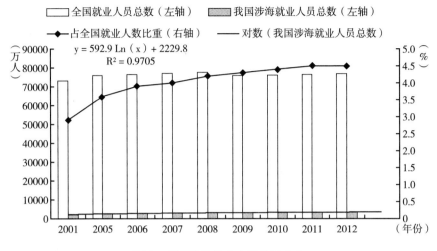

图3 我国涉海就业人员总量变化

业体系不断完善，拥有巨大的发展空间，对劳动力有很强的拉动效应。海洋产业已经成为吸纳我国劳动力的新场域。本节将分别对涉海就业人员在不同产业的分布状况进行详细分析。鉴于收集资料的局限性，本文对 2001 年以及 2005～2012 年相关的数据资料进行分析。

我国在海洋产业和海洋相关产业的涉海就业人员分布情况 表 2 给出了 2001 年、2005～2012 年我国涉海就业人数在海洋产业和海洋相关产业中的变化。

表2 我国涉海就业人数在海洋产业和海洋相关产业的变化情况

单位：万人

年份	海洋产业 就业人数	海洋相关产业 就业人数	年份	海洋产业 就业人数	海洋相关产业 就业人数
2001	719.1	1388.5	2009	1115.0	2155.6
2005	949.2	1759.6	2010	1142.2	2208.6
2006	1006.7	1953.6	2011	1167.5	2254.2
2007	1075.2	2076.1	2012	1183.5	2285.3
2008	1097.0	2121.3			

资料来源：根据《中国海洋统计公报》、《中国海洋统计年鉴》2001～2012 年数据计算整理所得。海洋相关产业就业人数计算结果由全国涉海就业人数减去海洋产业就业人数所得。

　　首先从横向看不同产业就业人数所占比重，2001 年海洋产业就业人数是719.1 万人，海洋相关产业就业人数为 1388.5 万人，海洋相关产业对劳动力的吸纳是海洋产业的 1.93 倍。到 2012 年，海洋产业就业人数为 1183.5 万人，海洋相关产业就业人数是 2285.3 万人，海洋相关产业就业人数是海洋产业就业人数的 1.93 倍。从横向上来看两大产业在涉海就业人数中所占比重较稳定。海洋相关产业就业人数比重远远高于海洋产业。其次从纵向看不同产业就业人数比重的变化。2001 年海洋产业就业人数为 719.1 万人，海洋相关产业就业人数为 1388.5 万人。到 2012 年，分别增长到 1183.5 万人和 2285.3 万人。12年的时间分别增加了 464.4 万人和 896.8 万人，平均每年分别增长 38.7 万人和 74.7 万人，说明两大产业就业人数的增长速度不仅迅速而且稳定。

　　图 4 为该时间段我国海洋两大产业的就业分布走向图。从该图对应的两条折线可以看出，我国海洋相关产业就业人数经历了快速上升、平稳发展的过程；我国海洋产业经历了快速上升、平稳发展、缓慢上升的过程；总体上看不管是海洋产业就业人数还是海洋相关产业就业人数都呈增长态势。这说明海洋产业和海洋相关产业对劳动力的吸纳能力呈现良好发展态势，拉动效应明显。

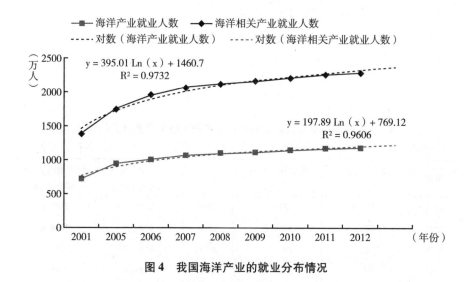

图 4　我国海洋产业的就业分布情况

　　为了对未来海洋产业和海洋相关产业吸纳劳动力的趋势进行预测，笔者分别对趋势线进行不同拟合度的尝试，经计算 R 的平方值如表 3 所示。

表3 海洋产业和海洋相关产业吸纳劳动力的趋势拟合度

类型	线性函数	对数函数	多项式函数	乘幂函数	指数函数
海洋产业	0.7874	0.9606	0.9338	0.9285	0.7268
海洋相关产业	0.8048	0.9732	0.9564	0.9477	0.7501

由表3可以看出海洋产业中R的平方值最接近1的是对数函数模型，海洋相关产业同样如此，说明对数函数趋势线对当前两大产业的数据的拟合度最高。经计算，2013年海洋产业和海洋相关产业分别对劳动力的吸纳能力为1225万人和2370万人；2014年人数分别为1243.6万人和2407.9万人，以此来推，我国在未来的一段时间海洋产业和海洋相关产业对劳动力会的吸纳能力会继续增强。

我国涉海就业人员在海洋产业中的具体分布情况 表4给出了我国涉海就业人员在海洋产业中的具体分布中变化。

表4 我国涉海就业人员在海洋产业中的具体分布

单位：万人

产业	2001	2005	2006	2007	2008	2009	2010	2011	2012
海洋渔业及相关产业	348.3	459.8	487.6	520.8	531.3	540.0	553.2	565.5	573.2
海洋石油和天然气业	12.4	16.4	17.4	18.5	18.9	19.2	19.7	20.1	20.4
海滨砂矿业	1.0	1.3	1.4	1.5	1.5	1.6	1.6	1.6	1.6
海洋盐业业	15.0	19.9	21.0	22.4	22.9	23.3	23.8	24.4	24.7
海洋化工业	16.1	21.3	22.5	24.1	24.6	25.0	25.6	26.1	26.5
海洋生物医药业	0.6	0.8	0.8	0.9	0.9	0.9	1.0	1.0	1.0
海洋电力和海水利用业	0.7	0.9	1.0	1.0	1.1	1.1	1.1	1.1	1.2
海洋船舶工业	20.6	27.2	28.8	30.8	31.4	31.9	32.7	33.4	33.9
海洋工程建筑业	38.8	51.2	54.3	58.0	59.2	60.2	61.6	63.0	63.9
海洋交通运输业	50.8	67.1	71.1	76.0	77.5	78.8	80.7	82.5	83.6
滨海旅游业	78.3	103.4	109.6	117.1	119.5	121.4	124.4	127.1	128.9
海洋科研教育管理服务业	136.5	180.0	191.2	204.1	208.2	211.6	216.8	221.6	224.7

资料来源：《中国海洋统计年鉴》2001，2005~2012。

表4的数据显示，在主要海洋产业的分类中，海洋渔业及相关产业排在第一位，所占的比重最大，且呈逐年增长的趋势；排在第三、四、五、六位的分别是滨海旅游业、海洋交通运输业、海洋工程建筑业、海洋船舶工业，所占份额相对较大，增长趋势也较为明显；海洋化工业、海洋盐业及海洋石油和天然

气业则分别居于第七、八和第九位，增长数额不大，人数平均维持在 20 万人左右；海滨砂矿业、海洋电力和海水利用业及海洋生物医药业人数分布微乎其微，十几年的发展仍然无明显增长，在近几年甚至出现停滞不前的状态，人数始终保持在 2 万人以下。构成海洋产业的另一大主力——海洋科研教育管理服务业所占比重相对较大，增长速度也相对较快，从 2001 年的 136.5 万人增长到 2012 年的 224.7 万人，增长率为 64.6%，海洋科研教育管理服务业已成为主要海洋产业中拉动就业的又一主导力量。

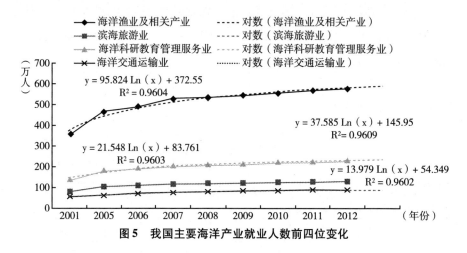

图5　我国主要海洋产业就业人数前四位变化

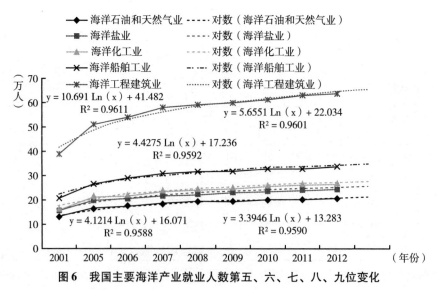

图6　我国主要海洋产业就业人数第五、六、七、八、九位变化

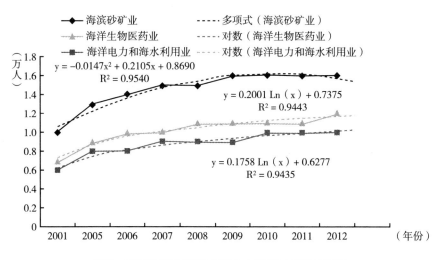

图7　我国主要海洋产业就业人数最后三位的变化

为了进一步了解未来一段时间内我国涉海就业人员在不同产业部门的分布情况，我们采用趋势线预测法，分别对主要海洋产业就业人员进行趋势线的拟合度尝试，寻找最佳拟合趋势线，计算出的 R 的平方值如表5所示。

表5　主要海洋产业就业人员趋势线拟合度 R^2 值

涉海产业	线性函数	对数函数	多项式函数	乘幂函数	指数函数
海洋渔业及相关产业	0.7872	0.9604	0.9336	0.9284	0.7267
海洋石油和天然气业	0.7851	0.9590	0.9310	0.9263	0.7241
海滨砂矿业	0.7369	0.9438	0.9540	0.9169	0.6976
海洋盐业	0.7859	0.9588	0.9308	0.9261	0.7246
海洋化工业	0.7846	0.9592	0.9336	0.9269	0.7242
海洋生物医药业	0.8311	0.9435	0.9246	0.9296	0.9296
海洋电力和海水利用业	0.7984	0.9443	0.9079	0.9277	0.7469
海洋船舶工业	0.7874	0.9601	0.9327	0.9281	0.7268
海洋工程建筑业	0.7886	0.9611	0.9342	0.9292	0.7280
海洋交通运输业	0.7867	0.9602	0.9335	0.9280	0.7262
滨海旅游业	0.7870	0.9603	0.9335	0.9282	0.7265
海洋科研教育管理服务业	0.7879	0.9609	0.9341	0.9290	0.7274

如表5所示，在所有产业就业人员分布中只有海滨砂矿业适合多项式函数模型，其余产业都与对数函数模型拟合度最好。笔者分别运用 EXCEL 绘出图5、6、7 的趋势线。经计算2013年不同产业的就业人员预测值如表6所示。

表6 2013年不同产业的就业人员预测值

单位：万人

涉海产业	2013 年就业人员预测值	涉海产业	2013 年就业人员预测值
海洋渔业及相关产业	593.2	海洋电力和海水利用业	1.2
海洋石油和天然气业	21.1	海洋船舶工业业	35.1
海滨砂矿业	1.5	海洋工程建筑业	66.1
海洋盐业	25.6	海洋交通运输业	86.5
海洋化工业	27.4	滨海旅游业	133.4
海洋生物医药业	1	海洋科研教育管理服务业	232.5

可以发现，2013年就业人数继续呈增长趋势的涉海产业有海洋渔业及相关产业、海洋石油和天然气业、海洋盐业、海洋化工业、海洋船舶工业、滨海旅游业、海洋交通运输业和海洋科研教育管理服务业；呈下降趋势的是海滨砂矿业；无变化的产业有海洋生物医药业、海洋电力和海水利用业。也就是说，按照所给数据进行趋势分析，我国各涉海产业部门对劳动力吸纳无明显变化。

（2）我国涉海就业区域结构

从表7中横向数据变化可以看出，首先，在不断增加的涉海就业人员中，不同地区涉海就业人员分布存在较大差异。涉海就业人员主要分布在沿海地区，虽然内陆地区也有所涉及但人员很少，且增长率变化不大。2001年其他地区的涉海就业人员仅有12万人，占全国涉海就业人数的0.5%，到2012年涉海就业人数有所增长，达到19.7万人，比2001年增加了7.7万人，增长幅度并不是很大。其次，虽然各个省市涉海就业人数不同但各个省市涉海就业人员人数都有所增长。依据此趋势，在未来一段时间内我国各省市涉海就业人数将会继续增长。对纵向数据变化分析可知，2001年涉海就业人员最多的是广东省和山东省，最少的是河北省；到2012年仍维持此种现状，分布情况没有变化。

表 7　我国涉海就业人员的地区分布情况

单位：万人

地区	2001	2005	2006	2007	2008	2009	2010	2011	2012
天津	106.4	140.4	149.4	159.1	162.5	165.1	169.2	172.7	175.1
河北	58.0	76.5	81.5	86.7	88.6	90.0	92.2	94.2	95.5
辽宁	196.0	258.6	275.3	293.1	299.3	304.2	311.6	318.2	322.6
上海	127.5	168.2	179.1	190.6	194.7	197.9	202.7	207.0	209.8
江苏	116.9	154.2	164.2	174.8	178.5	181.4	185.9	189.8	192.4
浙江	256.4	338.3	360.1	383.4	391.5	397.9	407.6	416.3	422.0
福建	259.7	342.7	364.8	388.3	396.6	403.0	412.9	421.6	427.4
山东	319.9	422.1	449.3	478.3	488.5	496.4	508.6	519.4	526.5
广东	505.3	666.7	709.7	755.5	771.6	784.1	803.4	820.4	831.6
广西	68.9	90.9	96.8	103.0	105.2	106.9	109.5	111.9	113.4
海南	80.6	106.3	113.2	120.5	123.1	125.1	128.1	130.9	132.7
其他	12.0	15.8	16.9	17.9	18.3	18.6	19.1	19.5	19.7

资料来源：据 2001～2013 年《中国海洋统计年鉴》整理而得。

　　图 8 更为直观，涉海就业人员分布中地区分布不平衡现象严重。涉海就业人员分布最多的是广东省、山东省、福建省和浙江省；分布较少的地区是河北省、广西壮族自治区和海南省。

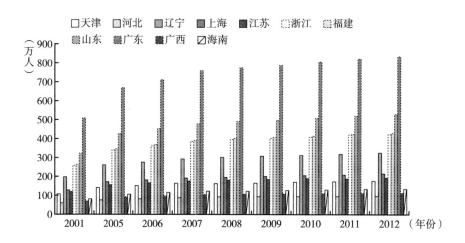

图 8　我国各省市涉海就业人员分布情况

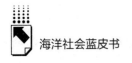

（3）改革开放以来我国涉海就业人数变化

通过对涉海就业人员在总量变化和产业结构、区域结构的数据分析，可以看出其具有如下特点。

首先，海洋就业人数不断增加，占全国就业人数比重不断提高。表1反映出海洋产业对劳动力吸纳能力明显，呈增长趋势，在缓解就业压力方面具有重要作用。

其次，涉海就业辐射力量强，促进了沿海地区社会经济的发展，对全国社会经济的发展具有良好的推动作用。虽然涉海就业人数只占沿海地区全部就业人数的9%左右，但涉及范围广泛，包括国民经济领域中的16个行业，165项分类，有力地推动了涉海行业的发展，带动了沿海地区社会经济的发展。据最新《2013年中国海洋经济统计公报》显示，我国环渤海地区、长江三角洲和珠江三角洲地区对国内生产总值的贡献高居榜首，占国内生产总值的比重为86.9%。

最后，主要海洋产业的发展带动了相关海洋产业就业人数的增加，相关海洋产业的就业人数多于海洋产业就业人数。从表4的数据可以看出，海洋渔业及相关产业的就业人数比重所占份额较大，且近年来呈现不断增长的趋势。海洋相关产业对就业的吸纳力高于海洋产业。

但从数据分析中同样可以看出，我国涉海就业存在着一些问题，有许多需要改进的地方，主要表现在以下方面。

第一，我国涉海就业人员对劳动力的吸纳能力仍有待加强。虽然在全国就业人员中涉海就业人员所占比重有所提高但仅维持在4.5%左右，不超过10%，而且增长幅度也较小，一段时间内不能改变我国就业压力严重的局面，影响海洋经济的迅速发展。

第二，涉海就业人员存在产业分布不平衡现象，传统密集型产业吸纳劳动力势头强劲，资本密集型产业和技术密集型产业在劳动力吸纳上劲头不足。由表4分析可以看出，当前海洋渔业及相关产业对就业贡献大，2007年就业人数超过500万人，且快速增加；而被视作工业化重要基础的海洋船舶工业、海洋石油化工业、海洋电力业以及海洋交通运输业等行业的就业人数不足，这从另一个侧面反映了资本密集型产业对劳动力的吸纳能力没有引起国家的足够重视，不利于整个海洋产业对就业的拉动。

第三，涉海就业人员地区分布不平衡。这种不平衡现象不仅体现在沿海省市的分布中，在 11 个海洋综合经济区中也分布不平衡。据《全国海洋经济发展规划纲要》报告，涉海就业人数最多的是南海北部海洋经济区，占全国涉海就业总数的 34%；其次是闽东南海洋经济区，占全国就业总数的 17%。涉海就业人数最少的地区分别是辽河三角洲海洋经济区，占全国涉海就业人数的 0.3%；其次是渤海西部海洋经济区，占全国涉海就业人数的 2%。

三 从海洋科研机构从业人员分布看改革开放以来我国涉海就业的质量水平

改革开放以来尤其是进入 21 世纪，不断发展的海洋经济对涉海就业人员的数量和质量都提出了更高的要求，海洋科研机构从业人员是海洋高科技产业发展不可缺少的中坚力量。由于无法获取涉海就业人员在海洋产业分布中的专业技术水平、受教育情况、年龄构成等资料，本文使用海洋科研机构的从业人员数目、学历状况、职称状况等来衡量海洋从业人员的质量水平。

（一）我国海洋科研机构从业人员情况

为了了解海洋科研机构从业人员的情况，笔者选取了海洋科研机构数目及人员分布两个指标进行研究。在数据选取方面，本小节根据《中国海洋统计年鉴》中 2002 年、2004 年、2006 年、2008 年、2010 年和 2012 年六年的数据进行分析，如表 8 所示。

表 8　我国海洋科研机构及从业人员情况

年份	项目	数量
2002	机构数(个)	109
	从业人员	14049
2004	机构数(个)	105
	从业人员(人)	13453
2006	机构数(个)	136
	从业人员(人)	18271

续表

年份	项目	数量
2008	机构数(个)	135
	从业人员(人)	19138
2010	机构数(个)	181
	从业人员(人)	35405
2012	机构数(个)	177
	从业人员(人)	37679

资料来源：根据 2002～2012 年《中国海洋统计年鉴》的数据整理而成。

2002～2012 年，我国海洋科研机构经历了四个发展阶段，2002～2004 年，缓慢下降阶段，由 109 个下降到 105 个，两年时间缩减了 4 个机构，2004～2006 年，快速增长阶段，由 105 个增长到 136 个，增长了 31 个，平均每年增长 10 个；2006～2008 年，快速下降阶段，由 136 个下降到 135 个，下降了 1 个；2010～2012 年，缓慢下降阶段，由 181 个下降到 177 个，缩减了 4 个；说明我国海洋科研机构数量变化幅度较大，呈不稳定发展状态，但总体上来看，是呈增长态势的，而且从近两年发展趋势来看，波动幅度不大（见表 8）。

2002～2012 年，海洋从业人员与海洋科研结构发展相对应，也经历了波动起伏的 4 个发展阶段。总体的发展态势也是人数呈增长态势，从 2002 年的 14049 人增加到 2012 年的 37679 人。

将科研机构数与从业人数两者结合来看，2002 年、2004 年、2006 年、2008 年、2010 年、2012 年单位机构平均从业人数分别为 128.9 人、128.1 人、134.3 人、141.8 人、195.6 人、212.9 人。从单位机构容纳人数看，内部结构较为合理，机构数的增减相应会带来从业人员数的增减。

为了进一步了解在未来一段时间内我国海洋科研机构从业人员的变化状况，笔者计算出线性函数、对数函数、多项式函数、乘幂函数和指数函数分别对应的 R 的平方值为 0.644、0.6075、0.6416、0.6394、0.6564，指数函数模型与当前数据拟合程度最好，所以选择指数函数模型来预测未来趋势。代入公式计算 2014 年我国海洋科研机构从业人数为 48419 人，通过把六个年份代入公式计算残差分别为 212、700、369、2361、1788、2835，彼此之间残差没有呈规律性变化，说明残差是同质和独立的，对于预测大体趋势有可用之处。2014 年的数据预测，说明未来一段时间内海洋科研机构从业人数将会继续增长。

以 2012 年数据为例看海洋科研机构从业人员的行业分布情况，如图 9 所示：在行业分布中，从业人员集中分布在海洋工程技术研究领域，占人数的一半；其次占比例较多的是海洋自然科学、海洋社会科学等基础科学研究领域；在海洋服务业人数分布较少。

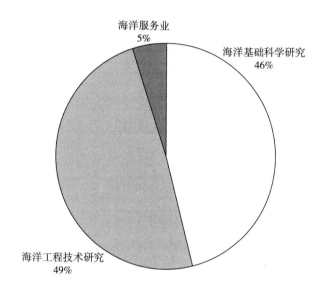

图 9　2012 年我国海洋科研机构从业人员行业分布

（二）我国海洋科研机构从业人员结构

1.海洋科研机构从业人员区域结构

从地域角度分析，我国海洋科研机构及从业人数在各省市的聚集程度有较大不同。第一，从海洋科研机构数目来看，首先从横向分析，2002～2008 年，广东省和山东省两省市的海洋科研机构数及从业人数一直并列第一或分居第一和第二位；在 2010 年这一状况有所改变，作为政治、经济中心的内陆城市北京市奋起直追，在 2010 年和广东省并列第一，在 2012 年超过广东省位居第一。从纵向上分析，随着时间推移，我国各省市海洋科研机构数都有所增加。

第二，从海洋科研机构从业人员分布上来看，首先从横向上分析，2002～

2005 年从业人数排在前四位的是山东省、天津市、上海市和广东省；2006 年这一状况有所改变，排在前四位的分别是北京市、山东省、天津市和上海市；2010 年人数继续变化，北京市和山东省仍然排在前两位，上海市和江苏省紧居其后，而天津市和广东省分别位居第六位和第五位；2012 年从业人数从多到少依次是北京市、山东省、上海市、广东省、江苏省、天津市、辽宁省、浙江省、福建省、河北省。

数据表明，我国海洋人才在各省市都有分布，但较不均衡，主要集中在沿海地区或者经济发达的城市（如表 9 所示）。

表 9　我国海洋科研机构及从业人员分布状况

年份	地区	合计	北京	天津	河北	辽宁	上海	江苏
2002	机构数（个）	109	5	10	2	13	10	7
	从业人数（人）	14049	1270	2459	80	822	1984	1253
2004	机构数（个）	105	5	10	2	12	10	7
	从业人数（人）	13453	1361	2271	58	758	1833	1244
2006	机构数（个）	136	11	11	4	8	13	7
	从业人数（人）	18271	3127	2656	416	592	2500	1213
2008	机构数（个）	135	11	11	4	8	12	8
	从业人数（人）	19138	3335	2422	421	623	2709	1373
2010	机构数（个）	181	25	14	5	17	15	12
	从业人数（人）	35405	12878	2467	544	1993	3370	3090
2012	机构数（个）	177	25	14	5	17	14	11
	从业人数（人）	37679	13857	2628	552	2077	3721	2900

年份	地区	浙江	福建	山东	广东	广西	海南	其他
2002	机构数（个）	14	10	17	17	2	1	1
	从业人数（人）	875	711	2772	1381	114	35	293
2004	机构数（个）	13	10	16	16	2	1	1
	从业人数（人）	871	645	2697	1372	58	33	252
2006	机构数（个）	17	10	20	24	6	3	2
	从业人数（人）	975	607	3001	2254	165	78	687
2008	机构数（个）	17	10	20	23	6	3	2
	从业人数（人）	1075	714	3169	2253	158	184	702
2010	机构数（个）	17	12	22	25	9	3	5
	从业人数（人）	1396	1004	3610	2795	446	197	1615
2012	机构数（个）	18	12	21	24	9	3	4
	从业人数（人）	1695	1075	3818	3164	444	192	1556

资料来源：2002 年、2004 年、2006 年、2008 年、2010 年、2012 年《中国海洋统计年鉴》。

2. 海洋科研机构科技活动人员学历结构

科技活动人员是指从业人员中的科技管理人员、课题研究人员和科技服务人员。[①] 本节以 2006 年、2008 年、2010 年和 2012 年四年数据为分析基础，研究我国各省市海洋科研机构科技活动人员的学历构成情况，据此分析当前海洋科技人才的现状。为了研究的方便，在该节中，笔者将本科生和大专生统一定义为大学生，将学历划分为三个大类：以博士和硕士为主的研究生学历；以本科生和大专生为主的大学学历，以及中专及以下学历，其中需要说明的是博士后也囊括在研究生学历中。

从总量上看，2006～2012 年，我国从事海洋研究和开发的科技活动人员的学历结构有较大变化，研究生人数一直呈增长趋势，从 2006 年的 4462 人增加到 2012 年的 15802 人，所占比重由 32.0% 增长到 50.2%。本科生和大专生在 2010 年之前所占比重远远高于研究生，之后这一状况有所转变，在 2012 年本科生和大专生的比重远低于研究生，说明我国海洋科研人才高学历者正在占据主流。在海洋科研人才队伍中，中专及以下学历的相对较少，且占比不断减少，由 2006 年的 10.6% 下降到 6.9%。

从省市分布来看，2006 年，在科技活动人员以及不同层次学历构成分布中，北京市、山东省、上海市、广东省、天津市等经济发达地区高学历人才所占比例较大，广西、海南等地区科技活动人员较少，到 2012 年，这一现状无较大改变。

表 10　我国各省市海洋科研机构从业人员学历构成

年份	学历	北京	天津	河北	辽宁	上海	江苏
2006	科技活动人员	2460	1711	370	493	1983	933
	博士	768	34	10	26	158	102
	硕士	491	275	69	62	434	229
	大学生	1080	1190	262	364	1167	507
	本科生	746	935	200	276	790	375
	大专生	334	255	62	88	377	132
	中专及以下	121	212	29	41	224	95

---

① 国家海洋局：《中国海洋统计年鉴 2011》，北京：海洋出版社，2012。

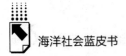

续表

年份	学历	北京	天津	河北	辽宁	上海	江苏
2008	科技活动人员	2727	1762	384	548	2269	1260
	博士	932	58	12	27	249	171
	硕士	627	379	83	93	546	255
	大学生	1045	1124	266	386	1282	581
	本科生	725	915	208	295	915	393
	大专生	320	209	58	91	367	188
	中专及以下	123	201	23	42	192	253
2010	科技活动人员	10968	1938	498	1610	2919	2509
	博士	2859	97	21	90	408	252
	硕士	158	466	75	272	372	386
	大学生	4248	1119	344	948	1476	1395
	本科生	2971	892	269	687	1036	1097
	大专生	1277	227	75	261	440	298
	中专及以下	3703	256	58	300	663	476
2012	科技活动人员	12349	2116	531	1662	3127	1762
	博士	3604	155	36	134	504	308
	硕士	3551	642	127	411	953	480
	大学生	4657	1137	337	931	1451	788
	本科生	3226	936	280	688	1089	622
	大专生	1431	201	57	243	362	166
	中专及以下	537	182	31	186	219	186

年份	学历	浙江	福建	山东	广东	广西	海南	其他
2006	科技活动人员	805	567	2200	1761	120	69	469
	博士	33	28	255	196	0	0	113
	硕士	146	108	365	420	4	8	128
	大学生	541	319	1288	916	103	51	209
	本科生	422	241	843	648	74	38	149
	大专生	119	78	445	268	29	13	60
	中专及以下	85	112	292	229	13	10	19
2008	科技活动人员	922	664	2477	1869	120	147	516
	博士	64	3	380	390	0	2	156
	硕士	164	214	527	396	6	20	122
	大学生	566	343	1246	852	104	80	198
	本科生	429	267	824	615	73	63	147
	大专生	137	76	422	237	31	17	51
	中专及以下	128	104	324	231	10	45	40

续表

年份	学历	浙江	福建	山东	广东	广西	海南	其他
2010	科技活动人员	1148	974	2940	2299	332	172	1369
	博士	91	77	564	549	10	4	396
	硕士	228	164	564	549	42	36	—
	大学生	667	502	1426	1009	245	83	566
	本科生	512	376	1016	744	183	63	431
	大专生	155	126	410	265	62	20	135
	中专及以下	162	231	809	713	35	52	49
2012	科技活动人员	1407	1015	3203	2638	358	179	1140
	博士	133	114	741	724	13	6	511
	硕士	468	292	845	655	68	39	288
	大学生	760	512	1316	981	271	74	303
	本科生	610	385	921	684	211	55	236
	大专生	150	127	395	297	60	19	67
	中专及以下	46	97	301	278	6	60	38

资料来源：根据 2006 年、2008 年、2010 年、2012 年《中国海洋统计年鉴》数据整理而得。

为了大体了解未来一段时间内我国海洋科研机构中科技活动人员的学历构成情况，笔者分别计算出 R 的平方值来选取最佳趋势线预测模型，R 的平方值如下表所示，并确定出如图 10 所示的函数模型。

	研究生	大学生	中专及以下
线性函数	0.8976	0.7669	0.9997
对数函数	0.7791	0.7239	0.966
多项式函数	0.9698	0.7695	1
乘幂函数	0.9442	0.7332	0.98
指数函数	0.9735	0.7777	0.9949

通过模型预测，2014 年科技活动人员中拥有研究生学历、大学学历、中专及以下学历者分别为 25697 人、17900 人、2381 人，较 2012 年人数都有所增长。在未来一段时间内，我国海洋科研机构科技活动人员将会继续维持 2012 年的发展现状，以高、中层次学历人才为主。

为了详细分析不同省市内部人才学历构成情况，笔者以 2012 年数据为基础

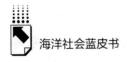

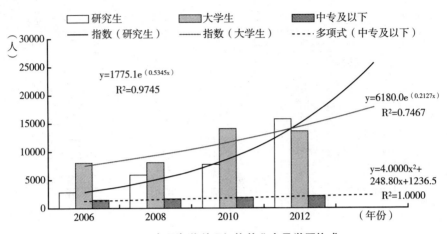

图10　我国海洋科研机构从业人员学历构成

绘出图11。由图11可见，不同地区海洋科研人才学历结构存在较大差异。研究生占比较多的省份是北京市、山东省、上海市、广东省；大学生人数分布较多的省份是北京市、上海市、山东省、天津市、广东省；中专及以下学历各省份人数都较少。总体来看，从事海洋研究的不同学历的科技活动人员在不同省市都有分布，但分布存在明显特点，主要分布在经济强省以及沿海经济发达地区。

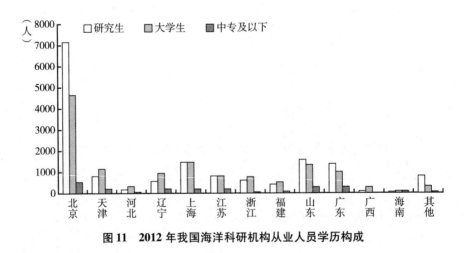

图11　2012年我国海洋科研机构从业人员学历构成

3. 海洋科研机构从业人员职称结构

《中国海洋统计年鉴》曾对海洋科技活动人员的高级职称、中级职称和初级职称有过明确定义。高级职称是职称中的最高级别，指研究员、副研究员，教授、副教授，高级工程师，高级农艺师，高级实验师，高级记者，高级经济师，正、副主任医师等。

中级职称是指助理研究员、工程师、讲师、实验师、记者、经济师、主治医师等。

初级职称是指实习研究员，助理工程师、技术员，助教，助理农艺师、农业技术员，助理实验师、实验员，助理记者，助理经济师，医师、医士等。

海洋科技活动人员的职称反映了其科研业务水平的高低，为了了解不同省市海洋科技活动人员的科研业务水平，本文以我国各省市海洋科技活动人员的高级职称、中级职称和初级职称分布作为研究对象。

表11给出了不同省市海洋科研机构专业技术人员及职称构成的具体数据。2002年专业技术人员数量从多到少排在前三位的是山东、上海、天津，排在后三位的分别是广西、河北、海南；2004年专业技术人员数量排在前三位的是山东、上海、天津；排在后三位的是广西、河北、海南；2006年排在前三位的是北京、山东、上海，排在后三位的是河北、广西、海南；2008年排序和2006年一样，无变化；2010年各省市较2008年无明显变化，江苏省以高于广东省210人的微弱优势位居第四位。2012年较2010年无明显变化，其中，广东省后来居上，再次回到第四名的位置。总体来看，首先，各省市科研人员分布较为稳定，主要分布在山东省、广东省、江苏省等沿海经济发达地区；其次，北京市科研技术人员增长较为迅速，从2002年的9.7%发展到2012年的39.2%。

表11　我国各省市海洋科研机构专业技术人员职称构成情况

单位：人

年份	地区	合计	北京	天津	河北	辽宁	上海	江苏
2002	专业技术人员	10253	993	1540	68	635	1564	871
	高级职称	3582	371	508	25	218	475	426
	中级职称	3222	325	484	34	232	369	200
	初级职称	2101	198	334	6	116	320	125
	其他	1348	99	214	3	69	400	120

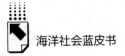
续表

年份	地区	合计	北京	天津	河北	辽宁	上海	江苏
2004	专业技术人员	10193	1079	1494	48	648	1503	877
	高级职称	3629	391	518	25	218	481	438
	中级职称	3097	330	476	13	204	343	252
	初级职称	2265	296	370	9	147	318	103
	其他	1202	62	130	1	79	361	84
2006	专业技术人员	13941	2460	1711	370	493	1983	933
	高级职称	5484	1271	584	152	168	672	468
	中级职称	4424	731	519	158	158	587	307
	初级职称	2817	354	450	51	116	443	118
	其他	1216	104	158	9	51	281	40
2008	专业技术人员	15665	2727	1762	384	548	2269	1260
	高级职称	5949	1332	593	137	184	783	580
	中级职称	4761	913	473	88	153	674	333
	初级职称	3273	381	495	85	144	592	141
	其他	1682	101	201	74	67	220	206
2010	专业技术人员	29676	10968	1938	498	1610	2919	2509
	高级职称	11079	4744	625	196	566	958	772
	中级职称	9559	3573	658	121	443	992	602
	初级职称	5902	1690	382	33	238	648	914
	其他	3146	961	273	148	363	321	231
2012	专业技术人员	31487	12349	2116	531	1662	3127	1762
	高级职称	12360	5629	718	200	563	1054	720
	中级职称	10677	4131	764	128	528	1112	503
	初级职称	5130	1440	436	36	182	711	334
	其他	3320	1149	198	167	389	250	205

年份	地区	浙江	福建	山东	广东	广西	海南	其他
2002	专业技术人员	699	638	1964	1017	76	32	156
	高级职称	310	197	690	284	15	3	60
	中级职称	248	195	653	363	49	5	65
	初级职称	102	161	435	248	8	19	29
	其他	39	85	186	122	4	5	2
2004	专业技术人员	721	620	1939	1037	41	30	156
	高级职称	297	180	695	296	11	1	78
	中级职称	224	197	609	360	18	7	64
	初级职称	155	148	421	260	11	16	11
	其他	45	95	214	121	1	6	3

年份	地区	浙江	福建	山东	广东	广西	海南	其他
2006	专业技术人员	805	567	2200	1761	120	69	469
	高级职称	297	197	823	625	17	8	202
	中级职称	256	180	702	595	49	21	161
	初级职称	193	138	476	338	36	32	72
	其他	59	52	199	203	18	8	34
2008	专业技术人员	922	664	2477	1869	120	147	516
	高级职称	325	199	891	665	18	8	234
	中级职称	274	169	797	596	57	29	205
	初级职称	184	190	511	383	32	62	73
	其他	139	106	278	225	13	48	4
2010	专业技术人员	1148	974	2940	2299	332	172	1369
	高级职称	450	270	1049	864	58	17	510
	中级职称	399	311	1065	796	123	22	454
	初级职称	174	235	620	472	126	49	321
	其他	125	158	206	167	25	84	84
2012	专业技术人员	1407	1015	3203	2638	358	179	1140
	高级职称	513	303	1113	957	73	17	500
	中级职称	493	373	1125	877	141	25	477
	初级职称	266	248	691	451	116	60	159
	其他	135	91	274	353	28	77	4

资料来源：历年中国海洋统计年鉴。

为了了解未来我国海洋科研机构专业技术人员及职称构成的变化状况，本文进行了趋势预测。为选择最佳拟合线，笔者对 R 的平方值进行了计算，如下表所示，并据此绘出了图 12 的趋势线。

	专业技术人员	高级职称	中级职称	初级职称
线性函数	0.8604	0.8851	0.8486	0.8106
对数函数	0.6871	0.7151	0.6644	0.6895
多项式函数	0.9263	0.9467	0.9365	0.8233
乘幂函数	0.7664	0.805	0.7422	0.7869
指数函数	0.9111	0.9331	0.8983	0.8866

经代入公式计算，2014 年我国海洋科研机构专业技术人员和高级职称、中级职称、初级职称分别有 43571 人、16896 人、15006 人和 13596 人。通过对 2012 年预测值和实际值的残差的计算，笔者发现只有高级职称残差数值在 500 以下，标准方差为 1.4，说明没有极端数值的出现，而且残差图没有呈现规律性的变化，符合残差是同质的假设，说明对高级职称进行预测是可靠的。而对其他趋势线进行预测时残差数值较大，标准方差分别为 2.6、3、2.8，说明用相应的趋势线进行预测存在比较大的误差。由此可以说明，在未来一段时间内我国海洋科研从业人员高级职称人数将呈现增长趋势。

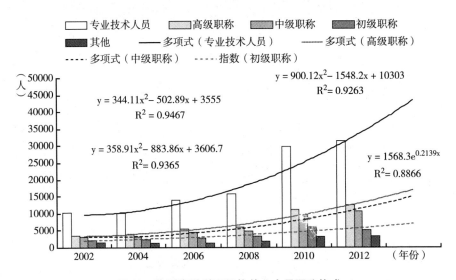

图 12　我国海洋科研机构从业人员职称构成

4. 改革开放以来我国海洋科研机构从业人员变化分析

海洋竞争，科技是根本，人才是关键，"人才资源是最重要的资本和第一资源"。① 当前我国把全面推进海洋战略、建设海洋强国作为中心任务来抓，建设一支规模宏大、结构合理、素质较高、覆盖面广的海洋人才是完成这一任务的关键。通过本章节的分析，笔者发现我国海洋科研机构从业人员具有如下特点。

---

① 谭俊：《海洋人才现状分析及评价体系研究》，硕士学位论文，中国海洋大学，2008。

首先，当前我国海洋科研人才总量不断增长，规模不断扩大。2002年我国海洋科研从业人员为14049万人，到2012年达到37679万人，增长速度较快，幅度较明显。随着海洋开发战略的逐步推进，在未来这一趋势还会继续。不论是海洋科研机构数还是海洋科研从业人员数都呈现不断增长之势。随着海洋科研开发力度的加大，我国海洋科研机构规模将会不断加大，对海洋科研人才的需求也会更加强烈。

其次，经济发展水平与海洋科研人才呈正相关关系。经济发展程度越高的地区，对海洋科技人才的需求愈强。通过对以上各省市海洋科研机构专业技术人员分布以及学历结构和职称结构的分析，笔者发现中高级海洋专业技术人才主要聚集在北京市、天津市、山东省、广东省这些经济发达地区或者海洋经济强省。

最后，我国海洋科研机构从业人员综合素质不断提高。从受教育情况来看，从业人员中以本科生和硕士研究生为主，而且从近年人才发展态势来看，博士生和硕士研究生数目继续增加。从科研业务水平来看，我国海洋科研人才中以高级职称者为主，科研业务水平较高。

改革开放以来，随着国家对人才的高度重视，海洋人才队伍不断发展壮大，人才结构得到改善，以上数据的分析也验证了这一点，但受到诸多因素的影响，我国海洋人才结构仍存在许多显性和隐性问题，突出表现在以下方面。

第一，海洋科技人才地区间分布不均衡，随着海洋开发力度的加大，这一差距将会更加明显。无论是专业技术人才还是中高级科研人才都集中分布在山东省、北京市、广东省、天津市、江苏省等沿海发达地区或经济发达地区，而其他省市人才则较少聚集。

第二，年龄结构不合理，导致人才断层出现。我国海洋科研机构专业技术人才正面临退休高峰期，而新一代海洋科研人才没有培养出来或者培养出来也因为经验不足等无法达到海洋科研的要求。

第三，海洋科技活动人员知识结构单一，全能型人才稀缺，长期受计划经济模式的影响，无法适应市场经济的运行模式，缺乏必要的协调和应变能力。

四 结论

21世纪是海洋的世纪已经得到越来越多人的认同。就业是民生之本，就

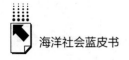
业问题始终是关系国家经济发展和社会稳定的重要因素之一。我国政府也一直把就业问题作为首要任务来抓。海洋的开发给劳动力就业带来契机，对缓解就业压力具有重要作用。

本文通过分析改革开放以来我国涉海就业的变化规律，分别从涉海就业人员总量和结构（产业结构、区域结构、学历结构、职称结构等）两大方面，归纳和总结了涉海就业人员在数量和质量上的演变特点，并就涉海就业人员的总量和质量在未来一段时间内的大体变化规律进行预测；最后对影响我国涉海就业的各因素进行了理论上的分析，以期了解改革开放以来我国涉海就业人员的变化特点，为未来把握就业方向，发展海洋经济提供一些可供借鉴的参考。通过研究，本文得到如下结论。

（1）海洋产业与国民经济发展紧密相关。根据2001年和2013年中国海洋统计年鉴及中国海洋经济统计公报的数据，海洋产业增加值占GDP的比重由2001年的8.68%增长到2012年的9.04%，而且从总体发展趋势看还将继续增长。这些数据说明了我国海洋产业在经济发展中占据重要地位，对国民经济发展贡献突出。

（2）不同类型的海洋产业对劳动力的吸纳能力不同。前文数据分析随着海洋产业规模的扩大，海洋产业对劳动力的吸纳能力逐年增加。但从不同海洋产业的涉海就业人员分布来看，人员分布具有明显差异，比如以海洋渔业为主的劳动密集型产业对劳动力需求较大，而以海洋电力、海洋交通运输业为主的技术密集型或资本密集型产业涉海就业人数明显较少。

（3）涉海就业人员地区分布不平衡。数据分析表明，我国涉海就业人员将近70%分布在东部沿海经济发展水平较高地区，其他地区涉海就业人员分布较少，涉海就业地区分布不平衡现象严重。

（4）当前我国海洋科研人才总量不断增长，规模不断壮大。2002年我国海洋科研从业人员为14049万人，到2012年海洋科研人才达到37679万人，增长速度和幅度都较明显。随着海洋开发战略的逐步推进，在未来，海洋科研人才规模将会继续扩大。海洋科研机构和海洋科研从业人员数量呈现不断增长趋势，海洋科研机构数目的增减相应带来从业人员的增减，两者相关度较高，内部分配结构较合理。随着海洋科研开发力度的加大，我国海洋科研机构规模将会不断扩大，对海洋科研人才的需求也会更加强烈。

（5）经济发展水平与海洋科研人才呈正相关关系。经济发展程度越高的地区，对海洋科技人才的需求愈强。通过对各省市海洋科研机构专业技术人员分布以及学历结构和职称结构的分析，本文发现中高级海洋专业技术人才主要聚集于北京市、天津市、山东省、广东省这些经济发达城市或者海洋经济强省。

（6）我国海洋科研机构从业人员综合素质不断提高。从受教育情况来看，从业人员学历以本科生和硕士研究生为主，而且从近年人才发展态势来看，博士生和硕士研究生数量继续加大。从科研业务水平来看，我国海洋科研人才中以高级职称人才为主，科研业务水平较高。

（7）海洋科技人才地区间分布不均衡，随着海洋开发力度的加大，这一差距更加明显。无论是专业技术人才还是中高级科研人才都集中分布在山东省、北京市、广东省、天津市、江苏省等沿海发达地区或经济发达地区，而其他省市人才则较少聚集。

五　几点建议

改革开放以来，海洋产业对就业的拉动效应是显著的，在劳动力就业的吸纳上具有陆域产业所无法比拟的优势，在海洋世纪来临的大背景下，依靠海洋促进就业成为相当一段时间内解决我国就业问题的主要途径。在前文分析的基础上，本文提出了一些可供借鉴的做法。

（一）加强对涉海就业的调查统计工作，建立相对完善的数据库

在本文的写作过程中，数据资料的匮乏，一直是无法解决的难题之一。在所能收集到的资料中，又由于时间统计的不连续、统计口径不统一问题，很多需要的数据都无法查阅到，一定程度上限制了笔者的分析，因此建立相对完善的涉海就业的数据库很有必要。完善的数据库可以为学者提供必要的数据支持，为政府部门制定政策提供依据。

建立涉海就业数据库，首先应该保持统计口径的一致，尽可能全面收集涉海就业人员数量变化、产业分布、区域分布、学历构成、年龄构成、专业技术水平等方面的内容。但通过对历年《中国海洋统计年鉴》的文献资料查

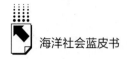

阅，笔者发现，此方面存在很大不足。例如在涉海就业的统计调查中，涉海就业人员的学历构成、年龄构成和部门分布的资料只有 2001 年的数据，直到 2013 年都未对该信息进行数据的更新，不利于学者和政府部门进一步了解当前我国涉海就业人员的情况。长此以往，将导致社会缺乏对该问题的关注，影响相关政策的出台。

（二）继续扩大我国涉海就业人员规模，提高我国经济发展水平

1. 大力发展海洋产业，促进海洋经济快速、稳定发展

经济增长对就业有着重要影响，就业增长率同经济增长率呈正相关关系。保持经济的持续、稳定发展可以带来就业规模的扩大，经济的发展水平对就业的拉动效应是显而易见的。"我国 GDP 增长一个百分点，大约可增加 80 万个就业岗位。"[1] 海洋产业的发展不仅可以促进沿海地区经济的发展，而且可以辐射到内陆乃至全国，从而带动全国经济的发展。通过前面的分析也可以看出，海洋产业的发展将带动涉海就业人数的增加，因此，为了提高海洋产业吸纳劳动力的能力，在经济发展过程中需要不断发展海洋产业与海洋经济，培育新的经济增长点。

2. 优化海洋产业结构，提高我国海洋产业就业吸纳能力

前文已经指出海洋产业结构与就业紧密相关，海洋产业结构的调整和优化对劳动力的吸纳影响也是巨大的。因此，针对我国当前海洋产业结构的现状，优化海洋产业结构，积极发展以滨海旅游业、海洋科研教育管理服务业、海洋交通运输业为主的海洋第三产业，是提高海洋产业对劳动力吸纳能力的最佳选择。

3. 积极发展海洋劳动密集型产业，促进就业人数的增加

发展劳动密集型产业可以有效利用我国劳动力丰富且价格低廉的特点，在国际上具有相当的比较优势，是不断扩大国际市场，积极融入全球化经济，创造大量就业机会的有效途径。同时，科学调控海洋产业的就业结构、产业结构和技术结构，将劳动密集型产业与技术密集型产业良好地结合起来，既能保障海洋产业的质量，又能保证海洋就业人员的数量。

---

[1]　陈希亮：《中国经济问题战略思考》，北京：光明日报出版社，2010。

4. 大力发展涉海产业，实现内陆产业与海洋产业的协调有序发展

海洋产业之间关联度较高，某个海洋产业的发展，会带动其他产业的发展。例如，海洋石油工业的发展，势必会带动造船、运输、冶金、海洋调查、深海工程等一系列产业的发展，不同行业会吸纳更多的劳动力。同样，海洋产业的发展可以与内陆产业建立起复杂的产业体系，从而带来大量就业机会。以海洋水产业为例，海洋水产业对饲料的需求会推动农业、牧业的发展；海洋水产业对原材料的加工又会带动食品加工业、化工、制药业的发展；在产品运输阶段又会带动运输业、仓储业的发展；在产品流通过程中对市场信息的掌控又会带动信息产业的发展。

5. 发展新兴海洋产业，不断完善海洋产业结构

20世纪90年代以来，海洋产业结构发生了巨大的变化，新兴海洋产业不断涌现，出现了海水养殖、滨海旅游、海洋矿产、海水综合利用等产业，改变了传统的以海洋渔业、海洋盐业和交通运输业为主的单一海洋产业结构。随着海洋开发力度的加大和海洋科技水平的提高，新兴海洋产业的规模将会进一步扩大，成为国民经济新的增长点，与此同时，也会创造大量就业机会，解决就业问题。

与陆域产业发展历史相比，海洋产业发展历史较为短暂，海洋产业应充分利用这种后发优势，以高新技术为依托，走可持续发展道路，实现经济效益与环境效益的协调发展，增强吸纳劳动力的能力。

6. 加快城市化进程，发挥城市集聚的就业拉动效应

从前文的分析来看，我国涉海就业人员以及科研人员大多分布在经济发展程度高、城市化水平高的沿海地区，因此，应加快推进城市化进程，为海洋产业的持续、快速发展创造基础性条件。

我们可以借鉴西方国家通过城市人口的聚集效应来增加海洋产业就业机会的经验，在原有城市的基础上，注重城市的规划建设。以大城市为龙头，中小城市为骨干，小城镇为依托，保持海洋产业的持续、稳定、健康发展，创造更多就业机会。

（三）立足区域特征，实行体现本地区发展特色的发展模式

不同地区具有不同的发展水平和发展特色，因此发展重点和方向也不应完全一致，应坚持不同地区区别对待的原则，通过发展体现本地区优势的海洋产业

或海洋行业，促进地区经济结构的优化，增强对劳动力的吸纳能力。事实表明，很多地区不顾自身发展阶段和优势，盲目模仿，造成经济结构的严重失衡，资源浪费现象严重。对于海洋产业的发展，我们不能再走错误的发展之路，而应走地区间专业分工和全面协作的道路，不同区域采取不同的发展模式。①

（四）重视海洋人才的培养，保证海洋事业的持续发展

21世纪是海洋的世纪，随着海洋战略地位的凸显，国际社会对海洋的竞争日益加剧，与此同时，各国对海洋人才的竞争也愈演愈烈。认识到海洋人才的重要性，各国纷纷加快对海洋人才的培养。涉海就业人员质量水平的高低，很大程度上决定着我国海洋产业发展水平的高低，因此为了海洋经济的高效稳定发展，必须重视海洋人才的重要性，加大对海洋人才的培养力度，提高劳动者的就业素质。

1. 贯彻落实《全国海洋人才发展中长期规划纲要（2010～2020年）》，促进海洋人才的全面发展

随着我国海洋人才队伍的不断发展壮大，目前我国海洋人才已遍及全国20多个涉海行业部门和260家科研院所及高校。② 海洋人才对推动我国经济的发展做出了重大贡献。为了更好地实施海洋强国战略，国家海洋局颁布了《全国海洋人才发展中长期规划纲要（2010～2020年）》，对我国海洋人才发展的指导思想、主要任务、发展目标、政策措施和规划实施等内容都进行了阐述，提出了许多新理念和新举措。为了更好地实施涉海就业计划，培养高素质海洋人才队伍，促进海洋经济和国民经济的发展必须落实好《规划纲要》的内容。

2. 加强涉海就业人员的教育和培训，建立良好的人力资源支撑体系

教育作为一种"软实力"对经济发展的推动作用是潜在而又重要的，因此必须不断改革海洋教育体制，不断完善涉海就业人员的培训体系，使涉海就业人员的技能和素质能与海洋经济发展水平相适应，以不断满足海洋产业结构

---

① 王珏、王金柱：《我国海洋经济发展五大制约因素及六项对策》，《海洋开发与管理》2002年第2期。
② 鲁力：《我国出台第一个海洋人才发展中长期规划》，《政策导航》2010年第3期。

的优化升级以及新兴科技的创新与利用对劳动力的需求。《中国海洋统计年鉴》相关数据显示，我国近年来高等教育院校中涉海专业毕业生数和在校生数较往年都有所增加，这在一定程度上满足了海洋开发力度加大对海洋人才的需求。但在海洋人才的培养上，应清楚地认识到我们需要培养的是适应海洋发展的高层次复合人才。但当前国家对海洋人才的培养方法欠当，或单纯注重劳动者知识的授予缺乏实践经验的积累，或只注重劳动者技能的培训，没有把所学劳动技能同市场需求紧密结合；或者一些地区对海洋人才的重视程度不足，造成海洋经济发展受到一定制约。因此，各省市、各地区应加大对海洋人才的教育与培训，有计划、分层次地培养海洋专业人才，注重对国内外高端人才的引进，以提高海洋产业整体就业人员的水平。

3. 重视海洋科技人才培养，提升海洋科技人才的素质

本报告主要从海洋科研机构就业人员的区域分布、文化水平和职称构成等方面来看涉海就业人员的质量水平，通过对数据的分析可以看出我国海洋科技人才结构不合理问题较为明显。为了培养海洋科技人才，提升海洋科技人才素质，可以从以下三个方面着手。

第一，继续加大对海洋科研的投入力度，满足国家对海洋科技人才的需求。当前我国海洋开发活动的加剧，对海洋研究和技术水平提出了更高的要求，国家需要继续重视海洋科技人才的培养，加大海洋科研资金投入和政策扶持，为培养海洋科技人才提供强而稳固的支撑。

第二，对海洋科研人才的培养不仅要扩大总量，也要重视质量的提高。要加强涉海高校的人才培养力度，扩大海洋科技人才规模。

我国海洋科技人才总量虽一直在增加，但同一些发达国家相比，数量明显不足，而且海洋产业对从业人员来说具有较高的技术门槛。为此，各大高校尤其是涉海高校需要扩大招生规模，增强师资力量，注重海洋科技人才的培养，使海洋科技人才能够满足我国未来海洋事业发展的需要。

第三，优化海洋科技人才结构，注重复合型海洋科技人才的培养。随着海洋研究领域的扩大，海洋科学研究的深入，需要的不仅仅是诸如海洋生物、海洋水产、海洋化学以及海洋机械等专业的海洋专门人才，还需要具备海洋管理、海洋法律、海洋军事及海洋环境保护等知识的复合型人才。这就需要涉海高校和涉海部门在专业设置、技能培训方面有所改革，与时俱进，

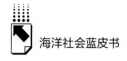
提高我国海洋科技人才的综合素质，从而在国际海洋人才的竞争中占据有利地位。

参考文献

韩立民：《海洋产业结构与布局的理论和实证研究》，青岛：中国海洋大学出版社，2007。

蒋铁民等：《中国海洋区域经济研究》，北京：海洋出版社，1990。

厉以宁、吴世泰：《西方就业理论的演变》，北京：华夏出版社，1988。

刘明：《我国海洋经济发展现状与趋势研究》，北京：海洋出版社，2010。

栾维新：《海陆一体化建设研究》，北京：海洋出版社，2004。

史忠良：《产业经济学》，北京：经济管理出版社，2005。

唐晓华：《现代产业经济学导论》，北京：经济管理出版社，2011。

魏农建：《产业经济学》，上海：上海大学出版社，2008。

叶向东：《现代海洋经济理论》，北京：冶金工业出版社，2006。

于谨凯：《我国海洋产业可持续发展研究》，北京：经济科学出版社，2007。

徐质斌、牛增福：《海洋经济学教程》，北京：经济科学出版社，2003。

郑贵斌：《海洋经济集成战略》，北京：人民出版社，2008。

蔡勤禹、张家惠、霍春涛、庞玉珍等：《海洋开发对中国涉海职业变动的影响》，《海洋科学》2008 年第 10 期。

崔旺来、周达军、汪立：《浙江省海洋科技支撑力分析与评价》，《经济地理》2011 年第 8 期。

韩增林、狄乾斌、刘锴：《辽宁省海洋产业结构分析》，《辽宁师范大学学报》（自然科学版）2007 年第 1 期。

纪建悦等：《环渤海地区海洋经济产业结构分析》，《山东大学学报》2007 年第 2 期。

李彬、高艳：《海洋产业人力资源的现状与开发研究》，《海洋湖沼通报》2011 年第 1 期。

李培林：《中国就业面临的挑战和选择》，《劳动经济》2001 年第 1 期。

李晓嘉、刘鹏：《我国经济增长与就业增长关系的实证研究》，《山西财经大学学报》2005 年第 5 期。

李宜良、王震：《海洋产业结构升级政策研究》，《海洋开发与管理》2009 年第 6 期。

李莹：《新形势下提升海洋科普水平对策》，《科技创新导报》2010 年 8 月 11 日。

刘洪滨：《环渤海地区海洋产业结构调整的方向》，《领导之友》2003 年第 6 期。

栾维新、宋薇：《我国海洋产业吸纳劳动力潜力研究》，《经济地理》2003 年第 4期。

傅颂：《当前我国就业问题的总体态势与影响就业的因素探析》，《湖南商学院学报》2003 年第 3 期。

任新峰：《创新人才流动配置机制、推进区域人才开发一体化》，《中国人事报》2012 年 1 月 2 日。

孙瑛、殷克东、张燕歌：《海洋产业结构动态优化调整研究》，《海洋开发与管理》2007 年第 5 期。

王琪、邵志刚：《关于我国区域海洋管理现状及发展对策的思考》，《海洋信息》2012 年第 2 期。

王婷婷：《上海海洋产业发展及对策建议》，《广东农业科学》2011 年第 23 期。

王璇、刘小杰：《我国海洋储备人才队伍的现状、问题及完善对策》，《中国渔业经济》2012 年第 10 期。

王昭翮、王章勇：《关于我国航海人才培养的经济学思考》，《中国航海》2005 年第 6 期。

武京军、刘晓雯：《中国海洋产业结构分析及分区优化》，《中国人口·资源与环境》2010 年第 3 期。

吴凯、卢布、杨瑞珍、陈印军：《海洋产业结构优化与海洋经济的可持续发展》，《海洋开发与管理》2006 年第 6 期。

徐胜：《环渤海地区海洋产业结构问题分析》，《海洋开发与管理》2011 年第 5 期。

于海楠、于谨凯、刘曙光：《基于"三轴图"法的中国海洋产业结构演进分析》，《云南财经大学学报》2009 年第 4 期。

原峰、鲁亚运：《基于 MGM（1，2）海洋经济就业》，《当代经济》2013 年第 4 期。

谌新民：《沿海地区再就业的形势分析与对策思考——以广东省为例》，《社会学研究》1998 年第 4 期。

张红智、张静：《论我国的海洋产业结构及其优化》，《海洋科学进展》2005 年第 2期。

张樨樨、郗洪鑫：《我国海洋科技人才需求关联因素研究》，《山东社会科学》2011 年第 6 期。

张耀光：《中国海洋产业结构特点与今后发展重点探讨》，《海洋技术》1995 年第 4期。

赵光辉：《我国人才强国战略的一些思考和建议》，《中国人力资源开发》2004 年第 7 期。

周井娟：《我国主要海洋产业对劳动力就业的拉动效应分析》，《工业技术经济》

2011 年第 3 期。

陈桢：《中国经济增长的就业效应问题研究》，博士学位论文，西南财经大学，2006。

黄盛：《环渤海地区海洋产业结构调整优化研究》，博士学位论文，中国海洋大学，2013。

庞子健：《广西海洋产业结构调整的经济效益研究》，博士学位论文，广西师范大学，2010。

孙昭君：《基于面板数据模型的我国海洋产业就业状况及趋势分析》，硕士学位论文，中国海洋大学，2008。

国家海洋局：《2012 年中国海洋经济统计公报》，2013。

国家海洋局：《中国海洋统计年鉴》（2000～2012），北京：海洋出版社，2001～2013。

国家海洋局：《全国海洋人才队伍建设战略研究报告》，2008。

CICI-Saint and Knecht, " Classification of Ocean and Coast ," *University of Delaware Business Review*, 2000: 7.

Janusz, Barbara, " Target System of Marine Environment ," *Ocean development*, 2000.

Emma Marris, "Marine Dugs' Contributions to the Medical Science," *Medical Development*, 2001.

David O. Conover, Stephen A. Arnott, Matthew R. Walsh, Stephan B. Munch, "The New View of the Mairine Industry Development," *Harvard Business Review*, 2005.

Dong-Oh Cho , "Challenges to Sustainable Development of Marine Sand in Korea, " *Ocean & Coastal Management* 49, 2006.

Guillermo E. Herrera, Porter Hoagland, "Commercial Whaling, Tourism, and Boycotts, An Economic Perspective," *Marine Policy* , 2006.

Nicolai Løvdal, Frank Neumann, "Internationalization as a Strategy to Overcome Industry Barriers-An Assessment of the Marine Energy Industry," *Energy Policy* 39 (3), 2011.

Sambracos, Evangelos, Tsiaparikou Oanna, " The Good Development of Marine Industry," *Marine Economics* , 1998.

Tuula Aarnio, Veijo Jormalainen, Jorma Kuparinen, Fred Wulff, "The Environment Problem during the Development of Marine Industry," *Review of Economic Studies*, 2007.

B.9
中国海洋政策与法制发展报告[*]

郭 倩[**]

摘　要： 任何一个国家或地区的海洋发展都与其海洋政策息息相关。新中国成立后，我国的海洋政策与法制发展经历了三个阶段：第一阶段是初始期，这一时期的海洋理念和政策表达，主要以海洋主权维护为重点；第二阶段是海洋立法的大发展期，立法内容多聚焦海洋的资源开发与保护；第三阶段是综合管理与全面发展期，法律与政策内容开始多元化、丰富化，形式也趋于合理，向完整的海洋法律体系目标趋近。过去的成就鞭策着今天的步伐，未来海洋政策与法制发展的方向应是努力达到满足综合管理要求、完善法律体系、保护环境、优化产业结构和完善公众参与、监督、评价机制的目标。

关键词： 海洋政策　海洋法制

　　古今中外，任何一个国家或地区的海洋发展都与其海洋政策息息相关。凡海洋政策宽松积极者，大多综合实力发展迅速；相反，凡政策谨慎内敛型则多发展停滞或缓慢。中国古代各历史时期海禁政策更替交叠，对海洋经济的发展产生了直接的影响。以明朝为例，海禁政策施行时期，沿海贸易发展缓慢，特

---

* 本文是2014年教育部人文社会科学青年基金资助项目"生态文明视阈下我国海洋陆源污染治理研究"的阶段性成果，项目编号14YJCZH043。
** 郭倩（1983~），女，黑龙江人，上海海洋大学讲师，博士研究生；研究方向：海洋法、行政法、经济法。

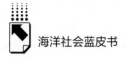

别是私人贸易几近停滞；海禁政策取缔之时，"郑和下西洋"之类盛事将彼时海洋事业推向鼎盛时期。洪武年间，朱元璋为防沿海军阀余党与海盗滋扰，下令实施海禁。当时规定"凡将牛、马、军需、铁货、铜钱、缎匹、绸绢、丝棉出外境货卖及下海者杖一百，……若将人口、军器出境及下海者绞"。① 而明成祖朱棣则在海洋事务中实行开放政策，废除了明初的海上禁令，倡导"锐意通四夷"。经过数十年的社会与经济的恢复和发展，明朝国力强盛，成为当时世界的海洋大国。

一 我国海洋政策与法制发展概况

政策与法律是两个既有联系又有区别的概念。广义的政策包括法律，狭义的政策是指除去法律之外的党与政府或其他事业单位发布的规范性文件。海洋政策与法制也具有这样的关系。

（一）海洋政策与海洋法制

1. 海洋政策

公共政策是公共权力实施主体表达、实现其观点与愿望的一种方式，无论何种政治体制的国家，公共政策作为政治系统的产出，都会对社会产生深刻的影响。美国总统伍德罗·威尔逊认为：公共政策"是由政治家即具有立法权者指定的而由行政人员执行的法律和法规"。② 亚伯雷比则指出"决策不仅仅属于政治"，在一定意义上说"公共行政就是制定政策"。③ 与前者相比后者认为，参与公共政策制定的人员不仅仅有政治家，还包括议员、学者、科研机构等智囊团。关于什么是公共政策，还有很多其他的定义。例如，托马斯·戴伊认为"凡是政府决定做或者不做某件事的行为就是公共政策"；④ 罗伯特·埃斯顿则认为"从广义上讲，公共政策就是政府机构与周围环境之间

---

① 《大明律·兵律》。
② 伍启元：《公共政策》，北京：商务印书馆，1989，第4页。
③ Paul Appleby, *Policy and Administration*, Alabama：University of Alabama Press, 1949, p. 27.
④ 林水波、张世贤：《公共政策》，台北：五南图书出版公司，1982，第1页。

的关系"。①

以上是西方行政学说史中各位西方行政学家对公共政策下的定义。虽然每个定义的内涵与外延均有不同，但基本体现出了公共政策中政府意志、手段的特点。我国是一党专政的国家，党的计划、纲要和领导人的发言讲话也具有极强的政治与行政指导意义。因此，本报告认为，在我国，公共政策是指以包括国家立法文件、党的纲要计划、政府行政规范、事业规划计划在内的具有政治与行政指导意义的所有规范的总称。

随着人类社会的发展、特定资源的紧缺与枯竭，由陆地向海洋发展已成为必然趋势。在海洋资源竞争激烈的今天，各个国家的海洋政策决定着其是否能在竞争中获得优势。何谓海洋政策？本报告认为，在我国，海洋政策是指立法机关以立法形式、政府以规范性文件形式、中国共产党以党的公开文件形式以及领导人以讲话或发表文章的形式为社会公众所知悉的，以规范和指导我国海洋经济、海洋科技、海洋文化、海洋军事、海洋管理等为内容的所有规范性、指导性文件的总和。

2. 海洋法制

法制与法治是两个不同涵义的词语。狭义的法制即法律制度，即指统治阶级按照自己的意志制定、颁布，并强制实施的规范性文件总和。广义的法制是指一切置身于各种社会关系下的主体，平等、公正、严格地遵循法律、依法办事的良好状态。据此定义，法制包括三个层次：法律的制定、法律的实施和法律的监督。这三个层次内容的运作与完成的过程就是法制的过程。法治是与人治相对应的政治法律术语，简而言之，它是指根据法律来治理国家。法治具有两个层次：形式意义的层次和实质意义的层次。前者强调"以法治国""依法办事"的方式和制度。后者强调"限制权力""保障权利"的价值和精神。形式意义的法治体现了法治的价值和精神，实质的法治则必须通过形式化的制度和机制予以实现。

依照中国海洋事务的相关法律运行状态和实践情况，本报告将运用"法制"一词阐述我国海洋法律事务的发展情况。因此，海洋法制是指所有直接

---

① Robert Eyestone, *The Threads of Public Policy: A Study in Policy Leadership*, Indiana: Indiana publish, 1971, p. 18.

规定海洋权益、海洋战略、海洋环境、海洋经济、海洋科学、海洋资源、海洋生产与服务等海洋相关事务的法律规范的总和。

（二）改革开放后我国海洋政策与法制发展的特点

改革开放后，中国的社会、经济与法律都进入了恢复进而快速发展的阶段，海洋事务也不例外。

这一时期海洋政策与法制发展的特点可以概括为三个方面。

1. 国家层面的观念认可

改革开放之前的立法停滞使我国的海洋政策与立法状况处在较落后的状态。这种落后可以在新中国成立以后到改革开放之前的立法内容中窥见一斑。1958 年 9 月 4 日《中华人民共和国关于领海的声明》（以下简称"领海声明"），明确了我国领海的部分基线和西沙群岛的领海基线，自此开始中国的领海制度初见端倪。在此之后的数年，只有少量涉海法律、法规得以颁布。它们是 1959 年 12 月 9 日交通部发布的《关于港口引水工作的规定》、1964 年国务院命令公布的《外国籍非军用船舶通过琼州海峡管理规则》、1976 年 11 月 12 日交通部发布的《中华人民共和国交通部海港引航工作规定》等。这些立法文件所涉多为海航事务，内容之集中与浅显远不能成为体系。

改革开放后，党中央、国务院及时从战略高度认识到了海洋事务的重要性，认识到 21 世纪是海洋的世纪，海洋综合实力的发展不仅仅是海洋事务的问题，更是国家主权与国际竞争力的问题。1991 年时任中共中央政治局常委、国务院总理的李鹏在写信祝贺中国大洋矿产资源开发协会成立的信中指示"我国既是一个大陆国家，又是一个海洋国家。维护国家海洋权益，开发利用海洋资源，对我国四化建设具有重要的现实意义和深远的历史意义"。[①] 1996 年 11 月全国政协主席李瑞环在会见世界海洋和平大会与会代表时指出："中国海洋事业的现状与中国作为海洋大国的身份很不相称，中国人应该并且能够把海洋上的事情办好，应该并且能够为世界海洋事业做出更大的贡献。""21 世纪是海洋事业大发展的世纪，也是海洋管理进一步强化的世纪。我们既要使海洋为当代人类的发展做出新的贡献，又要为我们的子孙留下一个能够持续发展

---

① 李鹏总理祝贺中国大洋矿产资源开发协会成立的致信，1991。

的海洋，这是我们这一代人的责任。"① 由此可见，从中央层面，加快海洋综合实力发展已获得共识。

2. 政策与法律颁布的高密度性

运用北大法宝搜索中国法律法规司法解释全库，搜索标题包括"海洋"②关键词的立法文件，结果显示出 1026 条内容。其中，法律文件 7 条；行政法规 63 条；司法解释 1 条；部门规章 942 条；团体规定、行业规定、军事法规、军事规章及其他 13 条。再详细分析这一结果，只有 7 部部门规章颁布于 1978 年前。也就是说，目前我国 99.3% 以上的涉海法律法规均颁布于改革开放之后。再以 2000 年为节点，21 世纪颁布的涉海法律文件的比例按照上文法律效力等级顺序表示，结果分别为 3/7、38/63、1/1、624/942、8/13。如果不区分法律效力等级，只按照数量统计，则 21 世纪以来颁布的涉海法律文件约占我国目前所有涉海法律文件总量的 66.2%。改革开放至今已有 36 年，不严谨地计算，这 36 年，每年需要颁布 28.5 部涉海法律文件，21 世纪以来每年要颁布 48.1 部。以上数据充分表明，改革开放后我国海洋政策与法规颁布的高密度性，尤其是 21 世纪以来立法的密集性。③

3. 涉外海洋法律内容多具有移植性

法律移植是指一个国家对同时代其他国家法律制度的吸收和借鉴。这种吸收和借鉴主要是指在判断、分析、改正的基础上，吸收、借鉴外国的法律为本国所用。法律移植的范围既包括外国的法律，也包括国际通行法律和国际惯例。我国的海洋法律受国际法影响深重。在涉及领海、毗连区、专属经济区等内容的法律规定中，多遵照 1982 年签署加入的《联合国海洋法公约》内容制定。以《领海及毗连区法》和《专属经济区和大陆架法》为例，在基本制度与内容上均与《联合国海洋法公约》内容一致。这一方面是由于公约对签约国具有国际法上的约束力，另一方面则是受立法技术与立法水

---

① 李瑞环：《在会见世界海洋和平大会代表时的讲话》，转引自刘容子《21 世纪经略海洋国土报告》，《海洋开发与管理》1999 年第 4 期。
② 虽然简单用"海洋"关键词搜索并不能获得涵盖——例如《渔业法》《防止船舶污染海域管理条例》等——所有法律文件的结果，但它在很大程度上可以表明海洋类立法文件的状况。
③ 北大法律信息网，又称"北大法宝"，网址为 http://vip.chinalawinfo.com/。

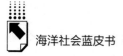

海洋社会蓝皮书

平所限，国际惯例与国际公约在我国制定相关法律时期还是具有先进性的缘故。

4. 海洋政策与法律呈现碎片化态势

我国的涉海政策与法律仍呈现碎片化、非体系化的发展趋势。这表现在以下几方面。首先，我国并没有作为涉海法律文件核心灵魂的《海洋基本法》。颁布于 1999 年，并于 2013 年获得修改的《中华人民共和国海洋环境保护法》正在承担着这一角色。作为一部环境保护类法律，在海洋科技发展、海洋资源开发和海洋主权维护日益成为国际国内热点的今天，显得过时。其次，中国的涉海部门众多。从横向看，有海洋、海事、渔业、边防、海警、环保、军事等部门处理海洋事务；从纵向看，海事中央到地方的系统、海洋中央到地方的系统纵横交错。图 1 是在 2013 年以前，以上海为例的国家海洋管理机构框架，虽然目前中国海警局的建立和相关海洋管理职能的合并已经完成，但是，这种条块相间的海洋管理模式还是影响了政策与法律的制定，使得不同部门、不同地区之间的海洋政策与海洋法律内容存在较大的重叠、交叉和竞争。

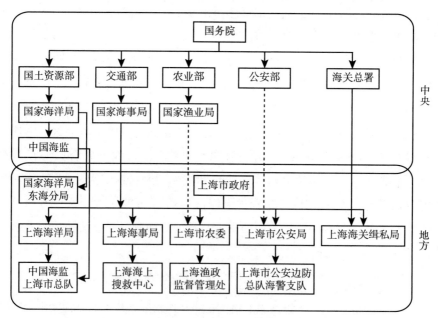

图 1 海洋管理机构框架（以上海为例）

236

二 我国海洋政策与法制发展的历程

按照海洋政策理念不同、法制内容的侧重点不同和立法的频率、水平高低不同等因素综合考量，新中国成立以后，我国的海洋政策与法制发展大概经历了三个阶段。第一个阶段是新中国成立初期到改革开放之前（1949～1978年），这一阶段海洋政策观念保守、法律内容单一、成文法数量较少；第二个阶段是改革开放之初到20世纪90年代中期（1979～1995年），这一阶段是海洋观念觉醒时期，立法数量增长较快；第三个阶段是20世纪90年代末至今（1996年至今），这一阶段的海洋观念已经有向国际接轨的趋势，理念先进、政策内容广泛、立法水平明显提高。

（一）第一阶段：1949～1978年

以改革开放为节点，把我国海洋政策与法治发展的时期划分为第一、第二阶段是较普遍的划分方法。这一时期中国的海洋理念和政策表达，主要体现为以海洋主权维护为重点。新中国成立初期，面对极为复杂的国内和国际环境，当时党和国家的主要任务就是保卫革命胜利果实，维护主权完整。1953年，在中共中央政治局扩大会议上，毛泽东在《建设一支强大的海军》一文中提出："为了肃清海匪的骚扰，保障海道运输的安全，为了准备力量于适当时机收复台湾，最后统一全部国土，为了准备力量，反对帝国主义从海上来的侵略，我们必须在一个较长时期内，根据工业发展的情况和财政的情况，有计划地逐步地建设一支强大的海军。"[1] 为了表明新中国维护国家主权和领土完整的决心，1958年9月4日，中国政府发表了《关于领海的声明》，声明内容如下。

中华人民共和国政府宣布

（一）中华人民共和国的领海宽度为12海里。这项规定适用于中华

---

[1] 中共中央文献研究室、中国人民解放军军事科学院编《建国以来毛泽东军事文稿》（中卷），北京：军事科学出版社、中央文献出版社，2010，第192页。

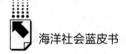

人民共和国的一切领土，包括中国大陆及其沿海岛屿，和同大陆及其沿海岛屿隔有公海的台湾及其周围各岛、澎湖列岛、东沙群岛、西沙群岛、中沙群岛、南沙群岛以及其他属于中国的岛屿。

（二）中国大陆及其沿海岛屿的领海以连接大陆岸上和沿海岸外缘岛屿上各基点之间的各直线为基线，从基线向外延伸12海里的水域是中国的领海。在基线以内的水域，包括渤海湾、琼州海峡在内都是中国的内海，在基线以内的岛屿，包括东引岛、高登岛、马祖列岛、白犬列岛、乌岳岛、大小金门岛、大担岛、二担岛、东碇岛在内，都是中国的内海。

（三）一切外国飞机和军用船舶，未经中华人民共和国政府的许可，不得进入中国的领海和领海上空。

任何外国船舶在中国领海航行，必须遵守中华人民共和国政府的有关法令。

（四）以上（一）（二）两项规定的原则同样适用于台湾及其周围各岛、澎湖列岛、东沙群岛、西沙群岛、南沙群岛以及其他属于中国的岛屿。

台湾和澎湖地区现在仍然被美国武力侵占，这是侵犯中华人民共和国领土完整和主权的非法行为。台湾和澎湖等地尚待收复，中华人民共和国政府有权采取一切适当的方法在适当的时候，收复这些地区，这是中国的内政，不容外国干涉。

至此，新中国最初的领海制度得以建立。

除此之外，1956年的《关于商船通过老铁山水道的规定》、1964年国务院发布的《外籍非军用船舶通过琼州海峡管理规则》和1976年的《中华人民共和国和交通部海港引航工作规定》都明确了"维护中华人民共和国的主权、保障港口、船舶安全"的宗旨。

正如上文所述，这一时期的立法数量极少，主要包括七部部门规章。它们是《国家海洋局试行〈国家海洋局专业技术训练制度暂行规定〉》（1978年，现行有效），《国家海洋局关于执行"船舶水文气象辅助观测规范"及"报告电码"中有关问题的答复》（1977年，现行有效），《国家海洋局关于试行"海洋仪器研制工作程序、新产品试制和老产品整顿（暂行规定）"的通知》（1977年，现行有效），《国家海洋局关于施行海洋资料管理暂行规定的通知》（1977年，现行有效），《交通部、农林部、中央气象局、国家海洋局关于进一步加强船舶水文、气象辅助测报工作的联合通知》（1976年，现行有效），《国家海洋局关于建立〈海洋站业务工作档案〉的通知》（1974年，现行有效），《国家海洋局关于断面调查资料及时向水产部门提供的办法》（1966年，现行有效）。这些规章全部属于海洋系统内部运作的辅助文件，内容也多倾向于技术性、辅助性，对环境、资源开发、海域利用等重点领域并无规定。

新中国成立至改革开放前的这一阶段，政策与法律制定与发布的数量并不算多，所涉内容与领域也远不成体系。从政策与法律的内容来看，主要集中于领海主权与水道航道通行规则领域，且多为标准、程序性的操作性内容。整体而言，这一阶段的政策与法规数量少、内容集中、立法水平较低。

（二）第二阶段：1979～1995年

1979～1995年中国陆续颁布了近30部重要涉海法律，堪称海洋立法的大发展阶段。这一时期立法内容的最大特点是聚焦海洋资源的开发与保护。表1是笔者认为的中国主要海洋法律、行政法规的不完全统计。一共24项，其中有13项内容是主要规定海洋资源开发与保护内容的。

在众多法律条文中，《海洋环境保护法》的颁布意义最为重大。它标志着"中国已经形成了以《中华人民共和国宪法》为依据，以《中华人民共和国环境保护法》为基础，以《海洋环境保护法》为主体，以海洋环境保护行政法规、地方性法规、地方政府规章和海洋环境标准为补充，并与我国缔结或者参加的有关国际公约相协调的海洋环境保护法律体系，为保护海洋环境与资源提供了有利的法律保障"。[1]

防止海洋环境污染和破坏最根本的重要途径之一是制定科学合理、具有可操作性的法律法规。从20世纪70年代末到90年代初我国颁布了十余部海洋

---

[1] 郭院：《论中国海洋环境保护法的理论与实践》，《中国海洋大学学报》（社会科学版）2008年第1期。

环境与资源保护的法律法规。1983年《海洋环境保护法》正式实施,这是海洋环境保护上里程碑式的事件。然而,由于当时海洋环境问题主要是污染治理的问题,所以法的重点还主要是对各类污染源如何防治的规定,对生态资源保护只做了少许涉及。然而,随着海洋经济的快速发展,海洋生态环境的破坏日趋严重,这已成为除海洋污染以外,严重制约海洋环境可持续利用的重要因素。因此,1999年12月25日全国人大常委会对此法进行了第一次修改,将"促进经济和社会的可持续发展"写入条文,作为立法目的。2013年12月28日该法又被进行了大幅修改,将第四十三条修改为:"海岸工程建设项目的单位,必须在建设项目可行性研究阶段,对海洋环境进行科学调查,根据自然条件和社会条件,合理选址,编报环境影响报告书。环境影响报告书报环境保护行政主管部门审查批准。环境保护行政主管部门在批准环境影响报告书之前,必须征求海洋、海事、渔业行政主管部门和军队环境保护部门的意见。"将第五十四条修改为:"勘探开发海洋石油,必须按有关规定编制溢油应急计划,报国家海洋行政主管部门的海区派出机构备案。"删去第八十条中的"审核和"。纵观《海洋环境保护法》海洋生态保护的所有内容,体现了三个角度的保护:一是,它强调了中央和地方沿海政府保护海洋生态系统的责任,特别是红树林、珊瑚礁、滨海湿地、海岛、海湾、入海河口、重要渔业水域等具有典型性、代表性的海洋生态系统;二是规定了海洋自然保护区、海洋特别保护区等一些有效的制度措施;三是加强了法律责任的规定。①

　　为了贯彻实施《海洋环境保护法》,我国还先后颁布了7个配套法规。分别是《防止船舶污染海域管理条例》(1983),《海洋石油勘探开发环境保护管理条例》(1985),《海洋倾废管理条例》(1985),《防止拆船污染环境管理条例》(1988),《防治陆源污染物污染损害海洋环境管理条例》(1990),《防治海岸工程建设项目污染损害海洋环境管理条例》(1990),《防治海洋工程建设项目污染损害海洋环境管理条例》(2006)。这七部配套条例与《海洋环境保护法》一起构成了我国海洋环境保护法律制度的基本框架。

　　除环境保护外,一些典型的领海主权基本立法也是这一时期的成果。《领

---

① 参见张皓若、卞耀武《中华人民共和国海洋环境保护法释义》,北京:法律出版社,2000,第32~58页。

海及毗连区法》规定了管辖海域中内水、领海、毗连区的范围，以及中国在各海域的主权、主权权利和管辖权等，是中国维护海洋权益的基本制度。《领海及毗连区法》第2~5条规定，中国的陆地领土包括中国大陆及其沿海岛屿、台湾及其包括钓鱼岛在内的附属各岛、澎湖列岛、东沙群岛、西沙群岛、中沙群岛、南沙群岛以及其他一切属于中国的岛屿。中国的领海为邻接中国陆地领土和内水的一带海域。中国领海和毗连区的宽度均为12海里，领海基线采用直线基线法划定，领海基线向陆地一侧的水域为中国的内水。中国对领海的主权及于领海的上空、海床和底土。① 领海基线公布后，明确了钓鱼岛附近海域哪里是内水，哪里是领海。这即使在今天，仍对中国主权领土的保护具有非常重要的意义。

另外一部重要的法律是《中华人民共和国海商法》。海商法主要调整商船海事（海上事故）纠纷。它调整的范围很广泛，包括船舶的取得、登记、管理，船员的调度、职责、权利和义务，客货的运送、租赁、碰撞与拖带，海上救助，共同海损，海上保险等。《海商法》具有涉外性强、技术性强、法律制度独特的特点。它的颁布标志着我国海洋商事立法水平日趋成熟，正在向国际法律环境接轨。

第二阶段是我国海洋政策与法律制定与颁布大发展的一年。数量上，较之第一阶段有数倍的增长，内容上更丰富、涉及面更广，立法水平也有较大程度的提高。总体而言，这是我国海洋政策与法律法规开始成型，向体系化、整体化发展的开端时期。

表1　中国主要海洋法律、行政法规

名称	发布日期	效力级别	法规类别
海岛保护法	2009.12.26	法律	海洋资源
批准《〈防止倾倒废物及其他物质污染海洋的公约〉1996年议定书》的决定	2006.06.29	法律	国际公约
港口法	2003.06.28	法律	港口港务
海域使用管理法	2001.10.27	法律	海洋资源
海事诉讼特别程序法	1999.12.15	法律	海事诉讼

---

① 《中华人民共和国领海及毗连区法》。

海洋社会蓝皮书

续表

名称	发布日期	效力级别	法规类别
批准《联合国海洋法公约》的决定	1996.05.15	法律	国际公约
海商法	1992.11.07	法律	海上运输/海事诉讼
领海及毗连区法	1992.02.25	法律	领海
批准《制止危及海上航行安全非法行为公约》及《制止危及大陆架固定平台安全非法行为议定书》的决定	1991.06.29	法律	国际公约/海上运输
渔业法	1986.01.20	法律	渔业管理
专属经济区和大陆架法	1998.06.26	法律	领海
加入《防止倾倒废物及其他物质污染海洋的公约》的决定	1985.09.06	法律	国际公约/环境保护
海上交通安全法	1983.09.02	法律	海上运输
海洋环境保护法（2013 修订）	1982.08.23	法律	海洋资源/环境保护
水生野生动物保护实施条例（已废止）	1993.10.05	行政法规	资源保护
防治陆源污染物污染损害海洋环境管理条例	1990.05.25	行政法规	环境保护
防治海岸工程建设项目污染损害海洋环境管理条例（2007 修订）	1990.05.25	行政法规	环境保护
铺设海底电缆管道管理规定	1989.02.11	行政法规	通信
防止拆船污染环境管理条例	1988.05.18	行政法规	环境保护
海洋倾废管理条例	1985.03.06	行政法规	环境保护
海洋石油勘探开发环境保护管理条例	1983.12.29	行政法规	海洋资源
防止船舶污染海域管理条例	1983.12.29	行政法规	环境保护
对外合作开采海洋石油资源条例	1982.01.30	行政法规	海洋资源
对外国籍船舶管理规则	1979.09.18	行政法规	船舶

本表来源：作者整理。

（三）第三阶段：1996年至今

1996 年在中国的海洋事业发展历史中是重要的一年。在这一年，两份重要文件的颁布使中国的海洋管理制度迈上了一个新的台阶。1996 年 5 月 15 日全国人大常委会批准了《联合国海洋法公约》，同年 7 月，《联合国海洋法公约》对我国生效。这标志着我国海洋事业进入了一个新的历史阶段。《联合国海洋法公约》不仅给我国带来了在更广阔的海域范围内开发利用海洋的重要机遇，也为维护海洋权益、保护海洋环境和资源、实施海洋综合管理确立了正式的国际法律依据。

第二份文件是 1996 年制定的《中国海洋二十一世纪议程》。1992 年 6 月在巴西里约热内卢召开了联合国环境与发展大会，会议通过了联合国可持续发展《二十一世纪议程》。《二十一世纪议程》是一份没有法律约束力，但旨在鼓励发展的同时保护环境的全球可持续发展计划的行动蓝图。它将环境、经济和社会关注的事项统一纳入一个单一的可持续政策框架中，对如何减少浪费，扶贫，保护大气、海洋和生活多样化以及如何促进可持续农业发展都提出了建议。联合国《二十一世纪议程》指出：海洋是全球生命保障系统的一个基本组成部分，也是一种有助于实现可持续发展的宝贵财富。在《二十一世纪议程》的有力影响下，1994 年中国政府制定了《中国 21 世纪议程》，又称为《中国 21 世纪人口、环境与发展白皮书》。《中国 21 世纪议程》把"海洋资源的可持续开发与保护"作为重要的行动宗旨之一。在此基础上，1996 年我国又制定了《中国海洋 21 世纪议程》。该议程阐明了海洋可持续发展的基本战略、目标、对策以及主要行动领域，提出了中国海洋事业可持续发展的战略，构建了有效维护国家海洋权益，合理开发利用海洋资源，切实保护海洋生态环境，实现海洋资源、环境的可持续利用和海洋事业的协调发展的可持续开发海洋的思路。

以《联合国海洋法公约》的批准和《中国海洋 21 世纪议程》的发布为标志，中国进入了海洋综合管理与发展的新时代。如果说，第一阶段是着重海洋权益的宣誓，第二阶段注重海洋环境的保护，那么第三阶段就是海洋全面发展、综合管理的时代。这一阶段海洋法制在主权领土、环境保护领域的政策与法律制定的水平上都有了极大的提高，而且在海域使用立法方面也有了完善。1998 年 6 月 26 日，第九届全国人民代表大会常务委员会第二十四次会议通过了《专属经济区和大陆架法》，《联合国海洋法公约》中关于沿海国对专属经济区和大陆架的权利和义务问题在国内有了立法。《专属经济区和大陆架法》规定了中国专属经济区和大陆架的范围、中国对专属经济区和大陆架的权利、保障行使权利的措施以及专属经济区和大陆架划界原则等重要问题。它与《领海及毗连区法》一起构成了维护我国领土主权的基本法律制度。

2001 年 10 月 27 日《海域使用管理法》经第九届全国人大常委会第二十四次会议通过，于 2002 年 1 月 1 日起施行，中国海域使用制度正式以法律等级的文件确定下来。依据该法，海域管理制度包括三项基本制度：海洋功能区划制度、海域使用权制度和海域有偿使用制度。海洋功能区划是"根据海域的区位条件、自然环境、自然资源、开发保护现状和经济社会发展的需要，按照海洋功能标准，将海域划分为不同的使用类型和不同环境质量要求的功能区，用以控制和引导海域使用方向，保护和改善海洋生态环境，促进海洋资源的可持续利用"。① 2002～2012年国务院共批复了国土资源部，全国各省、直辖市、自治区的21份规划，由此开启了我国海洋功能区划法制管理的新纪元。海域使用权是民法中物权的一种，它是指民事主体通过向基层政府海洋行政主管部门申请并获得批准海域的使用权，并依法在一定期限内使用一定海域的权利。除此之外，《海域使用权管理规定》和《海域使用权登记办法》进一步细化了《海域使用管理法》，完善了我国的海域使用权制度体系。

总体来看，不同时期我国的海洋政策与法制发展具有其阶段性的特点。我国海洋法制的发展轨迹是由主权权益保障向资源环境保护再到综合全面的发展。这一轨迹符合当今世界海洋管理的国际趋势，既体现出我国立法水平、政策水平的巨大进步，也反映出政府与执政党在观念与意识上的不断提升。

三 我国海洋政策与法制发展的建议

虽然新中国成立以来，尤其是改革开放以来，我国的海洋法制发展迅速、政策导向越发先进与明朗。但不得不承认，较之于韩国、日本、新加坡等国，我国的政策与法制状况还是相当落后的。这一方面与政府和社会的意识觉醒较慢有关，另一方面则是由于我国地大物博，对海洋的依赖性没有上述国家强。

然而，陆地资源丰富并不代表海洋资源不重要，相反，21世纪是海洋的世纪，不能做好海洋开发与利用的国家在世界经济共同体中是不会获得重要地位与尊重的。现有的海洋政策与法制还有很多不足，完善并改进现有制度，是保证中国海洋可持续发展的重要途径。

---

① 张宏声主编《全国海洋功能区划概要》，北京：海洋出版社，2003，第3页。

（一）海洋政策与立法要回应并满足海洋综合管理的需求

与陆地不同，海水是可以流动的，因此海洋资源具有极强的流动性。流动性意味着我们开发海洋、利用海洋都应用整体的视角去思考。"各海洋区域的种种问题都是彼此密切相关的，有必要作为一个整体来加以考虑"，① 这是《联合国海洋法公约》的重要理念和原则。这一理念在具体行动中表现为，在海洋管理中，要弱化传统的行政区域界线，对全国各海域、海上各种活动实施综合的管理。海洋综合管理的综合有多层次的含义：一是各平行部门综合，这是指海事、海洋、油气、渔业、滨海旅游、环境保护、矿产开发等主管部门之间应建立组织间合作与支持，防止相互扯皮、互相推诿的工作方式；二是地方政府间的相互合作，这是指中央政府与地方政府间以及地方政府彼此之间的合作与支持；三是陆地与海洋的综合，这是指海岸带陆地与海区之间的综合，宗旨是海陆综合管理、协调发展；四是管理技术的综合，这是指应用自然科学与社会科学的综合，运用法学的、社会学的、管理学的、物理学的、化学的、环境科学的综合方法来管理海洋事务。②

海洋综合管理的模式对海洋政策与海洋立法有非常高的要求。这使得立法时必须要注意衔接不同法律文件之间的关系，做到上位法与下位法分工明确、下位法对上位法有直接的操作功能，最重要的是达到法律条文具有实际可操作性的目标。

（二）尽快制定与颁布《海洋基本法》

目前，中国的海洋立法体系还未能建立，最突出的表现是《海洋基本法》的缺失。海洋法律体系具有综合性、技术性和涉外性的特点，从目前国内海洋法律实践所反映出的"争权与放权"并存现象和国外其他国家的成功经验两方面看，都应该尽快颁布中华人民共和国的《海洋基本法》。从法律体系的结构来看，成熟完善的海洋法律应包括一部该领域的国家层面的基本法、几部细

---

① 《联合国海洋法公约》。
② 杨金森、刘容子：《海岸带管理指南——基本概念、分析方法、规划模式》，北京：海洋出版社，1999，第3~4页。

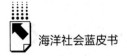

化领域的专门法律、行政法规或规章。这样的结构体系才是完整的、有层次的、有逻辑分工的体系。这样既可以保证海洋法律的规范化和体系化，又可以防止法律适用的空白、漏洞和冲突。

从域外经验来看，加拿大的海洋法律体系比较完整。加拿大的《海洋法》是它的海洋基本法。为配合《海洋法》的实施，加拿大又陆续出台了《海洋战略》（2002 年），《海洋行动计划》（2005 年），《海洋保护区战略》（2005 年）。英国于 2009 年颁布了《海洋法》，作为基本法律，该法既规范了海洋战略，也包括了一些具有可操作性的条款。除此之外美国《海洋法案》（2004 年）、日本《海洋基本法》（2007 年）、韩国《海洋宪章》（2005 年）、越南《海洋法》（2012 年）等众多域外经验，都表明《中华人民共和国海洋基本法》尽快颁布的必要性。

中国《海洋基本法》规定的事项应包括以下几个方面：第一，确立我国海洋国土范围，海洋资源基本状况，在国际法上有效保障自身主权；第二，确立国家海洋基本政策，原则性统领下位法的制定与实施；第三，明确国家海洋管理与决策机构的运行体制；第四，清晰划分海洋事务管理的权限，包括中央与地方和行业间的分工与合作；第五，明确国家海洋权益在国际事务中的"法律代表"，使海洋权益维护有法可依；第六，建立海洋观教育促进制度；第七，建立海洋科技促进制度，大力推进海洋开发利用与保护的技术转移，强化海洋调查与监测工作，拓展海洋新空间，振兴海洋产业和加强国际竞争力。①

（三）注重海洋资源与环境保护，重点支持海洋高科技产业的发展

我国的海洋经济仍处在资源依赖型阶段。纵观沿海各省市，能源重工项目多集中在沿海，临海、临港工业园区比比皆是。环渤海地区的沿海工业基本被化工和钢铁行业瓜分，污染严重。尽快实行产业结构调整，鼓励海洋制药、海水综合利用、海上风电能、海洋科技创新、滨海旅游等新兴产业的发展，应是国家制定政策的主要考虑因素。与此同时，我们还应做到：对于不可再生的海洋资源，例如渔业资源、油气资源、天然气水合物资源、滩涂资源等合理开发

---

① 《制定海洋基本法依法维护海洋权益》：《中国海洋报》2014 年 6 月 17 日。

与养护相结合；对于多金属结壳和热液硫化物等深海资源，应明确国家主权所有，加大勘探开发力度；对于可持续性的潮汐能、海流能、盐差能等再生能源，应给予政策和经费的支持，进行推广。

（四）加大公众参与力度，强化监督与评价机制

在海洋政策与立法中也应充分发挥公众参与的功能。规划在制定阶段，应给予各涉海企业、居民、团体发声的权利，广泛征求群众意见，认真研究反馈信息。在海洋规划制定的前、中、后各阶段还应该发挥网络、传统媒体的监督与评价作用。可以利用听证会、专家咨询会、网络平台征询意见等多种途径向社会公示，发动群众，动员群众，积极听取他们的意见。对政策与法律执行状况，要制定年度执行进度、阶段执行进度的社会公布机制。向社会公开征求评价和监督意见。通过建立健全的定期检查汇报制度，有效控制执行进度，确保政策执行的高质量完成。做到事前参与、事中监督与事后评价相结合的政策机制，势必会推动我国海洋事业的大踏步发展。

结　语

新中国成立以来，我国的海洋政策与法制发展迅速、硕果累累。《海洋环境保护法》《领海及毗连区法》《专属经济区和大陆架法》《海域使用管理法》等一系列海洋法律法规的颁布，进一步完善了国家的海洋法律制度，促进了国家海洋事业的发展，为我国的海洋综合管理奠定了一定的制度基础。但是，我们同样也应看到：在涉及国家领海主权与海洋权益、海洋生态资源的开发与利用等方面的法律法规还很不健全，一些法律法规过于原则、可操作性并不强，而有些专业性法规的实施范围又过于狭窄，适用覆盖面小。这些都是目前我国海洋法律体系存在的重大的、急需解决的问题。这关系到海洋政策法规能否达到立法目的、能否达到颁布之初所预计的效果。随着国际海洋法律制度的发展，中国在专属经济区与大陆架管理制度、海洋高新科技产业开发与支持、海洋生态资源保护与开发等方面仍需补充新的内容。随着中国海洋事业的蓬勃发展，有关内海开发、海域使用的相关法律也将进一步完善。这些内容势必成为支撑中国向海洋大国、海洋强国迈进的稳固基石。

B.10
中国海洋管理发展报告

王 琪*

摘 要：我国的海洋管理大致可以分为四个发展阶段：1949～1979
年海洋管理体制初步形成；1979～1990年地方海洋管理机
构开始建立健全；1991～2009年海洋政策得到充分发展；
2010年至今，尤其是2013年机构改革之后，国家海洋局重
组，将以前分散的海洋执法队伍进行了整合，推动我国的
海洋管理体制由半集中型向集中型转变，在完善和规范行
业管理的同时更加注重海洋的综合管理。当前我国海洋管
理面临的主要挑战有：海洋环境问题日益严重；海洋权益
和海洋资源之争日益激烈；非传统安全威胁带来的挑战日
益增大。未来我国海洋管理的发展趋势是：海洋管理的理
念更具时代性；海洋管理的主体更趋多层次性和协同性；
海洋管理的手段更具柔性化和互动性；海洋管理更具开放
性和国际性。为迎接挑战，适应发展趋势，我国需要进一
步完善海洋综合管理体制，运用新的海洋理念来推动海洋
管理的创新，制定科学的海洋管理策略，同时完善海洋管
理各项配套机制。

关键词： 海洋管理 海洋管理体制 海洋管理发展历程

---

* 王琪（1964～），女，山东高密人，中国海洋大学法政学院教授，博士，博士生导师，主要
研究方向：海洋行政管理。

一 我国海洋管理发展概况

（一）海洋管理及其相关概念界定

1. 海洋管理的涵义

海洋管理概念是伴随海洋管理实践的发展而逐步提出的。由于各国、各地区的海洋管理实践活动有极大的差异，在海洋管理的主体、客体等一系列问题上有着不同的理解，加之海洋管理学科尚处在发展和完善之中，因而对海洋管理的概念至今尚未形成统一的认识[①]。

美国学者蒂默（Peter Cry Tumer）和阿姆斯特朗（Jom M Armstrong）认为，海洋管理是指政府对海洋空间和海洋活动采取的一系列干预行动[②]。当代一般将海洋管理定义为国家对海洋区域的管理，强调了国家作为海洋管理的主体性，以及海洋管理对象的区域性，并因当代海洋的综合性、区域性，而将海洋管理称为海洋综合管理、海洋区域管理，认为它们是海洋管理的高层次形态，而行业管理则是相对的低层次形态。我国学者王琪等认为海洋管理是以政府为核心主体的涉海公共组织为保持海洋生态平衡、维护海洋权益、解决海洋开发利用中的各种矛盾冲突所依法对海洋事务进行的计划、组织、协调和控制活动。[③] 海洋管理在不同的发展阶段有不同的表现形态，呈现不同的管理模式，主要表现为：海洋行业管理模式、海洋综合管理模式等。

2. 海洋行业管理

海洋行业管理，是指根据海洋活动的经济、自然属性，由不同的行业和专业行政主管部门进行对口管理。海洋行业管理主要是根据海洋自然资源的属性及其开发产业特点，将陆地各种资源开发部门管理职能向海洋延伸。20 世纪 50 ~ 70 年代，行业化的管理一直是我国海洋管理的基本模式，与此同时，形成多个具有海洋管理职能的涉海管理部门。中央和各级地方政府的渔业部门负

[①] 王琪：《海洋管理——从理念到制度》，北京：海洋出版社，2007，第 48 页。

[②] 蒂默、阿姆斯特朗：《美国海洋管理》，北京：海洋出版社，1986，第 2 页。

[③] 王琪、王刚、王印红、吕建华：《变革中的海洋管理》，北京：社会科学文献出版社，2013，第 47 页。

责海洋渔业的管理，交通部门负责海洋交通安全的管理，石油部门负责海洋油气的开发管理，轻工业部门负责海盐业的管理，旅游部门负责滨海旅游的管理等。在新中国成立初期至20世纪80年代，我国的海洋管理主要以行业管理为主，原因是这一时期社会生产力水平还不高，支撑海洋开发和利用的科学和技术还比较落后，海洋资源的开发和利用难以形成一定规模，海洋受到的开发压力不大。传统的针对单一资源类型的专业管理，可以在处理本行业资源利用问题上发挥应有作用，但海洋作为一个生态系统，随着现代多种资源综合开发利用的深入进行，海洋行业管理越来越难以适应海洋空间和资源利用的有效性和可持续性。

3. 海洋综合管理

我国学者鹿守本先生在其所著的《海洋管理通论》一书中指出，"广义的海洋综合管理概念可以做如下表述：海洋综合管理是国家通过各级政府对海洋（主要集中在管辖海域）空间、资源、环境和权益等进行的全面、统筹协调的管理活动。在这一归纳表述基础上，还可以延伸表达如下：海洋综合管理是海洋管理的高层次形态。它以国家的海洋整体利益为目标，通过发展战略、政策、规划、区划、立法、执法，以及行政监督等行为，对国家管辖海域的空间、资源、环境和权益，在统一管理与分部门分级管理的体制下，实施统筹协调管理，达到提高海洋开发利用的系统功效、海洋经济的协调发展、保护海洋环境和国家海洋权益的目的"[①]。此后我国其他学者对此概念的界定虽然有一定的变化，但是大都沿用了这一说法。

海洋综合管理的内涵包括多个方面的内容。①海洋综合管理具有战略管理的特性。海洋综合管理作为一种国家管理活动，需从战略的高度，运用政策与法律等手段对各种海洋利益关系进行调整，以促进国家海洋事业的发展。②海洋综合管理是政府的一种宏观管理。政府是公共权力的代表，受公众的委托来管理社会，海洋综合管理作为政府的一种宏观管理，其管理主体主要包括中央和地方各级政府，而且主要是带有综合协调性质的政府行政管理机构。海洋综合管理所管理的对象不是某一局部海域的单一方面的海洋微观具体事务，而是

---

① 贺义熊：《基于资源资产化管理的大连市海洋综合管理新体制构建探讨》，《渔业经济研究》2010年第2期。

涉及区域整体或长远利益，需要运用多种手段综合管理的宏观的整体性海洋事务，因而是一种整合性的高层次宏观管理。① ③海洋综合管理涉及多种管理范畴。从综合角度来看，海洋综合管理涉及多方因素、多种力量；从海洋综合管理的参与者来说，包括各级政府之间、政府与非政府组织和公众之间、各部门之间的统筹协调管理；从海洋综合管理的作用范围来说，其包括陆地和海洋的综合统筹管理、海洋资源的综合有序利用、海洋管理政策在纵向与横向上的统筹协调管理。④海洋综合管理所要实现的是局部或行业管理难以达到的目标。②

（二）我国海洋管理职能

按照不同的划分标准，海洋管理职能的构成有着不同的种类。从一般的政府管理职能角度，海洋管理职能可以分为海洋政治职能、海洋经济管理职能、海洋文化管理职能及海洋社会管理职能等。

1. 海洋政治职能

海洋政治职能，亦可称之为海洋政治统治职能，是国家政治职能在海洋方面的体现③。政治职能最为集中地体现出国家的本质属性，是国家运用暴力工具、法制等特殊的强制力量，对被统治阶级及一切破坏现存政治法律秩序、社会秩序的敌对分子进行控制和镇压的管理职能。同样，海洋政治职能也是国家本质在海洋方面的体现。概括而言，国家的海洋政治职能囊括以下内容：第一，维护国家海洋权益，实现国家利益；第二，维护海洋开发秩序，保障国家权益与公民的海洋利益。

2. 海洋经济管理职能

海洋经济管理是指政府或其他公共组织为达到一定目的，对海洋领域的生产和再生产活动进行的以协调各当事者的行为为核心的计划、组织、推动、控制、调整等活动④。海洋经济管理职能的目的是保证海洋资源的合理有效、有

---

① 帅学明、朱坚真：《海洋综合管理概论》，北京：经济科学出版社，2009，第 6~8 页。
② 王琪、王刚、王印红、吕建华：《变革中的海洋管理》，北京：社会科学文献出版社，2013，第 56 页。
③ 王琪、王刚、王印红、吕建华：《海洋行政管理学》，北京：人民出版社，2013，第 32 页。
④ 王琪、王刚、王印红、吕建华：《海洋行政管理学》，北京：人民出版社，2013，第 33 页。

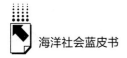

序地开发利用，优化海洋资源的配置和海洋产业的结构和布局，最大限度地提高海洋经济系统的产出效能；在发展海洋经济的同时，将海洋经济活动对海洋资源和海洋环境的损害程度降到可控范围，维护海洋生态健康。按照管理主体的层次不同，海洋经济管理职能可分为三个层次：一是中央政府对全国海洋经济系统的管理；二是各经济区域和各沿海地方政府对本地区海洋经济活动的管理；三是各海洋产业部门对本行业的经济管理。

3. 海洋文化管理职能

海洋文化，就是有关海洋的文化；就是人类源于海洋而生成的精神的、行为的、社会的和物质的文化生活内涵[1]。海洋文化的本质，就是人类与海洋的互动关系及其产物。[2] 海洋文化管理职能是指政府促进社会关注海洋，普及海洋意识，繁荣海洋文化。概括而言，海洋文化管理职能的内容包括以下两个方面：第一，培养国民的海洋意识；第二，促进海洋文化事业的发展。

4. 海洋社会管理职能

海洋社会管理职能是政府或其他公共组织以促进海洋社会系统的协调运转为目标，对海洋社会系统的发展环节进行组织、协调、监督和控制的过程[3]。政府社会管理职能的基本任务包括协调社会关系、规范社会行为、解决社会问题、化解社会矛盾、促进社会公正、应对社会风险、保持社会稳定等方面。具体而言，包括以下几方面的内容：第一，解决海洋开发造成的社会问题；第二，培育海洋社会组织；第三，协调涉海人群关系；第四，加强海洋社区管理。

海洋管理的一般职能，是按照一般的行政管理职能标准划分，它是行政管理职能在海洋领域的体现。由于海洋自身的特殊性，海洋管理还存在不同于其他领域的特殊职能。

5. 海洋权益维护职能

所谓海洋权益，是指国家对其邻接的海域及其公海区域，以海域所处的地理位置和历史传统性因素为依据，按照国际、国内法制度，国际惯例，历史主张和国家生存与发展需要享有的不同主权和利益要求。[4] 而海洋权益维护就是

① 王琪、王刚、王印红、吕建华：《海洋行政管理学》，北京：人民出版社，2013，第33页。
② 曲金良：《海洋文化与社会》，青岛：中国海洋大学出版社，2003，第26页。
③ 王琪、王刚、王印红、吕建华：《海洋行政管理学》，北京：人民出版社，2013，第35页。
④ 鹿守本：《海洋管理通论》，北京：海洋出版社，1997，第104页。

保障我国的这些主权和利益要求不被他国侵犯。

6. 海洋环境保护职能

海洋环境保护职能是政府或其他公共组织对海洋生态及资源进行保护，并防止人类行为污染海洋环境。根据《海洋环境保护法》的规定，我国海洋环境保护职能包括以下内容：①对海洋环境进行监测、监督；②保护海洋生态安全；③防治陆源污染物对海洋环境的污染损害；④防治海岸及海洋工程建设项目对海洋环境的污染损害；⑤防治倾倒废弃物对海洋环境的污染损害；⑥防治船舶及有关作业活动对海洋环境的污染损害。

7. 海域使用管理职能

海域使用管理职能是指从中央到地方各级海洋行政管理部门代表国家对海域的使用主体实施依法管理，是我国海洋管理职能的重要体现。海域使用管理的核心是实施海域使用申请审批制度和有偿使用制度。政府的海域使用管理职能主要集中在两个方面：第一，明确海陆界线；第二，加强海域使用管理中的基础性工作和配套制度建设。

8. 海岛管理职能

我国对海岛的管理分为有居民海岛和无居民海岛管理两大类。前者由国土部门行使管理权限，后者由海洋主管部门行使管理权限。对于有居民海岛，国土部门视同陆地管理。通常意义上，海洋主管部门对无居民海岛的管理主要包括海岛政策制度等的制定、海岛保护规划、海岛生态保护、海岛利用管理、海域海岛地名管理、海岛执法监察、海岛能力建设等方面。

9. 海洋应急管理职能

海洋应急管理是指以海洋主管部门为核心的多元主体为了降低海洋突发事件的危害，基于对海洋突发事件的产生原因、发展过程及其影响的科学分析，有效地整合社会各方资源，运用现代技术手段和现代管理方法，对海洋突发事件进行有效的监测、应对、控制和处理。按照时间维度，海洋应急管理职能的具体内容可以分为三个方面：海洋突发事件的预防；海洋突发事件的处理；海洋突发事件的恢复。

10. 海洋交通管理职能

海洋交通管理职能是指管理部门规范海洋交通，提高海洋运输而承担的管理职能。其内容包括：港湾监督、船舶航行监督与管理、锚泊监督、航道与航

标管理、海上交通信息发布、导航、海上救助打捞、海洋环境保护等多方面的内容。

11. 海洋渔业管理职能

海洋渔业管理职能，是指国家通过渔业立法和执法手段对渔业生产全过程的计划、组织、指挥、协调以及监督所进行的一系列管理活动，是渔政管理监督机构依据渔业管理法律法规对渔业实施监督管理的行政执法过程。行使海洋渔业管理职能，最重要的是理顺其中的各种关系，包括：渔民和国家之间的关系；渔业组织与国家之间的关系；渔业组织之间的关系。

（三）我国的海洋管理体制

新中国成立以来，我国一直实行统一管理与分级管理相结合的海洋管理体制，属于半集中型的海洋管理体制。2013年的机构改革，设置了较高位阶的海洋委员会，将以前分散的海洋执法队伍进行了整合，推动了我国的海洋管理体制由半集中型向集中型转变。我国的海洋管理体制主要包括以下四个方面的内容。

1. 中央层面的海洋管理领导与协调机制

中央层面的海洋管理领导与协调体制，代表了中央对海洋事务的统一领导、组织协调。目前，我国海洋管理领导与协调体制包括两个方面。①国家海洋委员会。2013年3月10日，十二届全国人大一次会议在北京人民大会堂举行第三次全体会议。为加强海洋事务的统筹规划和综合协调，国务院机构改革和职能转变方案提出，设立高层次议事协调机构国家海洋委员会。其职能主要包括两大部分：负责研究制定国家海洋发展战略；统筹协调海洋重大事项。国家海洋委员会的成立，是我国海洋管理体制由半集中向集中转变的重要标志之一，为我国海洋事务的统一领导、组织协调奠定了体制保障。②海洋行政主管部门——国家海洋局。国家海洋局作为我国的海洋行政主管部门，承担国家海洋委员会的具体工作。因此，国家海洋局代表中央，统一负责海洋的有关事宜，完成国家海洋委员会委托及其他有关全国海洋事务的管理工作。①

---

① 王琪、王刚、王印红、吕建华：《海洋行政管理学》，北京：人民出版社，2013，第63页。

2. 地方海洋行政管理体制

地方海洋行政管理体制是指沿海地方政府中管理海洋的职能部门的职权划分以及其在地方政府中的地位和作用。按照地方海洋管理机构的设置和管理职能，可以将之分为三种类型：①海洋与渔业管理相结合体制。在全国 15 个沿海省（区、市）和计划单列市当中，有 10 个是属于海洋与渔业合并在一起的行政管理体制。海洋与渔业厅（或局）兼有海洋和渔业的两种管理职能，受国家海洋局和农业部渔业局的双重领导。在海洋执法过程中，既有海监管理的执法任务，又有渔政监督管理职能。因此，这两种海洋行政管理体制是把海洋和渔业管理紧密结合在一起的体制。这种体制延续了大部制改革的思路，将相邻的管理部门进行整合，从而明确了职责。②隶属于国土资源的管理体制。河北省、天津市、广西壮族自治区 3 个省（区、市）在机构改革中，遵循中央机构改革模式，将地矿、国土、海洋合并在一起成立了国土资源厅（或局）。其中，海洋部门负责海洋综合管理和海上执法工作。③海洋局分局与地方海洋行政管理部门结合体制。上海市地方管理机构在改革中，与国家海洋局东海分局合并，这种地方海洋行政管理机制在全国尚不多见。而且，上海市还进一步整合了其与水利管理部门之间的职能关系，将水利部门也整合进了这一管理机构中。

表1　地方海洋行政管理体制一览表

模式	海洋与渔业模式	国土资源模式	分局与地方结合模式
实行省市	辽宁、山东、青岛、江苏、浙江、福建、厦门、广东、海南	河北、天津、广西	上海

资料来源：王琪、王刚、王印红、吕建华：《海洋行政管理学》，北京：人民出版社，2013，第65页。

3. 涉海行业管理体制

我国的涉海行业管理模式是指基于管理职能的划分，而使得一些中央职能部门的管理权限也涉及海洋管理的某一领域。目前我国涉海行业管理机制可以细分为以下几个方面：①海洋渔业的管理；②海上航运和港口的管理；③海洋油气生产的管理；④海盐生产的管理。需要指出的是，涉海行业管理体制是一种分散式的管理体制，随着海洋开发范围和力度的拓展和加大，这种管理体制

无法保证海洋资源有序开发和合理利用，更无法保障国家海洋利益不受侵犯，综合管理成为未来海洋管理的必然趋势。

4. 海洋行政执法体制

2013 年以前，我国的海洋行政执法体制是典型的分散执法体制。这一分散的海洋执法体制包括五支海洋执法队伍，它们分别是中国海监、中国海事、中国海警、中国渔政以及中国海关。这五支海上执法队伍隶属不同的管理部门，拥有不同的管理权限。但在很多领域还是存在执法交叉。而且，执法队伍的分散也使得每支执法力量都受到削弱。2013 年的机构改革，将上述五支海洋执法中的四支——中国海监、中国渔政、中国海警及海关缉私队伍整合为一支海上执法队伍，以"国家海警局"的名义开展海上执法。国家海警局接受国家海洋局的领导，接受公安部的业务指导。整合后的海洋行政执法体制，更能适应我国海洋事业发展的需要，避免了因职能交叉而造成的责任推诿。中国海警局的成立，预示着我国海洋行政管理体制进入了一个新的历史发展阶段。

二 我国海洋管理发展历程

海洋蕴藏着富饶的资源和无限的未来，人类要不断取得进步和发展，就必须充分利用和保护这块疆土。向海洋进军，开发利用海洋资源，成为扩大人类生存空间、增加资源储备、发展经济的重要出路。世界各国对海洋开发高度关注，并不断加大对海洋的开发和管理。新中国成立以来，我国的海洋管理经历了由被忽视到被重视，由行业管理到综合管理的过程。在此，对我国的海洋管理发展历程进行梳理，可划分为四个阶段。通过梳理我国海洋管理的发展历程，为不断完善海洋管理提供借鉴，从而推动海洋事业的全面协调发展。

（一）海洋管理体制的初步形成期（1949～1979）

在这个阶段，海洋管理分散在各个涉海行业，被称为海洋管理的行业管理阶段；海洋事业也逐步成为一类具有相对独立性的事业，国家海洋管理体系逐渐形成（见表2）。

表 2 1949~1979 年海洋管理方面出台的法律法规及机构设置概况

	名称	发布日期/成立时间
法律法规、政策文件	《中华人民共和国海港管理暂行条例》	1954 年 1 月 23 日
	《中华人民共和国国务院关于渤海、黄海及东海机轮拖网渔业禁渔区的命令》	1955 年 6 月 8 日
	《中华人民共和国政府关于领海的声明》	1958 年 9 月 4 日
	《水产资源繁殖保护条例》	1979 年 2 月 10 日
机构设置	国家海洋局	1964 年 7 月
	北海分局、东海分局、南海分局	1965 年

新中国成立后，海洋事务方面主要是恢复和发展传统的海洋产业，如渔业、盐业和沿海航运业，着重对海洋渔业、海洋交通和海盐业等进行了由陆地到海洋的行业管理过渡，并开始建立海洋科研机构。国家和地方各级政府的水产主管部门负责海洋渔业的管理，交通部门负责海上交通安全管理，石油部门负责海上油气资源的开发管理，轻工业部门负责海盐业的管理，旅游部门负责滨海旅游的管理等，[1] 可以看出当时海洋管理是一种行业管理的模式。

这一时期国家较为重视国防，虽然这一阶段颁布的涉海法律法规并不多，只是一些最基本的法规政策文件，但内容集中在维护国家主权和国防安全等方面。比如 1954 年通过的《中华人民共和国海港管理暂行条例》、1955 年的《中华人民共和国国务院关于渤海、黄海及东海机轮拖网渔业禁渔区的命令》。1958 年 9 月 4 日中国政府发表领海声明，从原则上规定了中国的领海制度。[2]

这个阶段的海洋管理有一个标志性的事件，就是 1964 年国家海洋局的成立，标志着我国开始有专门的机构进行海洋管理，同时，海洋局的各分局也相继成立，标志着海洋事务开始从陆地事务中独立出来，海洋事业也逐步成为一项相对独立的事业，自此，国家海洋管理体系逐渐形成。但是海洋管理体制较为分散，没有较高的议事机构和协调机构，也没有集中的海洋执法队伍，并且海洋管理职能分散于各个部门。这一时期受"大跃进"的影响，在海洋捕捞产量上一度提出过高的产量指标，造成近海资源的破坏。然而，1966 年"文

---

① 宁凌主编《海洋综合管理与政策》，北京：科学出版社，2009，第 28 页。

② 王琪等：《海洋管理——从理念到制度》，北京：海洋出版社，2007，第 196 页。

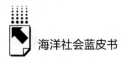

化大革命"开始，海洋管理的步伐基本停顿，直至1976年"文化大革命"结束才逐步恢复。

（二）地方海洋管理机构建立健全期（1979～1990）

这一阶段的突出特点是地方海洋管理机构的逐步建立，既使原有的海洋管理体制更加充实，也使海洋管理体制更具合理性。同时，海洋行业管理中的法律法规逐渐增加，对海洋规划和利用的政策性文件也不断增加。从1980年开始，当时的五部委联合在沿海省市开展全国海岸带和海涂资源综合调查，为了更好地配合这次调查，沿海各省市都成立了"海岸带调查办公室"，这样一个临时性机构，成为今天沿海地方海洋行政管理机构的雏形。在历时8年的联合调查后，在国家科委和国家海洋局的倡议下，海岸带调查办公室改为沿海各省市科委下面管理本地海洋工作的海洋局等机构，基本形成地方海洋管理机构。① 这一阶段我国海洋管理制度在层次、体系等方面处于全面建设状态，中央层面海洋综合管理和法制化管理得到不断强化，地方海洋行政管理体制改革也开始启动并进行了积极的尝试（见表3）。

表3　1979～1990年海洋管理方面出台法律法规及机构设置概况

		名称	发布日期
法律法规	海洋法律及涉海法律	《中华人民共和国海洋环境保护法》	1982年8月23日
		《中华人民共和国海上交通安全法》	1983年9月2日
		《中华人民共和国矿产资源法》	1986年3月19日
		《中华人民共和国渔业法》	1986年1月20日
	海洋行政法规	《海洋石油勘探开发环境保护管理条例》	1983年12月29日
		《海洋倾废管理条例》	1985年3月6日
		《防拆船污染环境管理条例》	1988年5月18日
		《铺设海底电缆管道管理规定》	1989年2月11日
政策文件		《中国海洋开发战略研究报告》	1984年
机构设置		"海岸带调查办公室"	1980年
		地方海洋行政管理机构相继建立	1990年开始

---

① 王琪、王刚、王印红、吕建华：《海洋行政管理学》，北京：人民出版社，2013，第71页。

　　20 世纪 80 年代末以来，为了进一步推动各地方的海洋工作发展，在国家科委和国家海洋局的共同努力下，沿海各省（区、市）的科委下面相继成立了管理本地海洋工作的海洋局（处、室），接受科委和海洋局的双重领导，行使地方的海洋行政管理的职能职责。① 1990 年 3 月辽宁省海洋局成立，而后撤销了省海洋与水产局，合并为辽宁海洋与渔业厅。除辽宁省外，全国 15 个沿海省（区、市）中还有 9 个地区（山东、江苏、浙江、宁波、福建、厦门、广东、海南等）设立了海洋与渔业厅（局），将海洋与渔业两项事业合并在一起，由该厅（局）进行管理。该机构兼有海洋与渔业两种管理职能，受国家海洋局和农业部渔业局的双重领导。② 此外，河北省海洋局于 1990 年 11 月建立，归省科委和计委管理，与省海洋及海涂资源研究开发保护领导小组办公室为一套机构，两套牌子。与之类似的是，天津市和广西壮族自治区在机构改革中将地矿、国土、海洋合并在一起，成立了国土资源厅（局）。而上海市则于 1990 年 8 月组建了海洋局，归属国家海洋局东海分局，形成了独树一帜的管理模式。1992 年底，地（市）、县（市）级海洋机构已发展到 42 个，③ 这使国家、省、地（市）、县（市）四级海洋管理体制得到充实，分级海洋管理的局面形成。

　　除上述地方海洋管理机构的建设外，地方海洋行业管理机构也不断健全。在渔业方面，设立了主管渔业和渔政的渔业局，隶属农业部。渔业局下设渔政渔港监督管理局、渔业船舶检验局，并在黄海与渤海、东海、南海设立了三个直属渔业局的海区渔政局。此外，沿海各省市和地县也都设立了水产行政主管机构和相应的渔政管理机构。交通部下设港务系统、航道系统和港务监督系统，进行海上航运管理。成立了港务监督局，主管水上交通安全。到 1987 年，我国在沿海主要港口组建了 14 个交通部直属的海上安全局，沿海港建队伍扩大到一万多人。④ 自 1979 年起，我国实施对外合作勘探开发海洋石油天然气的政策，成立了中国海洋石油总公司和中国石油天然气总公司，每个公司的下面都设有若干个海区公司。

　　这一时期，我国恢复在联合国常任理事国的地位后，积极参与了国际海洋

---

①　王琪等：《海洋管理——从理念到制度》，北京：海洋出版社，2007，第 219 页。
②　王琪等：《海洋管理——从理念到制度》，北京：海洋出版社，2007，第 219 页。
③　仲雯雯：《我国海洋管理体制的演进分析（1949~2009）》，《理论月刊》2013 年第 2 期。
④　王琪、王刚、王印红、吕建华：《海洋行政管理学》，北京：人民出版社，2013，第 71 页。

立法活动，逐步开始意识到要想开发、利用并管理好海洋，重要的前提是建立健全海洋法律体系，同时要制定相应的海洋政策。在 20 世纪 80 年代初，我国开始在海洋领域和各涉海领域进行大规模立法活动，涉及海洋综合立法、渔业资源和海上交通等领域立法、海洋环境保护、矿产资源等方面。例如 1982 年通过的《中华人民共和国海洋环境保护法》，这部法律成为真正意义上的第一部专门性的海洋环境保护立法，成为中国海洋环境管理和各种规章、地方法规的法律依据，标志着我国的海洋环境管理走上了法治轨道。1983 年制定的《中华人民共和国海上交通安全法》、1986 年通过了《中华人民共和国渔业法》。1984 年的《中国海洋开发战略研究报告》提出了海洋开发的基本政策，涉及海洋环境、海洋科技、海洋综合管理、海洋产业改造和新兴产业发展、国际合作等 12 个方面。[①] 这些政策建议尤其是合理布局海洋开发区域，海洋开发和海洋环境保护同步规划、同步实施、同步发展以及提高海洋开发的经济、社会和生态效益等思想经多年的实践证明是正确的，为以后制定综合型海洋政策奠定了基础。

（三）海洋政策的充分发展期（1991～2009）

在这个阶段，海洋管理逐步从行业管理迈向综合管理，国家对海洋在政策上充分重视，出台了相当多的海洋发展规划、海洋战略以及涉海法律，相关法律法规政策文件处于一个大爆发的时期，这使得海洋管理在政策方面有了充分的发展；海洋管理机构进行了一些调整，但没有实质性的改变。

表 4　1991～2010 年海洋管理方面出台的法律法规及机构设置概况

		名称	颁布日期
法律法规	海洋法律及涉海法律	《中华人民共和国领海及毗连区法》	1992 年 2 月 25 日
		《中华人民共和国海商法》	1992 年 11 月 7 日
		《中华人民共和国专属经济区和大陆架法》	1998 年 6 月 26 日
		《中华人民共和国海域使用管理法》	2001 年 10 月 27 日
		《中华人民共和国港口法》	2003 年 6 月 28 日
		《中华人民共和国海岛保护法》	2009 年 12 月 26 日
	海洋行政法规	《海洋功能区划管理规定》	2007 年 8 月 1 日

---

① 王琪、王刚、王印红、吕建华：《海洋行政管理学》，北京：人民出版社，2013，第 96 页。

续表

	名称	颁布日期
法律 法规 海洋地方 法规	《福建省海域使用管理条例》	2001 年 5 月 14 日
	《福建省海域环境保护条例》	2002 年 9 月 29 日
	《宁波市无居民海岛管理条例》	2008 年 8 月 1 日
政策文件	《90 年代中国海洋工作的基本政策和工作纲领》	1989 ~ 1994 年
	《全国海洋功能区划》	1991 年
	《全国海洋开发规划》	1993 年
	《海洋技术政策》	1996 年
	《中国海洋 21 世纪议程》	1998 年
	《中国海洋事业发展》	2003 年 5 月
	《全国海洋经济发展纲要》	2008 年
	《国家海洋事业发展规划纲要》	1999 年
机构设置	中国海监总队	1999 年
	中国海监北海总队、中国海监东海总队、中国海监南海总队	1999 年

　　1993 年联合国 48 届联大要求各国把海洋综合管理列入国家发展议程，号召沿海国家改变部门分散管理方式，建立多部门合作，社会各界广泛参与的海洋综合管理制度。我国在 20 世纪 80 年代国务院的两次机构调整中，将原国家海洋局调整为管理全国海洋事务的职能部门，综合管理我国管辖海域，实施海洋监测监视，维护我国海洋权益，协调海洋资源合理开发利用，保护海洋环境，并组织海洋公共事业、基础设施的建设和管理。从国家海洋局被赋予的职能中，可以看出其综合管理职能的加强。

　　20 世纪 90 年代是中国海洋政策发展中的重要阶段，制定海洋基本政策的工作被提到重要的议事日程上来。1991 年制定的《90 年代中国海洋工作的基本政策和工作纲要》明确了 20 世纪 90 年代中国海洋工作的中心和基本任务，是新中国成立以来第一个指导处理海洋事务的综合性基本政策，它注意到了海洋问题的综合性、复杂性，强调处理海洋事务的综合管理。[1] 1993 年 11 月

---

① 王琪等：《海洋管理——从理念到制度》，北京：海洋出版社，2007，第 197 页。

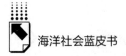

《海洋技术政策》作为中国科学技术蓝皮书第 9 号发布①，这是我国制定的第一部全面的、宏观的海洋科学技术发展指南，推动了我国海洋科技水平的提高，促进了我国海洋事业的快速发展。1996 年中国政府为响应联合国的《海洋 21 世纪议程》颁布了《中国海洋 21 世纪议程》，成为中国 21 世纪海洋持续开发利用的政策指南，阐明了海洋可持续发展的基本战略、战略目标、基本对策及主要行动领域，表明中国海洋政策已发展到一个新的高度。

海洋立法也不断完善，尤其是海洋地方法规的不断涌现。1992 年 2 月颁布的《中华人民共和国领海及毗连区法》确立了国家拥有领海、管理和使用领海、毗连区的基本法律制度和一些原则性的规定。根据《联合国海洋法公约》赋予沿海国的权利，我国颁布了《中华人民共和国专属经济区和大陆架法》，确立了我国专属经济区和大陆架法律制度的基础和原则。1999 年修订后的《海洋环境保护法》出台，2002 年颁布了《中华人民共和国海域使用管理法》，2009 年通过了《中华人民共和国海岛保护法》，确立了海岛规划、生态保护等基本制度。国家和地方先后制定了系列配套法规和实施办法，海洋法规开始形成体系。《海洋环境保护法》《海域使用管理法》《海岛法》等相关法律法规及规定的贯彻实施，积极推进了依法治海，这使海洋综合管理步入了法制化、科学化和规范化轨道，是强化海洋综合管理的关键举措。

这一时期，除了调整、完善海洋局的职能外，另一个重要的机构调整就是于 1999 年成立了中国海监总队，与国家海洋局合署办公。其主要职能依照有关法律和规定，对我国管辖海域（包括海岸带）实施巡航监视，查处侵犯海洋权益、违法使用海域、损害海洋环境与资源、破坏海上设施、扰乱海上秩序等违法违规行为，并根据委托或授权进行其他海上执法工作。随后不久，国家海洋局的三个分局也分别成立了海监北海总队、海监东海总队、海监南海总队。②

这个时期逐步建立了海洋综合管理体制，海洋发展逐步被纳入到国家发展的战略层面。2008 年，国务院发布了《国家海洋事业发展规划纲要》，其中提出，"加强对海洋经济发展的调控、指导和服务"。这是新中国成立以来第一

---

① 管华诗、王曙光：《海洋管理概论》，青岛：中国海洋大学出版社，2002，第 13 页。
② 鹿守本等：《海岸带综合管理》，北京：海洋出版社，2001，第 131 页。

个指导全国海洋事业发展的纲领性文件，是新时期我国海洋事业发展的基本思
路和主要指南，标志着我国海洋综合管理工作进入了新的阶段。党的"十六
大"和"十七大"报告分别提出"实施海洋开发"和"发展海洋产业"重大
战略。

（四）海洋局重组后的海洋管理体制新发展时期（2010～）

这个时期最重大的事件就是国家海洋局的重组，标志着我国海洋管理体制
从半集中型向集中型过渡，我国的海洋管理体制进入一个完善期。在这个阶
段，"海洋强国"正式成为国家战略之一，随着海洋地位的不断上升，国家关
于海洋的政策方面体现出不断完善海洋立法，推进海洋综合执法的特点（见
表5）。

表5　2010年以来的海洋管理方面出台的法律法规及机构设置概况

	名称	发布日期/成立时间
法律法规	《海洋观测预报管理条例》	2012年3月1日
	《浙江省无居民海岛开发利用管理办法》	2013年3月18日
	《海南经济特区海岸带保护与开发管理规定》	2013年3月30日
政策文件	《国际海域资源调查与开发"十二五"规划》	2012年2月
	《重点河流域水污染防治规划（2011～2015年）》	2012年
	《全国海洋功能区划（2011～2020年）》	2012年4月
	《全国海岛保护规划》（2011～2020）	2012年
	《全国海洋经济发展"十二五"规划》	2012年
	《国家海洋事业发展"十二五"规划》	2013年
	《国家适应气候变化战略》	2013年11月
	《山东省渤海海洋生态红线区划定方案》	2013年11月
机构设置	国家海洋委员会	2013年
	新的海警局	2013年

在国家战略上"海洋"的地位日益攀升，为了适应这种发展，国家非常
重视对海洋治理的行政机构的改革，以实现良好治理。2013年的机构改革中，
国务院机构改革和职能转变方案的重要内容之一，就是重新组建国家海洋局。
重新组建后的国家海洋局，在几个方面实现了突破。首先，成立了高层次的议
事协调机构国家海洋委员会。国家海洋委员负责研究制定国家海洋发展战略，

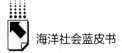

并统筹协调海洋重大事项。国家海洋局负责国家海洋委员会的具体工作。其次，整合了海上执法队伍，成立了新的国家海警局。2013 年的机构改革和职能转变方案，将原来分别隶属于海洋局、公安部、农业部、海关的海上执法队伍进行了整合，成立了新的海上执法队伍——中国海警局。海警局接受国家海洋局的领导，公安部进行业务指导。① 重组后的国家海洋局在海洋综合管理和海上维权执法方面的职责得到进一步加强。同时，在海洋规划、海域使用管理、海岛保护利用、海洋生态环境保护、海洋科技、海洋防灾减灾、海洋国际合作等方面负有主要职责，在海洋战略研究、法规制度、海洋经济发展等方面负有重要职责，并承担极地、公海、国际海底相关事务。国务院于 2013 年批准的"三定"规定梳理了重组后的国家海洋局与主要涉海部门的职责分工。国家海洋局参与拟订海洋渔业政策、规划和标准，参与双边渔业谈判和履约工作，根据双边渔业协定对共管水域组织实施渔业执法检查，组织和协调与有关国家和地区对口渔业执法机构的海上联合执法检查。海关与中国海警建立情报交换共享机制，海关缉私部门发现的涉及海上走私情报应及时提供给中国海警，中国海警开展海上缉查并反馈缉查情况，按照管辖权限办理案件移交，交通运输部与国家海洋局共同建立海上执法、污染防治等方面的协调配合机制并组织实施。环境保护部与国家海洋局建立海洋生态环境保护数据共享机制，相互提供海洋生态环境管理和环境监测等方面的数据，并加强海洋生态环境联合执法检查，对沿海地区各级政府和各涉海部门落实海洋生态环境保护责任情况进行监督检查。② 尽管 2013 年的机构改革中，并没有对国家海洋局的隶属关系进行调整，国家海洋局依然是国土资源部下辖的国家局，但是它设立了高层的国家海洋委员会，并对执法队伍进行了整合，这预示着我国的海洋管理体制进入了一个完善期。我国海洋管理体制从半集中型向集中型过渡。

随着海洋强国战略的正式提出，国家制定的关于海洋方面的政策体现出如下特点：不断加强海洋综合管理调控的手段、加大海洋联合执法力度、健全涉海法律法规、提高全民海洋意识、进一步完善海洋综合管理体制机制。2013

① 王琪、王刚、王印红、吕建华：《海洋行政管理学》，北京：人民出版社，2013，第 72 页。
② 国家海洋局发展战略研究所课题组：《中国海洋发展报告（2014）》，北京：海洋出版社，2014，第 67 页。

年11月党的十八大报告提出，"提高海洋资源开发能力，坚决维护国家海洋权益，建设海洋强国"，"海洋强国"正式成为国家战略之一；这是在党的全国代表大会报告中首次提出我国新时期海洋事业发展的总体思路，为海洋政策的制定和实施指明了方向。2013年，国务院批准了《国家海洋事业发展"十二五"规划》，对未来一个时期的海洋事业发展做出了全面的部署。随着时代进步和科技发展，国家日益看重利用科技手段开发海洋，国家海洋局加快了全国科技兴海产业示范基地的认定工作。在发展海洋经济和科技之际，也不断重视对海洋生态环境的保护，国家海洋局及相关部门创新性地制定和实施了海洋生态环境保护政策，如《关于开展"海洋生态文明示范区"建设工作的意见》。健全海洋管理中相关的法律法规，不仅注重海洋环境、交通运输、渔业管理等方面的立法，海岸带、海岛等方面的立法也逐步建立，并且地方性法规也逐步建立。例如2013年发布施行的《海南经济特区海岸带保护与开发管理规定》，是目前中国由省级地方人大制定、现行有效的唯一有关海岸带管理的地方性法规。2014年十八届四中全会通过的《中共中央关于全面推进依法治国若干重大问题的决定》再次强调要完善海洋立法，推进海洋综合执法。

通过对我国海洋管理的发展历程梳理，可以发现随着海洋管理范围日益扩大和对象的日益复杂，海洋管理经历着由从陆地行业管理到海洋行业管理、从海洋行业管理到初步的海洋综合管理的历程。在这个历程中，我国日益开始注重对海洋的利用与保护，不断完善涉海法律法规，健全海洋管理机构和体制，并且能够站在宏观的立场上对海洋事业的发展进行规划，更重要的是将"海洋强国"作为国家发展战略之一。随着治理理论的兴起，海洋管理又必然要经历从管理向治理的转变。

三　我国海洋管理面临的挑战与发展趋势

（一）我国海洋管理面临的挑战

随着世界各沿海国家对海洋的重视程度不断加强以及人类涉海行为的不断深入，对海洋公共事务的管理也将变得日益专业化和复杂化。展望未来，我国的海洋管理主要面临着以下几方面的挑战。

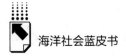

第一，海洋环境问题日益严重。海洋是支持人类可持续发展的一个重要空间，而清洁的海洋环境和健康的海洋生态系统是沿海地区经济社会可持续发展的基础，也是经济社会发展目标之一。因此，世界各沿海国家都试图通过各种有效的管理活动来实现海洋环境的保护。然而，就世界范围而言，由于人类海洋开发利用活动以及人类自身生活所引致的海洋环境污染仍在逐步增多，尤其是许多发展中国家正在重蹈发达国家"先污染后治理"的老路，而发达国家则公开掠夺他国资源或将污染转移给发展中国家，因而全球的海洋环境问题变得越来越多元化、复杂化。其特点表现为：由单项环境问题为主，演化为以综合性环境问题为主；由局地性环境问题为主，演化为以区域性环境问题为主；由显性环境问题为主，演化为以隐性环境问题为主；由短期环境问题为主，演化为以长期环境污染与生态破坏两类问题并重等。由于海洋实践活动的频繁性和多样性，海洋环境保护也变得极其复杂。为此，加强海洋环境管理，切实有效地保护海洋环境是我们面临的一项重要任务。

第二，海洋权益和海洋资源之争日益激烈。海洋是国土，是资源，是通道，是新的经济领域、新的生产和生活空间。"海洋战略价值的进一步提升，把海洋与国家的利害关系推到前所未有的新高度。在这一背景下，许多沿海国家尽量扩大其管辖海域范围，甚至圈占或主张占有世界人类公共自然遗产或资源，兴起了一股新的'蓝色圈海'运动的逆流。"① 人类社会的发展需要空间和资源，陆地空间和资源由于长期的掠夺和侵占，正面临短缺和枯竭，而海洋的空间广度和资源的丰富度远远超过陆地，对其开发利用的热潮方兴未艾。海洋空间与资源的争夺刚刚开始，而且海洋对陆地的制约作用日趋增强，谁控制海洋，谁就得到了生存和发展的权利。② 因此，在我国今后的海洋管理中，必须要坚决维护我国的正当海洋权益，维护国家主权，并合理、安全、生态、高效、可持续地开发利用我国的海洋资源。

第三，非传统安全威胁带来的挑战日益增大。非传统安全威胁是相对于传统安全威胁而言的，是指除军事、政治和外交冲突以外的其他对主权国家及人类整体的生存与发展构成安全威胁的因素。海洋领域的非传统安全威胁主要包

---

① 鹿守本、宋增华：《当代海洋管理理念革新发展及影响》，《太平洋学报》2011 年第 10 期。
② 王琪、王刚、王印红、吕建华：《海洋行政管理学》，北京：人民出版社，2013，第 277 页。

括以下四方面。①海盗、海上走私、海上恐怖势力泛滥，现已成为威胁全球海洋安全的国际公害。②部分沿海国家所面临的因海平面上升有可能淹没国土的生存威胁。③海洋环境污染和生态系统的不断恶化成为全球公害。④新的海洋法生效后围绕海洋划界及资源分配引发的国际争端等。海洋领域的非传统安全威胁对海洋管理的影响可谓全面而深刻，它不仅对国家的生存与发展构成威胁，而且迫使相关国家调整其发展战略和内外政策，在地区和全球层面不断催生国际制度与多边合作机制的建立与完善。

（二）我国海洋管理的发展趋势

改革开放以来，我国的海洋事业取得了长足的进步，海洋管理也逐渐走向制度化、法制化和规范化。在未来的实践中，我国的海洋管理将呈现以下几种发展趋势。

第一，海洋管理的理念更具时代性。理念作为一种观念形态，因其超越于特定的现实而具有普遍的适应性，是行为的先导。理念的确立和更新是构建管理体系、实现管理变革的根本。海洋管理的理念表现为海洋管理的观念形态、价值形态，通常以一些基本观念、基本准则、指导思想的形式表现出来，对海洋管理的研究具有定向功能和支柱作用。如果说传统的海洋管理理论相对贫乏、空洞，那么今天的海洋管理正在引入越来越多的新的管理理念：可持续发展理念、公共管理理念、治理理念、战略管理理念、综合管理理念、生态系统管理理念等。这些新的管理理念不仅以原则、指导思想的形式在影响着海洋管理的发展，而且这些理念本身也已转化为海洋管理的实践内容和管理模式。把海洋管理纳入生态管理、公共管理的分析框架中，已成为理论界与实务界的共识。

第二，海洋管理的主体更趋多层次性和协同性。海洋管理的主体无疑是作为公共权力机关的政府，但在强调多元主体合作共治的今天，海洋管理的主体呈现出多层次性、协同性的态势。强调海洋管理主体的多层次性和协同性，并不是否定或削弱政府的主导作用。在海洋管理的多元主体中，政府是核心主体，是海洋管理的组织者、指挥者和协调者，在海洋管理中起主导作用。而同样作为公共组织的第三部门——社会组织，则是作为参与主体或协同主体帮助政府"排忧解难"。因为仅靠市场这只"看不见的手"和政府这只"看得见的

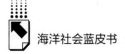

手"的作用仍然难以涵盖海洋管理的所有领域,更需要社会组织、企业、公民等主体的积极参与才能实现海洋的有效管理。因此,为了更好地维护海洋权益、保护海洋生态环境、妥善处理好各种海洋公共事务,政府在依靠自身力量的同时还需要动员越来越多的社会力量参与到海洋管理之中。只有政府和社会各方同心协力,才能更好地促进海洋公共利益的提高,同时也有助于政府自身行政效能的改善和海洋管理能力的提高。

第三,海洋管理的手段更具柔性化和互动性。传统的海洋管理主要运用行政手段,即国家海洋行政部门运用法律赋予的权力,通过履行自身的职能来实现对海洋的管理。行政手段因其具有强制性而在管理实践中表现出权威性和针对性,但单一的管理手段显然不能适用于日益复杂的海洋管理实践。因而,法律手段、经济手段、教育手段等管理方式也日益在海洋管理中发挥作用,特别是经济手段,由于它的强烈的激励作用而能促使人们自觉调整海洋行为。伴随海洋管理理念的更新和海洋实践活动的需要,海洋管理的手段也在不断变化。传统海洋管理的手段尽管仍然在发挥作用,但无论其内容上还是形式上都在发生着变化。现代海洋管理手段变化的一个重要趋势是管理方式向柔性、互动的方向发展。所谓"柔性",是指管理者以积极而温柔的方式来实现管理目标,它克服了以往控制方式的强硬性、单一性,而是以服务为宗旨,综合运用各种灵活多变的手段,并在其中注入许多非权力行政因素,如指导、引导、倡议、示范、激励、协调等行政指导方式;所谓"互动",强调的是现代海洋管理是一个上下互动的管理过程,它主要通过合作、协商、伙伴关系、确立认同和共同的目标等方式实施对海洋公共事务的管理,其权力向度是多元的、相互的。总之,新的管理手段更加突出了管理过程的平等性、民主性和共同参与性,表明由传统的管制行政向服务行政的转变。

第四,海洋管理更具开放性和国际性。以《联合国海洋法公约》为代表的国际海洋管理制度已经建立,世界各国都将在此基础上进一步建立和完善本国的海洋管理制度,海洋管理将得到全面发展和进一步加强。海洋管理的范围由近海扩展到大洋,由沿海国家的国家内部管理扩展到全世界各国间的区域性及全球性合作治理。海洋的开放性、海洋问题的区域性和全球性决定了海洋管理具有国际性,海洋管理的边界已从一国陆域、海岸带扩展到可管辖海域甚至公海领域,所管理的内容也由一国内部的海洋事务延伸到国与国之间的区域海洋事务或全球海洋公共事务。海洋将全球连接在一起，海洋天然的公共性和国际性要求必须加强全球合作，治理海洋的各种公共危机。与各沿海国家共同管理海洋，成为海洋管理面临的一个新的课题，也给海洋管理者带来了新的挑战。①

总之，我国的海洋管理已经进入了一个全新的发展时期，如何适应目前条件下的环境变化，克服各种挑战，已成为海洋管理必须关注的问题。在未来的发展过程中，我国的海洋管理将日趋成熟和完善，从而为海洋事业的发展和"海洋强国"战略的实施创造良好的制度和体制基础。

四 推进我国海洋管理发展的相关对策建议

（一）进一步完善海洋综合管理体制

海洋管理面对的是一个复杂的矛盾体系，其中，国家海洋管理部门与地方海洋管理部门之间、海洋综合管理部门与海洋行业管理部门之间的矛盾尤为突出。国家涉海管理部门与地方涉海管理部门都是海洋管理的主体，在根本利益上是一致的。但由于海洋地位越来越重要，地方政府迫切要求加强对周边海域的管理，因而使中央政府和地方政府在海域管理范围及其事权划分等方面存在着诸多矛盾。要解决二者的矛盾，需要做到以下三点：一是坚持国家海洋行政主管部门对全国海洋行政管理工作的统一监督和指导，国家海洋行政主管部门制定的管理政策和规章应该具有权威性；二是要理顺国家与地方政府海洋管理部门各自的职权责任，国家海洋主管部门应发挥指导、协调、服务、监督的作用，主要负责海洋统一管理、综合管理，而沿海地区海域内的事务，由当地政府海洋主管部门负责；三是要充分调动和发挥地方政府管好海洋的积极性。在海洋管理变革的运行机制中，一个重要的目标就是要建立起协调配合的管理机制。因我国的海洋管理涉及多个部门，海洋、环保、水产、交通、水利、盐业、旅游、矿产等部门都可以依据有关法律法规所赋予的权限对人们的涉海活动进行管理，它们往往各自为政，且彼此的管理权限不明晰，从而造成管理效

① 王琪、王刚、王印红、吕建华：《海洋行政管理学》，北京：人民出版社，2013，第280～282页。

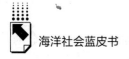

率低下。为此，在海洋管理制度的运行过程中，应合理界定海洋统一管理部门与各行业管理部门的职责范围，海洋统一管理部门主要对涉及海洋资源开发秩序、海洋生态环境保护等事关全局的问题进行管理，并且为涉海部门提供各类公益服务，而涉海行业管理部门则侧重于各自专业领域所涉及的海洋管理工作；建立海洋统一管理部门与海洋行业管理部门的协调配合机制，减少职能交叉和重叠，增加部门间的协调配合和资源共享机制。

（二）运用先进的海洋理念来推动海洋管理的创新

海洋管理的创新源于先进的海洋管理理念和海洋意识。因此，要保护海洋环境，保持海洋经济的可持续发展，首先要调整海洋价值观，重建人与海洋之间的平等关系，尊重和爱护海洋。应确立新的海洋价值观念，包括海洋国土观、海洋生态伦理观、海洋可持续发展观、海洋安全观、海洋资源有偿使用观等。只有在新的海洋价值观支配下，才能实现海洋管理制度的变革。其次，应该增强海洋意识，明确海洋发展对人类的战略意义。海洋是支撑人类可持续发展的宝贵财富，特别是对中国这样一个陆地资源日益匮乏的人口大国而言更是如此。为此要树立新的海洋观念，从可持续发展的角度看待海洋，认识到海洋是地球上唯一尚未充分开发的宝地，是保证可持续发展的重要资源和财富，是影响和改善政治、经济、军事的重要因素，是构成人类生命保障系统的重要部分，是全球人民的共同家园和发展空间。重新认识、评估海洋价值，特别要提升海洋的生态价值、战略价值，海洋开发与海洋保护并重，应在全社会加强宣传教育。最后，应该引入新的海洋管理理念，促使海洋管理的观念、意识由自发上升为自觉，也就是说要主动引入新的海洋管理理念，用新的管理思想来支配管理行为。影响海洋管理制度的思想很多，目前主要应强化的是海洋生态管理理念、海洋公共管理理念和海洋综合管理理念。综合管理的思想在联合国的大力倡导下，已经被各沿海国家接受，但关键是怎样落实到行动上并产生实效。海洋管理的政策制定者和执行者在政策制定和管理过程中，没有自觉地把生态管理和公共管理理念纳入海洋管理实践活动中，海洋管理制度建设和实践活动缺乏新的管理思想指导，致使海洋管理无论在制度建设还是在管理内容和形式上都经常处于滞后的状态。因此，必须引入新的管理理念，促使人们改变管理思想，从生态管理、公共管理的视角来看待海洋管理。

（三）制定科学的海洋管理策略

海洋管理策略包括海洋管理政策和海洋管理战略两个方面的内容。海洋管理政策是海洋管理部门所制定的准则，具有明确的目标指向和可操作性。制定科学的海洋管理政策，完善海洋管理的法律、法规体系具有重要的意义。海洋管理政策制定过程并不等于简单地增加新政策，而是要坚持政策效率的原则，对海洋管理政策进行系统的变革。变革海洋管理政策，应该注意海洋管理政策、法规的可行性、可操作性及权威性。政策法规在一定程度上体现着国家的意志、价值导向，具有严肃性和权威性，一旦确立，需要保持一定的稳定性，不能朝令夕改。政策法规的制定要具有科学性和严谨性，应尽量减少主观因素，以保证政策法规变革的有效落实。国家海洋战略是国家用于筹划和指导海洋开发、利用、管理、安全、保护的全局性战略，是涉及海洋经济、海洋政治、海洋外交、海洋军事、海洋权益、海洋技术诸方面方针、政策的综合性战略，是正确处理陆地与海洋发展关系，迎接海洋新时代宏伟目标的指导性战略。应加快制定海洋战略，建设海洋强国。研究制定海洋战略的原则是要服从国家战略的全局，并充分考虑国家和民族的长远利益。要适应海洋开发与利用形势的需求，要顾及国家经济、技术的承受水平和军事治海能力。

我国制定、落实科学的海洋管理策略时，可以借鉴国外先进的海洋管理经验，降低我国海洋管理水平所需的成本。海洋管理策略具有可移植性，我国在海洋管理过程中曾经移植过西方发达国家有关海洋综合管理的策略，并取得了显著的成效。移植的过程也是修正的过程，对国外先进海洋管理策略的借鉴运用，确实可以极大地推进我国海洋管理改革的深入发展，但值得注意的是，移植的法规和手段要想生根发芽，真正发挥作用，还必须与我国国情及海洋管理理念相容。

（四）健全海洋管理各项配套机制

海洋管理的推进离不开各项配套机制的完善和发展，健全配套机制，应主要从两个方面着眼。一是推进海洋管理的科学基础机制建设。例如运用先进的海洋勘测设备全面了解我国各海域环境资源状况，完善各海域功能区划，确定海域主导开发方向；核算我国海洋资源，科学计算各种海洋产业的经济效益；

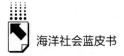

研究海洋资源优化配置模式，形成科学合理的海域开发布局；研究确定我国不同海域的环境质量标准和最大环境容量，为确定开发利用规模和控制排污总量提供科学依据。积极组织海洋资源开发新领域的大胆探索，促进海洋新兴产业的形成和发展。同时应加大科技投入力度，在及时更新海洋管理设备的同时，着重培养掌握先进海洋管理技术的专门人才，建立一支专业知识过硬、实践经验丰富的海洋人才队伍。二是完善相关政治制度以保障海洋管理策略切实推进。例如完善海洋管理的协商机制。采取各种措施将非政府主体纳入海洋管理中，保证信息的公开透明，拓宽公众参与渠道，使其直接参与到海洋管理活动中来，发表自己的观点，维护自己的海洋权益。加强公民参与的长效化制度建设，设立固定长效的海洋管理部门（委员会），使群众在其中占有一定的比例，在相关政策讨论和管理方式上反映人们的诉求。完善管理信息的透明化制度，实施区域海洋管理政务公开，通过固定的海洋信息公开栏、公开网站等形式，让公众能够及时看到关于海洋管理的相关进展。加强海洋管理互动化制度建设，建立起涉海政府部门与公民良性互动的公众参与机制。将在当前政府行政管理中广泛采用的座谈会、书面征求意见、列席和旁听、公民讨论、专家咨询和论证等方式充分运用到海洋管理中来，广泛吸收公众对海洋管理的意见和建议，以达到上下互动、顺畅沟通的目的。[1] 同时，不能忽视对海洋管理主体管理行为的监督机制、考核机制、奖惩机制建设。监督机制能够减少甚至消除政府海洋管理行为中以权谋私的现象；考核机制能够通过明确的指标科学评估海洋管理行为的效益和效能，确保失当行为得到及时的发现和纠正；奖惩机制在激发海洋管理行为人的积极性的同时落实相关责任，对失当行为进行惩罚。

① 李百齐：《论海洋管理中的公民参与》，《浙江海洋学院学报（人文科学版）》2009 年第 3 期。

中国沿海区域规划发展报告

董 震*

摘 要： "中国沿海区域规划"是指以我国14个沿海省级行政单位所辖的特定地区或海域为规划对象，规划广度在城市规划和国土规划之间，跨越省或市行政界线的区域规划。在新中国的发展建设过程中，区域规划并不是一直作为一个独立的规划类型存在，它在大部分时间里都只是作为一种规划逻辑隐含在其他类型的规划当中，直到"十五"期间才逐步走上正轨。中国沿海区域规划的发展历程主要分为四个时期，即产业规划时期（1949~1978）、国土规划时期（1978~1989）、城市规划时期（1989~2006）、区域规划时期（2006年至今）。目前我国沿海地区已经形成了以"环渤海""长三角"和"珠三角"区域为核心，辐射周边地区，省、市、区（县）三级联动的区域规划布局，沿海区域规划结构较为完善，积极贯彻了国家发展规划的指示，有效兼顾了国土规划和城市规划的需求，同时能够结合地区发展实际，积极开展试点规划上的探索创新。整体来讲，呈现区域规划体系不断健全，区域协调日趋必要，区域一体渐成定局，过热风险亦需提防的趋势。

关键词： 沿海地区 区域规划 海洋社会

---

* 董震（1984~ ），男，辽宁本溪人，大连海事大学公共管理与人文学院讲师，硕士生导师，大连海事大学社会学系主任，博士，研究方向：海洋社会学、航海社会工作。

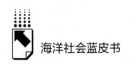

一 中国沿海区域规划的概念阐释

本章主要对中国沿海区域规划的发展情况进行介绍、回顾、总结和展望。顾名思义，"中国沿海区域规划"是指以中国沿海地区为特定对象的区域规划。因此，要明确"沿海区域规划"的内涵，有必要先对"中国沿海"和"区域规划"这两个关键词的含义作一澄清。

（一）中国沿海

"中国沿海"是一个地理概念，泛指中华人民共和国国境和领海之内的沿海地区，但"沿海"的定义相对宽泛，需要进一步界定。在日常语言中，海洋与陆地交会的地区都可称为"沿海"，但"沿海"与"内陆"地区并无明确的分界线。《中国海洋统计年鉴》将沿海地区界定为有海岸线（大陆岸线和岛屿岸线）的地区，这些地区又可按行政区划分为省（自治区/直辖市/特别行政区）、市、区（县）三级。目前我国沿海地区共有 14 个省级行政单位，沿海省有 9 个，分别为辽宁、河北、山东、江苏、浙江、福建、广东、海南、台湾；沿海自治区有 1 个，即广西壮族自治区；沿海直辖市有 2 个，即天津和上海；沿海特别行政区有 2 个，即香港和澳门。此外，还有沿海地级市 49 个（不含直辖市和特别行政区），沿海区县 242 个。基于上述情况，在本章中，我们将"中国沿海"界定为 14 个沿海的省级行政单位所辖的地区和海域。

在世界上大部分国家和地区，相较起内陆来说，沿海地区都具有得天独厚的发展优势。就地理因素而言，沿海地区由于濒临海洋，气候往往温和湿润，相对更适宜人类居住；就经济因素而言，沿海地区可享受到海运之便，商业往往较为繁荣，既可背靠内陆市场吞吐货物成为商品集散地，又可连入贸易网络获取原料和加工方面的便利；就文化因素而言，沿海地区的商业传统使人们善于变革，思想活跃，又可借往来贸易与其他文明互通有无。正因为上述种种因素，古往今来，沿海地区常常占据发展的先机，乃至通过自身的发展进步拉动整个地区的繁荣。在新中国的发展历程中，尤其是改革开放 30 年来，沿海地区对我国经济社会发展的拉动作用有目共睹。数据显示，截至 2013 年，我国沿海地区除港澳台外的 11 个省级行政单位总人口占全国 31

个省总人口的约 42.8%，[1]贡献了我国 2013 年 GDP 的约 54.6%。[2]可以说，沿海地区的发展繁荣直接关系到中国的经济命脉，而沿海地区的政策方针制定反映了中国改革开放的趋势和风向。

（二）区域规划

"区域规划"（Regional Planning）是一个经济地理学概念，是空间规划的重要分支。它兴起于 20 世纪初，自 20 世纪 60 年代开始获得各国的广泛关注。从最基本的意义上讲，"区域规划"是指在一定区域范围内对国民经济建设和土地利用的总体政策部署。[3]它是一种公共政策，主要在调查研究的基础上，分析和评估某一区域可资利用的显性和隐性资源，明确区域发展的性质和任务，为区域的产业布局和基础设施建设指明方向。

"区域规划"所说的"区域"可以泛指任何可称为"区域"的地理空间，从这个角度来说，国土规划、地区规划、城市规划等各个层次的规划都可被归入"区域规划"的广义范畴。但在具体研究中，研究者和政策制定者往往用"区域规划"来特指那种跨越省市行政界线，但又在规模广度上低于全国性规划的部署。[4]或者说，所谓的"区域规划"在操作层面上往往是"区域间规划"，经常涉及多个省市之间的区域协作。本章中所提到的"区域规划"，均是在狭义上使用这一概念，用来指涉规划广度高于城市但低于国家，跨越省市行政界线的政策部署。

区域规划的内容较为繁杂，有学者将区域规划的基本内容划分为八大类，既包含提纲挈领式的总体定位，又涉及产业分工、建设布局、空间管治、环境

---

① 数据来源：国家统计局，http：//www.stats.gov.cn/，最后访问日期：2015 年 3 月 26 日。计算方式：2013 年末沿海地区人口总和除以 2013 年末全国总人口。（上述数据计算均未含港澳台）

② 数据来源：新华网，http：//www.xinhuanet.com/，最后访问日期：2015 年 3 月 26 日。计算方式：沿海地区的 GDP 总和除以 31 个省份 GDP 总和。省份 GDP 总和与全国 GDP 数据不吻合，故以省份和省份的数据相比较。（上述数据计算均未含港澳台）

③ 胡序威：《区域与城市研究》，北京：科学出版社，1998，第 83 页。

④ 牛慧恩：《国土规划、区域规划、城市规划——论三者关系及其协调发展》，《城市规划》2004 年第 11 期。

保护等具体操作性工作。① 区域规划在国家的整体空间规划中承上启下，它是国家大政方针的操作化维度，是宏观调控的重要政策手段，同时又与地方在执行层面上直接关联，对地方的发展建设实践起到提纲挈领的引导作用。20 世纪 70 年代以来，"区域规划"由单一的经济规划扩展到经济、科技、社会、环境等多个领域，成为一种综合性的战略部署。② 在引入系统论和可持续发展的理念以后，现代区域规划理论要求超越"唯经济论"的逻辑，从更广阔的社会和生态环境系统出发对区域发展进行评估和考量。时至今日，"区域规划"的基本理念逐渐由静态化的空间配置转向动态化的过程引导，区域规划的目标不再是单纯的一时一地的数据增长，而是要求构建和完善区域治理框架，维持区域发展的良性循环。因此，区域规划对于一国的经济和社会发展都具有至关重要的指导作用，在空间规划和发展规划领域都具有不可替代的重要性。

（三）中国沿海区域规划

通过对上述两个概念的分析，我们可对"中国沿海区域规划"作出较为明确的界定。本章中所提及的"中国沿海区域规划"，是指以我国 14 个沿海省级行政单位所辖的特定地区或海域为规划对象，规划广度在城市规划和国土规划之间，跨越省或市行政界线的区域规划。

依分析单位不同，我国沿海区域规划主要可划分为"省际"和"城际"两个层面。省际层面的沿海区域规划以"省"（直辖市/自治区）为主要分析单位，所涉及的区域往往横跨数个省份，从区域一体化的视角出发去打破行政边界，优化整合资源，谋求省际区域格局的突破性进展，典型代表如长三角区域规划。城际层面的沿海区域规划则以地级市为主要分析单位，从某一区域内不同城市的职能分工、资源分布、产业布局和发展预期出发，为整个城际区域的发展建设指明方向，典型代表如辽宁沿海经济带发展规划。这两个层面的规划在实际操作中是相互支撑的关系，前者侧重大背景和大思路的宏观部署，而后者可被视为省际区域规划的微观执行层面。具体到政策上，省际沿海区域规

---

① 毛汉英：《新时期区域规划的理论、方法与实践》，《地域研究与开发》2005 年第 6 期。

② 方创琳：《新时期区域发展规划的理论基础》，《经济地理》1999 年第 4 期。

划常常是由中央政府推动出台，各省份单元协作执行。在城际层面，各省之间既有的行政边界使得不同省份之间城市直接协作的制度壁垒较高，这个层面的沿海区域规划常通过省级地方政府协调本省城市来实现。至于更为具体的"区县际"规划，则一般被归入"城市规划"或"城乡规划"的范畴，不列入"区域规划"范围之内。

在本章的后续讨论中，我们将重点关注中央下达的省际沿海区域规划，而把城际沿海区域规划作为各省对于中央指导意见的落实和回应，放在省际规划框架下解读。与此同时，我们也须认识到，沿海区域规划是嵌入国家整体规划的结构当中的，不应被割裂开来单独审视，而应与其他规划类型形成有机参照。在这个方面，对我们的研究有借鉴意义的规划主要有以下四类。

一是更微观层面的"城市规划"或"城乡规划"。一般来讲，城市规划是对城市的未来发展、合理布局和建设安排的综合空间部署。自2008年1月1日《中华人民共和国城市规划法》废止，《中华人民共和国城乡规划法》施行以来，这一概念常被称为"城乡规划"，含义有所扩大，涵盖了城镇体系规划、城市规划、镇规划、乡规划、村庄规划和社区规划等多个层面的内容。"城市"或"城乡"级别的规划可以被视为整个区域规划体系的执行终端，是各类规划政策的最终落实形式。尤为重要的是，在我国区域规划发展初期，城市规划常常产生以点带面的"排头兵"和"实验田"效应，自下而上地推进区域规划体系整体建设。改革开放初期我国南方经济"特区"的建立，以及随后的沿海开放城市政策，就是这种效应在沿海区域规划领域的典型体现。

二是更宏观层面的"国土规划"。国土规划的理念来源于日本，它是指对国土资源的开发建设活动的综合性战略部署和空间布局，一般涉及时间跨度较长（15～20年），空间较广，内容较为全面。① 国土规划更侧重于总体布局，重视资源信息的"摸底"收集，这一级别的规划框定了区域规划的大方向，也是区域规划的重要数据来源和参考依据。在国土规划这个层面上，整个中国常常被分为东中西三大部分，而东部地区的大部分都与我们所谈到的"沿海地区"相重叠，沿海区域规划因此而构成了我国东部国土规划的重要主题，自然也与国土规划息息相关，密不可分。

---

① 强海洋等：《中国国土规划研究综述及展望》，《中国土地科学》2012年第6期。

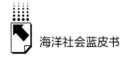

三是对沿海地区形成政策覆盖的"发展规划"。我国的规划体系主要可分为两大系列，上文我们所提到的国土规划、区域规划和城乡规划均属于空间规划的范畴，发展规划则构成了另一大系列。[①] 发展规划与空间规划是相辅相成的关系，前者规划更侧重时间维度上的动态变化，强调未来不同时间点的发展计划和目标，后者则是前者在特定空间中的落实，我国自1953年持续制定的"五年计划"（现为"五年规划"）就属于发展规划的典型。研究沿海区域规划的发展，要注意关注三类发展规划：第一类是全国性的发展规划，这类规划对全国提出的部署构想会影响到沿海地区的政策制定，如"十一五"规划提出"推进形成主体功能区"，各沿海省份纷纷提出主体功能区规划；第二类是以沿海地区为主要对象的发展规划，这类规划与沿海区域规划会形成联动效应，在具体部署上互为呼应，如"十二五"规划提出"建设海洋强国"，国务院专门出台《全国海洋经济发展"十二五"规划》，在地方推动了一批"沿海区域发展规划"的出台；第三类是未以沿海地区为主要对象，但与沿海地区间接相关的发展规划，这类规划尤其需要我们引入区域规划的框架中去考量，也有可能对沿海地区的发展产生深远影响，如"中部崛起"的提出，令长三角地区连带受益。

四是聚焦特定产业的"产业规划"。产业规划也是一种发展规划，只不过规划主体细化到某一产业，对该产业的发展定位、产业体系、产业结构、产业布局、经济社会环境影响、实施方案等展开计划和部署。产业规划是区域规划的重要组成部分，对区域经济形态的影响较为显著。在区域发展过程中，区域产业结构的更新升级是不可避免的，更是非常必要的，沿海区域的产业内迁或是产业链形态转换，将会直接改变该区域的规划预期，因此也需要引起我们足够的重视。

经过上述讨论，我们可大致搭建出中国沿海区域规划的概念框架：这是一个国—省—市的三级有机系统，具体的系统结构如图1所示。

在这一系统中，中央向沿海省份下发省际区域规划，各沿海省份则分别结合自身情况以及对中央精神的理解去制定城际区域规划。与此同时，中观层次的区域规划既需要配合宏观的国土规划行动，又需要落实到基层的城乡规划，

---

① 胡序威：《中国区域规划的演变与展望》，《地理学报》2005年第6期。

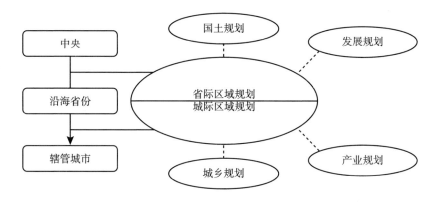

图 1　中国沿海区域规划系统结构

甚至有时靠城乡规划来推动自身发展。发展规划贯穿沿海区域规划的建设进程，提供理念上的支持和引导，产业规划则从微观上对沿海区域规划施加影响。在规划所涉及的三个层级中，中央是龙头，为整个沿海区域规划把握大方向；地方是枢纽，是承上启下的关键，关系到省际区域规划的实际运作，以及城际区域规划的制度安排；城市是肌理，是区域协作的个体化单元，也是沿海区域规划的终端体现。

二　中国沿海区域规划的发展历程

我们所探讨的是中国沿海区域规划的发展，这其中有一个隐含前提，那就是，这里所说的"中国"应指"中华人民共和国"，唯有新中国成立以后的沿海区域规划建设才应纳入我们的讨论范围之内。当然，这并不是要抹杀民国年间甚至更早的时期，我们的先人在这一领域所做出的贡献，但经过长期内战以后，新中国在沿海区域规划领域基本处于空白，新中国成立前和后的规划建设存在严重的断档。因此，我们对于中国沿海区域规划发展历程的回顾始于1949 年新中国成立。

由于种种历史因素，在新中国的发展建设过程中，区域规划并不是一直作为一个独立的规划类型存在，它在大部分时间里都只是作为一种规划逻辑隐含在其他类型的规划当中，直到"十五"期间才逐步走上正轨。以关键性历史事件或政府文件出台为时间节点，我们将中国沿海区域规划的发展历程分为如

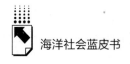

下四个时期。

（1）产业规划时期，时间从 1949 年新中国成立一直到 1978 年改革开放。这段时间里，中国的沿海区域规划多在产业规划框架下展开，主要为产业布局尤其是工业布局服务。

（2）国土规划时期，时间从 1978 年改革开放到 1989 年《中华人民共和国城市规划法》出台。这一时期我国的沿海区域规划主要以国土规划形式展开，当时的国土规划分为全国层次和地区层次，地区层次的国土规划实际上就是区域规划。

（3）城市规划时期，时间从 1989 年《中华人民共和国城市规划法》出台到 2006 年国家"十一五"规划纲要颁布。这一时期我国的沿海区域规划被整合在城市规划系统中，表现为"城镇体系规划"的形式，后来又衍生出"城市群规划"，但依然是围绕城市规划的中心需求服务的。

（4）区域规划时期，时间从 2006 年国家"十一五"规划纲要颁布至今。前面三个时期的沿海区域规划大多只能从泛化的意义上冠以"区域规划"之名，只是在开展其他规划部署工作时连带性地谈及区域规划问题，但进入新千年以来，严格意义上的"区域规划"概念逐渐获得人们的广泛认可。国家"十一五"规划将"坚持实施推进西部大开放，振兴东北地区等老工业基地，促进中部地区崛起，鼓励东部地区率先发展"确立为区域发展的总体战略，为新时期沿海区域规划的发展定下基调。与此同时，国家在"十一五"和"十二五"规划纲要中大力推进主体功能区建设过程。主体功能区是指政府经过统筹安排后，对国土空间划定的具有某种主体功能的类型区。① 在国家大力倡导下，许多沿海区域规划以主体功能区的形式展开。时至今日，我国的沿海区域规划已经获得较为广阔的生长空间，在我们这个时代呈现方兴未艾之势。

需要注意的是，上述四个时期的沿海区域规划工作由不同规划类型主导，我们的分期只代表这段时间内，我国沿海区域规划工作所依托的核心理念和逻辑主轴，这些规划类型之间并不是互斥的关系，在同一段时期可能有不同层次、不同类型的区域规划同时开展。

---

① 方忠权：《主体功能区划与中国区域规划创新》，《地理科学》2008 年第 4 期。

（一）产业规划时期（1949～1978）

新中国的历史由 1949 年 10 月 1 日开始。当毛泽东同志在开国大典上宣布"中国人民从此站起来了"的时候，这个新生的国家面临着生存与发展的考验：一方面，新中国需要对抗国内外敌对反动势力的挑衅和破坏，防止新生政权因内忧外患而受到颠覆；另一方面，新生的中国需要迅速稳定局势，恢复和发展生产，实现农业国向工业国的转变。新中国的沿海区域规划即是在这两个需求的推动下开始了步履艰辛的发展历程。

我们将 1949～1978 年划定为中国沿海区域的产业规划时期，因为这段时间中国的沿海区域规划以产业布局，更准确地说是工业布局为主导逻辑，一切为国家的工业化服务。这个时期又可细分为如下三个阶段。

（1）仿苏阶段（1949～1957）

在新中国成立后的过渡期及"一五"计划期间，由于大批苏联援助项目来华，中国的沿海区域规划主要参考苏联经验，因城建厂，围绕厂、围绕城、围绕工业布局来开展规划部署。由于历史原因，新中国所继承下来的工业基础多集中在沿海地区或长江沿岸的城市，这些城市本应成为规划的重点，但出于战略上的考虑，仅部署了部分轻工业，而当时重点建设的重工业大多部署在内地。在特殊的历史环境下，当时的中央一直有备战的预估，将我国的沿海地区作为战时的战略缓冲带来考虑，在规划上并未有太多的倾斜，内陆地区则有大批工业城市建立起来。这种情况一直到 1956 年，毛泽东在《论十大关系》中明确指出，"在沿海工业和内地工业的关系问题上，要充分利用和发展沿海的工业基地，以便更有力量来发展和支持内地工业"，[①] 情况才稍有改变。

新中国最初的产业布局是以城市为中心，呈点状分布的，但为了更好地安排苏联援建的工业项目，国务院于 1956 年颁布了《关于加强新工业区和新工业城市建设工作几个问题的决定》，明确提出要"积极开展区域规划，合理布置第二个和第三个五年计划期间内新建的工业企业和居民点"。[②] 接下来，国

---

① 《论十大关系》，《人民日报》1976 年 12 月 15 日。
② 佚名：《国务院关于加强新工业区和新工业城市建设工作几个问题的决定》，《山西政报》1956 年第 11 期。

家建设委员会参照苏联编制区域规划的方法出台了《区域规划编制和审批暂行办法（草案）》，从操作层面对地方的区域规划实践给予指导，但实际开展规划的几个城市区域均处内地。沿海城市支援了部分人员前往协助规划，但未有沿海地区的规划实践。

1957 年底，"一五"计划胜利完成，中国在工业化道路上迅速推进，飞机、汽车、重型机器、合金钢、无线电等一系列工业在中国从无到有地建设起来，同样也催生出一大批与之配套的工业城市。与内陆地区城市建设遍地开花相比，沿海地区显得相对沉寂，虽然像天津、上海这样的沿海城市依然凭借优越的工业基础得到快速发展，但总体看来，沿海地区在国家的整体规划中处于附属地位。

（2）冒进阶段（1958~1963）

"一五"计划完成后，中国急于甩掉落后国家的帽子，不顾现实条件尚不成熟，在随后的"二五"计划中盲目拔高经济发展目标，发起了"大跃进"运动，超出当时人、财、物力所能承担的限度，大举铺开重工业建设。为了配合"大跃进"运动，中共中央于 1958 年 2 月做出了《关于召开地区性的协作会议的决定》，"为着更加多、快、好、省地建设社会主义和配合国民经济计划的进行"，在全国划分出了东北、华北、华东、华中、华南、西南、西北七个协作地区，是为"七大协作区"。[①]"七大协作区"是一个虚设的联席会议形式的协作体系，主要为地方工业发展服务，它可被视为新中国对于省际区域规划的一次较早尝试，但仅持续了 3 年，1961 年即改制为"中央局"的形式，后在"文化大革命"期间被撤销。

"大跃进"运动使得大量人口涌入城市，加入到工业建设队伍中来，为了应对剧增的城市人口，国家选取了上海和天津两个沿海城市作为试点，探讨在大城市周围建立卫星城的可能性。为此，国务院于 1958 年先后将原属江苏省的宝山、松江等 10 县划归到上海市辖管，要求上海市及周边区域"妥善全面地安排生产和保证人民生活日常增长的需要，工业进一步向高级、精密、尖端的方向发展"。上海市委随后于 1959 年 10 月出台了《关于上海城市总体规划

[①] 朱士亮：《"大跃进"时期的经济协作区研究》，硕士学位论文，中共中央党校中共党史专业，2013，第 15 页。

的初步意见》，提出要"逐步改造旧市区，严格控制近郊工业区，有计划发展卫星城镇"。[1] 该《意见》提出，要在 15 年左右的时间里，压缩旧市区人口规模，搬迁工厂至近郊，并以北洋桥、青浦等 12 个卫星城吸纳疏散出的市区人口。在相近的时间点上，天津亦结合自身所辖的沧州、天津两个专区的实际情况，编制了《天津市区域规划草案》。这一规划将天津界定为华北地区的水陆交通枢纽，以机电工业和海洋化学工业为核心产业的综合城市，并按照大分散、小集中、分散与集中相结合的原则，在所辖区县范围内大规模统筹分布工业生产力。[2]

上海和天津两个城市的"卫星城"规划体系代表了当时沿海区域规划的发展趋势，这种体系可被视为粗线条的城际区域规划。然而，"大跃进"运动不切实际地订立了过高的经济发展目标，并引发了"浮夸风"的流行。在"超英赶美"的号召下，大量农业人口在农村"大炼钢铁"，转向所谓"工业"生产，再加上时逢三年自然灾害，各地纷纷出现了粮食短缺的情况，突然兴起的城市化进程因此而逆向行进，为了解决口粮供应问题，城市人口反而向农村地区迁移，卫星城的构想未能有效实现。1960~1963 年，在全国经济整体调整的大背景下，我国的沿海区域规划基本没有实质性的部署工作，而只是跟随产业布局，通过"关、停、并、转"等措施尝试修复城市化冒进带来的后遗症。

（3）"三线"建设阶段（1964~1978）

进入 20 世纪 60 年代，新中国面临着空前严峻的国际形势。一方面，中国与苏联的理念分歧逐渐扩大，并演化为明确的冲突。1960 年 7 月，苏联政府全面召回在华苏联专家，并单方面撕毁与中国合作的几乎所有经济合同，中苏关系恶化，并最终酿成珍宝岛冲突。另一方面，美国在台湾海峡和东南亚蠢蠢欲动。1962 年后，美国在台湾海峡多次挑衅，以中国大陆为目标频繁开展军事演习。到了 1964 年，北部湾事件爆发以后，美国开始全面插手越南战争，并伺机将战火延烧到中国南部地区。当时的中国可以说是腹背受敌，存在着极大的战争风险。

---

[1]　钱圣铁：《上海卫星城镇规划问题》，《建筑学报》1958 年第 8 期。
[2]　黄立：《中国现代城市规划历史研究（1949~1965）》，博士论文，武汉理工大学结构工程专业，2006，第 92 页。

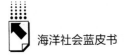

为了应对可能的军事威胁，自1964年开始，全国上下开始了一场轰轰烈烈的"山、散、洞"三线建设运动。所谓"三线"，是指从沿海到内地将中国划分为三类地区，一线地区沿边沿海，属于战争来临时的前线地区；二线地区指与一线地区邻接的过渡区域；三线地区主要涵盖中西部省区的偏远地区，以及一二线地区的内陆腹地，前者称为"大三线"，后者称为"小三线"。1964年8月，国家建委召开一二线搬迁会议，要求沿海地区的工业企业向内地三线地区搬迁，搬迁项目实行"大分散，小集中"，少数国防尖端项目要"分散、靠山、隐蔽"，简称"山、散、洞"原则。在这一阶段，中国沿海城市的工业部署被抽离出来移向内陆，为了抵御核打击，也为了缓解粮食紧缺，逆向城市化达到一个前所未有的强度，人口被尽量分散地"平铺"在沿海地区，各省则依托自身地理条件，寻找符合"山、散、洞"要求的地区开展"小三线"建设，整个沿海地区已无区域规划可言。到了1966年，"文化大革命"开始，沿海地区发展趋于停滞，更谈不上什么区域规划。这种"备战备荒不规划"的"三线"格局持续了多年，直到改革开放以后才有所改善。

综上，在产业规划时期，我国的沿海区域规划呈现三大特点。首先是"仿苏"，整个产业规划都是按照苏联经验和苏联方法展开的，注重重工业建设，以城市为中心呈点状铺开。其次是"备战"，在巨大的战争风险下，沿海地区不可能获得长足的发展，总是处于"弃作纵深"的边缘，具体规划上主要跟随军工产业的需求，以抗打击、分散化为第一要旨。最后是"边缘化"，在备战逻辑的影响下，中央并未把沿海地区当作发展的重点，在全国的整体规划中，沿海地区往往处于边缘地位。

（二）国土规划时期（1978～1989）

1966～1976年是"文化大革命"的十年动乱时期。当时的中国处于阶级斗争的漩涡当中，社会秩序受到严重破坏，经济活动近乎停顿。1976年10月，"四人帮"反革命集团被粉碎，半年以后，党的十一大宣布"文化大革命"结束。1978年12月，党的十一届三中全会抛弃了"以阶级斗争为纲"的口号，确立了改革开放的总方针，工作重点逐渐转向经济建设，中国人民的社会经济生活由此逐渐步入正轨。

改革开放从根本上改变了我国沿海地区的边缘化地位，沿海地区由备战入

侵的"前线"转变为对外开放的窗口，并开始引领中国的发展进程。1979 年
7 月，中共中央、国务院同意在沿海的深圳、珠海、汕头、厦门四市设立"出
口特区"，第二年 5 月改称"经济特区"。经济特区是我国市场经济体制改革
的一个先导，昭示着大规模对外开放浪潮的到来。1984 年 5 月，为鼓励对外
合作交流，国务院批准大连、天津、秦皇岛、青岛、烟台、上海、连云港、南
通、宁波、温州、广州、湛江、福州、北海等 14 个沿海港口城市为首批沿海
开放城市（后于 1985 年增列营口，1988 年增列威海，同时开放的还有海南
岛）。开放城市可根据实际情况划定有明确界线的区域，兴办经济技术开发
区，集中开设中外合资、合作的企业和科研机构，具备了一定的规划自主
权。① 1985 年 2 月，国务院将"长三角""珠三角"以及厦门、漳州、泉州
"闽三角"地区规划为沿海经济开放区，要求三区"应逐步形成贸—工—农型
的生产结构，即按出口贸易的需要发展加工工业，按加工的需要发展农业和其
他原材料的生产……要加强同内地的经济联系，共同开发资源，联合生产名牌
优质产品，交流人才和技术，带动内地经济的发展，成为扩展对外经济联系的
窗口"。②

　　经济特区、沿海开放城市和沿海经济开放区的部署实际上构成了沿海区域
规划在理念上的三层部署，经济特区是改革开放的核心试点地区，它所取得的
成功改革经验将推广到沿海开放城市，并进一步推动沿海经济开放区的联动。
最终，沿海地区所取得的改革进展将辐射到内陆地区，为整个国家的进一步改
革起表率作用。值得注意的是，沿海经济开放区已经涉及长三角、珠三角和闽
三角的区域协作，为后续的沿海区域规划奠定了基调。1988 年 3 月，国务院
进一步扩大了沿海经济开放区的覆盖范围，将天津、河北、辽宁、江苏、浙
江、福建、山东的一些非沿海城市，以及沿海城市邻接的部分县都纳入沿海经
济开放区体系当中。③ 随后，沿海开放城市政策外延不断扩大，将越来越多的
沿江、沿边、内陆和省会城市纳入体系当中，充分体现了沿海向内陆的政策辐
射效应。

---

① 《国务院关于批转〈沿海部分城市座谈会纪要〉的通知》，1984。
② 《中共中央、国务院关于批转〈长江、珠江三角洲和闽南厦漳泉三角地区座谈会纪要〉的通知》，1985。
③ 《国务院关于扩大沿海经济开放区范围的通知》，1988。

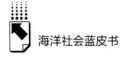

海洋社会蓝皮书

1978～1989 年，我国的沿海区域规划工作主要依托国土规划的框架展开。改革开放要集中精力搞经济建设，首先需要摸清自己的"家底"，了解国土资源的分布和开发情况。在这种需求的带动下，国土规划工作在全国有组织地开展起来。1981 年 4 月，中央书记处提出号召，要求"国家建委要同国家农委配合，搞好我国的国土整治……应该管土地利用，土地开发，综合开发，地区开发，整治环境，大河流开发。要搞立法，搞规划"。① 随后国家建委成立了国土局（后划归国家计委），专门负责国土整治和国土规划工作。20 世纪 80 年代我国的国土规划首先在地区层面上铺开，即所谓"区域性国土规划"，其主要任务为"全面分析本地区自然的、经济的、社会的条件，以及对外部联系的条件，在这个基础上提出地区经济发展的方向、目标、容量、结构、重点、步骤和相应的对策"。同时，国土规划"还应当包括社会发展、环境保护和生态平衡"。② 1982～1984 年，京津唐、湖北宜昌等十多个地区开展了区域性国土规划的试点，1985～1987 年，国土局编制了《全国国土总体规划纲要（草案）》，并确定 19 个地区为国土综合开发重点地区，其中，京津唐、长江三角洲、辽中南、珠江三角洲、山东半岛、闽南三角、海南岛等均为沿海地区，可以说已经具备了其后沿海区域规划整体布局的雏形。③

在传统计划经济体制下，人们对国土规划的重要性缺乏足够的认识，因此《全国国土总体规划纲要》在当时只停留在草案的状态，未获国务院审批，而只能以国家计委内部文件形式下发，这项工作到了 20 多年以后才得以恢复完成。尽管如此，这一文件还是对当时的国家政策起到了一定的指导作用。当时"草案"所提出的一些基本规划原则如全国东中西部经济带的划分，沿海与沿江的开发轴线，综合开发重点地区的布点等，至今仍在规划实践中应用。国家"七五"计划关于区域发展所给出的指导意见，亦与此文件关联颇深。

综上，在国土规划时期，我国的沿海区域规划呈现两个特点。首先，国家

① 国家计委国土地区司：《国土工作大事记（1981～1994）》，北京：改革出版社，1995，第 1 页。
② 吕克白：《有关国土规划的几个问题——吕克白同志 1982 年 9 月 24 日在南方省、市、自治区国土规划工作讨论会上的讲话（摘要）》，《计划经济研究》1982 年第 40 期。
③ 芦玉春：《全国选定 19 个国土综合开发重点地区》，《国土与自然资源研究》1988 年第 2 期。

对于沿海地区的重视和支持力度空前加强，沿海地区开始主导中国经济社会发展，战略地位逐渐强化。其次，区域规划体系初现雏形，纵向上形成了经济特区—沿海开放城市—沿海经济开放区的点面结合框架，横向上凸显了京津唐、辽中南、珠三角、长三角、闽三角等区域协作布局，奠定了其后沿海区域规划的基础结构。

（三）城市规划时期（1989~2006）

进入 20 世纪 90 年代后，国土规划的相关部门发生较大调整，我国的国土规划工作逐渐趋于停顿，沿海区域规划工作转而在城市规划的框架下进行。与国土规划相比，城市规划处在一个相对具体的层次，涉及较多落地性的工作。然而，城市的定位离不开区域，城市的发展必须考虑区域发展的大局势，在区域规划缺失的情况下，城市规划领域自下而上的需求催生出了城镇规划体系。

事实上，在国土规划时期，建设部就曾于 1985 年提出《2000 年全国城镇布局发展战略要点》这样纲领性的文件，要求"城镇布局要与生产力布局，特别是工业和交通建设项目的布局紧密结合、同步协调进行……以各级中心城市为核心，大、中、小城市相结合，组成以五级中心城市为依托，遍及全国的城镇体系"。[1] 并随后组织编制了《上海经济区城镇布局规划纲要》和《长江沿江地区城镇发展和布局规划要点》。全国人大常委会后又于 1989 年通过了《中华人民共和国城市规划法》，明确指出，"国务院城市规划行政主管部门和省、自治区、直辖市人民政府应当分别组织编制全国和省、自治区、直辖市的城镇体系规划，用以指导城市规划的编制"，将城镇体系规划正式纳入城市规划范围。[2]

1994 年 3 月，建设部城市规划司正式向上级领导提议启动全国城镇体系规划工作，并开展了"跨世纪中国城市发展研究"等一系列前期准备工作。研究建议，培育上海、北京、广州、大连四个国际性城市，并在此基础上重点形成长江三角洲、珠江三角洲、京津唐、辽中南四个大都市连绵带。[3] 都市连

① 佚名：《80 年代以来我国城镇体系规划工作回顾》，《城市规划通讯》1994 年第 18 期。
② 佚名：《中华人民共和国城市规划法》，《城市规划》1990 年第 2 期。
③ 王凯：《全国城镇体系规划的历史与现实》，《城市规划》2007 年第 10 期。

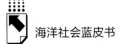

绵带实际上是一种广域的城际区域规划，它是一种城市间的多核心结构，通过加强城市间的分工与合作，谋求资源的优化配置，加强区域经济的一体化。20世纪90年代中期，"长三角"地区形成了以上海为核心，延伸至杭州、嘉兴、湖州、绍兴、宁波乃至南京，包括11个都市区在内的都市连绵带。① "珠三角"地区形成了以广州、深圳、香港、澳门为核心，涵盖26个城市的都市连绵带。京津唐地区形成了以北京、天津、唐山为核心，涵盖22个市县的亚都市连绵带，辽中南和山东半岛地区则分别围绕各自的核心城市形成了较为明显的城市密集地带。② 都市连绵带建设强化了我国沿海地区的城市化重点，成为我国沿海城际区域规划的标杆，直到今天仍对我国的沿海区域规划工作起着不可忽视的指导作用。

1999年，全国城镇体系规划正式启动，在长期的基层调研后，建设部编制了《全国城镇体系规划纲要（2005～2020年）》（以下简称《纲要》）。《纲要》指出，我国正处于城镇化快速发展阶段，但区域发展不平衡，区域协调有待加强。《纲要》将全国分为东、中、西和东北四大地区，要求东部地区"加速城市现代化进程，提升城镇化的质量，推动城镇化从量的扩张向质的提高转变……加快京津冀、长江三角洲、珠江三角洲大都市连绵区的发展和资源整合。积极构建世界产业发展的高地，提高对中西部地区的辐射带动能力"。东北地区应"加强区域合作，以大中城市为主导……突出口岸城市和港口城市在对外开放战略中的枢纽作用"。除三大沿海大都市连绵区外，山东半岛、闽东南、北部湾、辽中南等沿海城镇群亦被《纲要》列入"多中心"的城镇空间发展结构。尤为重要的是，《纲要》构建了"一带六轴"的区域协作格局，将渤海、东海、黄海、南海沿岸的"沿海城镇带"划为推进东部发展，缩小国内外经济技术水平差距，加速现代化建设的重点关注区域。③《纲要》较为具体地指明了我国沿海城际区域规划的布局和总体原则，填补了国土规划在微观区域层面的空白，有力地推动了城镇层面的沿海区域规划建设。

---

① 宁越敏、查志强：《长江三角洲都市连绵区形成机制与跨区域规划研究》，《城市规划》1998年第1期。

② 王玨、叶涛：《中国都市区及都市连绵区划分探讨》，《城市规划》2004年第3期。

③ 建设部：《全国城镇体系规划纲要（2005~2020）》，2005。

总体来讲，在城市规划时期，我国的沿海区域规划呈现三个特点：首先，沿海区域规划工作"落地"化，开始着眼于具体区域尤其是城市群和城镇带的规划，开始向国家经济社会建设施加切实的影响；其次，区域规划"集群化"，真正做到了城际规划，着重探讨区域协作与联动的可能影响和引导措施；最后，区域布局日趋明确，东部沿海各区域均突出了自身的发展重心，并在此基础上强化了"沿海城镇带"的一体化制度设计。

（四）区域规划时期（2006～2013）

自 2006 年起，国家发展的"五年计划"改称"五年规划"，各个层次的规划均迎来大发展。区域规划真正成长为一个独立的规划类型，成为新兴的空间规划重点，我国的沿海区域规划建设也呈现前所未有的繁荣景象。"十一五""十二五"期间，国家大量出台区域发展政策和区域规划近百项，与"十五"期间的个位数形成鲜明的对比。这些区域规划大多面向沿海地区，呈现遍地开花、多点突破的"井喷"态势。在这一时期，除省际、城际区域规划外，还有一类规划本不属于我们的讨论范围，却也应该引起特殊的重视，即针对个别区域的试点规划，如各类"新区"规划和"综合配套试验区"规划。这些规划虽然只涉及相当小的一片地区，却被中央赋予了某些方面的先行发展任务，不仅代表着区域规划未来发展的方向，也蕴含着未来体制机制创新的可能。

1. 省际区域规划

2006 年以来，我国的沿海区域规划建设主要在"主体功能区"框架下展开。具体来说，我们所说的"主体功能区"通常是指"根据区域发展基础、资源环境承载能力以及在不同层次区域中的战略地位等，对区域发展理念、方向和模式加以确定的类型区，突出区域发展的总体要求"。[①] 国家"十一五"纲要将"推进形成主体功能区"列为区域规划的重要任务，要求"将国土空间划分为优化开发、重点开发、限制开发和禁止开发四类主体功能区，按照主体功能定位调整完善区域政策和绩效评价，规范空间开发秩序，形成合理的空

---

① 国家发展改革委宏观经济研究院国土地区研究所课题组：《我国主体功能区划分及其分类政策初步研究》，《宏观经济研究》2007 年第 4 期。

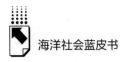

间开发结构"。① 以此为背景，2007 年，国务院组织编制了《全国主体功能区规划》草案，并于 2010 年定稿下发。

《全国主体功能区规划》提出了"优化结构、保护自然、集约开发、协调开发、陆海统筹"的国土开发原则，将海洋纳入主体功能区的划分范畴，并明确提出控制沿海地区集聚人口和经济规模、严格保护海岸线资源等指导性意见。尤为重要的是，《规划》将京津冀、辽中南和山东半岛组成的"环渤海"，江浙沪三省组成的"长三角"和粤港澳三地组成的"珠三角"三个沿海区域圈定为优化开发区域，将江苏东北部和山东东南部组成的"东陇海"、以福建为主体的"海峡西岸经济区"和以广西为主体的"北部湾经济区"定为重点开发区域。② 这一系列划分构成了我国沿海区域规划的新格局。

在主体功能区规划的基础上，国家陆续出台了《东北地区振兴规划》《国务院关于进一步推进长江三角洲地区改革开放和经济社会发展的指导意见》和《珠三角区域改革发展规划纲要（2008～2020 年）》，从区域协作的角度充实和完善了"辽中南""长三角"和"珠三角"等沿海地区的规划部署。

2007 年 8 月，国家发改委颁布了《东北地区振兴规划》，明确提出要优化区域空间格局，"深入挖掘哈大和沿海经济线一级轴线的发展优势……努力打造沿海经济带。以大连为龙头，以长兴岛、营口沿海、锦州湾、丹东和花园口'五点一线'为重点，优化港口布局，大力发展临港产业、高技术产业、现代服务业，逐步建设成为国内一流、特色突出、竞争力强的产业集聚带"，并积极改造大连港，扩建营口港、丹东港和锦州港③。在这一规划体系中，辽宁沿海地区作为东三省及蒙东地区的主要出海口，承担着引领地区经济发展，桥接国际贸易网络的重要使命。

此外，国务院于 2008 年 9 月颁布了《关于进一步推进长江三角洲地区改革开放和经济社会发展的指导意见》。该意见将"长三角"地区定位为"亚太地区重要的国际门户、全球重要的先进制造业基地、具有较强国际竞争力的世界级城市群"，要求"尽快建成以上海为中心、以江苏和浙江港口为两翼的上

---

① 《中国国民经济和社会发展十一五规划纲要》，2006。
② 国务院：《全国主体功能区规划》，2010。
③ 国家发展和改革委员会、国务院振兴东北地区等老工业基地领导小组办公室：《东北地区振兴规划》，2007。

海国际航运中心……进一步优化空间布局。以沪宁、沪杭甬沿线为重点，发展具有先导效应、发展潜力大的电子信息、生物、新材料和先进装备制造等产业；在沿江、沿海、杭州湾沿线优化发展产业链长、带动性强的石化、钢铁、汽车、船舶等产业……加快连云港、温州等发展潜力较大地区的发展，形成新的经济增长点，带动江苏沿海、东陇海沿线、浙江温台沿海、金衢丽高速公路沿线发展"。① 在这一规划体系中，国家对"长三角"地区寄予新兴经济增长极的厚望，重点扩展完善一体化的区域经济体系统。2010 年 6 月，国家发改委又印发了《长江三角洲地区区域规划》，进一步提出"一核九带"，即"以上海为核心，沿沪宁和沪杭甬线、沿江、沿湾、沿海、沿宁湖杭线、沿湖、沿东陇海线、沿运河、沿温丽金衢线为发展带"的空间格局。②

2008 年 12 月，国家发改委颁布了《珠三角区域改革发展规划纲要（2008~2020 年）》。这一文件以广东省的广州、深圳、珠海、佛山、江门、东莞、中山、惠州和肇庆市为主体，辐射泛珠江三角洲区域，并密切涉及粤港澳之间的区域合作。在《纲要》中，"珠三角"地区被赋予了新的定位。"珠三角"应继续承担全国改革"试验田"的历史使命，不仅要成为探索科学发展模式试验区、深化改革先行区和扩大开放的重要门户，还要在 2012 年率先建成全面小康社会，并于 2020 年率先基本实现现代化，"形成粤港澳三地分工合作、优势互补、全球最具核心竞争力的大都市圈之一"。从空间布局的角度来说，《规划》要求以广州为"珠三角"一小时城市圈的核心，围绕深圳优化珠江口东岸地区功能布局，围绕珠海提升珠江口西岸地区发展水平，打破行政体制障碍，加快"珠三角"地区一体化进程，最终以"珠三角"辐射和带动广东及周边省区发展。③ 在这一规划体系中，"珠三角"被视为沿海区域发展的前沿地区，负有体制创新和深化改革的使命与责任，在整个沿海地区布局中居于最为突出的地位。

此外，为了与"九五"时期的"2010 远景目标纲要"相衔接，国家于 2010 年陆续更新出台了《全国国土规划纲要（2011~2030 年）》《全国城镇体

---

① 《国务院关于进一步推进长江三角洲地区改革开放和经济社会发展的指导意见》，2008。

② 《国家发展改革委关于印发长江三角洲地区区域规划的通知》，2010。

③ 国家发展和改革委员会：《珠三角区域改革发展规划纲要（2008~2020 年）》，2008。

系规划纲要（2010～2020 年）》等一系列中长期规划。2012 年，国家还针对沿海地区制定了《全国海洋经济发展"十二五"规划》，将我国沿海地区分为北部、东部和南部海洋经济圈，从产业规划的角度为沿海各区域的发展指明了方向。2013 年，习近平主席在访问哈萨克斯坦和印尼时分别提出了"建设丝绸之路经济带"和"打造 21 世纪海上丝绸之路"的倡议，是为"一带一路"战略。"一带一路"战略从海陆两方面谋求欧亚非三个大陆各个国家的区域协作，亟待获得进一步细化推进。

2. 城际区域规划

围绕《全国主体功能区规划》圈定的优先开发和重点开发地区，沿海各省纷纷出台更具体的区域规划。由于行政界线的存在，各省规划基本上还是"各自为战"，将自身所辖省域作为区域发展的主体，整合和部署各类资源。

2007 年 1 月，福建省十届人大五次会议表决通过并正式颁布了《福建省建设海峡西岸经济区纲要》，提出以福建为主体，完善沿海地区经济布局，加强两岸交流合作，加快建设海峡两岸经济区的构想。《福建省建设海峡西岸经济区纲要》提出了"延伸两翼，对接两州"的区域布局框架，要求以福州为核心，促进闽东北发展，对接"长三角"；以厦门为核心，加强闽西南区域协作，对接"珠三角"，在充分挖掘沿海港口、外向带动和对台合作优势的同时，促进山海联动，东西贯通，以沿海发展带动纵深区域建设。[①] 与此同时，国务院于 2009 年出台了《关于支持福建省加快建设海峡西岸经济区的若干意见》，对福建省的构想予以肯定，并要求进一步加强福建与浙江、广东、江西等区域的跨省合作，"加强福建与浙江的温州、丽水、衢州，广东的汕头、梅州、潮州、揭阳，江西的上饶、鹰潭、抚州、赣州等地区的合作"。[②] 自国土规划时期以来，福建尤其是闽东南地区一直是区域规划的重点，但 20 世纪 90 年代以来这方面的政策未获得及时有效的跟进。海峡西岸经济区建设在"长三角""珠三角"和台湾省之间架起了区域联动的桥梁，东南沿海经济带由此得到了进一步强化。

2008 年 2 月，国务院批准颁布了《广西北部湾经济区发展规划》。北部湾

---

① 《福建省建设海峡西岸经济区纲要》，2007。
② 《国务院关于支持福建省加快建设海峡西岸经济区的若干意见》，2009。

经济区是主体功能区规划体系中唯一地处西部的沿海重点开发区，也是西部大开发地区唯一的沿海区域，对内是西南地区的主要出海口，对外是我国通往东盟国家的海上通道。在这一规划中，北部湾经济区被定位为服务"三南"（西南、华南和中南）、沟通东中西、面向东南亚、带动支撑西部大开发的国际区域经济合作区。具体来说，就是要"以南宁市为依托，建设具有浓郁亚热带风光和滨海特色、辐射作用大的南（宁）北（海）钦（州）防（城港）城市群"，并"依托沿海城市、深水良港，布局建设以现代工业为主的产业区"，尤其是要集中建设钦州港、企沙和铁山港工业区。此外，《广西北部湾经济区发展规划》还根据经济社会发展需要和自然条件，将北部湾经济区海岸线划分成港口工业、城镇建设、旅游观光、休闲休憩、水产养殖、生态保护和其他用途等七个类型，形成了南宁、钦防、北海、铁山港（龙潭）、东兴（凭祥）五个功能组团。① 《广西北部湾经济区发展规划》构成了我国沿海区域规划的西南终端，地区发展潜力巨大，对国家深化推进西部大开发战略具有重要的区位价值。

2009年6月，《江苏沿海地区发展规划》获批颁布。这一规划所指涉的江苏沿海地区主要包括连云港、盐城和南通三市，这些区域处于我国沿海、长江和陇海兰新线三大生产力布局主轴线的交汇处。《江苏沿海地区发展规划》要求江苏沿海地区"立足沿海，依托长三角，服务中西部，面向东北亚……成为我国东部地区重要的经济增长极和辐射带动能力强的新亚欧大陆桥东方桥头堡"，具体来说就是要形成"三极、一带、多节点"的空间布局框架。这其中，所谓"三极"是指连云港、盐城、南通三个中心城市，这三市要在加快自身发展的同时辐射带动内陆腹地的全面发展；所谓"一带"是指江苏沿海一线的海洋产业城镇带；所谓"多节点"则是指以连云港为核心，贯穿连云港徐圩港区、南通洋口港区、盐城大丰港区、滨海港区、射阳港区、吕四港区、灌河口港区等重要节点，积极推进港口、产业、城镇三者的有效联动，构建经济发展新格局，为沿海地区整体发展提供有效支撑。② 此外，《江苏沿海地区发展规划》还明确了江苏沿海港口的总体发展格局，积极探索海域滩涂

---

① 《广西北部湾经济区发展规划》，2008。
② 《江苏沿海地区发展规划》，2009。

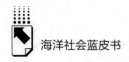

围填开发新机制，并按照"减量化、再利用、资源化"的总体要求，积极规划江苏沿海地区的循环经济产业带建设。《江苏沿海地区发展规划》总体上以"海"为重，侧重具体细致的规划部署，操作性较强，在沿海区域规划的方方面面都做出了建设性的探索。

2009年7月，国务院颁布了《辽宁沿海经济带发展规划》。我们常说的"辽宁沿海经济带"是指大连、丹东、锦州、营口、盘锦、葫芦岛六市所辖的行政区域。这一地区毗邻黄渤海，位于东北经济区与京津冀都市圈的结合部，也是东北亚经济圈的关键地带。这一文件将辽宁沿海经济带定位为"东北地区对外开放的重要平台、东北亚重要的国际航运中心、具有国际竞争力的临港产业带、生态环境优美和人民生活富足的宜居区"，希望将东北沿海地区建设成为"我国沿海地区新的经济增长极"。具体来说，是要"进一步提升大连核心地位，强化大连—营口—盘锦主轴，壮大渤海翼（盘锦—锦州—葫芦岛渤海沿岸）和黄海翼（大连—丹东黄海沿岸及主要岛屿）……形成'一核、一轴、两翼'的总体布局框架"。① 此外，《辽宁沿海经济带发展规划》明确了辽宁沿海经济带各中心城市的核心功能，同时号召辽宁沿海地区积极整合港口资源、优化港口功能分工，打造现代化港口集群，形成以大连港、营口港为核心的分层次港口布局。《辽宁沿海经济带发展规划》突出强化了辽宁沿海地区在东北区域发展建设当中的桥头堡作用，有效充实了环渤海地区的沿海区域规划布局。

2011年10月，国务院批复了《河北沿海地区发展规划》。这一规划主要面向秦皇岛、唐山、沧州三市下属的11个县，以及北戴河新区、秦皇岛经济技术开发区、曹妃甸新区、乐亭新区、丰南沿海工业区、芦汉新区、渤海新区、冀中南工业聚集区、冀东北工业聚集区等9个产业功能区。《河北沿海地区发展规划》要求，河北沿海地区要与京津共同构筑"T"字形区域空间结构，构建"一带、两轴、三组团"的空间发展格局。"一带"即上述地区构成的沿海经济带，"两轴"指沿京沈高速公路的秦皇岛—唐山—北京方向发展轴，以及沿石黄高速公路的黄骅—沧州—石家庄方向发展轴，"三组团"指秦皇岛、唐山、沧州三个核心城市及周边区域形成的功能组团。《河北沿海地区

---

① 《辽宁沿海经济带发展规划》，2009。

发展规划》主要突出了重工业布局方面的规划，其亮点在于沿海产业功能区的规划部署，但对于随之而来的污染问题，没有给出较明确具备可操作性的应对预案。

上述沿海区域发展规划都可以视为各地方省级单元对国家指导政策的回应。这些规划在核心理念和行文形式上相近，对各自区域内空间布局框架的设计理念也大体趋于一致，但在更宏观的层面上看，仅在字面上提及了跨区域协作，对沿海地区的功能设计有冗余重复之嫌，区域间的分工合作机制没有很好地建立起来。

3. 试点区域规划

自改革开放以来，国家一直积极开展小范围内的试点规划，在可控范围内，借由个别地区的先行制度创新来引领和校正经济社会发展的大方向，深圳特区就是这种试点规划的典型代表。2006 年以来，我国沿海地区的试点区域规划大致可分为如下三类。

一是"国家综合配套改革试验区"。这个概念是指"顺应经济全球化与区域经济一体化区域和完善社会主义市场经济体系内在要求，在科学发展观指导下，国家所建立的以制度创新为主要动力，以全方位改革试点为主要特征，给全国社会经济发展带来深远影响的实验区"。[①]"国家综合配套改革试验区"有时也被人们称为"新特区"，但它在规划理念上与从前的"经济特区"有本质上的不同，它不仅关注经济体制改革，也广泛涉及政治、文化、社会、生态等方方面面，可以说是国家（区域）现代化的深层次缩影。"试验区"不再片面强调外力的介入，而是给试点地区以"先试权"，在不夺取周边地区资源的前提下探讨区域规划的创新可能，进而带动周边地区发展，实现共赢。截至2013 年，国家已经批准了省、市、跨省区域层次的"国家综合配套改革试验区"共计12 个，其中位处沿海省份的有 7 个，分别为上海浦东新区、天津滨海新区、深圳综合配套改革试验区、沈阳国家新型工业化综合配套改革试验区、义乌国际贸易综合改革试点区、厦门两岸交流合作综合配套改革试验区、南通滨海园区。此外，国务院还在浙江温州、福建泉州、珠江三角洲等沿海地区开展了金融综合改革试验区试点。这些试点地区从不同领域探索了区域规划

---

① 郝寿义、高进田：《试析国家综合配套改革试验区》，《开放导报》2006 年第 2 期。

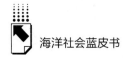

的新思路和新途径，代表着我国沿海区域规划的未来发展方向，也为全国深化改革提供了新的经验和示范。

二是"海洋经济发展示范区"。"十一五"规划发布以来，国家高度重视发展海洋经济，完善陆海统筹发展模式，加强海陆联动，拓展对外开放的深度和广度。与此同时，"海洋强国"成为国家战略，海洋在中国经济社会发展过程中的地位得到空前强化。自2010年4月以来，国务院先后建立了五个"全国海洋经济发展试点地区"，分别为山东、浙江、广东、福建和天津。与这五地相应，国家相继批复了《山东半岛蓝色经济区发展规划》《浙江海洋经济发展示范区规划》《广东海洋经济综合试验区发展规划》《福建海峡蓝色经济试验区发展规划》《天津海洋经济发展试点工作方案》等沿海区域规划。其中，"山东半岛蓝色经济区"包括山东全部海域和青岛、东营、烟台、潍坊、威海、日照6市及滨州的无棣、沾化两个沿海县；"浙江海洋经济发展示范区"包括浙江全部海域，杭、宁、温、嘉兴、台州、绍兴、舟山等市的市区及沿海县市的陆域和下辖岛群；"广东海洋经济综合试验区"包括广东全部海域，广、深、珠、汕等14个市；"福建海峡蓝色经济试验区"包括福州、厦门、漳州、泉州和平潭综合实验区；"天津海洋经济发展试点区"则涵盖天津陆域和海域全境。这些规划大多以"一核两翼"作为自身的基本空间布局，通过对核心城市区域的重点建设，联通和协调省内经济带的共同发展。"海洋经济发展示范区"的系列规划可被视为产业规划与区域规划的结合体，它们主要从海洋经济的角度出发，以沿海地区为核心，积极构建现代海洋产业体系，同时围绕"海洋"的主题，整合优势资源，对区域空间格局展开较具操作性的部署，兼具宏观和微观上的指导意义。

三是"自由贸易试验区"。所谓"自由贸易试验区"是指根据某国（地区）法律法规在其本国（地区）境内设立的区域性经济特区，国家（地区）对该区的贸易活动不做过多干预，且对从外运入的货物不收关税或给以关税优惠。2013年8月，国务院批准建立中国（上海）自由贸易试验区，该区以上海外高桥保税区为核心，涵盖上海外高桥保税区、外高桥保税物流园区、洋山保税港区、上海浦东机场综合保税区等4个海关特殊监管区域，形成了"四区三港"的自贸区格局。上海"自贸区"是我国批准建立的第一个自由贸易试验区，2013年9月出台的《中国（上海）自由贸易试验区总体方案》提出，

"自贸区"将在金融、航运、商贸、文化、社会服务等领域进一步扩大开放。"自贸区"的政策与经验强调复制性和推广性，展示了我国沿海开放地区的发展前景。

总体来讲，自2006年以来，我国沿海区域规划的发展特点可总结为"空前繁荣，多点开花，跑步前进，待观后效"十六个字。不可否认的是，我国沿海区域规划发展近年来取得了异常繁荣的局面，在各个层次上都有突破性的规划进展出现。然而，在区域规划发展完善的过程中，也出现了"跑步前进"的"一窝蜂"现象，各地为了响应中央号召，纷纷出台各自的区域规划，但内容和结构大体相似，鲜有能有效结合地区特点，积极探索制度创新的"亮点"型规划出现。此外，虽然我们大体上在各个层面均已建立了健全的沿海区域发展规划，但这些规划能否有效贯彻落实，还依然是未知数。沿海区域规划不仅要有完善的规划体系，还要具备行之有效的监督落实机制，方能真正对地区的经济社会建设产生应有的影响。

三 中国沿海区域规划的发展趋势

纵观中国沿海区域规划六十余年来的发展历程，我们可以发现，我国东南沿海地区已经形成了以"环渤海""长三角"和"珠三角"区域为核心，辐射周边地区，省、市、区（县）三级联动的区域规划布局。整体而言，沿海区域规划结构较为完善，积极贯彻了国家发展规划的指示，有效兼顾了国土规划和城市规划的需求，同时能够结合地区发展实际，积极开展试点规划上的探索创新。具体来讲，我国沿海区域规划的发展主要呈现如下四方面趋势。

（一）规划体系不断健全，承上启下效应明显

新中国成立以来，我国的沿海区域规划经历了一个从无到有的过程，从产业规划、国土规划、城市规划等规划领域的母体中分离出来，形成了相对完善健全的独立规划体系。从空间维度上来讲，近年来在省际和城际的层面上，都涌现了一大批沿海区域规划，部署较为具体，涵盖较为全面，基本做到了省份覆盖。从时间维度上来讲，大部分沿海区域规划建立了配套的稳态化更新机制，能做到随国家发展规划而动，配合国家经济社会发展调整规划目标，优化

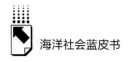

规划结构，并借此有效配置资源，指导地区发展实践。与此同时，随着区域规划体系的不断完善，我国沿海区域规划在国家整体规划体系中承上启下的效应进一步彰显，各沿海地区的区域规划贯彻落实了国家的改革开放政策，深化延展了国家的整体发展理念，并能立足地区实际，明确区域功能和发展重点，为执行层面的城市规划提供支持，在一定程度上改善了城市功能雷同、设施重复建设等问题，有效推进了城际合作。

（二）沿海地区备受瞩目，区域协调日趋必要

如前所述，自改革开放以来，我国的沿海地区由从前"备战"随时准备弃作纵深的"前线"地区，一举转化为中国发展的引领者和中国经济的主要增长极，其间区域地位的转换自然毋庸置疑。当然，自改革开放以来，沿海地区也确实经历了持续的高速增长，忠实地扮演了中国经济发展"主引擎"的角色，但在这个过程中，沿海地区与内陆地区之间的贫富差距进一步加大，穷者越穷富者越富的"马太效应"越发明显，"先富带动后富"的"传递效应"却并未有效建立起来。从社会发展的角度讲，某一区域在经历发展初期爆发式的"起飞期"之后，其后续发展所产生的边际效益是递减的，或者说，区域增长率将趋于平缓。我国沿海地区虽然发展势头迅猛，但如果没有将内陆地区带入增长轨道，完成发展"接力"的话，接下来可能由于发展的饱和化而使中国整体经济陷入疲态。因此，近年来国家在出台各项政策时，往往要特殊强调区域协调发展的重要性。在沿海区域规划领域，区域协调发展集中体现沿海—内陆地区经济体的联动协作，而不是单纯的"重内陆轻沿海"或"重沿海轻内陆"。事实上，这从根本上超越了从前海陆对立的二元区域结构，唯有将沿海和内陆地区统合为一个整体去开展区域规划，才能更有效地追求最优化的资源配置和真正协调的发展布局。

（三）区域一体渐成定局，跨区整合力度加大

我国沿海区域规划近年来的发展，从本质上讲是源于中国经济区域一体化的时代需求。张五常曾经把区域竞争，尤其是县际竞争视为中国经济发展的重要推动力。的确，改革开放初期，在"效率优先，兼顾公平"的原则之下，各区域之间的有效竞争起到了优化资源配置、提高生产效率的效果，并催生出

了一系列带动"后富"的"先富"龙头。但随着改革开放的逐渐深入，区域竞争逐渐固化，甚至形成了划区而治的地方保护主义"壁垒"，各区域之间缺乏产业的分工协作，重复建设、争抢进度、因小失大、舍近求远等不利影响亦随之浮出水面。在马太效应的影响下，沿海地区和内陆地区、发达地区和欠发达地区的发展差距亦逐渐拉大，难以发挥出区域协作的规模效益。这些林林总总的问题都是内卷化的，只会被地区博弈的囚徒困境放大，而很难通过自发的协商得到解决。为了理顺问题，缓解矛盾，"十一五"规划以来，国家对沿海地区的跨区域整合力度空前加大，积极构建"环渤海""长三角"和"珠三角"地区发展新格局，跨越省界和市界整合与部署发展资源。此外，在这三个一体化经济圈的基础上，整个中国沿海地区形成了一个东起辽东半岛，西及北部湾的大规模一体化沿海经济带，并逐渐向内陆地区辐射。

（四）政策出台跑步前进，过热风险亦需提防

自"十一五"规划出台以来，我国各级政府批准实施的区域规划层出不穷，尤其是沿海地区更成了各类区域规划的"专业户"，仅在"十一五"期间就出台涉及区域规划的政策文件四十余个。这固然说明了沿海区域规划的迫切性，但也从某种程度上反映了地方政府对区域规划的过分热衷。毕竟，在区域一体化的大潮下，谁能在跨区域整合中占到先机，谁就能在接下来的区域发展进程中居于引领地位，为自身所处地区谋得显著的先发优势。因此，沿海各省的地方政府往往是比着出台各自的区域规划，待到规划获批之后，却鲜少去管具体的落实和推进工作，致使区域规划的制定"时髦化"，大量政绩化的文本被制造出来，但获得审批之后就落入故纸堆，不再受人关注。从另一个角度讲，沿海区域规划的集中出台也是一种制度的重复建设，由于规划本身的前瞻性，规划政策的跑步前进在未来将表现为新一轮的雷同建设和资源浪费。可以预见到的一点是，随着改革开放的不断深入，沿海区域规划的重心将进一步下沉，沿海地区将会有更多更细化的区域规划出现，在这种自我强化的逻辑下，我国的沿海区域规划领域有可能出现过热的风险。

附 录

Appendix

B.12
中国海洋社会发展大事记
（1978～2014年）*

1978 年 1 月 1 日　国家海洋局经与交通、农林、气象等部门商定，《船舶水文气象辅助观测规范》及其《报告电码》于北京时间上午 8 时正式生效，各远洋轮船逐步开展远洋发报工作。

1978 年 2 月 20 日　海洋局党委决定：第一、第二海洋研究所实行对外开放，并确定第二海洋研究所首批接待美国海洋科学技术代表团。

1978 年 5 月 5 日　经外交部、教育部、国家海洋局批准，海洋科技情报所作为联合国教科文组织"政府间海洋学委员会出版物和文件保管中心"。

1978 年 6 月 2 日　中央宣传部和国家出版局批准成立海洋出版社。出版社社号为 193 号。

1978 年 9 月　国家海洋局首次向中央有关部门及省、市、区环保部门发布《海洋污染通报》。

　＊　附录由甘晓冬、苏伊南、沈彬、陈昱昱、高君玉（按姓氏笔画排序）合作整理完成。

1978 年 10 月 25 日 国务院批准国家海洋局和天津市革命委员会关于在天津《组建海水淡化研究所的请示》。

1978 年 11 月 12 日 国家海洋局"实践"号、"向阳红 9"号调查船由上海起航，第一次经金门以东海峡南下开赴广州，待命执行世界气象组织的第一次全球大气试验任务。

1978 年 12 月 21 日 应中央人民广播电台记者的要求，沈振东局长在中央人民广播电台发表了题为《海洋科技和四个现代化的关系等问题》的谈话。

1978 年 12 月 国务院批准国家海洋局水声物理研究所回归中国科学院建制，该所所属的三个工作站和 10 艘水声调查船一并回归中国科学院建制。

1979 年 1 月 31 日 国家海洋局编制方案业经李先念等中央、国务院领导批准。全局到 1980 年底前编制定额 12000 人，新建海水淡化与综合利用研究所、海洋环境保护研究所、海洋出版社、海洋学校、水文气象预报中心、各环境监测中心、各导航队等一批海洋科研、教学和执法管理机构。

1979 年 5 月 8 日 中华人民共和国国家海洋局和美利坚合众国国家海洋大气局海洋和渔业科学技术合作议定书在北京举行签字仪式。

1979 年 7 月 29 日 中国海洋学会第一届代表大会在辽宁大连召开。

1979 年 8 月 9 日 国务院批准开展全国海岸带调查工作。

1979 年 10 月 15 日 以沈振东为团长、方宗熙为副团长的中国代表团出席联合国教科文组织政府间海洋学委员会第十一届大会及其执行理事会第十二次会议。我国代表团首次参加执行理事会竞选，结果以最多票数（65 票）当选为执行理事会成员国。

1980 年 2 月 25 日 全国海岸带和海涂资源综合调查领导小组召开第一次会议。

1980 年 2 月 26 日 由国家海洋局主持的全国海岸带和海涂资源综合调查领导小组扩大会议在京召开，农业、地质、教育、交通、轻工、测绘、气象、水产、军事系统和沿海 10 省、市、自治区以及新华社、光明日报社等单位的 86 人出席了会议，会议决定成立全国海岸带和海涂资源综合调查领导小组办公室，办公室挂靠在国家海洋局机关。

1980 年 4 月 10 日 第二海洋研究所研制的工业用水电渗析淡化器等四项海水淡化装置通过技术鉴定。

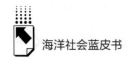

1980 年 8 月 19 日 国务院〔1980〕211 号文件明确规定："海洋环境保护，由国家海洋局负责，并负责起草海洋环境保护法，经批准后执行……与外商合作勘探开发海上石油所需要的海洋自然环境资料，凡由外商承担作业者，统由国家海洋局归口向作业者提供。海上石油勘探开发的现场水文、气象保障工作，由国家海洋局统一对外承担。"

1980 年 12 月 27 日 根据国务院〔1980〕211 号文件精神，国家海洋局海洋环境预报总台正式开始承担海上石油勘探、开发的现场水文气象保障任务。

1981 年 5 月 11 日 经国务院批准，国家南极考察委员会正式成立。国家南极考察委员会由国家科委、外交部、海军、国家海洋局等 19 个单位 21 名成员组成，国家南极考察委员会办公室设在国家海洋局。

1981 年 12 月 9 日 国家海洋局决定从 1982 年 1 月 1 日起，由预报总台向国家水产总局提供近、中海 72 小时海洋预报及台风、风暴潮、海冰等灾害性预报和警报。

1982 年 2 月 8 日 全国海岸带综合调查《简明规程》在上海审查通过。《简明规程》包括气候、水文、海洋化学、地质、地貌、土壤、植被、林业、海洋生物、环境质量、土地利用、社会经济、综合评价等 13 篇。

1982 年 4 月 6 日 由国家海洋局第三海洋研究所编写的《国家海水水质暂行标准》经国务院环境保护领导小组批准为国家标准。并决定于当年 8 月 1 日正式生效。

1982 年 6 月 11 日 国务院常务会议就有关国家海洋局隶属关系以及工作问题决定如下：国家海洋局仍作为国务院直属机构；国家海洋局有关计划方面的重大问题由国家计委安排，有关与经济部门协调的问题由经委安排；海洋调查工作与海军关系极为密切，要加强与海军的联系和合作。

1982 年 8 月 23 日 全国人民代表大会通过关于批准国务院直属机构改革实施方案的决议。国家海洋局作为国务院的直属机构被保留下来。

1982 年 8 月 23 日 叶剑英委员长发布中华人民共和国第五届全国人民代表大会常务委员会第九号令，宣布《中华人民共和国海洋环境保护法》已由中华人民共和国第五届全国人民代表大会常务委员会第二十四次会议于 1982 年 8 月 23 日通过（1983 年 3 月 1 日施行）。该法赋予国家海洋局的任务是：组织海洋环境的调查、监测、监视，开展科学研究，并主管防治海洋石油勘探开发和海洋倾废污染损害的环境保护工作。

1983 年 3 月 1 日 《中华人民共和国海洋环境保护法》正式生效。

1983 年 4 月 3 日 经国务院批准，国家海洋局"向阳红 5"号船和第二、第三海洋研究所科技人员首次完成南海中部综合调查，历时 51 天，调查面积约 64 万平方公里，安全航行 14865 海里，获得 14182 海里的重力、磁力、水深资料及部分水文气象资料，此次南海中部综合调查是由南海分局直接指挥的。

1983 年 4 月 20 日 国家海洋局北海环境保护管理处在执法过程中，首次发现"渤海 8"号石油钻井平台日方雇员违章排污，当即给予罚金处理，维护了我国法律的尊严。

1983 年 5 月 7 日 国家海洋局首次对远洋调查船舶实施独立指挥，它标志着国家海洋局通信导航和指挥系统建成并正式投入使用。

1983 年 6 月 8 日 中国正式成为南极条约组织的成员国。

1983 年 12 月 25 日 巴拿马"东方大使"号油轮在胶州湾触礁，漏油 3340 余吨，北海分局派出监测人员及时进行监测取证，为国家获得 1775 万元赔款提供了科学依据。

1984 年 2 月 20 日 国家海洋局和我国驻英使馆海事组织等 4 人以观察员身份首次出席在伦敦国际海事组织总部举行的伦敦倾废公约缔约第八次协商会议。

1984 年 5 月 31 日 经国家科委、国家计委批准，在上海组建中国极地研究所。

1984 年 5 月 海洋环境污染监测网南海区网成立，国家海洋局南海分局为组长单位，广东、广西两省（区）的交通、农业、水电、环保及有关军事部门为参加单位。

1984 年 9 月 28 日 巴西超级油轮"加翠"号在胶州湾海域触礁，原油泄漏污染海面，北海分局及时组织技术人员监测取证，为国家索取赔偿费 525 万元提供了科学依据。

1984 年 12 月 31 日 中国南极考察队 54 名队员在乔治王岛登陆，并举行中国长城站奠基典礼。

1985 年 1 月 7 日 历时 133 天的南海中部海区综合调查外业工作结束，此

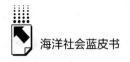

次调查参加人数达 1100 余人，取得了水文、气象、化学、生物、地质、重力、水深、声速、水污染等大批量的原始数据资料。

1985 年 2 月 20 日 中国第一个南极科学考察站——长城站，在南极乔治王岛胜利竣工，并举行落成典礼。郭琨任长城站第一任站长。

1985 年 3 月 6 日 国务院发布《中华人民共和国海洋倾废管理条例》，自即日起执行。

1985 年 4 月 12 日 由国家海洋局南海分局组织的一支 24 人综合考察队，首次登上我国中沙群岛黄岩岛实施综合考察。

1985 年 6 月 时任中海油总经理秦文彩访问日本，与日本石油公团德永久次等探讨东海石油资源民间共同开发问题。

1985 年 10 月 7 日 在第十三届《南极条约》协商国会议上，中国成为协商国成员。

1986 年 8 月 7 日 中法合作的北部湾涠洲 10－3 油田投入评价性试生产。这是南海对外合作投入开发的第一个油田。

1987 年 1 月 3 日 由国家海洋局和全国海岸带及海涂资源综合调查领导小组联合主办的"全国海岸带和海涂资源综合调查、开发利用成果汇报展览会"在北京开幕。

1987 年 6 月 根据我国第一位女海洋学家刘恩兰的遗愿，国家海洋局设立"刘恩兰青年科技奖励基金"。

1987 年 6 月 28 日 中日两国黑潮合作调查研究项目实施协议在北京签署，这是国家海洋局同日本科学技术厅达成的一项为期 7 年的大型科技合作项目。

1987 年 9 月 1 日 装备现代化遥感设备的国家海洋局"中国海监"飞机开始在我国管辖海域执行巡航监察、监视任务。

1988 年 1 月 7 日 经国务院批准，国家海洋局发布《第二批三类废弃物海洋倾倒区的通知》。

1988 年 2 月 7 日 南沙永暑礁海域观测站开始建站施工。

1988 年 3 月 《南极研究》杂志创刊。中科院科技政策局研究员张焘任主编。

1988 年 5 月 以许光健为团长的中国七人代表团参加了在惠灵顿举行的

南极矿产资源特别协商会议，许光健和郭琨在《南极矿产资源活动管理公约》上签字。

1988 年 11 月 20 日　中国首次东南极考察队乘"极地"号船赴东南极建设中山站并进行科学考察。

1989 年 2 月 11 日　国务院发布 27 号令，颁发《铺设海底电缆管理规定》。

1989 年 2 月 26 日　中国南极中山站落成，郭琨任首任站长，高钦泉、高振生任副站长。

1989 年 2 月 27 日　中国首次东南极考察队乘"极地"号船撤离中山站，留下以高钦泉为队长的 20 名队员在中山站越冬考察。

1989 年 9 月 27 日　《中国海洋报》在北京创刊，中央军委主席邓小平为《中国海洋报》题写报名。

1990 年 4 月　国家海洋局首次发布了《中国海洋环境年报》《中国海洋灾害公报》《中国近海海域环境质量年报》和《中国海平面公报》。

1990 年 9 月　国务院批准国家海洋局建立 5 处国家级海洋自然保护区。

1991 年 1 月 8 日　全国海洋工作会议首次制定 20 世纪 90 年代我国海洋政策和工作纲要。

1991 年 1 月　国家计委和国家海洋局组织 17 个部委和沿海 12 个省（区、市）编制全国海洋开发规划。

1991 年 4 月 24 日　中国大洋矿产资源研究开发协会成立。

1992 年 2 月 25 日　《中华人民共和国领海及毗连区法》经七届全国人大常委会第 24 次会议于 2 月 25 日审议通过，并公布施行。

1993 年 9 月 8 日　国家海洋局颁布《海洋环境预报与海洋灾害预报警报发布管理规定》，明确海洋环境预报与海洋灾害预报警报统一由国家和地方各级海洋环境预报部门发布。

1995 年 6 月 20 日　国家海洋局印发《海洋工作"九五"计划和 2010 年长远规划基本思路》。

1996 年 3 月　国家海洋局发布《中国海洋 21 世纪议程》和《中国海洋 21 世纪议程行动计划》。

1996 年 5 月 15 日　第八届全国人大常委会第 19 次会议决定，批准《联

合国海洋法公约》。

1996 年 5 月 15 日 我国政府就中华人民共和国大陆领海的部分基线和西沙群岛的领海基线发表了声明。

1996 年 6 月 9 日 在我国沈阳、大连、天津、石家庄、济南、青岛、南京、上海、杭州、宁波、厦门、福州、广州和海口等 14 个大中城市及沿海近百个市县开展了首次大规模的海洋专题宣传活动。

1996 年 6 月 18 日 国务院发布《中华人民共和国涉外海洋科学研究管理规定》。

1997 年 3 月 10 日 《联合国海洋法公约》缔约国第六次会议在纽约举行。会议的主要议题是选举大陆架界限委员会。国家海洋局研究员吕文正首轮当选该委员会成员。

1997 年 3 月 全国人大代表、政协委员关注海洋工作,"两会"期间共收到涉海提案、议案达 53 件,创历年新高。

1997 年 5 月 6 日 外交部发言人发表谈话,对身为日本国会议员的西村真悟等人非法登上中国领土钓鱼岛,严重侵犯中国主权的行径表示强烈愤慨和抗议。

1997 年 6 月 6 日 交通部烟台救助打捞局成功救助 17 万吨级塞浦路斯籍货轮"继承者"号,创中国救助史上救助船舶吨位的最高纪录。

1997 年 7 月 1 日 中国开始严格控制海洋捕捞程度,实行渔船数量和功率的宏观双控制,即日起启用新的捕捞许可证。

1997 年 7 月 21 日 国家科委、国家海洋局、国家计委、农业部联合发布《"九五"和 2010 年全国科技兴海实施纲要》。

1997 年 8 月 19 日 中国政府代表团出席了国际海底管理局三届二次会议,并向国际海底管理局秘书处递交了为期 15 年的中国大洋矿产资源研究开发协会勘探工作计划。

1997 年 11 月 17 至 28 日 交通部副部长洪善祥率团赴英国伦敦出席国际海事组织第二十届大会,中国再次当选为该组织的 A 类理事国。

1997 年 12 月 3 日 国务院以第 237 号令发布修改后的《中华人民共和国水路运输管理条例》。

1997 年 12 月 26 日 由交通部组织实施的国家"九五"重点科技攻关项

目"国际集装箱运输电子信息传输和运作系统及示范工程"通过国家计委验收。上海、天津、青岛、宁波4个港口和中远集团等5个电子数据交换中心示范工程同时验收合格。

1998年1月18日 广州建成全国最大水体的海洋馆。全馆共有8000余立方米水体，展示着来自世界各地的海洋生物300多种15000多尾。

1998年1月27日 长江口深水航道治理一期工程正式开工。该项目计划投资155亿元，是新中国成立以来投资最多的水上基建项目。

1998年3月1日 《中华人民共和国船舶安全检查规则》（1997）开始施行。

1998年3月2日 农业部发布《渔业船舶船名规定》。

1998年3月2日 农业部印发《中华人民共和国渔业船舶普通船员专业基础训练考试发证办法》。

1998年3月3日 农业部印发《农业部远洋渔业企业资格管理规定》。

1998年4月2日 经国务院同意，农业部发出《关于在东、黄海实施新伏季休渔制度的通知》和《关于在东海、黄海实行新伏季休渔制度的通告》，决定自1998年起在东、黄海实施新的伏季休渔制度，即从26°N～35°N海域1998年6月16日～1998年9月15日、35°以北黄海海域1998年7月1日至1998年8月31日禁止拖网和帆张网作业，24°30′N～26°N海域拖网和帆张网作业每年休渔2个月。

1998年4月4日 中国第十四次南极考察队经142天的奋战，累计航程22883n mile，圆满完成"一船三站"，即中国长城站、中山站及俄罗斯青年站的运作方案后，安全返抵始发港上海。

1998年4月8日 新组建的国土资源部正式挂牌成立。

1998年4月18日 朱镕基总理签发第243号国务院令，发布《国务院关于修改〈中华人民共和国海上国际集装箱运输管理规定〉的决定》。

1998年4月22日 北京及全国各地开展了丰富多彩的科普宣传活动，纪念世界地球日28周年。1998年世界地球日的主题为"海洋地质与人类"。

1998年5月21日 1998年世界博览会在里斯本隆重开幕。本届博览会以"海洋：人类未来的遗产"为主题，通过现实和虚拟相结合的表现手法，启发人们重视和加强对人类共同财富——海洋的合理开发利用，切实做好地球环

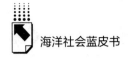

境、海洋环境的保护工作。参加博览会的有包括中国在内的146个国家和地区以及14个国际组织。

1998年5月28日 国家海洋局下发了《关于积极开展沿海省、市、自治区大比例尺海洋功能区划工作的通知》。此后，大比例尺海洋功能区划工作在全国沿海省、市、区迅速展开。

1998年6月9日 由国家海洋局监制、江苏大业广告文化传播公司设计制作的包括亚非两洲在内的海图——《郑和航海图》原貌复制品首发式在国家海洋局举行。

1998年6月19日~9月26日 国家海洋局主办了"飞越海岸线——蓝色国土行"宣传采访活动。

1998年6月 《国家海洋局职能配置、内部机构和人员编制规定》经国务院批准并印发。该《规定》明确国家海洋局是国土资源部管理的监督管理海域使用和海洋环境保护、依法维护海洋权益和组织海洋科技研究的行政机构。

1998年7月14日~8月5日 中国北极考察团赴俄罗斯和北冰洋考察。

1998年7月28~31日 青岛海洋大学海洋遥感研究所和教育部海洋遥感开放实验室主办了第四届太平洋海洋遥感会议，会议主题是多传感资料在太平洋海域的交叉学科研究，来自中国、中国香港、中国台湾、美国、日本、俄罗斯、韩国、英国、德国、法国、意大利、加拿大、澳大利亚、印度等国家和地区的250名学者参加了会议。

1998年8月 国家计委在财政预算内专项资金中安排7.6亿元，用于渔政船和国家一级群众渔港的建设，扶持27个渔港建设，建造14艘大中型渔政执法船。

1998年8月 中国最大的海水淡化工程在大连长海县动工兴建。该工程采用世界上最先进的双重反渗透法，设计能力为海水温度15℃的情况下，日产淡水1000吨。

1998年8月21日 交通部、铁道部联合发布《关于实施〈国际集装箱多式联运管理规则〉有关问题的通知》。

1998年8月27日~9月15日 中华人民共和国渔政渔港监督管理局组织开展了1998年东海、黄海渔政执法检查联合行动，黄渤海区、东海区渔政渔港监督管理局和 6 省、2 市渔政机构共 29 艘渔政船参加，从北到南，对黄海、东海中国专属经济区水域进行了执法检查，取得了明显成效。这是新中国成立以来规模最大的一次渔政执法联合行动。

1998 年 9 月 2 日　交通部发布《中华人民共和国水上安全监督行政处罚规定》（交通部 1998 年第 7 号令）。

1998 年 9 月 7 日　由国家海洋局、中央电视台共同主办的"全国青年海洋知识电视决赛"在中央电视台举行。

1998 年 9 月 9 日　交通部首次批准两家台湾航运公司的远洋干线班轮同时挂靠祖国大陆和台湾港口。

1998 年 9 月 20 日　继青岛海洋大学、湛江海洋大学后的又一所海洋高等院校浙江海洋学院成立。

1998 年 9 月 30 日　国家海洋局向沿海省、自治区、直辖市以及计划单列市人民政府办公厅印发了《全国海洋环境保护管理工作纲要》。

1998 年 10 月 12 日　国家质量技术监督局批准颁布《海洋自然保护区类型与级别划分原则》为国家标准，该标准自 1999 年 4 月 1 日起实施。

1998 年 11 月 2 日　农业部印发了《关于进一步加强对远洋渔业渔船管理的通知》。

1998 年 11 月 12 日　农业部印发《农业部远洋渔船检验管理办法》。

1998 年 12 月 22 日　中国发行首套以海洋为主题的邮票《海底世界·珊瑚礁观赏鱼》，同时这套邮票成为 1999 年第 22 届万国邮政联盟大会纪念邮票。

1999 年 1 月 22 日　中国和新西兰签署了《中新两国政府关于南极合作的联合声明》。

1999 年 1 月 27~28 日　中越北部湾划界谈判在河内举行。

1999 年 1 月 29 日　农业部发出《关于切实加强海洋渔船管理的紧急通知》。

1999 年 3 月 5 日　农业部发出《关于在南海海域实行伏季休渔制度的通知》，决定从 1999 年开始，在 12°N 以北的南海海域（含北部湾），每年 6 月 1 日零时起至 7 月 31 日 24 时止，对所有拖网（含拖虾、拖贝）、围网及掺缯作业实行休渔。

1999 年 3 月 5 日　农业部发布实施《中日渔业协定暂定措施水域管理办

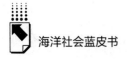

法》，对《中日渔业协定》暂定措施水域的管理范围、管理对象、管理办法等作了详细规定。根据规定，中华人民共和国渔政渔港监督管理局是实施《中日渔业协定》的主管机关。

1999 年 3 月 23 日　农业部召开'99 伏季休渔新闻发布会。齐景发副部长向社会各界发布 1999 年中国将在南海海域实行伏季休渔制度；同时，对东海、黄海伏季休渔制度作进一步完善。决定将 35°N 以北的黄海海域休渔时间延长半个月，具体时间从 1999 年 7 月 1 日零时至 9 月 15 日 24 时，开捕期与东海区相一致。

1999 年 6 月 24 日　农业部发布施行《中华人民共和国管辖海域外国人、外国船舶渔业活动管理暂行规定》。

1999 年 7 月 20 日　农业部发布《远洋渔业管理暂行规定》，对远洋渔业项目的建立、审批，远洋渔业企业资格的审批及远洋渔业船舶、船员的监督、管理等作出明确规定。

1999 年 8 月 20 日　中国船舶重工集团公司大连造船新厂为伊朗国家石油公司建造 5 条 30 万吨级超级油轮合同签字仪式在北京人民大会堂举行。国务院副总理吴邦国出席签字仪式。这是中国承建的吨位最大的油轮，并创下中国造船史上一次接订单 150 万吨的最高纪录。

1999 年 8 月 27 日　交通部发布《中华人民共和国潜水员管理办法》（交通部 1999 年第 3 号令）。

1999 年 10 月 7 日　中国石化集团新星石油公司上海海洋石油局在东海钻探的春晓三井，日产天然气 143.19 万 m^3，原油 88m^3。该井获得特高产工业油气流，对于扩大储量规模、加快东海石油天然气的开发，具有十分重要的意义。

1999 年 10 月 17 日　山东烟大汽车轮渡公司"盛鲁"号客货滚装船在大连西南 30n mile 的遇岩礁附近海域突然起火失控，全船 165 名乘客和船员跳海逃生。当时海上阵风 7 级，浪高 3 米，情况非常危急。正在附近作业的"辽大中渔 0966""辽瓦渔 0559""辽瓦渔 0576"等 3 艘渔船发现后，立即砍缆弃网前往救助。经过 2 个多小时的奋力抢救，成功救起 163 人。另外，在 10n mile 以外作业的"辽大中渔 0516""辽大中渔 002""辽瓦渔 0451"和"辽大中渔 0685"闻讯后也砍缆弃网协助救助，在距出事地点 5n mile 的范围内搜索落水人员并担任海上通信联络任务在 3 个小时以上。这次海难救助创造了中国海难救助史的奇迹。

1999 年 11 月 15～19 日　交通部副部长洪善祥率团出席了在英国伦敦召开的国际海事组织第二十一届大会，在该届大会上，中国再次当选该组织的 A 类理事国，这表明中国仍稳居世界 8 个航运大国之列。

1999 年 11 月 24 日　山东省烟大汽车轮渡股份有限公司所属的"大舜"号客滚轮从烟台开往大连途中遇险。虽经全力救助，终因难船海域风浪过大，环境恶劣，于 23 时 45 分左右倾覆沉没。船上 302 人全部落水，经数日搜救，仅 22 人生还。

1999 年 11 月 25 日　交通部发布《关于加强船舶安全生产的紧急通知》。

1999 年 11 月 30 日　第三次"全国科技兴海经验交流会"在福州市举行，12 月 3 日在厦门闭幕。科技部、农业部、国家海洋局的领导及有关部门负责同志和沿海 16 个省、自治区、直辖市的数百位代表出席了会议。会议呼吁加快科技体制改革步伐，解决科技与经济脱节、人才浪费、科技力量形不成合力、知识创新、科技成果转化、提高全社会海洋意识诸方面的矛盾与问题。

1999 年 12 月 25 日　经修订的《中华人民共和国海洋环境保护法》已由九届全国人大常务委员会第十三次会议审议通过，由中华人民共和国主席江泽民签发主席令。新修订的《中华人民共和国海洋环境保护法》于 2000 年 4 月 1 日正式施行。

2000 年 2 月 22～23 日　由国家海洋局海域管理司下达，国家海洋环境监测中心编写的《海域勘界技术规程》通过审定。

2000 年 2 月 24 日　中国第一部航运"蓝皮书"——《2000 年水运货源调查预测报告》在上海航运交易所首次向国内外正式发布，这是由交通部水运司组织、上海航运交易所承担编制的中国第一个水上运输货源形势年度权威报告。

2000 年 3 月 1～3 日　由联合国全球环境基金和联合国开发计划署、国际海事组织共同发起的"建立东亚海域环境及管理的伙伴关系"计划渤海示范项目在天津正式启动。

2000 年 3 月 31 日　农业部在北京召开了 2000 伏季休渔新闻发布会，决定从 2000 年起，扩大南海海域休渔的作业类型，将南海、黄海、东海休渔起止时间统一后推 12 小时。

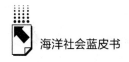

2000 年 4 月 1 日　《中华人民共和国海洋环境保护法》在 1999 年 12 月 25 日经九届全国人大常委会第十三次会议修订通过后，于 2000 年 4 月 1 日开始实施。

2000 年 4 月 1 日　为更好地贯彻落实《海洋环境保护法》，中国第一部海上污染事故应急计划——中国海上船舶溢油应急计划开始在全国范围内实施。

2000 年 4 月　中国万吨级新型卤水蒸发装置运行成功。

2000 年 5 月 10 日　中国首座以航空母舰为主题的公园在深圳诞生。

2000 年 5 月 18 日　国家海洋局在北京举行新闻发布会，发布《20 世纪末中国海洋环境质量公报》《1999 年度海洋灾害评估》及《2000 年度海洋灾害预测意见》。

2000 年 6 月 1 日　新《中日渔业协定》正式生效。根据该协定的规定，1975 年 8 月 15 日签订的《中华人民共和国与日本国渔业协定》自新协定生效之日起失效。

2000 年 6 月 1 日　《渔业船舶法定检验规则》颁布实施。

2000 年 7 月　农业部渔政指挥中心成立。

2000 年 7 月 5 日　由导弹驱逐舰、综合补给船、舰载直升机组成的舰艇编队，在南海舰队参谋长黄江少将的率领下，应邀前往马来西亚、坦桑尼亚、南非进行友好访问。出访历时 65 天、航程 16000 余海里，这是中国海军首次航涉三大洋，首次横渡印度洋，首次通过好望角并访问非洲大陆。

2000 年 7 月 26 日　东亚海域项目第七次指导委员会会议暨渤海海洋环境保护与管理论坛在大连举行。联合发表了《渤海环境保护宣言》。

2000 年 12 月 1 日　中国海洋石油总公司与美国菲利普斯中国有限公司在北京签订中国渤海海域 11/05 合同区蓬莱 19 - 3 油田开发补充协议，这标志着中国目前最大的整装油田——蓬莱 19 - 3 油田进入开发阶段。

2000 年 12 月　广西山口国家级红树林生态自然保护区加入联合国教科文组织世界人与生物圈保护区网络（MAB）的颁证授牌仪式在广西合浦县隆重举行。这是中国第一个被批准接纳为该组织成员的红树林类型自然保护区。

2000 年 12 月 25 日　上海港 2000 年的装卸吞吐量突破 2 亿吨大关，成为中国有史以来第一个年吞吐量超过 2 亿吨的国际型大港。

2001 年 1 月 16 日　中国第一艘无人飞船"神州二号"遨游太空 7 天后顺

利返回着陆。在此期间，中国航天远洋测量船"远望号"船队在世界三大洋上，成功地对"神州二号"飞船进行了持续 7 天 7 夜的跟踪测量与控制，这标志着中国低轨航天器的海上测控技术取得了新的突破。

2001 年 1 月 21 日 农业部发布《关于清理整顿"三无"和"三证不齐"渔船的通知》（农渔发〔2001〕2 号），要求各地渔业部门整顿"三无"和"三证不齐"渔船，全面加强渔船管理。

2001 年 3 月 15 日 第九届全国人民代表大会第四次会议批准的《中华人民共和国国民经济和社会发展第十个五年计划纲要》明确指出："加大海洋资源调查、开发、保护和管理力度，加强海洋利用技术的研究开发，发展海洋产业。加强海域利用和管理，维护国家海洋权益。"

2001 年 3 月 15 日 农业部发布《关于调整闽粤交界海域伏季休渔通知》（农渔发〔2001〕7 号）。

2001 年 3 月 17 日 外交部发言人朱邦造回答记者提问时，驳斥了菲律宾方面对中国的黄岩岛提出的领土要求，指出黄岩岛是中国的固有领土，黄岩岛海域是中国渔民的传统渔场。

2001 年 4 月 1 日 美国一架海军 EP - 3 侦察机在中国海南岛东南海域上空活动，并与中国的飞机相撞，致使中方飞机坠毁，飞行员王伟失踪。撞机后，美机未经中方允许，进入中国领空，于 9 时 33 分降落在海南岛陵水机场。

2001 年 4 月 13 日 国家海洋局印发了《海洋工作"十五"计划纲要》。

2001 年 5 月 30 日 农业部渔业局宣布，2001 年伏季休渔将从 6 月 1 日正式开始，中国北海、东海、南海三个海区参加休渔的船数达 11.7 万艘，涉及渔业劳力约 120 万人。

2001 年 6 月 11 日 "海大论坛——新世纪国际海洋科技论坛"在青岛海洋大学隆重开幕。

2001 年 9 月 23 日 国务院总理朱镕基签署第 318 号中华人民共和国国务院令，公布了《国务院关于修改〈中华人民共和国对外合作开采海洋石油资源条例〉的决定》，并自公布之日起施行。

2001 年 9 月 27 日 国内首家海事司法鉴定机构——山东海事司法鉴定中心在青岛成立。

2001 年 10 月 27 日 九届全国人大常委会第二十四次会议通过了全国人

大常委会关于《中华人民共和国海域使用管理法》等五部法律的决定。

2001 年 11 月 20 日　国家海洋技术中心在天津正式成立。

2001 年 12 月 23 日　7000 条中华鲟被放流闽江。这是近年来福建省为重建闽江中华鲟种群第三次，也是规模最大的一次中华鲟人工放流增殖活动。

2002 年 1 月 1 日　《中华人民共和国海域使用管理法》正式实施。

2002 年 1 月 22 日　国家海洋局印发《海洋赤潮信息暂行规定》的通知。

2002 年 4 月 4 日　国家海洋局确定辽宁省东港养殖区等 10 个海区为全国赤潮重点监控区。

2002 年 4 月 28 日　国家海洋局决定从 5 月 1 日起在全国实行海洋工程环境保护和海洋倾废管理月报制度。

2002 年 5 月 1 日　国家海洋局从即日起在中央电视台等媒体发布我国主要海水浴场的环境预报。

2002 年 5 月 15 日　中国第一颗海洋卫星发射成功。

2002 年 6 月 6 日　国家海洋局印发《海域使用论证资质管理规定》。

2002 年 7 月 16 日　国家海洋局印发《海籍调查规程》。

2002 年 7 月 18 日　国家海洋局印发《海域使用测量资质等级标准》。

2002 年 9 月 4 日　国家海洋局发布经国务院批准并授权的《全国海洋功能区划》通知。

2006 年 9 月 14 日　历时 9 个月的东海维权执法行动圆满完成。

2002 年 12 月 25 日　《海洋行政处罚实施办法》正式发布。

2003 年 1 月 10 日　国家海洋局发布 2002 年《中国海洋环境质量公报》和《中国海洋灾害公报》。

2003 年 5 月 9 日　国务院印发《全国海洋经济发展规划纲要》的通知。同日，中国海监总队在全国范围内组织开展"海盾 2003"专项执法行动。

2003 年 6 月 17 日　国家海洋局等部门联合发布《无居民海岛保护与利用管理规定》。

2003 年 6 月 24 日　国家海洋局印发《海洋工程排污费征收标准实施办法》。

2003 年 11 月 14 日　国家海洋局印发《倾倒区管理暂行规定》。

2003 年 11 月 20 日　由杭州水处理中心承担的国内首套万吨级反渗透海

水淡化项目在山东荣成出水。

2004 年 1 月 1 日　《中华人民共和国港口法》正式实施。

2004 年 1 月 4 日　交通部印发《公路水路交通"十一五"发展规划纲要》。

2004 年 1 月 9 日　国土资源部发布第 24 号部长令，颁布《海底电缆管道保护规定》。

2004 年 1 月 13 ～ 14 日　大连港 30 万吨原油码头将最后两跨重 440 吨，长108 米、宽 10.6 米、高 18 米的钢结构栈桥吊装安装合成，这成为我国在建的最大的原油码头。

2004 年 2 月 1 日　为配合世界各国 2004 年 7 月 1 日正式履行《1974 国际海上人命安全公约》（即《SOLAS 公约》）和《国际船舶和港口设施保安规则》（即《ISPS 规则》），我国交通部发布了《船舶保安规则》《港口设施保安规则》，并对所有对外开放港口的所有港口设施制定了保安计划。

2004 年 2 月 19 日　国家海洋局召开新闻发布会，首次向社会发布了 2003年度《中国海洋经济统计公报》。

2004 年 2 月 22 日　国务院批复了山东省海洋功能区划，这是国务院批复的第一个省级海洋功能区划。

2004 年 2 月 25 日　交通部、商务部联合发布《外商投资国际海运业管理规定》。

2004 年 3 月 1 日　《海底电缆管道保护规定》开始施行。

2004 年 3 月 1 日　新的《集装箱监管办法》开始实施，中国船级社将统一办理集装箱海关批准牌照。

2004 年 3 月 10 日　胡锦涛总书记在 2004 年中央人口资源环境工作座谈会上指出："开发海洋是推动我国经济社会发展的一项战略任务。要加强海洋调查评价和规划，全面推进海域使用管理，加强海洋环境保护，促进海洋开发和经济发展。"

2004 年 3 月 10 日　交通部公布《港口深水岸线标准》。

2004 年 3 月 16 日　《中国海洋报》报道：2004 年"两会"收到涉海议案、提案共 48 件。其中十届全国人大二次会议收到涉海议案 17 件，全国政协十届二次会议收到涉海提案 31 件。

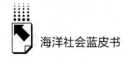

2004 年 3 月 29 日 中国船舶工业集团公司与中国海洋石油总公司签署协议，建造我国第一艘 400 英尺自升式钻井船。这是我国船舶工业首次承建国内规模最大、自动化程度最高、作业水深最深的海上钻井平台。

2004 年 4 月 15 日 交通部发布《港口经营管理规定》。

2004 年 4 月 22 日 广西防城港市获批列入中国第一、全球三大 GEF（全球环境基金）红树林国际示范区。

2004 年 5 月 1 日 我国新修订的《渤海生物资源养护规定》开始实施。

2004 年 5 月 10 日 国家海洋局东海分局在浙江普陀山机场举行"中国海监 B - 3837 飞机接机暨首飞仪式"，这标志着国家海洋局正式把该飞机交给东海分局并加入中国海监东海总队的装备序列。

2004 年 5 月 22 日 珠江口 AIS（船舶自动识别系统）岸台网络系统经过 3 年多的研发和建设，顺利联网并运行成功。这是我国首次采用国际上最先进的 AIS 岸台网络技术在沿海港口进行船舶交通管理的系统。

2004 年 5 月 22 日 完全由我国自主开发、自行设计建造的吨位最大的"海洋石油 113"号提前 23 天，在外高桥船厂码头命名并交付中国海洋石油总公司。此举标志着上海外高桥造船有限公司在浮式生产储油装置的开发、设计和建造方面跃上了一个新的台阶，同时也标志着中国浮式生产储油装置的建造水平跨进了世界先进行列。

2004 年 6 月 23 日 30 万吨油轮中远"远荣湖"油轮航行在我国南海海域，突然遭到一艘小艇的"自杀性爆炸袭击"，中国海上搜救中心、中远集团立刻启动了应急反恐程序。这是我国首次举行的海上 30 万吨超级油轮运输反恐船岸联合演习。

2004 年 6 月 24 日 天津市海洋局诉讼马耳他籍油轮"塔斯曼海"原油泄漏对海洋生态环境污染索赔案在天津海事法院开庭。该案是我国首例海洋生态环境污损索赔案件。

2004 年 6 月 30 日 交通部发布《公路水运工程监理企业资质管理规定》《中华人民共和国海船船员适任考试、评估和发证规则》《中华人民共和国船舶最低安全配员规则》。

2004 年 7 月 1 日 经修订的《1974 年国际海上人命安全公约》海上保安修正案和《国际船舶和港口设施保安规则》正式生效。

2004 年 7 月 7 日 国家海洋局副局长孙志辉在国务院新闻办举行的新闻发布会上指出我国海洋经济凸显六大特点：海洋经济发展的速度不断加快；海洋经济在国民经济中总量不断提高；海洋产业结构正在不断优化，其中一、二、三产业的比重由原来的 51：16：33 优化到 2003 年的 28：29：43；涉海产业就业人员规模扩大；三大海洋经济区基本形成；海洋高新技术产业发展迅速，主要海洋产业群得到了发展。

2004 年 7 月 7 日 日本调查船在数艘先导船的引导下到冲绳本岛西北方向 370 公里、距中国正在开发的天然气田（春晓气田）约 50 公里处的海域进行海底资源调查。中国外交部副部长王毅于当日紧急召见日本驻华大使阿南惟茂，向日方提出严正交涉。

2004 年 7 月 7 日 交通部南海第一救助飞行队成立。

2004 年 8 月 17 日 有华裔航海第一人之称的美籍华人翁以煊驾驶的"凤凰"号帆船，沿着 600 年前我国航海家郑和下西洋的航线，抵达浙江省舟山市普陀山莲花洋海面，与迎候在那里的我国最大的仿古木帆船"绿眉毛"会合，并在"绿眉毛"的护送下，进入沈家门渔港。这是国务院新闻办和香港凤凰卫视为纪念郑和下西洋 600 周年特别安排的大型电视纪念活动。

2004 年 8 月 20 日 交通部东海第二救助飞行队成立。

2004 年 8 月 20 日 福建东山岛冬古湾郑成功古战船遗址首次发掘出 120 块古代士兵作战时穿的铠甲铜叶片，还有珍奇的印泥盒及红色印泥、铜烟斗、石墨砚、金属油灯、青白釉碗、铜锣片等一批珍奇文物。

2004 年 8 月 20 日 交通部广州打捞局在香港妈湾水道成功打捞起 5 万吨级散装货船"鹏洋"轮，清除了香港主要航线上的重大障碍，疏通了航道，同时创造了中国打捞史的新纪录。

2004 年 10 月 20 日 外交部发言人章启月在答记者问时说，中国对越南国家油气总公司对南海部分争议海域单方面进行油气勘探招标表示严重关切和强烈不满。

2004 年 10 月 20 日 总投资 20 亿元、计划总装机容量 20 万千瓦的 2 个海上风电场项目在广东省南澳县签约，我国首批海上风电场将在南澳海域兴建。

2004 年 11 月 1 日 中国首部无居民海岛地方法规——《厦门市无居民海岛保护与利用管理办法》正式实施。

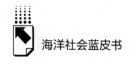

2004 年 12 月 22 日 国务院常务会议原则通过交通部与国家发改委联合编制的《长江三角洲、珠江三角洲、渤海区域沿海港口建设规划》。

2004 年 12 月 27 日 中海石油有限公司天津分公司产量首次突破 1000 万立方米油当量大关，标志着渤海油田继南海东部后中国海上第二个产量跃上千万立方米台阶的大型矿区，成为我国北方重要的能源生产基地。

2005 年 5 月 23 日 首次在中国举办的第 24 届世界港口大会在上海隆重开幕。来自世界各国的世界港口协会会员单位、国际组织、各国政府部门及企业代表共 1000 余人与会。

2005 年 7 月 8～15 日 纪念郑和下西洋 600 周年暨上海国际海洋博览会在上海举行。

2005 年 12 月 30 日 交通部发布《港口统计规则》（交通部令 2005 年第 13 号）。

2006 年 1 月 9 日 交通部印发《中华人民共和国海事行政许可条件规定》（交通部令 2006 年第 1 号）。

2006 年 1 月 18 日 由国家海洋局主管，国家海洋环境监测中心主办的中国海洋环境监测网站 www. mem. gov. cn 正式开通。中国海洋环境监测网站是发布全国海洋环境监测业务信息和提供在线服务的综合电子网络平台。

2006 年 3 月 27 日 国家海洋局印发《国家海域使用动态监视监测管理系统建设与管理的意见》，正式启动了海域使用动态监视监测管理系统建设工作。

2006 年 4 月 3 日 在国家海洋局办公室主持下，海洋档案馆向海南省提供该省海岛综合调查档案数字化产品交接仪式在海口举行。这标志着海洋档案服务实现历史性突破，开始由传统手段向现代化手段转变。

2006 年 4 月 26～28 日 亚太经合组织（APEC）海洋资源保护工作组第 19 次会议在上海召开。

2006 年 9 月 19 日 国务院总理温家宝签发第 475 号国务院令，发布《防治海洋工程建设项目污染损害海洋环境管理条例》。该条例于 2006 年 8 月 30 日国务院第 148 次常务会议通过，自 2006 年 11 月 1 日起施行。

2007 年 1 月 22 日 《全国海洋环境监测体系业务"十一五"发展规划（纲要）》发布。该《纲要》是我国"十一五"海洋环境监测工作的纲领性和指导性文件。

2007年3月16日 第十届全国人民代表大会第五次会议审议通过了《中华人民共和国物权法》。海域物权制度在这一民事基本法律中得到确立。

2007年12月7日 我国首届建设传承弘扬海洋文化研讨会在北京召开。

2008年1月24日 国家海洋局发布《关于改进围填海造地工程平面设计的若干意见》，要求转变围填海理念，更新围填海方式，最大限度地减少对海洋生态环境的影响。

2008年2月7日 国务院批准实施《国家海洋事业发展规划纲要》。

2008年9月10日 国家海洋局发布《海域使用权证书管理办法》。

2008年12月8日 国家海洋局印发《关于为扩大内需促进经济平稳较快发展做好服务保障工作的通知》，要求合理配置海域资源，为沿海经济平稳较快发展做好服务保障工作。

2009年4月21~22日 中共中央总书记、国家主席、中央军委主席胡锦涛在山东省考察期间指出："要大力发展海洋经济，科学开发海洋资源，培育海洋优势产业，打造山东半岛蓝色经济区。"

2009年4月23日 庆祝中国人民海军成立60周年海上大阅兵在青岛附近海域拉开帷幕。这是新中国历史上首次大规模检阅多国海军活动。

2009年6月12日 国家海洋局开通"iOcean中国数字海洋公众版"信息服务系统。

2010年1月7日 国家海洋局组织召开了首次海洋公益性行业科研专项工作会议。海洋公益专项在提高海洋行业整体科技水平、促进科技兴海、发挥对海洋管理的科技支撑作用等方面取得了阶段性明显成效。

2010年3月1日 《中华人民共和国海岛保护法》正式施行。

2010年12月13日 《中国海监海岛保护与利用执法工作实施办法》正式实施。

2011年1月4日 国务院正式批复《山东半岛蓝色经济区发展规划》。

2011年4月22日 国家海洋局出台了《国家科技兴海产业示范基地认定和管理办法（试行）》。

2011年6月6日 国务院正式批准设立浙江舟山群岛新区，这是国务院批准的我国首个以海洋经济为主题的国家战略层面新区。

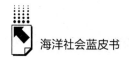

2011 年 8 月 16 日 我国自主研制的第一颗海洋动力环境卫星"海洋二号"发射成功。8 月 29 日，该卫星完成对地定向，建立了卫星正常姿态。

2011 年 12 月 28 日 《围填海计划管理办法》由国家发展和改革委员会、国家海洋局联合印发。

2012 年 3 月 26 日 国家海洋局和国家文物局联合召开我国管辖海域内文化遗产联合执法专项行动启动仪式电视电话会议。

2012 年 4 月 19 日 经国务院批准，《全国海岛保护规划》由国家海洋局正式公布实施。

2012 年 5 月 11 日 国家海洋局和国家标准化管理委员会联合发布《全国海洋标准化"十二五"发展规划》。

2012 年 6 月 15 日 在马里亚纳海沟试验区，我国首台自行设计、自主集成的大深度载人潜水器蛟龙号进行了 7000 米级海上试验第一次下潜，创造了我国载人潜水器海底下潜最大深度纪录。

2012 年 9 月 10 日 中华人民共和国政府发表声明，公布了钓鱼岛及其附属岛屿的领海基线。

2012 年 9 月 11 日 国家海洋局印发《领海基点保护范围选划与保护办法》。

2012 年 9 月 15 日 中国海岛网受权发布钓鱼岛及其部分附属岛屿地理坐标和相关图件。

2012 年 11 月 14 日 3000 吨级海监 137 船入列中国海监东海总队，并将赴我国东海海域执行定期维权巡航任务。

2012 年 12 月 4 日 国家海洋局组织编制的《中国钓鱼岛地名册》由海洋出版社正式对外出版发行。

2013 年 3 月 4 日 国家海洋局印发《国家海洋局关于完善国家海洋局直接受理项目用海审查工作有关问题的通知》。

2013 年 3 月至 5 月 国家海洋局海域综合管理司组织开展养殖用海专题调研。

2013 年 6 月 25 日 国家海洋局会同财政部联合印发《关于调整海域使用金免缴审批权限的通知》。

2013 年 12 月 6 日 国家海洋局印发《关于组织开展市县级海洋功能区划

编制工作的通知》。

2014 年 1 月 2 日 我国南极考察队暨"雪龙"号科考船成功营救在南极遇险的俄罗斯"绍卡利斯基院士"号客船上的 52 名乘客，并于 1 月 7 日成功突破重冰区。

2014 年 1 月 8 日 全国海洋经济调查领导小组第一次会议在京召开，我国第一次全国范围的海洋经济调查正式启动。

2014 年 2 月 19 日 《2014 年海洋科技工作要点》从 10 个方面明确了海洋科技重点工作。

2014 年 6 月 20 日 李克强出席中希海洋合作论坛，发表题为《努力建设和平合作和谐之海》的演讲。

2014 年 7 月 22 日 国家海洋局成立 50 周年纪念日。

2014 年 10 月 15 日 以"海洋科技自主创新与 21 世纪海上丝路"为主题的 2014 中国·青岛海洋国际高峰论坛在青岛西海岸新区开幕。国家海洋局党组成员、副局长王宏出席论坛并讲话。

2014 年 12 月 30 日 钓鱼岛专题网站正式上线开通，该网站由国家海洋信息中心主办，使用"www. diaoyudao. org. cn"和"www. 钓鱼岛 . cn"域名。

Abstract

Report on the Development of Ocean Society of China (*2015*) is the first Blue Book of Ocean Society issued by Institute of Sociology in Law and Politics School of Ocean University of China and the Professional Committee of Ocean Sociology of Chinese Sociological Association.

This report systematically summarizes and analyses the development course, the existing problems occurring, the general trend and the countermeasures in China from the beginning of the reform and opening-up until 2014, pointing out that the development of ocean society in China can be divided into three periods: "Starting Period" from the reform and opening-up in 1978 to the 1990s as its first period, "Accumulation Period" from the 1990s to the beginning of the 21st century as its second period, "All – round Development Period" from the beginning of the 21st century until nowadays as its third period. It also points out in this report that the development of ocean society has already been given attention by government, concerned policies and legal construction have been improving continuously, marine hard power has been significantly improving, the idea of ocean society development has shown the trend of diversification, and the coordinated development between different regions has become increasingly necessary. Meanwhile, it also points out that the strategic of ocean society development is not enough, the obstruction from imperfect system and legal institution is still obvious, marine hard power is still falling behind, the unbalanced development among different regions has become more serious, marine ecological environment degradation still remains, and the challenge of globalization is inevitable nowadays. Therefore, it can be forecasted that the overall planning of ocean society development will be strengthened , marine hard power will be improved continuously, new fields of ocean society will develop more quickly than traditional fields, the trend of diversification will be more obvious, and the development of ocean society will depend more on international cooperation and exchange. So it is important to make ocean business planning and policies more strategically, improve marine hard power specifically, carry out ocean management comprehensively, strengthen marine education, and take part in international cooperation and exchange in the field of ocean society development.

This report is formed by general report, special reports and special subjects, having marine culture, marine public service, marine science and technology, ocean economy, maritime law enforcement and maritime right maintenance, ocean environment, marine employment, marine policy and law, ocean management, coastal regional planning as topics. Based on official statistics or empirical surveys, it deeply describes those issues mentioned above, analyzes the existing problems and puts forward pertinent policy recommendations, so as to make this Blue Book of Ocean Society as an annual authority report on the development of ocean society in China.

Contents

B I   General Report

Abstract: Ocean society in China has been developing rapidly these years. The development of ocean society in China can be divided into three periods: "Starting Period" from the reform and opening-up in 1978 to the 1990s as its first period, "Accumulation Period" from the 1990s to the beginning of the 21st century as its second period, "All – round Development Period" from the beginning of the 21st century until nowadays as its third period. It is also found out in this report that the development of ocean society has already been given attention by government, concerned policies and legal construction have been improving continuously, marine hard power has been significantly improving, the idea of ocean society development has shown the trend of diversification, and the coordinated development among different regions has become increasingly necessary. Meanwhile, it also points out that the strategic of ocean society development is not enough, the obstruction from imperfect system and legal institution is still obvious, marine hard power is still falling behind, the unbalanced development among different regions has become more serious, marine ecological environment degradation still remains, and the challenge of globalization is inevitable nowadays. Therefore, it can be forecasted that the overall planning of ocean society development will be strengthened , marine hard power will be improved continuously, new fields of ocean society will develop more quickly than traditional fields, the trend of diversification will be more obvious, and the development of ocean society will depend more on international cooperation and exchange. So it is important to make ocean business planning and policies more strategically, improve marine hard power specifically, carry out ocean management comprehensively, strengthen marine education, and take part in international cooperation and exchange in the field of ocean society development.

Keywords: Ocean Society; Development of Ocean Society; Ocean Business; Activity of Ocean Exploration

B II   Segment Reports

B. 2   China's Marine Culture Development Report

Ning Bo , Cheng Yongjin / 020

Abstract: The farming culture , nomadic culture and marine culture form the trinity of traditional civilization in our country. Experienced ocean lost and modern western Marine culture's impact, the development of China's marine culture was ups and downs, but never interrupted. Entering the age of reform and opening-up, especially the Marine century, the development of Marine culture face a new time. In the field of the academic research of marine culture, marine culture scholars launched a pioneering research on marine culture. A new marine culture of discipline has established. At the same time, it inevitably comes out some deficiencies.

Keywords: Marine Culture

B. 3   China's Marine Public Service Development Report

Cui Feng , Chen Mo / 049

Abstract: Chinese marine public service system includes marine surveying and

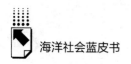

mapping, marine monitoring, marine information, marine forecast, marine traffic security, marine natural disaster prevention and reduction, marine measurement, marine salvage, and so forth. Since the reform and opening-up, Chinese marine public service has gone through four stages: infrastructure stage, technology improvement stage, political structure reform stage and comprehensive development stage. Basing on the condition of Chinese marine public service of the past years, this article discusses the basic situation and the characteristics of every stage, evaluates their advantage and disadvantage respectively, and also predicts the future of Chinese marine public service.

Keywords: Marine Public Service

B. 4　China's Marine Science and Technology Development Report

Li Guojun / 076

Abstract: In this report, based on the *China Ocean Yearbook* (1982 – 2013) released by the National Oceanic Bureau and reference to the relevant literature, the development of marine science and technology since the reform and opening-up has been sort out. Firstly, it defines the connotation and extension of the development of marine science and technology. Secondly, it points out the development process of China's marine science and technology is divided into three stages, and analyzes the marine science and technology development strategy, science and technology policy, system reform, marine survey, input and output of science and technology, and so on. Then, the characteristics and the development trend of the development of the marine science and technology in China are summarized and forecasted. Finally, it gives a policy suggestion on the reform of the marine science and technology in China.

Keywords: Marine; Science and Technology Development; Policy System

B. 5　China's Ocean Economy Development Report

Chen Ye / 102

Abstract: Since the reform and opening-up, China's ocean economy experienced three periods: preliminary development period (1979 − 2000), rapid development period (2001 − 2011) and high − speed development period (2012 − present). During the era of globalization and background of marine power strategy, the contribution of ocean economy to the whole country's economy is becoming larger and larger. The overall Chinese ocean economy will remain growing in the following 20 years. Ocean emerging industry will lead the development of ocean economy, and ocean high − tech industry will be the major measure of ocean economy development. However, there are still some problems in the process of development, such as destruction of ocean ecological environment, lacking of ocean science and technology innovation and unreasonableness of ocean economy layout. In the future, we should take some measures, such as improving ocean mentality, protecting ocean environment, optimizing ocean industry, perfecting ocean economic laws and deepening international cooperation.

Keywords: Ocean Economy; Marine Power Strategy; Ocean Industry

B Ⅲ　Subject Reports

B. 6　China's Maritime Law Enforcement and Maritime

　　　Right Maintenance Development Report

Jiang Dizhong / 131

Abstract: We have made great achievements in maritime law enforcement and maritime right maintenance since reform and opening-up. However, there are still many problems troubling maritime law enforcement and maritime right maintenance. First, the legal system remain incomplete. Second, the system of maritime law enforcement and maritime right maintenance are not smooth enough. Third, the dispute of maritime right between China and other countries basically constrains China to enforce maritime law and maintain maritime right. Finally, the backward technical equipment also constrains China to enforce maritime law and maintain maritime right. In order to enhance maritime law enforcement and maritime right maintenance, it is necessary to strengthen the power of air force and navy. In addition, it is also necessary to comprehensively improve the legal system of maritime law enforcement

海洋社会蓝皮书

and maritime right maintenance. At the same time, the administrative level of the State Oceanic Administration should be raised to smooth the system of maritime law enforcement and maritime right maintenance, and the technical equipment of maritime law enforcement and maritime right maintenance should be improved greatly.

Keywords: Maritime Law Enforcement; Maritime Right Maintenance

B. 7   China's Ocean Environment Development Report

Tang Guojian, Zhao Ti / 148

Abstract: Since the Reform of 1978, China's ocean environmental development has experienced three stages, namely ocean exploration, turning towards the ocean and planning the ocean. This article presents different development conditions during the three periods in three aspects: the oceanic environmental pollution and protection, the changes of oceanic resource condition and the conflict and clarification of ocean boundary. Finally, we probably forecast the future development of Chinese ocean environment. For some serious problems raised in the process of the ocean environmental development, we give some practical suggestions.

Keywords: Ocean; Ocean Development; Ocean Resource; Ocean Boundary

B. 8   China's Marine Employment Development Report

Cui Feng, Zhang Xiaoying / 192

Abstract: Along with the global economic integration, Marine industry attracts great attention, and has become a new growth point of the economic development in all countries. Meanwhile, as China have made much progress and the economy has greatly improved, the government paid much attention to the national employment. For many times, some leaders pointed out that employment was a major problem, and it related to long - term development and should be put as a top priority. The development of Marine industry creates a large number of jobs and a group of people will be engaged in Marine industry. There is no denying the fact that the arrival of the ocean century makes marine employment become an important part of the labor force in our country. But for a long time, we have done few researches in employment situation related to marine industry and there are rare papers. Based on the statistic data of 2001 − 2012 published by the State Oceanic Administration, this paper selected marine employment related data, and analyzed our country's marine employment change in quantity and quality distribution rule, and then summarized the important role of marine for national economic and social development and labor employment pressure relief.

Keywords: People of Marine Employment; Marine Employment; Marine Industry

B. 9　China's Marine Public Policy and Law Development Report

Guo Qian / 231

Abstract: Policies and development have strong connections with each other in oceanic area. The development of marine policy and law in our country has experienced three stages after 1949: the first stage is the initial period, and the marine sovereignty maintenance is the keynote; the second stage is the major period of the development, and legislative contents focused on the ocean environment protection field; the third stage is a comprehensive management and comprehensive development, law and policy content began to diversify. The form is also reasonable, which is reaching the target of marine integrated legal system. The achievement of the past spurred today's pace, and the future direction of the development of marine policy and law should be efforts to meet the comprehensive management requirements, improve the legal system, protect the environment to enhance industrial institutions and improve public participation, supervision and evaluation mechanism.

Keywords: Marine Public Policy; Marine Law

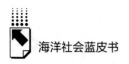
海洋社会蓝皮书

B. 10　China's Ocean Management Development Report

Wang Qi / 248

Abstract: The history of China's ocean management can be roughly divided into four stages. From 1949 to 1979, China's ocean management system was founded preliminarily. From 1979 to 1990, the local ocean management institutions began to be established and improved. From 1990 to 2010, China's marine policies were fully developed. Since 2010, especially after the institutional reform in 2013, the State Oceanic Administration were restructured and the former dispersed maritime law enforcement teams were integrated. This reform promoted our country's ocean management from semi centralized type to centralized management system. The government is paying more attention to comprehensive ocean management while improving and standardizing the industry management now. The main challenges to our country's ocean management are as follows: the ocean environmental problems are becoming more and more serious; the contention of maritime rights and interests and marine resources are getting increasingly fierce; the challenges of growing non - traditional security threats. The future development trend of ocean management in China can be summarized as follows: The concept of ocean management is advancing with the times; the subjects of ocean management are becoming more multilevel and collaborative; the means of ocean management are becoming more flexible and interactive; ocean management is becoming much more open-ended and international. To face challenges and adapt to the trend of development, China needs to further improve the comprehensive ocean management system, use new oceanic concepts to push ocean management innovation, formulate scientific ocean management strategies, and to improve the mechanisms of ocean management examinations.

Keywords: Ocean Management; Ocean Management System; Ocean Management Development

Abstract: Chinese coastal regional planning refers to the regional planning of land or sea administrated by 14 Chinese coastal provinces covering wider than city planning but less than territorial planning, across province or city boundary. Ever since the early time of PRC, regional planning is not an independent planning type, but combines tightly with industrial planning, territorial planning and city planning. Until the 10th Five Years Plan, Chinese government started to focus more on regional planning. The development of Chinese coastal regional planning could be divided into 4 eras: Industrial planning era (1949 – 1978), territorial planning era (1978 – 1989), city planning era (1989 – 2006) and regional planning era (2006 –). Nowadays, Chinese coastal area has brought up three regional cores of Bohai Rim, Yangtze River Delta and Pearl River Delta, which offers solid support for the cooperation of surrounding provinces, cities and districts. The general development trend of Chinese coastal regional planning could be summarized as four aspects: the planning system is more completed, regional coordination is more necessary, regional integration is more certainly, and the overheat risk calls for more attention.

Keywords: Coastal Area; Regional Planning; Oceanic Society

IB V　Appendix

❋ 皮书起源 ❋

"皮书"起源于十七、十八世纪的英国,主要指官方或社会组织正式发表的重要文件或报告,多以"白皮书"命名。在中国,"皮书"这一概念被社会广泛接受,并被成功运作、发展成为一种全新的出版型态,则源于中国社会科学院社会科学文献出版社。

❋ 皮书定义 ❋

皮书是对中国与世界发展状况和热点问题进行年度监测,以专业的角度、专家的视野和实证研究方法,针对某一领域或区域现状与发展态势展开分析和预测,具备权威性、前沿性、原创性、实证性、时效性等特点的连续性公开出版物,由一系列权威研究报告组成。皮书系列是社会科学文献出版社编辑出版的蓝皮书、绿皮书、黄皮书等的统称。

❋ 皮书作者 ❋

皮书系列的作者以中国社会科学院、著名高校、地方社会科学院的研究人员为主,多为国内一流研究机构的权威专家学者,他们的看法和观点代表了学界对中国与世界的现实和未来最高水平的解读与分析。

❋ 皮书荣誉 ❋

皮书系列已成为社会科学文献出版社的著名图书品牌和中国社会科学院的知名学术品牌。2011年,皮书系列正式列入"十二五"国家重点图书出版规划项目;2012~2014年,重点皮书列入中国社会科学院承担的国家哲学社会科学创新工程项目;2015年,41种院外皮书使用"中国社会科学院创新工程学术出版项目"标识。

中国皮书网
www.pishu.cn

发布皮书研创资讯，传播皮书精彩内容
引领皮书出版潮流，打造皮书服务平台

栏目设置：

☐ 资讯：皮书动态、皮书观点、皮书数据、
　　　　皮书报道、皮书发布、电子期刊
☐ 标准：皮书评价、皮书研究、皮书规范
☐ 服务：最新皮书、皮书书目、重点推荐、在线购书
☐ 链接：皮书数据库、皮书博客、皮书微博、在线书城
☐ 搜索：资讯、图书、研究动态、皮书专家、研创团队

　　中国皮书网依托皮书系列"权威、前沿、原创"的优质内容资源，通过文字、图片、音频、视频等多种元素，在皮书研创者、使用者之间搭建了一个成果展示、资源共享的互动平台。

　　自2005年12月正式上线以来，中国皮书网的IP访问量、PV浏览量与日俱增，受到海内外研究者、公务人员、商务人士以及专业读者的广泛关注。

　　2008年、2011年中国皮书网均在全国新闻出版业网站荣誉评选中获得"最具商业价值网站"称号；2012年，获得"出版业网站百强"称号。

　　2014年，中国皮书网与皮书数据库实现资源共享，端口合一，将提供更丰富的内容，更全面的服务。

法 律 声 明

　　"皮书系列"（含蓝皮书、绿皮书、黄皮书）之品牌由社会科学文献出版社最早使用并持续至今，现已被中国图书市场所熟知。"皮书系列"的LOGO（　）与"经济蓝皮书""社会蓝皮书"均已在中华人民共和国国家工商行政管理总局商标局登记注册。"皮书系列"图书的注册商标专用权及封面设计、版式设计的著作权均为社会科学文献出版社所有。未经社会科学文献出版社书面授权许可，任何使用与"皮书系列"图书注册商标、封面设计、版式设计相同或者近似的文字、图形或其组合的行为均系侵权行为。

　　经作者授权，本书的专有出版权及信息网络传播权为社会科学文献出版社享有。未经社会科学文献出版社书面授权许可，任何就本书内容的复制、发行或以数字形式进行网络传播的行为均系侵权行为。

　　社会科学文献出版社将通过法律途径追究上述侵权行为的法律责任，维护自身合法权益。

　　欢迎社会各界人士对侵犯社会科学文献出版社上述权利的侵权行为进行举报。电话：010 - 59367121，电子邮箱：fawubu@ ssap. cn。

社会科学文献出版社

权威·前沿·原创

社会科学文献出版社

皮书系列

2015年

盘点年度资讯 预测时代前程

社会科学文献出版社 学术传播中心 编制

AW 社会科学文献出版社
SOCIAL SCIENCES ACADEMIC PRESS (CHINA)

社会科学文献出版社成立于1985年，是直属于中国社会科学院的人文社会科学专业学术出版机构。

成立以来，特别是1998年实施第二次创业以来，依托于中国社会科学院丰厚的学术出版和专家学者两大资源，坚持"创社科经典，出传世文献"的出版理念和"权威、前沿、原创"的产品定位，社科文献立足内涵式发展道路，从战略层面推动学术出版五大能力建设，逐步走上了智库产品与专业学术成果系列化、规模化、数字化、国际化、市场化发展的经营道路。

先后策划出版了著名的图书品牌和学术品牌"皮书"系列、"列国志"、"社科文献精品译库"、"全球化译丛"、"全面深化改革研究书系"、"近世中国"、"甲骨文"、"中国史话"等一大批既有学术影响又有市场价值的系列图书，形成了较强的学术出版能力和资源整合能力。2014年社科文献出版社发稿5.5亿字，出版图书1500余种，承印发行中国社科院院属期刊71种，在多项指标上都实现了较大幅度的增长。

凭借着雄厚的出版资源整合能力，社科文献出版社长期以来一直致力于从内容资源和数字平台两个方面实现传统出版的再造，并先后推出了皮书数据库、列国志数据库、中国田野调查数据库等一系列数字产品。数字出版已经初步形成了产品设计、内容开发、编辑标引、产品运营、技术支持、营销推广等全流程体系。

在国内原创著作、国外名家经典著作大量出版，数字出版突飞猛进的同时，社科文献出版社从构建国际话语体系的角度推动学术出版国际化。先后与斯普林格、荷兰博睿、牛津、剑桥等十余家国际出版机构合作面向海外推出了"皮书系列""改革开放30年研究书系""中国梦与中国发展道路研究丛书""全面深化改革研究书系"等一系列在世界范围内引起强烈反响的作品；并持续致力于中国学术出版走出去，组织学者和编辑参加国际书展，筹办国际性学术研讨会，向世界展示中国学者的学术水平和研究成果。

此外，社科文献出版社充分利用网络媒体平台，积极与中央和地方各类媒体合作，并联合大型书店、学术书店、机场书店、网络书店、图书馆，逐步构建起了强大的学术图书内容传播平台。学术图书的媒体曝光率居全国之首，图书馆藏量居于全国出版机构前十位。

上述诸多成绩的取得，有赖于一支以年轻的博士、硕士为主体，一批从中国社科院刚退出科研一线的各学科专家为支撑的300多位高素质的编辑、出版和营销队伍，为我们实现学术立社，以学术品位、学术价值来实现经济效益和社会效益这样一个目标的共同努力。

作为已经开启第三次创业梦想的人文社会科学学术出版机构，2015年的社会科学文献出版社将迎来她30周岁的生日，"三十而立"再出发，我们将以改革发展为动力，以学术资源建设为中心，以构建智慧型出版社为主线，以社庆三十周年系列活动为重要载体，以"整合、专业、分类、协同、持续"为各项工作指导原则，全力推进出版社数字化转型，坚定不移地走专业化、数字化、国际化发展道路，全面提升出版社核心竞争力，为实现"社科文献梦"奠定坚实基础。

社长致辞

我们是图书出版者，更是人文社会科学内容资源供应商；

我们背靠中国社会科学院，面向中国与世界人文社会科学界，坚持为人文社会科学的繁荣与发展服务；

我们精心打造权威信息资源整合平台，坚持为中国经济与社会的繁荣与发展提供决策咨询服务；

我们以读者定位自身，立志让爱书人读到好书，让求知者获得知识；

我们精心编辑、设计每一本好书以形成品牌张力，以优秀的品牌形象服务读者，开拓市场；

我们始终坚持"创社科经典，出传世文献"的经营理念，坚持"权威、前沿、原创"的产品特色；

我们"以人为本"，提倡阳光下创业，员工与企业共享发展之成果；

我们立足于现实，认真对待我们的优势、劣势，我们更着眼于未来，以不断的学习与创新适应不断变化的世界，以不断的努力提升自己的实力；

我们愿与社会各界友好合作，共享人文社会科学发展之成果，共同推动中国学术出版乃至内容产业的繁荣与发展。

社会科学文献出版社社长
中国社会学会秘书长

2015 年 1 月

❖ 皮书起源 ❖

"皮书"起源于十七、十八世纪的英国，主要指官方或社会组织正式发表的重要文件或报告，多以"白皮书"命名。在中国，"皮书"这一概念被社会广泛接受，并被成功运作、发展成为一种全新的出版形态，则源于中国社会科学院社会科学文献出版社。

❖ 皮书定义 ❖

皮书是对中国与世界发展状况和热点问题进行年度监测，以专业的角度、专家的视野和实证研究方法，针对某一领域或区域现状与发展态势展开分析和预测，具备权威性、前沿性、原创性、实证性、时效性等特点的连续性公开出版物，由一系列权威研究报告组成。皮书系列是社会科学文献出版社编辑出版的蓝皮书、绿皮书、黄皮书等的统称。

❖ 皮书作者 ❖

皮书系列的作者以中国社会科学院、著名高校、地方社会科学院的研究人员为主，多为国内一流研究机构的权威专家学者，他们的看法和观点代表了学界对中国与世界的现实和未来最高水平的解读与分析。

❖ 皮书荣誉 ❖

皮书系列已成为社会科学文献出版社的著名图书品牌和中国社会科学院的知名学术品牌。2011年，皮书系列正式列入"十二五"国家重点出版规划项目；2012~2014年，重点皮书列入中国社会科学院承担的国家哲学社会科学创新工程项目；2015年，41种院外皮书使用"中国社会科学院创新工程学术出版项目"标识。

经 济 类

经济类皮书涵盖宏观经济、城市经济、大区域经济，
提供权威、前沿的分析与预测

经济蓝皮书
2015年中国经济形势分析与预测

李　扬 / 主编　　2014年12月出版　　定价：69.00元

◆　本书为总理基金项目，由著名经济学家李扬领衔，联合中国社会科学院、国务院发展中心等数十家科研机构、国家部委和高等院校的专家共同撰写，系统分析了2014年的中国经济形势并预测2015年我国经济运行情况，2015年中国经济仍将保持平稳较快增长，预计增速7%左右。

城市竞争力蓝皮书
中国城市竞争力报告 No.13

倪鹏飞 / 主编　　2015年5月出版　　定价：89.00元

◆　本书由中国社会科学院城市与竞争力研究中心主任倪鹏飞主持编写，以"巨手：托起城市中国新版图"为主题，分别从市场、产业、要素、交通一体化角度论证了东中一体化程度不断加深。建议：中国经济分区应该由四分区调整为二分区；按照"一团五线"的发展格局对中国的城市体系做出重大调整。

西部蓝皮书
中国西部发展报告（2015）

姚慧琴　徐璋勇 / 主编　　2015年7月出版　　估价：89.00元

◆　本书由西北大学中国西部经济发展研究中心主编，汇集了源自西部本土以及国内研究西部问题的权威专家的第一手资料，对国家实施西部大开发战略进行年度动态跟踪，并对2015年西部经济、社会发展态势进行预测和展望。

中部蓝皮书

中国中部地区发展报告（2015）

喻新安 / 主编　　2015 年 7 月出版　　估价 :69.00 元

◆　本书敏锐地抓住当前中部地区经济发展中的热点、难点问题，紧密地结合国家和中部经济社会发展的重大战略转变，对中部地区经济发展的各个领域进行了深入、全面的分析研究，并提出了具有理论研究价值和可操作性强的政策建议。

世界经济黄皮书

2015 年世界经济形势分析与预测

王洛林　张宇燕 / 主编　　2015 年 1 月出版　　定价 :69.00 元

◆　本书为中国社会科学院创新工程学术出版资助项目，由中国社会科学院世界经济与政治研究所的研创团队撰写。该书认为，2014 年，世界经济维持了上年度的缓慢复苏，同时经济增长格局分化显著。预计 2015 年全球经济增速按购买力平价计算的增长率为 3.3%，按市场汇率计算的增长率为 2.8%。

中国省域竞争力蓝皮书

中国省域经济综合竞争力发展报告（2013~2014）

李建平　李闽榕　高燕京 / 主编　　2015 年 2 月出版　定价 :198.00 元

◆　本书充分运用数理分析、空间分析、规范分析与实证分析相结合、定性分析与定量分析相结合的方法，建立起比较科学完善、符合中国国情的省域经济综合竞争力指标评价体系及数学模型，对 2012~2013 年中国内地 31 个省、市、区的经济综合竞争力进行全面、深入、科学的总体评价与比较分析。

城市蓝皮书

中国城市发展报告 No.8

潘家华　魏后凯 / 主编　2015 年 9 月出版　　估价 :69.00 元

◆　本书由中国社会科学院城市发展与环境研究中心编著，从中国城市的科学发展、城市环境可持续发展、城市经济集约发展、城市社会协调发展、城市基础设施与用地管理、城市管理体制改革以及中国城市科学发展实践等多角度、全方位地立体展示了中国城市的发展状况，并对中国城市的未来发展提出了建议。

金融蓝皮书

中国金融发展报告（2015）

李 扬　王国刚/主编　2014年12月出版　定价:75.00元

◆ 由中国社会科学院金融研究所组织编写的《中国金融发展报告（2015）》，概括和分析了2014年中国金融发展和运行中的各方面情况,研讨和评论了2014年发生的主要金融事件。本书由业内专家和青年精英联合编著,有利于读者了解掌握2014年中国的金融状况,把握2015年中国金融的走势。

低碳发展蓝皮书

中国低碳发展报告（2015）

齐 晔/主编　2015年7月出版　估价:89.00元

◆ 本书对中国低碳发展的政策、行动和绩效进行科学、系统、全面的分析。重点是通过归纳中国低碳发展的绩效,评估与低碳发展相关的政策和措施,分析政策效应的制度背景和作用机制,为进一步的政策制定、优化和实施提供支持。

经济信息绿皮书

中国与世界经济发展报告（2015）

杜 平/主编　2014年12月出版　定价:79.00元

◆ 本书是由国家信息中心组织专家队伍精心研究编撰的年度经济分析预测报告,书中指出,2014年,我国经济增速有所放慢,但仍处于合理运行区间。主要新兴国家经济总体仍显疲软。2015年应防止经济下行和财政金融风险相互强化,促进经济向新常态平稳过渡。

低碳经济蓝皮书

中国低碳经济发展报告（2015）

薛进军　赵忠秀/主编　2015年6月出版　定价:85.00元

◆ 本书汇集来自世界各国的专家学者、政府官员,探讨世界金融危机后国际经济的现状,提出"绿色化"为经济转型期国家的可持续发展提供了重要范本,并将成为解决气候系统保护与经济发展矛盾的重要突破口,也将是中国引领"一带一路"沿线国家实现绿色发展的重要抓手。

社 会 政 法 类

社会政法类皮书聚焦社会发展领域的热点、难点问题，
提供权威、原创的资讯与视点

社会蓝皮书

2015 年中国社会形势分析与预测

李培林　陈光金　张　翼／主编　2014 年 12 月出版　定价：69.00 元

◆　本书由中国社会科学院社会学研究所组织研究机构专家、高校学者和政府研究人员撰写，聚焦当下社会热点，指出 2014 年我国社会存在城乡居民人均收入增速放缓、大学生毕业就业压力加大、社会老龄化加速、住房价格继续飙升、环境群体性事件多发等问题。

法治蓝皮书

中国法治发展报告 No.13（2015）

李　林　田　禾／主编　2015 年 3 月出版　定价：105.00 元

◆　本年度法治蓝皮书回顾总结了 2014 年度中国法治取得的成效及存在的问题，并对 2015 年中国法治发展形势进行预测、展望，还从立法、人权保障、行政审批制度改革、反价格垄断执法、教育法治、政府信息公开等方面研讨了中国法治发展的相关问题。

环境绿皮书

中国环境发展报告（2015）

刘鉴强／主编　2015 年 7 月出版　估价：79.00 元

◆　本书由民间环保组织"自然之友"组织编写，由特别关注、生态保护、宜居城市、可持续消费以及政策与治理等版块构成，以公共利益的视角记录、审视和思考中国环境状况，呈现 2014 年中国环境与可持续发展领域的全局态势，用深刻的思考、科学的数据分析 2014 年的环境热点事件。

反腐倡廉蓝皮书

中国反腐倡廉建设报告 No.4

李秋芳 张英伟 / 主编　2014 年 12 月出版　定价 :79.00 元

◆　本书继续坚持"建设"主题，既描摹出反腐败斗争的感性特点，又揭示出反腐政治格局深刻变化的根本动因。指出当前症结在于权力与资本"隐蔽勾连"、"官场积弊"消解"吏治改革"效力、部分公职人员基本价值观迷乱、封建主义与资本主义思想依然影响深重。提出应以科学思维把握反腐治标与治本问题，建构"不需腐"的合理合法薪酬保障机制。

女性生活蓝皮书

中国女性生活状况报告 No.9（2015）

韩湘景 / 主编　2015 年 4 月出版　定价 :79.00 元

◆　本书由中国妇女杂志社、华坤女性生活调查中心和华坤女性消费指导中心组织编写，通过调查获得的大量调查数据，真实展现当年中国城市女性的生活状况、消费状况及对今后的预期。

华侨华人蓝皮书

华侨华人研究报告 (2015)

贾益民 / 主编　2015 年 12 月出版　估价 :118.00 元

◆　本书为中国社会科学院创新工程学术出版资助项目 ，是华侨大学向世界提供最新涉侨动态、理论研究和政策建议的平台。主要介绍了相关国家华侨华人的规模、分布、结构、发展趋势，以及全球涉侨生存安全环境和华文教育情况等。

政治参与蓝皮书

中国政治参与报告（2015）

房 宁 / 主编　2015 年 7 月出版　估价 :105.00 元

◆　本书作者均来自中国社会科学院政治学研究所，聚焦中国基层群众自治的参与情况介绍了城镇居民的社区建设与居民自治参与和农村居民的村民自治与农村社区建设参与情况。其优势是其指标评估体系的建构和问卷调查的设计专业，数据量丰富，统计结论科学严谨。

行业报告类

 行业报告类皮书立足重点行业、新兴行业领域，
提供及时、前瞻的数据与信息

房地产蓝皮书

中国房地产发展报告 No.12（2015）

魏后凯　李景国 / 主编　2015 年 5 月出版　　定价 :79.00 元

◆　本年度房地产蓝皮书指出，2014 年中国房地产市场出现了较大幅度的回调，商品房销售明显遇冷，库存居高不下。展望2015 年，房价保持低速增长的可能性较大，但区域分化将十分明显，人口聚集能力强的一线城市和部分热点二线城市房价有回暖、房价上涨趋势，而人口聚集能力差、库存大的部分二线城市或三四线城市房价会延续下跌（回调）态势。

保险蓝皮书

中国保险业竞争力报告（2015）

姚庆海　王　力 / 主编　2015 年 12 出版　　估价 :98.00 元

◆　本皮书主要为监管机构、保险行业和保险学界提供保险市场一年来发展的总体评价，外在因素对保险业竞争力发展的影响研究；国家监管政策、市场主体经营创新及职能发挥、理论界最新研究成果等综述和评论。

企业社会责任蓝皮书

中国企业社会责任研究报告（2015）

黄群慧　彭华岗　钟宏武　张　蕙 / 编著
2015 年 11 月出版　　估价 :69.00 元

◆　本书系中国社会科学院经济学部企业社会责任研究中心组织编写的《企业社会责任蓝皮书》2015 年分册。该书在对企业社会责任进行宏观总体研究的基础上，根据 2014 年企业社会责任及相关背景进行了创新研究，在全国企业中观层面对企业健全社会责任管理体系提供了弥足珍贵的丰富信息。

投资蓝皮书

中国投资发展报告（2015）

谢 平／主编　　2015年4月出版　　定价：128.00元

◆　2014年，适应新常态发展的宏观经济政策逐步成型和出台，成为保持经济平稳增长、促进经济活力增强、结构不断优化升级的有力保障。2015年，应重点关注先进制造业、TMT产业、大健康产业、大文化产业及非金融全新产业的投资机会，适应新常态下的产业发展变化，在投资布局中争取主动。

住房绿皮书

中国住房发展报告（2014~2015）

倪鹏飞／主编　　2014年12月出版　　定价：79.00元

◆　本年度住房绿皮书指出，中国住房市场从2014年第一季度开始进入调整状态，2014年第三季度进入全面调整期。2015年的住房市场走势：整体延续衰退，一、二线城市2015年下半年、三四线城市2016年下半年复苏。

人力资源蓝皮书

中国人力资源发展报告（2015）

余兴安／主编　　2015年9月出版　　估价：79.00元

◆　本书是在人力资源和社会保障部部领导的支持下，由中国人事科学研究院汇集我国人力资源开发权威研究机构的诸多专家学者的研究成果编写而成。作为关于人力资源的蓝皮书，本书通过充分利用有关研究成果，更广泛、更深入地展示近年来我国人力资源开发重点领域的研究成果。

汽车蓝皮书

中国汽车产业发展报告（2015）

国务院发展研究中心产业经济研究部 中国汽车工程学会

大众汽车集团（中国）／主编　　2015年8月出版　　估价：128.00元

◆　本书由国务院发展研究中心产业经济研究部、中国汽车工程学会、大众汽车集团（中国）联合主编，是关于中国汽车产业发展的研究性年度报告，介绍并分析了本年度中国汽车产业发展的形势。

国别与地区类

国别与地区类皮书关注全球重点国家与地区，
提供全面、独特的解读与研究

亚太蓝皮书

亚太地区发展报告（2015）

李向阳/主编　　2015年1月出版　　定价:59.00元

◆　本年度的专题是"一带一路"，书中对"一带一路"战略的经济基础、"一带一路"与区域合作等进行了阐述。除对亚太地区2014年的整体变动情况进行深入分析外，还在此基础上提出了对于2015年亚太地区各个方面发展情况的预测。

日本蓝皮书

日本研究报告（2015）

李　薇/主编　　2015年4月出版　　定价:69.00元

◆　本书由中华日本学会、中国社会科学院日本研究所合作推出，是以中国社会科学院日本研究所的研究人员为主完成的研究成果。对2014年日本的政治、外交、经济、社会文化作了回顾、分析，并对2015年形势进行展望。

德国蓝皮书

德国发展报告（2015）

郑春荣　伍慧萍/主编　　2015年5月出版　　定价:69.00元

◆　本报告由同济大学德国研究所组织编撰，由该领域的专家学者对德国的政治、经济、社会文化、外交等方面的形势发展情况，进行全面的阐述与分析。德国作为欧洲大陆第一强国，与中国各方面日渐紧密的合作关系，值得国内各界深切关注。

国际形势黄皮书

全球政治与安全报告（2015）

李慎明　张宇燕/主编　2015年1月出版　定价:69.00元

◆　本书对中、俄、美三国之间的合作与冲突进行了深度分析,揭示了影响中美、俄美及中俄关系的主要因素及变化趋势。重点关注了乌克兰危机、克里米亚问题、苏格兰公投、西非埃博拉疫情以及西亚北非局势等国际焦点问题。

拉美黄皮书

拉丁美洲和加勒比发展报告（2014~2015）

吴白乙/主编　2015年5月出版　定价:89.00元

◆　本书是中国社会科学院拉丁美洲研究所的第14份关于拉丁美洲和加勒比地区发展形势状况的年度报告。本书对2014年拉丁美洲和加勒比地区诸国的政治、经济、社会、外交等方面的发展情况做了系统介绍,对该地区相关国家的热点及焦点问题进行了总结和分析,并在此基础上对该地区各国2015年的发展前景做出预测。

美国蓝皮书

美国研究报告（2015）

郑秉文　黄平/主编　2015年6月出版　定价:89.00元

◆　本书是由中国社会科学院美国所主持完成的研究成果,重点讲述了美国的"再平衡"战略,另外回顾了美国2014年的经济、政治形势与外交战略,对2014年以来美国内政外交发生的重大事件以及重要政策进行了较为全面的回顾和梳理。

大湄公河次区域蓝皮书

大湄公河次区域合作发展报告（2015）

刘稚/主编　2015年9月出版　估价:79.00元

◆　云南大学大湄公河次区域研究中心深入追踪分析该区域发展动向,以把握全面,突出重点为宗旨,系统介绍和研究大湄公河次区域合作的年度热点和重点问题,展望次区域合作的发展趋势,并对新形势下我国推进次区域合作深入发展提出相关对策建议。

地方发展类

 地方发展类皮书关注大陆各省份、经济区域，
提供科学、多元的预判与咨政信息

北京蓝皮书

北京公共服务发展报告（2014~2015）

施昌奎/主编　2015年1月出版　定价：69.00元

◆　本书是由北京市政府职能部门的领导、首都著名高校的教授、知名研究机构的专家共同完成的关于北京市公共服务发展与创新的研究成果。本年度主题为"北京公共服务均衡化发展和市场化改革"，内容涉及了北京市公共服务发展的方方面面，既有对北京各个城区的综合性描述，也有对局部、细部、具体问题的分析。

上海蓝皮书

上海经济发展报告（2015）

沈开艳/主编　2015年1月出版　定价：69.00元

◆　本书系上海社会科学院系列之一，本年度将"建设具有全球影响力的科技创新中心"作为主题，对2015年上海经济增长与发展趋势的进行了预测，把握了上海经济发展的脉搏和学术研究的前沿。

广州蓝皮书

广州经济发展报告（2015）

李江涛　朱名宏/主编　2015年7月出版　估价：69.00元

◆　本书是由广州市社会科学院主持编写的"广州蓝皮书"系列之一，本报告对广州2014年宏观经济运行情况作了深入分析，对2015年宏观经济走势进行了合理预测，并在此基础上提出了相应的政策建议。

文 化 传 媒 类

文化传媒类皮书透视文化领域、文化产业，
探索文化大繁荣、大发展的路径

新媒体蓝皮书

中国新媒体发展报告 No.6（2015）

唐绪军／主编　　2015 年 7 月出版　　定价 :79.00 元

◆　本书深入探讨了中国网络信息安全、媒体融合状况、微信
谣言问题、微博发展态势、互联网金融、移动舆论场舆情、传
统媒体转型、新媒体产业发展、网络助政、网络舆论监督、大
数据、数据新闻、数字版权等热门问题，展望了中国新媒体的
未来发展趋势。

舆情蓝皮书

中国社会舆情与危机管理报告（2015）

谢耘耕／主编　　2015 年 8 月出版　　估价 :98.00 元

◆　本书由上海交通大学舆情研究实验室和危机管理研究中心
主编，已被列入教育部人文社会科学研究报告培育项目。本书
以新媒体环境下的中国社会为立足点，对 2014 年中国社会舆情、
分类舆情等进行了深入系统的研究，并预测了 2015 年社会舆
情走势。

文化蓝皮书

中国文化产业发展报告（2015）

张晓明 王家新 章建刚／主编　　2015 年 7 月出版　　估价 :79.00 元

◆　本书由中国社会科学院文化研究中心编写。从 2012 年开
始，中国社会科学院文化研究中心设立了国内首个文化产业的
研究类专项资金——"文化产业重大课题研究计划"，开始在
全国范围内组织多学科专家学者对我国文化产业发展重大战略
问题进行联合攻关研究。本书集中反映了该计划的研究成果。

经济类

G20国家创新竞争力黄皮书
二十国集团（G20）国家创新竞争力发展报告（2015）
著(编)者:黄茂兴 李闽榕 李建平 赵新力
2015年9月出版 / 估价:128.00元

产业蓝皮书
中国产业竞争力报告（2015）
著(编)者:张其仔 2015年7月出版 / 估价:79.00元

长三角蓝皮书
2015年全面深化改革中的长三角
著(编)者:张伟斌 2015年10月出版 / 估价:69.00元

城乡一体化蓝皮书
中国城乡一体化发展报告（2015）
著(编)者:付崇兰 汝信 2015年12月出版 / 估价:79.00元

城市创新蓝皮书
中国城市创新报告（2015）
著(编)者:周天勇 旷建伟 2015年8月出版 / 估价:69.00元

城市竞争力蓝皮书
中国城市竞争力报告（2015）
著(编)者:倪鹏飞 2015年5月出版 / 定价:89.00元

城市蓝皮书
中国城市发展报告NO.8
著(编)者:潘家华 魏后凯 2015年9月出版 / 估价:69.00元

城市群蓝皮书
中国城市群发展指数报告（2015）
著(编)者:刘新静 刘士林 2015年10月出版 / 估价:59.00元

城乡统筹蓝皮书
中国城乡统筹发展报告（2015）
著(编)者:潘晨光 程志强 2015年7月出版 / 估价:59.00元

城镇化蓝皮书
中国新型城镇化健康发展报告（2015）
著(编)者:张占斌 2015年7月出版 / 估价:79.00元

低碳发展蓝皮书
中国低碳发展报告（2015）
著(编)者:齐晔 2015年7月出版 / 估价:89.00元

低碳经济蓝皮书
中国低碳经济发展报告（2015）
著(编)者:薛进军 赵忠秀 2015年6月出版 / 定价:85.00元

东北蓝皮书
中国东北地区发展报告（2015）
著(编)者:马克 黄文艺 2015年8月出版 / 估价:79.00元

发展和改革蓝皮书
中国经济发展和体制改革报告（2015）
著(编)者:邹东涛 2015年11月出版 / 估价:98.00元

工业化蓝皮书
中国工业化进程报告（2015）
著(编)者:黄群慧 吕铁 李晓华 2015年11月出版 / 估价:89.00元

国际城市蓝皮书
国际城市发展报告（2015）
著(编)者:屠启宇 2015年1月出版 / 定价:79.00元

国家创新蓝皮书
中国创新发展报告（2015）
著(编)者:陈劲 2015年7月出版 / 估价:59.00元

环境竞争力绿皮书
中国省域环境竞争力发展报告（2015）
著(编)者:李建平 李闽榕 王金南
2015年12月出版 / 估价:198.00元

金融蓝皮书
中国金融发展报告（2015）
著(编)者:李扬 王国刚 2014年12月出版 / 定价:75.00元

金融信息服务蓝皮书
金融信息服务发展报告（2015）
著(编)者:鲁广锦 殷剑峰 林义相
2015年7月出版 / 估价:89.00元

经济蓝皮书
2015年中国经济形势分析与预测
著(编)者:李扬 2014年12月出版 / 定价:69.00元

经济蓝皮书·春季号
2015年中国经济前景分析
著(编)者:李扬 2015年5月出版 / 定价:79.00元

经济蓝皮书·夏季号
中国经济增长报告（2015）
著(编)者:李扬 2015年7月出版 / 估价:69.00元

经济信息绿皮书
中国与世界经济发展报告（2015）
著(编)者:杜平 2014年12月出版 / 定价:79.00元

就业蓝皮书
2015年中国大学生就业报告
著(编)者:麦可思研究院 2015年7月出版 / 估价:98.00元

就业蓝皮书
2015年中国高职高专生就业报告
著(编)者:麦可思研究院 2015年6月出版 / 定价:98.00元

就业蓝皮书
2015年中国本科生就业报告
著(编)者:麦可思研究院 2015年6月出版 / 定价:98.00元

临空经济蓝皮书
中国临空经济发展报告（2015）
著(编)者:连玉明 2015年9月出版 / 估价:79.00元

民营经济蓝皮书
中国民营经济发展报告（2015）
著(编)者:王钦敏 2015年12月出版 / 估价:79.00元

农村绿皮书
中国农村经济形势分析与预测（2014~2015）
著(编)者:中国社会科学院农村发展研究所
国家统计局农村社会经济调查司
2015年4月出版 / 定价:69.00元

农业应对气候变化蓝皮书
气候变化对中国农业影响评估报告（2015）
著(编)者：矫梅燕　2015年8月出版 / 估价:98.00元

企业公民蓝皮书
中国企业公民报告（2015）
著(编)者：邹东涛　2015年12月出版 / 估价:79.00元

气候变化绿皮书
应对气候变化报告（2015）
著(编)者：王伟光　郑国光　2015年10月出版 / 估价:79.00元

区域蓝皮书
中国区域经济发展报告（2014~2015）
著(编)者：梁昊光　2015年5月出版 / 定价:79.00元

全球环境竞争力绿皮书
全球环境竞争力报告（2015）
著(编)者：李建建　李闽榕　李建平　王金南
2015年12月出版 / 估价:198.00元

人口与劳动绿皮书
中国人口与劳动问题报告No.15
著(编)者：蔡昉　2015年1月出版 / 定价:59.00元

商务中心区蓝皮书
中国商务中心区发展报告（2015）
著(编)者：中国商务区联盟
　　　　中国社会科学院城市发展与环境研究所
2015年10月出版 / 估价:69.00元

商务中心区蓝皮书
中国商务中心区发展报告No.1（2014）
著(编)者：魏后凯　李国红　2015年1月出版 / 定价:89.00元

世界经济黄皮书
2015年世界经济形势分析与预测
著(编)者：王洛林　张宇燕　2015年1月出版 / 定价:69.00元

世界旅游城市绿皮书
世界旅游城市发展报告（2015）
著(编)者：鲁勇　周正宇　宋宇　2015年7月出版 / 估价:88.00元

西北蓝皮书
中国西北发展报告（2015）
著(编)者：赵宗福　孙发平　苏海红　鲁顺元　段庆林
2014年12月出版 / 定价:79.00元

西部蓝皮书
中国西部发展报告（2015）
著(编)者：姚慧琴　徐璋勇　2015年7月出版 / 估价:89.00元

新型城镇化蓝皮书
新型城镇化发展报告（2015）
著(编)者：李伟　2015年10月出版 / 估价:89.00元

新兴经济体蓝皮书
金砖国家发展报告（2015）
著(编)者：林跃勤　周文　2015年7月出版 / 估价:79.00元

中部竞争力蓝皮书
中国中部经济社会竞争力报告（2015）
著(编)者：教育部人文社会科学重点研究基地
　　　　南昌大学中国中部经济社会发展研究中心
　　2015年9月出版 / 估价:79.00元

中部蓝皮书
中国中部地区发展报告（2015）
著(编)者：喻新安　2015年7月出版 / 估价:69.00元

中国省域竞争力蓝皮书
中国省域经济综合竞争力发展报告（2013~2014）
著(编)者：李建平　李闽榕　高燕京
2015年2月出版 / 定价:198.00元

中三角蓝皮书
长江中游城市群发展报告（2015）
著(编)者：秦尊文　2015年10月出版 / 估价:69.00元

中小城市绿皮书
中国中小城市发展报告（2015）
著(编)者：中国城市经济学会中小城市经济发展委员会
　　　　《中国中小城市发展报告》编纂委员会
　　　　中小城市发展战略研究院
2015年10月出版 / 估价:98.00元

中原蓝皮书
中原经济区发展报告（2015）
著(编)者：李英杰　2015年7月出版 / 估价:88.00元

社会政法类

北京蓝皮书
中国社区发展报告（2015）
著(编)者：于燕燕　2015年7月出版 / 估价:69.00元

殡葬绿皮书
中国殡葬事业发展报告（2014~2015）
著(编)者：李伯森　2015年4月出版 / 定价:158.00元

城市管理蓝皮书
中国城市管理报告（2015）
著(编)者：谭维克　刘林　2015年12月出版 / 估价:158.00元

城市生活质量蓝皮书
中国城市生活质量报告（2015）
著(编)者：中国经济实验研究院　2015年7月出版 / 估价:59.00元

城市政府能力蓝皮书
中国城市政府公共服务能力评估报告（2015）
著(编)者：何艳玲　2015年7月出版 / 估价:59.00元

创新蓝皮书
创新型国家建设报告（2015）
著(编)者：詹正茂　2015年7月出版 / 估价:69.00元

慈善蓝皮书
中国慈善发展报告（2015）
著(编)者:杨团　2015年6月出版 / 定价:79.00元

地方法治蓝皮书
中国地方法治发展报告No.1（2014）
著(编)者:李林 田禾　2015年1月出版 / 定价:98.00元

法治蓝皮书
中国法治发展报告No.13（2015）
著(编)者:李林 田禾　2015年3月出版 / 定价:105.00元

反腐倡廉蓝皮书
中国反腐倡廉建设报告No.4
著(编)者:李秋芳 张英伟 2014年12月出版 / 定价:79.00元

非传统安全蓝皮书
中国非传统安全研究报告（2014~2015）
著(编)者:余潇枫 魏志江　2015年5月出版 / 定价:79.00元

妇女发展蓝皮书
中国妇女发展报告（2015）
著(编)者:王金玲　2015年9月出版 / 估价:148.00元

妇女教育蓝皮书
中国妇女教育发展报告（2015）
著(编)者:张李玺　2015年7月出版 / 估价:78.00元

妇女绿皮书
中国性别平等与妇女发展报告（2015）
著(编)者:谭琳　2015年12月出版 / 估价:99.00元

公共服务蓝皮书
中国城市基本公共服务力评价（2015）
著(编)者:钟君 吴正杲　2015年12月出版 / 估价:79.00元

公共服务满意度蓝皮书
中国城市公共服务评价报告（2015）
著(编)者:胡伟　2015年12月出版 / 估价:69.00元

公共外交蓝皮书
中国公共外交发展报告（2015）
著(编)者:赵启正 雷蔚真　2015年4月出版 / 定价:89.00元

公民科学素质蓝皮书
中国公民科学素质报告（2015）
著(编)者:李群 许佳军　2015年7月出版 / 估价:79.00元

公益蓝皮书
中国公益发展报告（2015）
著(编)者:朱健刚　2015年7月出版 / 估价:78.00元

管理蓝皮书
中国管理发展报告（2015）
著(编)者:张晓东　2015年9月出版 / 估价:98.00元

国际人才蓝皮书
中国国际移民报告（2015）
著(编)者:王辉耀　2015年2月出版 / 定价:79.00元

国际人才蓝皮书
中国海归发展报告（2015）
著(编)者:王辉耀 苗绿　2015年7月出版 / 估价:69.00元

国际人才蓝皮书
中国留学发展报告（2015）
著(编)者:王辉耀 苗绿　2015年9月出版 / 估价:69.00元

国家安全蓝皮书
中国国家安全研究报告（2015）
著(编)者:刘慧　2015年7月出版 / 估价:98.00元

行政改革蓝皮书
中国行政体制改革报告（2014~2015）
著(编)者:魏礼群　2015年4月出版 / 定价:98.00元

华侨华人蓝皮书
华侨华人研究报告（2015）
著(编)者:贾益民　2015年12月出版 / 估价:118.00元

环境绿皮书
中国环境发展报告（2015）
著(编)者:刘鉴强　2015年7月出版 / 估价:79.00元

基金会蓝皮书
中国基金会发展报告（2015）
著(编)者:刘忠祥　2016年6月出版 / 估价:69.00元

基金会绿皮书
中国基金会发展独立研究报告（2015）
著(编)者:基金会中心网　2015年8月出版 / 估价:88.00元

基金会透明度蓝皮书
中国基金会透明度发展研究报告（2015）
著(编)者:基金会中心网 清华大学廉政与治理研究中心
2015年9月出版 / 估价:78.00元

教师蓝皮书
中国中小学教师发展报告（2014）
著(编)者:曾晓东 鱼霞　2015年6月出版 / 定价:69.00元

教育蓝皮书
中国教育发展报告（2015）
著(编)者:杨东平　2015年5月出版 / 定价:79.00元

科普蓝皮书
中国科普基础设施发展报告（2015）
著(编)者:任福君　2015年7月出版 / 估价:59.00元

劳动保障蓝皮书
中国劳动保障发展报告（2015）
著(编)者:刘燕斌　2015年7月出版 / 估价:89.00元

老龄蓝皮书
中国老年宜居环境发展报告(2015)
著(编)者:吴玉韶　2015年9月出版 / 估价:79.00元

连片特困区蓝皮书
中国连片特困区发展报告（2014~2015）
著(编)者:游俊 冷志明 丁建军 2015年3月出版 / 定价:98.00元

民间组织蓝皮书
中国民间组织报告(2015)
著(编)者:潘晨光 黄晓勇　2015年8月出版 / 估价:69.00元

民调蓝皮书
中国民生调查报告（2015）
著(编)者:谢耘耕　2015年7月出版 / 估价:128.00元

民族发展蓝皮书
中国民族发展报告（2015）
著(编)者:郝时远 王延中 王希恩
2015年4月出版 / 定价:98.00元

女性生活蓝皮书
中国女性生活状况报告No.9（2015）
著(编)者:韩湘景 2015年4月出版 / 定价:79.00元

企业公众透明度蓝皮书
中国企业公众透明度报告(2014~2015)No.1
著(编)者:黄速建 王晓光 肖红军
2015年1月出版 / 定价:98.00元

企业国际化蓝皮书
中国企业国际化报告(2015)
著(编)者:王辉耀 2015年10月出版 / 估价:79.00元

汽车社会蓝皮书
中国汽车社会发展报告（2015）
著(编)者:王俊秀 2015年7月出版 / 估价:59.00元

青年蓝皮书
中国青年发展报告No.3
著(编)者:廉思 2015年7月出版 / 估价:59.00元

区域人才蓝皮书
中国区域人才竞争力报告（2015）
著(编)者:桂昭明 王辉耀 2015年7月出版 / 估价:69.00元

群众体育蓝皮书
中国群众体育发展报告（2015）
著(编)者:刘国永 杨桦 2015年8月出版 / 估价:69.00元

人才蓝皮书
中国人才发展报告（2015）
著(编)者:潘晨光 2015年8月出版 / 估价:85.00元

人权蓝皮书
中国人权事业发展报告（2015）
著(编)者:中国人权研究会 2015年8月出版 / 估价:99.00元

森林碳汇绿皮书
中国森林碳汇评估发展报告（2015）
著(编)者:闫文德 胡文臻 2015年9月出版 / 估价:79.00元

社会保障绿皮书
中国社会保障发展报告（2015）No.7
著(编)者:王延中 2015年4月出版 / 定价:89.00元

社会工作蓝皮书
中国社会工作发展报告（2015）
著(编)者:民政部社会工作研究中心
2015年8月出版 / 估价:79.00元

社会管理蓝皮书
中国社会管理创新报告（2015）
著(编)者:连玉明 2015年9月出版 / 估价:89.00元

社会蓝皮书
2015年中国社会形势分析与预测
著(编)者:李培林 陈光金 张翼
2014年12月出版 / 定价:69.00元

社会体制蓝皮书
中国社会体制改革报告No.3（2015）
著(编)者:龚维斌 2015年4月出版 / 定价:79.00元

社会心态蓝皮书
中国社会心态研究报告（2015）
著(编)者:王俊秀 杨宜音 2015年10月出版 / 估价:69.00元

社会组织蓝皮书
中国社会组织评估发展报告（2015）
著(编)者:徐家良 廖鸿 2015年12月出版 / 估价:69.00元

生态城市绿皮书
中国生态城市建设发展报告（2015）
著(编)者:刘举科 孙伟平 胡文臻 2015年7月出版 / 估价:98.00元

生态文明绿皮书
中国省域生态文明建设评价报告（ECI 2015）
著(编)者:严耕 2015年9月出版 / 估价:85.00元

世界社会主义黄皮书
世界社会主义跟踪研究报告（2014~2015）
著(编)者:李慎明 2015年4月出版 / 定价:258.00元

水与发展蓝皮书
中国水风险评估报告（2015）
著(编)者:王浩 2015年9月出版 / 估价:69.00元

土地整治蓝皮书
中国土地整治发展研究报告No.2
著(编)者:国土资源部土地整治中心 2015年5月出版 / 定价:89.00元

网络空间安全蓝皮书
中国网络空间安全发展报告（2015）
著(编)者:惠志斌 唐涛 2015年4月出版 / 定价:79.00元

危机管理蓝皮书
中国危机管理报告（2015）
著(编)者:文学国 2015年8月出版 / 估价:89.00元

协会商会蓝皮书
中国行业协会商会发展报告（2014）
著(编)者:景朝阳 李勇 2015年4月出版 / 定价:99.00元

形象危机应对蓝皮书
形象危机应对研究报告（2015）
著(编)者:唐钧 2015年7月出版 / 估价:149.00元

医改蓝皮书
中国医药卫生体制改革报告（2015～2016）
著(编)者:文学国 房志武 2015年12月出版 / 估价:79.00元

医疗卫生绿皮书
中国医疗卫生发展报告（2015）
著(编)者:申宝忠 韩玉珍 2015年7月出版 / 估价:75.00元

应急管理蓝皮书
中国应急管理报告（2015）
著(编)者:宋英华 2015年10月出版 / 估价:69.00元

政治参与蓝皮书
中国政治参与报告（2015）
著(编)者:房宁 2015年7月出版 / 估价:105.00元

政治发展蓝皮书
中国政治发展报告（2015）
著(编)者:房宁 杨海蛟　2015年7月出版 / 估价:88.00元

中国农村妇女发展蓝皮书
流动女性城市融入发展报告（2015）
著(编)者:谢丽华　2015年11月出版 / 估价:69.00元

宗教蓝皮书
中国宗教报告（2015）
著(编)者:金泽 邱永辉　2016年5月出版 / 估价:59.00元

行业报告类

保险蓝皮书
中国保险业竞争力报告（2015）
著(编)者:项俊波　2015年12月出版 / 估价:98.00元

彩票蓝皮书
中国彩票发展报告（2015）
著(编)者:益彩基金　2015年4月出版 / 定价:98.00元

餐饮产业蓝皮书
中国餐饮产业发展报告（2015）
著(编)者:邢颖　2015年4月出版 / 定价:69.00元

测绘地理信息蓝皮书
智慧中国地理空间智能体系研究报告（2015）
著(编)者:库热西·买合苏提　2015年12月出版 / 估价:98.00元

茶业蓝皮书
中国茶产业发展报告（2015）
著(编)者:杨江帆 李闽榕　2015年10月出版 / 估价:78.00元

产权市场蓝皮书
中国产权市场发展报告（2015）
著(编)者:曹和平　2015年12月出版 / 估价:79.00元

电子政务蓝皮书
中国电子政务发展报告（2015）
著(编)者:洪毅 杜平　2015年11月出版 / 估价:79.00元

杜仲产业绿皮书
中国杜仲橡胶资源与产业发展报告（2014~2015）
著(编)者:杜红岩 胡文臻 俞锐
2015年1月出版 / 定价:85.00元

房地产蓝皮书
中国房地产发展报告No.12（2015）
著(编)者:魏后凯 李景国　2015年5月出版 / 定价:79.00元

服务外包蓝皮书
中国服务外包产业发展报告（2015）
著(编)者:王晓红 刘德军　2015年7月出版 / 估价:89.00元

工业和信息化蓝皮书
移动互联网产业发展报告（2014~2015）
著(编)者:洪京一　2015年4月出版 / 定价:79.00元

工业和信息化蓝皮书
世界网络安全发展报告（2014~2015）
著(编)者:洪京一　2015年4月出版 / 定价:69.00元

工业和信息化蓝皮书
世界制造业发展报告（2014~2015）
著(编)者:洪京一　2015年4月出版 / 定价:69.00元

工业和信息化蓝皮书
世界信息化发展报告（2014~2015）
著(编)者:洪京一　2015年4月出版 / 定价:69.00元

工业和信息化蓝皮书
世界信息技术产业发展报告（2014~2015）
著(编)者:洪京一　2015年4月出版 / 定价:79.00元

工业设计蓝皮书
中国工业设计发展报告（2015）
著(编)者:王晓红 于炜 张立群　2015年9月出版 / 估价:138.00元

互联网金融蓝皮书
中国互联网金融发展报告（2015）
著(编)者:芮晓武 刘烈宏　2015年8月出版 / 估价:79.00元

会展蓝皮书
中外会展业动态评估年度报告（2015）
著(编)者:张敏　2015年1月出版 / 估价:78.00元

金融监管蓝皮书
中国金融监管报告（2015）
著(编)者:胡滨　2015年4月出版 / 定价:89.00元

金融蓝皮书
中国商业银行竞争力报告（2015）
著(编)者:王松奇　2015年12月出版 / 估价:69.00元

客车蓝皮书
中国客车产业发展报告（2014~2015）
著(编)者:姚蔚　2015年2月出版 / 定价:85.00元

老龄蓝皮书
中国老龄产业发展报告（2015）
著(编)者:吴玉韶 党俊武　2015年9月出版 / 估价:79.00元

流通蓝皮书
中国商业发展报告（2015）
著(编)者:荆林波　2015年7月出版 / 估价:89.00元

旅游安全蓝皮书
中国旅游安全报告（2015）
著(编)者:郑向敏 谢朝武　2015年5月出版 / 定价:128.00元

旅游景区蓝皮书
中国旅游景区发展报告（2015）
著(编)者:黄安民　2015年7月出版 / 估价:79.00元

旅游绿皮书
2014~2015年中国旅游发展分析与预测
著(编)者:宋瑞　2015年1月出版 / 定价:98.00元

煤炭蓝皮书
中国煤炭工业发展报告（2015）
著(编)者:岳福斌　2015年12月出版 / 估价:79.00元

民营医院蓝皮书
中国民营医院发展报告（2015）
著(编)者:庄一强　2015年10月出版 / 估价:75.00元

闽商蓝皮书
闽商发展报告（2015）
著(编)者:王日根 李闽榕　2015年12月出版 / 估价:69.00元

能源蓝皮书
中国能源发展报告（2015）
著(编)者:崔民选 王军生　2015年8月出版 / 估价:79.00元

农产品流通蓝皮书
中国农产品流通产业发展报告（2015）
著(编)者:贾敬敦 张东科 张玉玺 孔令羽 张鹏毅
2015年9月出版 / 估价:89.00元

企业蓝皮书
中国企业竞争力报告（2015）
著(编)者:金碚　2015年11月出版 / 估价:89.00元

企业社会责任蓝皮书
中国企业社会责任研究报告（2015）
著(编)者:黄群慧 彭华岗 钟宏武 张蒽
2015年11月出版 / 估价:69.00元

汽车安全蓝皮书
中国汽车安全发展报告（2015）
著(编)者:中国汽车技术研究中心
2015年7月出版 / 估价:79.00元

汽车工业蓝皮书
中国汽车工业发展年度报告（2015）
著(编)者:中国汽车工业协会 中国汽车技术研究中心
　　　　丰田汽车（中国）投资有限公司
2015年4月出版 / 定价:128.00元

汽车蓝皮书
中国汽车产业发展报告（2015）
著(编)者:国务院发展研究中心产业经济研究部
　　　　中国汽车工程学会 大众汽车集团（中国）
2015年7月出版 / 估价:128.00元

清洁能源蓝皮书
国际清洁能源发展报告（2015）
著(编)者:国际清洁能源论坛（澳门）
2015年9月出版 / 估价:89.00元

人力资源蓝皮书
中国人力资源发展报告（2015）
著(编)者:余兴安　2015年9月出版 / 估价:79.00元

融资租赁蓝皮书
中国融资租赁业发展报告（2014~2015）
著(编)者:李光荣 王力　2015年1月出版 / 定价:89.00元

软件和信息服务业蓝皮书
中国软件和信息服务业发展报告（2015）
著(编)者:陈新河 洪京一　2015年12月出版 / 估价:198.00元

上市公司蓝皮书
上市公司质量评价报告（2015）
著(编)者:张跃文 王力　2015年10月出版 / 估价:118.00元

设计产业蓝皮书
中国设计产业发展报告（2014~2015）
著(编)者:陈冬亮 梁昊光　2015年3月出版 / 定价:89.00元

食品药品蓝皮书
食品药品安全与监管政策研究报告（2015）
著(编)者:唐民皓　2015年7月出版 / 估价:69.00元

世界能源蓝皮书
世界能源发展报告（2015）
著(编)者:黄晓勇　2015年6月出版 / 定价:99.00元

碳市场蓝皮书
中国碳市场报告（2015）
著(编)者:低碳发展国际合作联盟
2015年11月出版 / 估价:69.00元

体育蓝皮书
中国体育产业发展报告（2015）
著(编)者:阮伟 钟秉枢　2015年7月出版 / 估价:69.00元

体育蓝皮书
长三角地区体育产业发展报告（2014~2015）
著(编)者:张林　2015年4月出版 / 定价:79.00元

投资蓝皮书
中国投资发展报告（2015）
著(编)者:谢平　2015年4月出版 / 定价:128.00元

物联网蓝皮书
中国物联网发展报告（2015）
著(编)者:黄桂田　2015年7月出版 / 估价:59.00元

西部工业蓝皮书
中国西部工业发展报告（2015）
著(编)者:方行明 甘犁 刘方健 姜凌 等
2015年9月出版 / 估价:79.00元

西部金融蓝皮书
中国西部金融发展报告（2015）
著(编)者:李忠民　2015年8月出版 / 估价:75.00元

新能源汽车蓝皮书
中国新能源汽车产业发展报告（2015）
著(编)者:中国汽车技术研究中心
　　　　日产（中国）投资有限公司 东风汽车有限公司
2015年8月出版 / 估价:69.00元

信托市场蓝皮书
中国信托业市场报告（2014~2015）
著(编)者:用益信托工作室　2015年2月出版 / 定价:198.00元

信息产业蓝皮书
世界软件和信息技术产业发展报告（2015）
著(编)者:洪京一　2015年8月出版 / 估价:79.00元

信息化蓝皮书
中国信息化形势分析与预测（2015）
著(编)者:周宏仁　2015年8月出版 / 估价:98.00元

信用蓝皮书
中国信用发展报告（2014~2015）
著(编)者:章政 田侃　2015年4月出版 / 定价:99.00元

休闲绿皮书
2015年中国休闲发展报告
著(编)者:刘德谦　2015年7月出版 / 估价:59.00元

医药蓝皮书
中国中医药产业园战略发展报告（2015）
著(编)者:裴长洪 房书亭 吴篠心　2015年7月出版 / 估价:89.00元

邮轮绿皮书
中国邮轮产业发展报告（2015）
著(编)者:汪泓　2015年9月出版 / 估价:79.00元

中国上市公司蓝皮书
中国上市公司发展报告（2015）
著(编)者:许雄斌 张平 2015年9月出版 / 估价:98.00元

中国总部经济蓝皮书
中国总部经济发展报告（2015）
著(编)者:赵弘　2015年7月出版 / 估价:79.00元

住房绿皮书
中国住房发展报告（2014~2015）
著(编)者:倪鹏飞　2014年12月出版 / 定价:79.00元

资本市场蓝皮书
中国场外交易市场发展报告（2015）
著(编)者:高峦　2015年8月出版 / 估价:79.00元

资产管理蓝皮书
中国资产管理行业发展报告（2015）
著(编)者:智信资产管理研究院　2015年6月出版 / 定价:89.00元

文化传媒类

传媒竞争力蓝皮书
中国传媒国际竞争力研究报告（2015）
著(编)者:李本乾　2015年9月出版 / 估价:88.00元

传媒蓝皮书
中国传媒产业发展报告（2015）
著(编)者:崔保国　2015年5月出版 / 定价:98.00元

传媒投资蓝皮书
中国传媒投资发展报告（2015）
著(编)者:张向东　2015年7月出版 / 估价:89.00元

动漫蓝皮书
中国动漫产业发展报告（2015）
著(编)者:卢斌 郑玉明 牛兴侦　2015年7月出版 / 估价:79.00元

非物质文化遗产蓝皮书
中国非物质文化遗产发展报告（2015）
著(编)者:陈平　2015年5月出版 / 定价:98.00元

广电蓝皮书
中国广播电影电视发展报告（2015）
著(编)者:杨明品　2015年7月出版 / 估价:98.00元

广告主蓝皮书
中国广告主营销传播趋势报告（2015）
著(编)者:黄升民　2015年7月出版 / 估价:148.00元

国际传播蓝皮书
中国国际传播发展报告（2015）
著(编)者:胡正荣 李继东 姬德强
2015年7月出版 / 估价:89.00元

国家形象蓝皮书
2015年国家形象研究报告
著(编)者:张昆　2015年7月出版 / 估价:79.00元

纪录片蓝皮书
中国纪录片发展报告（2015）
著(编)者:何苏六　2015年9月出版 / 估价:79.00元

科学传播蓝皮书
中国科学传播报告（2015）
著(编)者:詹正茂　2015年7月出版 / 估价:69.00元

两岸文化蓝皮书
两岸文化产业合作发展报告（2015）
著(编)者:胡惠林 李保宗　2015年7月出版 / 估价:79.00元

媒介与女性蓝皮书
中国媒介与女性发展报告（2015）
著(编)者:刘利群　2015年8月出版 / 估价:69.00元

全球传媒蓝皮书
全球传媒发展报告（2015）
著(编)者:胡正荣　2015年12月出版 / 估价:79.00元

少数民族非遗蓝皮书
中国少数民族非物质文化遗产发展报告（2015）
著(编)者:肖远平 柴立　2015年6月出版 / 定价:128.00元

世界文化发展蓝皮书
世界文化发展报告（2015）
著(编)者:张庆宗 高乐田 郭熙煌
2015年7月出版 / 估价:89.00元

视听新媒体蓝皮书
中国视听新媒体发展报告（2015）
著(编)者：袁同楠　2015年7月出版 / 定价:98.00元

文化创新蓝皮书
中国文化创新报告（2015）
著(编)者：于平 傅才武　2015年7月出版 / 估价:79.00元

文化建设蓝皮书
中国文化发展报告（2015）
著(编)者：江畅 孙伟平 戴茂堂
2016年4月出版 / 估价:138.00元

文化科技蓝皮书
文化科技创新发展报告（2015）
著(编)者：于平 李凤亮　2015年10月出版 / 估价:89.00元

文化蓝皮书
中国文化产业供需协调检测报告（2015）
著(编)者：王亚南 2015年2月出版 / 定价:79.00元

文化蓝皮书
中国文化消费需求景气评价报告（2015）
著(编)者：王亚南 2015年2月出版 / 定价:79.00元

文化蓝皮书
中国文化产业发展报告（2015）
著(编)者：张晓明 王家新 章建刚
2015年7月出版 / 定价:79.00元

文化蓝皮书
中国公共文化投入增长测评报告(2015)
著(编)者：王亚南 2014年12月出版 / 定价:79.00元

文化蓝皮书
中国文化政策发展报告（2015）
著(编)者：傅才武 宋文玉 燕东升
2015年9月出版 / 定价:98.00元

文化品牌蓝皮书
中国文化品牌发展报告（2015）
著(编)者：欧阳友权　2015年4月出版 / 定价:89.00元

文化遗产蓝皮书
中国文化遗产事业发展报告（2015）
著(编)者：刘世锦　2015年12月出版 / 估价:89.00元

文学蓝皮书
中国文情报告（2014~2015）
著(编)者：白烨　2015年5月出版 / 定价:49.00元

新媒体蓝皮书
中国新媒体发展报告No.6（2015）
著(编)者：唐绪军　2015年7月出版 / 定价:79.00元

新媒体社会责任蓝皮书
中国新媒体社会责任研究报告（2015）
著(编)者：钟瑛　2015年10月出版 / 估价:79.00元

移动互联网蓝皮书
中国移动互联网发展报告（2015）
著(编)者：官建文　2015年6月出版 / 定价:79.00元

舆情蓝皮书
中国社会舆情与危机管理报告（2015）
著(编)者：谢耘耕　2015年8月出版 / 估价:98.00元

地方发展类

安徽经济蓝皮书
芜湖创新型城市发展报告（2015）
著(编)者：杨少华 王开玉　2015年7月出版 / 定价:69.00元

安徽蓝皮书
安徽社会发展报告（2015）
著(编)者：程桦　2015年4月出版 / 定价:89.00元

安徽社会建设蓝皮书
安徽社会建设分析报告（2015）
著(编)者：黄家海 王开玉 蔡宪　2015年7月出版 / 估价:69.00元

澳门蓝皮书
澳门经济社会发展报告（2014~2015）
著(编)者：吴志良 郝雨凡　2015年5月出版 / 定价:79.00元

北京蓝皮书
北京公共服务发展报告（2014~2015）
著(编)者：施昌奎　2015年1月出版 / 定价:69.00元

北京蓝皮书
北京经济发展报告（2014~2015）
著(编)者：杨松　2015年6月出版 / 定价:79.00元

北京蓝皮书
北京社会治理发展报告（2014~2015）
著(编)者：殷星辰　2015年6月出版 / 定价:79.00元

北京蓝皮书
北京文化发展报告（2014~2015）
著(编)者：李建盛　2015年5月出版 / 定价:79.00元

北京蓝皮书
北京社会发展报告（2015）
著(编)者：缪青　2015年7月出版 / 定价:79.00元

北京蓝皮书
北京社区发展报告（2015）
著(编)者：于燕燕　2015年1月出版 / 定价:79.00元

北京旅游绿皮书
北京旅游发展报告（2015）
著(编)者：北京旅游学会　2015年7月出版 / 估价:88.00元

北京律师蓝皮书
北京律师发展报告（2015）
著(编)者：王隽　2015年12月出版 / 估价:75.00元

北京人才蓝皮书
北京人才发展报告（2015）
著(编)者:于淼　2015年7月出版 / 估价:89.00元

北京社会心态蓝皮书
北京社会心态分析报告（2015）
著(编)者:北京社会心理研究所　2015年7月出版 / 估价:69.00元

北京社会组织管理蓝皮书
北京社会组织发展与管理（2015）
著(编)者:黄江松　2015年4月出版 / 定价:78.00元

北京养老产业蓝皮书
北京养老产业发展报告（2015）
著(编)者:周明明　冯喜良　2015年4月出版 / 定价:69.00元

滨海金融蓝皮书
滨海新区金融发展报告（2015）
著(编)者:王爱俭　张锐钢　2015年9月出版 / 估价:79.00元

城乡一体化蓝皮书
中国城乡一体化发展报告（北京卷）（2014~2015）
著(编)者:张宝秀　黄序　2015年5月出版 / 定价:79.00元

创意城市蓝皮书
北京文化创意产业发展报告（2015）
著(编)者:张京成　2015年11月出版 / 估价:65.00元

创意城市蓝皮书
无锡文化创意产业发展报告（2015）
著(编)者:谭军　张鸣年　2015年10月出版 / 估价:75.00元

创意城市蓝皮书
武汉市文化创意产业发展报告（2015）
著(编)者:袁堃　黄永林　2015年11月出版 / 估价:85.00元

创意城市蓝皮书
重庆创意产业发展报告（2015）
著(编)者:程宇宁　2015年7月出版 / 估价:89.00元

创意城市蓝皮书
青岛文化创意产业发展报告（2015）
著(编)者:马达　张丹妮　2015年7月出版 / 估价:79.00元

福建妇女发展蓝皮书
福建省妇女发展报告（2015）
著(编)者:刘群英　2015年10月出版 / 估价:58.00元

甘肃蓝皮书
甘肃舆情分析与预测（2015）
著(编)者:陈双梅　郝树声　2015年1月出版 / 定价:79.00元

甘肃蓝皮书
甘肃文化发展分析与预测（2015）
著(编)者:安文华　周小华　2015年1月出版 / 定价:79.00元

甘肃蓝皮书
甘肃社会发展分析与预测（2015）
著(编)者:安文华　包晓霞　2015年1月出版 / 定价:79.00元

甘肃蓝皮书
甘肃经济发展分析与预测（2015）
著(编)者:朱智文　罗哲　2015年1月出版 / 定价:79.00元

甘肃蓝皮书
甘肃县域经济综合竞争力评价（2015）
著(编)者:刘进军　2015年7月出版 / 估价:69.00元

甘肃蓝皮书
甘肃县域社会发展评价报告（2015）
著(编)者:刘进军　柳民　王建兵　2015年1月出版 / 定价:79.00元

广东蓝皮书
广东省电子商务发展报告（2015）
著(编)者:程晓　2015年12月出版 / 估价:69.00元

广东蓝皮书
广东社会工作发展报告（2015）
著(编)者:罗观翠　2015年7月出版 / 估价:89.00元

广东社会建设蓝皮书
广东省社会建设发展报告（2015）
著(编)者:广东省社会工作委员会　2015年10月出版 / 估价:89.00元

广东外经贸蓝皮书
广东对外经济贸易发展研究报告（2014~2015）
著(编)者:陈万灵　2015年5月出版 / 估价:89.00元

广西北部湾经济区蓝皮书
广西北部湾经济区开放开发报告（2015）
著(编)者:广西北部湾经济区规划建设管理委员会办公室
　　广西社会科学院广西北部湾发展研究院
2015年8月出版 / 估价:79.00元

广州蓝皮书
广州社会保障发展报告（2015）
著(编)者:蔡国萱　2015年7月出版 / 估价:65.00元

广州蓝皮书
2015年中国广州社会形势分析与预测
著(编)者:张强　陈怡霓　杨秦　2015年6月出版 / 定价:79.00元

广州蓝皮书
广州经济发展报告（2015）
著(编)者:李江涛　朱名宏　2015年7月出版 / 估价:69.00元

广州蓝皮书
广州商贸业发展报告（2015）
著(编)者:李江涛　王旭东　荀振英　2015年7月出版 / 估价:69.00元

广州蓝皮书
2015年中国广州经济形势分析与预测
著(编)者:庾建设　沈奎　谢博能
2015年6月出版 / 定价:79.00元

广州蓝皮书
中国广州文化发展报告（2015）
著(编)者:徐俊忠　陆志强　顾涧清
2015年7月出版 / 估价:69.00元

广州蓝皮书
广州农村发展报告（2015）
著(编)者:李江涛　汤锦华　2015年8月出版 / 估价:69.00元

广州蓝皮书
中国广州城市建设与管理发展报告（2015）
著(编)者:董皞　冼伟雄　2015年7月出版 / 估价:69.00元

广州蓝皮书
中国广州科技和信息化发展报告（2015）
著(编)者:邹采岑　马正勇　冯元
2015年7月出版 / 估价:79.00元

广州蓝皮书
广州创新型城市发展报告（2015）
著(编)者:李江涛　2015年7月出版 / 估价:69.00元

广州蓝皮书
广州文化创意产业发展报告（2015）
著(编)者:甘新　2015年8月出版 / 估价:79.00元

广州蓝皮书
广州志愿服务发展报告（2015）
著(编)者:魏国华　张强　2015年9月出版 / 估价:69.00元

广州蓝皮书
广州城市国际化发展报告（2015）
著(编)者:朱名宏　2015年9月出版 / 估价:59.00元

广州蓝皮书
广州汽车产业发展报告（2015）
著(编)者:李江涛　杨再高　2015年9月出版 / 估价:69.00元

贵州房地产蓝皮书
贵州房地产发展报告（2015）
著(编)者:武廷方　2015年6月出版 / 定价:89.00元

贵州蓝皮书
贵州人才发展报告（2015）
著(编)者:于杰　吴大华　2015年7月出版 / 估价:69.00元

贵州蓝皮书
贵安新区发展报告（2014）
著(编)者:马长青　吴大华　2015年4月出版 / 估价:69.00元

贵州蓝皮书
贵州社会发展报告（2015）
著(编)者:王兴骥　2015年5月出版 / 定价:79.00元

贵州蓝皮书
贵州法治发展报告（2015）
著(编)者:吴大华　2015年5月出版 / 定价:79.00元

贵州蓝皮书
贵州国有企业社会责任发展报告（2015）
著(编)者:郭丽　2015年10月出版 / 估价:79.00元

海淀蓝皮书
海淀区文化和科技融合发展报告（2015）
著(编)者:孟景伟　陈名杰　2015年7月出版 / 估价:75.00元

海峡西岸蓝皮书
海峡西岸经济区发展报告（2015）
著(编)者:黄端　2015年9月出版 / 估价:65.00元

杭州都市圈蓝皮书
杭州都市圈发展报告（2015）
著(编)者:董祖德　沈翔　2015年7月出版 / 估价:89.00元

杭州蓝皮书
杭州妇女发展报告（2015）
著(编)者:魏颖　2015年4月出版 / 定价:79.00元

河北经济蓝皮书
河北省经济发展报告（2015）
著(编)者:马树强　金浩　刘兵　张贵　2015年3月出版 / 定价:89.00元

河北蓝皮书
河北经济社会发展报告（2015）
著(编)者:周文夫　2015年1月出版 / 定价:79.00元

河北食品药品安全蓝皮书
河北食品药品安全研究报告（2015）
著(编)者:丁锦霞　2015年6月出版 / 定价:79.00元

河南经济蓝皮书
2015年河南经济形势分析与预测
著(编)者:胡五岳　2015年2月出版 / 定价:69.00元

河南蓝皮书
河南城市发展报告（2015）
著(编)者:谷建全　王建国　2015年3月出版 / 定价:79.00元

河南蓝皮书
2015年河南社会形势分析与预测
著(编)者:刘道兴　牛苏林　2015年4月出版 / 定价:69.00元

河南蓝皮书
河南工业发展报告（2015）
著(编)者:龚绍东　赵西三　2015年1月出版 / 定价:79.00元

河南蓝皮书
河南文化发展报告（2015）
著(编)者:卫绍生　2015年3月出版 / 定价:79.00元

河南蓝皮书
河南经济发展报告（2015）
著(编)者:喻新安　2014年12月出版 / 定价:79.00元

河南蓝皮书
河南法治发展报告（2015）
著(编)者:丁同民　闫德民　2015年7月出版 / 估价:69.00元

河南蓝皮书
河南金融发展报告（2015）
著(编)者:喻新安　谷建全　2015年6月出版 / 估价:69.00元

河南蓝皮书
河南农业农村发展报告（2015）
著(编)者:吴海峰　2015年4月出版 / 定价:69.00元

河南商务蓝皮书
河南商务发展报告（2015）
著(编)者:焦锦淼　穆荣国　2015年4月出版 / 定价:88.00元

黑龙江产业蓝皮书
黑龙江产业发展报告（2015）
著(编)者:于渤　2015年9月出版 / 估价:79.00元

黑龙江蓝皮书
黑龙江经济发展报告（2015）
著(编)者:曲伟　2015年1月出版 / 定价:79.00元

黑龙江蓝皮书
黑龙江社会发展报告（2015）
著(编)者:张新颖　2015年1月出版 / 定价:79.00元

湖北文化蓝皮书
湖北文化发展报告（2015）
著(编)者：江畅 吴成国　2015年7月出版 / 估价：89.00元

湖南城市蓝皮书
区域城市群整合
著(编)者：童中贤 韩未名　2015年12月出版 / 估价：79.00元

湖南蓝皮书
2015年湖南电子政务发展报告
著(编)者：梁志峰　2015年5月出版 / 定价：98.00元

湖南蓝皮书
2015年湖南社会发展报告
著(编)者：梁志峰　2015年5月出版 / 定价：98.00元

湖南蓝皮书
2015年湖南产业发展报告
著(编)者：梁志峰　2015年5月出版 / 定价：98.00元

湖南蓝皮书
2015年湖南经济展望
著(编)者：梁志峰　2015年5月出版 / 定价：128.00元

湖南蓝皮书
2015年湖南县域经济社会发展报告
著(编)者：梁志峰　2015年5月出版 / 定价：98.00元

湖南蓝皮书
2015年湖南两型社会与生态文明发展报告
著(编)者：梁志峰　2015年5月出版 / 定价：98.00元

湖南县域绿皮书
湖南县域发展报告No.2
著(编)者：朱有志　2015年7月出版 / 估价：69.00元

沪港蓝皮书
沪港发展报告（2014~2015）
著(编)者：尤安山　2015年4月出版 / 定价：89.00元

吉林蓝皮书
2015年吉林经济社会形势分析与预测
著(编)者：马克　2015年2月出版 / 定价：89.00元

济源蓝皮书
济源经济社会发展报告（2015）
著(编)者：喻新安　2015年4月出版 / 定价：69.00元

健康城市蓝皮书
北京健康城市建设研究报告（2015）
著(编)者：王鸿春　2015年4月出版 / 定价：79.00元

江苏法治蓝皮书
江苏法治发展报告（2015）
著(编)者：李力 龚廷泰　2015年9月出版 / 估价：98.00元

京津冀蓝皮书
京津冀发展报告（2015）
著(编)者：文魁 祝尔娟　2015年4月出版 / 定价：89.00元

经济特区蓝皮书
中国经济特区发展报告（2015）
著(编)者：陶一桃　2015年7月出版 / 估价：89.00元

辽宁蓝皮书
2015年辽宁经济社会形势分析与预测
著(编)者：曹晓峰 张晶 梁启东　2014年12月出版 / 定价：79.00元

南京蓝皮书
南京文化发展报告（2015）
著(编)者：南京文化产业研究中心　2015年12月出版 / 估价：79.00元

内蒙古蓝皮书
内蒙古反腐倡廉建设报告（2015）
著(编)者：张志华 无极　2015年12月出版 / 估价：69.00元

浦东新区蓝皮书
上海浦东经济发展报告（2015）
著(编)者：沈开艳 陆沪根　2015年1月出版 / 定价：69.00元

青海蓝皮书
2015年青海经济社会形势分析与预测
著(编)者：赵宗福　2014年12月出版 / 定价：69.00元

人口与健康蓝皮书
深圳人口与健康发展报告（2015）
著(编)者：曾序春　2015年12月出版 / 估价：89.00元

山东蓝皮书
山东社会形势分析与预测（2015）
著(编)者：张华 唐洲雁　2015年7月出版 / 估价：89.00元

山东蓝皮书
山东经济形势分析与预测（2015）
著(编)者：张华 唐洲雁　2015年7月出版 / 估价：89.00元

山东蓝皮书
山东文化发展报告（2015）
著(编)者：张华 唐洲雁　2015年7月出版 / 估价：98.00元

山西蓝皮书
山西资源型经济转型发展报告（2015）
著(编)者：李志强　2015年5月出版 / 定价：89.00元

陕西蓝皮书
陕西经济发展报告（2015）
著(编)者：任宗哲 白宽犁 裴成荣　2015年1月出版 / 定价：69.00元

陕西蓝皮书
陕西社会发展报告（2015）
著(编)者：任宗哲 白宽犁 牛昉　2015年1月出版 / 定价：69.00元

陕西蓝皮书
陕西文化发展报告（2015）
著(编)者：任宗哲 白宽犁 王长寿　2015年1月出版 / 定价：65.00元

陕西蓝皮书
丝绸之路经济带发展报告（2015）
著(编)者：任宗哲 石英 白宽犁
2015年8月出版 / 估价：79.00元

上海蓝皮书
上海文学发展报告（2015）
著(编)者：陈圣来　2015年1月出版 / 定价：69.00元

上海蓝皮书
上海文化发展报告（2015）
著(编)者：荣跃明　2015年1月出版 / 定价：74.00元

上海蓝皮书
上海资源环境发展报告（2015）
著(编)者:周冯琦 汤庆合 任文伟
2015年1月出版 / 定价:69.00元

上海蓝皮书
上海社会发展报告（2015）
著(编)者:杨雄　周海旺　2015年1月出版 / 定价:69.00元

上海蓝皮书
上海经济发展报告（2015）
著(编)者:沈开艳　　　　2015年1月出版 / 定价:69.00元

上海蓝皮书
上海传媒发展报告（2015）
著(编)者:强荧 焦雨虹　2015年1月出版 / 定价:69.00元

上海蓝皮书
上海法治发展报告（2015）
著(编)者:叶青　　　　　2015年5月出版 / 定价:69.00元

上饶蓝皮书
上饶发展报告（2015）
著(编)者:朱寅健　　　　2015年7月出版 / 估价:128.00元

社会建设蓝皮书
2015年北京社会建设分析报告
著(编)者:宋贵伦 冯虹　2015年7月出版 / 估价:79.00元

深圳蓝皮书
深圳劳动关系发展报告（2015）
著(编)者:汤庭芬　2015年7月出版 / 估价:75.00元

深圳蓝皮书
深圳经济发展报告（2015）
著(编)者:张骁儒　2015年7月出版 / 估价:79.00元

深圳蓝皮书
深圳社会发展报告（2015）
著(编)者:叶民辉 张骁儒　2015年7月出版 / 估价:89.00元

深圳蓝皮书
深圳法治发展报告（2015）
著(编)者:张骁儒　2015年5月出版 / 定价:69.00元

四川蓝皮书
四川文化产业发展报告（2015）
著(编)者:侯水平 2015年4月出版 / 定价:79.00元

四川蓝皮书
四川企业社会责任研究报告（2014~2015）
著(编)者:侯水平 盛毅　2015年4月出版 / 定价:79.00元

四川蓝皮书
四川法治发展报告（2015）
著(编)者:郑泰安　2015年1月出版 / 定价:69.00元

四川蓝皮书
四川生态建设报告（2015）
著(编)者:李晟之　2015年4月出版 / 定价:79.00元

四川蓝皮书
四川城镇化发展报告（2015）
著(编)者:侯水平 范秋美　2015年4月出版 / 定价:79.00元

四川蓝皮书
四川社会发展报告（2015）
著(编)者:郭晓鸣　2015年4月出版 / 定价:79.00元

四川蓝皮书
2015年四川经济发展形势分析与预测
著(编)者:杨钢　2015年1月出版 / 定价:89.00元

四川法治蓝皮书
四川依法治省年度报告No.1（2015）
著(编)者:李林 杨天宗 田禾　2015年3月出版 / 定价:108.00元

天津金融蓝皮书
天津金融发展报告（2015）
著(编)者:王爱俭 杜强　2015年9月出版 / 估价:89.00元

温州蓝皮书
2015年温州经济社会形势分析与预测
著(编)者:潘忠强 王春光 金浩　2015年4月出版 / 定价:69.00元

扬州蓝皮书
扬州经济社会发展报告（2015）
著(编)者:丁纯　2015年12月出版 / 估价:89.00元

长株潭城市群蓝皮书
长株潭城市群发展报告（2015）
著(编)者:张萍　2015年7月出版 / 估价:69.00元

郑州蓝皮书
2015年郑州文化发展报告
著(编)者:王哲　2015年9月出版 / 估价:65.00元

中医文化蓝皮书
北京中医药文化传播发展报告（2015）
著(编)者:毛嘉陵　2015年5月出版 / 定价:79.00元

珠三角流通蓝皮书
珠三角商圈发展研究报告（2015）
著(编)者:林至颖 王先庆　2015年7月出版 / 估价:98.00元

国别与地区类

阿拉伯黄皮书
阿拉伯发展报告（2015）
著(编)者:马晓霖　2015年7月出版 / 估价:79.00元

北部湾蓝皮书
泛北部湾合作发展报告（2015）
著(编)者:吕余生　2015年8月出版 / 估价:69.00元

大湄公河次区域蓝皮书
大湄公河次区域合作发展报告（2015）
著(编)者:刘稚　2015年9月出版 / 估价:79.00元

大洋洲蓝皮书
大洋洲发展报告（2015）
著(编)者:喻常森　2015年8月出版 / 估价:89.00元

德国蓝皮书
德国发展报告（2015）
著(编)者:郑春荣 伍慧萍　2015年5月出版 / 定价:69.00元

东北亚黄皮书
东北亚地区政治与安全（2015）
著(编)者:黄凤志 刘清才 张慧智
2015年7月出版 / 估价:69.00元

东盟黄皮书
东盟发展报告（2015）
著(编)者:崔晓麟　2015年7月出版 / 估价:75.00元

东南亚蓝皮书
东南亚地区发展报告（2015）
著(编)者:王勤　2015年7月出版 / 估价:79.00元

俄罗斯黄皮书
俄罗斯发展报告（2015）
著(编)者:李永全　2015年7月出版 / 估价:79.00元

非洲黄皮书
非洲发展报告（2015）
著(编)者:张宏明　2015年7月出版 / 估价:79.00元

国际形势黄皮书
全球政治与安全报告（2015）
著(编)者:李慎明 张宇燕　2015年1月出版 / 定价:69.00元

韩国蓝皮书
韩国发展报告（2015）
著(编)者:刘宝全 牛林杰　2015年8月出版 / 估价:79.00元

加拿大蓝皮书
加拿大发展报告（2015）
著(编)者:仲伟合　2015年4月出版 / 定价:89.00元

拉美黄皮书
拉丁美洲和加勒比发展报告（2014~2015）
著(编)者:吴白乙　2015年5月出版 / 定价:89.00元

美国蓝皮书
美国研究报告（2015）
著(编)者:郑秉文 黄平　2015年6月出版 / 定价:89.00元

缅甸蓝皮书
缅甸国情报告（2015）
著(编)者:李晨阳　2015年8月出版 / 估价:79.00元

欧洲蓝皮书
欧洲发展报告（2015）
著(编)者:周弘　2015年7月出版 / 估价:89.00元

葡语国家蓝皮书
葡语国家发展报告（2015）
著(编)者:对外经济贸易大学区域国别研究所　葡语国家研究中心
2015年7月出版 / 估价:89.00元

葡语国家蓝皮书
中国与葡语国家关系发展报告·巴西（2014）
著(编)者:澳门科技大学　2015年7月出版 / 估价:89.00元

日本经济蓝皮书
日本经济与中日经贸关系研究报告（2015）
著(编)者:王洛林 张季风　2015年5月出版 / 定价:79.00元

日本蓝皮书
日本研究报告（2015）
著(编)者:李薇　2015年4月出版 / 定价:69.00元

上海合作组织黄皮书
上海合作组织发展报告（2015）
著(编)者:李进峰 吴宏伟 李伟
2015年9月出版 / 估价:89.00元

世界创新竞争力黄皮书
世界创新竞争力发展报告（2015）
著(编)者:李闽榕 李建平 赵新力
2015年12月出版 / 估价:148.00元

土耳其蓝皮书
土耳其发展报告（2015）
著(编)者:郭长刚 刘义　2015年7月出版 / 估价:89.00元

图们江区域合作蓝皮书
图们江区域合作发展报告（2015）
著(编)者:李铁　2015年4月出版 / 定价:98.00元

亚太蓝皮书
亚太地区发展报告（2015）
著(编)者:李向阳　2015年1月出版 / 定价:59.00元

印度蓝皮书
印度国情报告（2015）
著(编)者:吕昭义　2015年7月出版 / 估价:89.00元

印度洋地区蓝皮书
印度洋地区发展报告（2015）
著(编)者:汪戎　2015年5月出版 / 定价:89.00元

中东黄皮书
中东发展报告（2015）
著(编)者:杨光　2015年11月出版 / 估价:89.00元

中欧关系蓝皮书
中欧关系研究报告（2015）
著(编)者:周弘　2015年12月出版 / 估价:98.00元

中亚黄皮书
中亚国家发展报告（2015）
著(编)者:孙力 吴宏伟　2015年9月出版 / 估价:89.00元

中国皮书网

www.pishu.cn

发布皮书研创资讯，传播皮书精彩内容
引领皮书出版潮流，打造皮书服务平台

栏目设置：

☐ **资讯：** 皮书动态、皮书观点、皮书数据、
皮书报道、皮书发布、电子期刊
☐ **标准：** 皮书评价、皮书研究、皮书规范
☐ **服务：** 最新皮书、皮书书目、重点推荐、在线购书
☐ **链接：** 皮书数据库、皮书博客、皮书微博、在线书城
☐ **搜索：** 资讯、图书、研究动态、皮书专家、研创团队

中国皮书网依托皮书系列"权威、前沿、原创"的优质内容资源，通过文字、图片、音频、视频等多种元素，在皮书研创者、使用者之间搭建了一个成果展示、资源共享的互动平台。

自 2005 年 12 月正式上线以来，中国皮书网的 IP 访问量、PV 浏览量与日俱增，受到海内外研究者、公务人员、商务人士以及专业读者的广泛关注。

2008 年、2011 年，中国皮书网均在全国新闻出版业网站荣誉评选中获得"最具商业价值网站"称号；2012 年，获得"出版业网站百强"称号。

2014 年，中国皮书网与皮书数据库实现资源共享，端口合一，将提供更丰富的内容，更全面的服务。

皮书数据库

中国社会科学院 社会科学文献出版社

首页　数据库检索　学术资源群　我的文献库　皮书全动态　有奖调查　皮书报道　皮书研究　联系我们　读者答购　搜索报告

权威报告　热点资讯　海量资源

当代中国与世界发展的高端智库平台

皮书数据库 www.pishu.com.cn

　　皮书数据库是专业的人文社会科学综合学术资源总库，以大型连续性图书——皮书系列为基础，整合国内外相关资讯构建而成。包含七大子库，涵盖两百多个主题，囊括了近十几年间中国与世界经济社会发展报告，覆盖经济、社会、政治、文化、教育、国际问题等多个领域。

　　皮书数据库以篇章为基本单位，方便用户对皮书内容的阅读需求。用户可进行全文检索，也可对文献题目、内容提要、作者名称、作者单位、关键字等基本信息进行检索，还可对检索到的篇章再做二次筛选，进行在线阅读或下载阅读。智能多维度导航，可使用户根据自己熟知的分类标准进行分类导航筛选，使查找和检索更高效、便捷。

　　权威的研究报告，独特的调研数据，前沿的热点资讯，皮书数据库已发展成为国内最具影响力的关于中国与世界现实问题研究的成果库和资讯库。

皮书俱乐部会员服务指南

1. 谁能成为皮书俱乐部成员？
   - ● 皮书作者自动成为俱乐部会员
   - ● 购买了皮书产品（纸质书/电子书）的个人用户

2. 会员可以享受的增值服务
   - ● 免费获赠皮书数据库100元充值卡
   - ● 加入皮书俱乐部，免费获赠该纸质图书的电子书
   - ● 免费定期获赠皮书电子期刊
   - ● 优先参与各类皮书学术活动
   - ● 优先享受皮书产品的最新优惠

3. 如何享受增值服务？
   （1）免费获赠100元皮书数据库体验卡
   　　第1步 刮开皮书附赠充值的涂层（右下）；
   　　第2步 登录皮书数据库网站（www.pishu.com.cn），注册账号；

第3步 登录并进入"会员中心"—"在线充值"—"充值卡充值"，充值成功后即可使用。

（2）加入皮书俱乐部，凭数据库体验卡获赠该书的电子书
　　第1步 登录社会科学文献出版社官网（www.ssap.com.cn），注册账号；
　　第2步 登录并进入"会员中心"—"皮书俱乐部"，提交加入皮书俱乐部申请；
　　第3步 审核通过后，再次进入皮书俱乐部，填写页面所需图书、体验卡信息即可自动兑换相应电子书。

4. 声明
　　解释权归社会科学文献出版社所有

皮书大事记
（2014）

☆ 2014年10月，中国社会科学院2014年度皮书纳入创新工程学术出版资助名单正式公布，相关资助措施进一步落实。

☆ 2014年8月，由中国社会科学院主办，贵州省社会科学院、社会科学文献出版社承办的"第十五次全国皮书年会（2014）"在贵州贵阳隆重召开。

☆ 2014年8月，第二批淘汰的27种皮书名单公布。

☆ 2014年7月，第五届优秀皮书奖评审会在京召开。本届优秀皮书奖首次同时评选优秀皮书和优秀皮书报告。

☆ 2014年7月，第三届皮书学术评审委员会于北京成立。

☆ 2014年6月，社会科学文献出版社与北京报刊发行局签订合同，将部分重点皮书纳入邮政发行系统。

☆ 2014年6月，《中国社会科学院皮书管理办法》正式颁布实施。

☆ 2014年4月，出台《社会科学文献出版社关于加强皮书审读工作的有关规定》《社会科学文献出版社皮书责任编辑管理规定》《社会科学文献出版社关于皮书准入与退出的若干规定》。

☆ 2014年1月，首批淘汰的44种皮书名单公布。

☆ 2014年1月，"2013(第七届)全国新闻出版业网站年会"在北京举办，中国皮书网被评为"最具商业价值网站"。

☆ 2014年1月，社会科学文献出版社在原皮书评价研究中心的基础上成立了皮书研究院。

皮书数据库
www.pishu.com.cn

皮书数据库三期

- 皮书数据库（SSDB）是社会科学文献出版社整合现有皮书资源开发的在线数字产品，全面收录"皮书系列"的内容资源，并以此为基础整合大量相关资讯构建而成。

- 皮书数据库现有中国经济发展数据库、中国社会发展数据库、世界经济与国际政治数据库等子库，覆盖经济、社会、文化等多个行业、领域，现有报告30000多篇，总字数超过5亿字，并以每年4000多篇的速度不断更新累积。

- 新版皮书数据库主要围绕存量+增量资源整合、资源编辑标引体系建设、产品架构设置优化、技术平台功能研发等方面开展工作，并将中国皮书网与皮书数据库合二为一联体建设，旨在以"皮书研创出版、信息发布与知识服务平台"为基本功能定位，打造一个全新的皮书品牌综合门户平台，为您提供更优质更到位的服务。

更多信息请登录

中国皮书网
http://www.pishu.cn

中国皮书网的BLOG [编辑]
http://blog.sina.com.cn/pishu

中国皮书网
http://www.pishu.cn

皮书微博
http://weibo.com/pishu

皮书博客
http://blog.sina.com.cn/pishu

皮书微信
皮书说
